普通高等教育"十二五"规划教材

高等数学

(第二版)

方桂英　崔克俭　主编

本书第一版获江西省高等院校优秀教材一等奖

科学出版社

北京

内 容 简 介

本书是编者在教育大众化的新形势下,根据多年的教学实践编写的高等数学教材,本书为第二版,内容在第一版的基础上有所增删.内容包括:函数与极限、导数与微分、微分中值定理与导数的应用、不定积分、定积分及其应用、多元函数微积分、微分方程与差分方程、无穷级数、数学实验.每节后附有习题,每章后附有总习题,书末附有部分习题答案与提示.本书在编写过程中力求结构严谨、逻辑清晰、叙述详细、通俗易懂.

本书可供高等农林院校非数学类各专业的学生使用,也可供广大教师、工程技术人员参考.

图书在版编目(CIP)数据

高等数学/方桂英,崔克俭主编.—2版.—北京:科学出版社,2012
 普通高等教育"十二五"规划教材
 ISBN 978-7-03-034997-2

Ⅰ.①高… Ⅱ.①方…②崔… Ⅲ.①高等数学-高等学校-教材
Ⅳ.①O13

中国版本图书馆 CIP 数据核字(2012)第 134242 号

责任编辑:李鹏奇　张中兴／责任校对:冯　琳
责任印制:徐晓晨／封面设计:迷底书装

科学出版社 出版
北京东黄城根北街 16 号
邮政编码:100717
http://www.sciencep.com

北京京华虎彩印刷有限公司 印刷
科学出版社发行　各地新华书店经销
*

2009 年 8 月第 一 版　开本:B5(720×1000)
2012 年 6 月第 二 版　印张:21 3/4
2014 年 9 月第八次印刷　字数:428 000

定价:36.00 元
(如有印装质量问题,我社负责调换)

《高等数学》编委会

主　　编　方桂英（江西农业大学）
　　　　　　崔克俭（山西农业大学）
副主编　吴　坚（安徽农业大学）
　　　　　　曾海福（江西农业大学）
　　　　　　韩忠海（山西农业大学）
编　　者　胡菊华（江西农业大学）
　　　　　　程国华（江西农业大学）
　　　　　　赵喜梅（山西农业大学）
　　　　　　钟培华（江西农业大学）
　　　　　　岳超慧（安徽农业大学）
　　　　　　宋　彦（山西农业大学）

第二版前言

本书第一版于 2011 年荣获"江西省高等院校优秀教材一等奖". 第二版是在第一版的基础上,结合"高等学校本科教学质量与教学改革工程"万种新教材建设项目的全面实施,按照新形势教材改革的精神,进行全面修订. 此次修订前,我们广泛征求各使用院校的意见,召开了教材修订研讨会,许多有丰富教学经验的教师对本书修订提供了积极、中肯的意见. 修订中,我们保留了原教材的系统、风格,保留了结构严谨、通俗易懂等特点. 同时注意吸收当前教材改革中的一些成功的经验,对一些内容进行适当的精简与合并,对原版存在的个别问题进行修订. 新版增加了数学实验及数学软件(Matlab)的使用介绍. 新版的教材更适合当前教学的需要,成为适应时代要求、符合改革精神又继承传统优点的教材.

本书结构严谨、逻辑清晰、叙述详细、通俗易懂,追求简明实用的效果. 同时也与全国硕士研究生入学统一考试(数学三,农学门类数学联考)大纲接轨,我们审查并计算证明过全部习题,各章总习题增加了一些考研真题,为有志深造的同学提供一本好的基础教材. 对于打"﹡"的章节以及总习题中的部分题,在教学中可灵活选用,也可作为读者进一步阅读学习的内容,以使本教材适合多种层次的需求.

广大用书教师与科学出版社的编辑对该教材的修订提出了许多宝贵的意见与建议,我们在此表示真诚的感谢. 并希望读者对本书存在的问题给予批评指正.

编 者

2012 年 3 月

第一版前言

本书紧紧围绕全国高等农林院校高等数学教学大纲,以极限理论为工具,以微积分为核心,全面系统地介绍了高等数学的基本理论、方法及其在农业科学和经济管理科学等领域中的应用.

在本书的编写过程中,我们几所学校结合各自多年的教学经验,通力合作,广泛交换意见,使本书能充分体现以下特点:

第一,加强基础,注重应用.在讲清基本理论的基础上突出数学在实际问题中的应用,把数学建模这根主线贯穿全书的始终.设置了较多的农业科学、经济管理科学等方面的应用性例题,注重提高学生的数学素质,培养学生应用数学解决实际问题的能力,同时培养学生的创新思维能力.

第二,传授方法,培养能力.在教材结构的安排和设计上,通过对数学问题的论证和求解,向学生灌输高等数学的基本思想和方法,培养他们分析问题和解决问题的能力.同时,我们尽量简化繁琐复杂的论证和计算,通过生动形象的描述使抽象理论具体化,使学生在掌握数学方法的基础上,不断增强学习的主动性.

第三,体系完整,结构严谨.在教材内容的安排上,我们既考虑了初等数学与高等数学的衔接,又照顾到高等数学与后续课程的联系,力求做到承上启下、平稳过渡.内容由浅入深,循序渐进,通俗易学,一方面能使学生把握高等数学的思想方法,另一方面又可培养学生严密的逻辑思维能力.

例题和习题是教材的重要组成部分,在编写本书的过程中,我们力求例题和习题具有典型性、多样性,使它们既能提炼方法,又具有巩固理论和训练应用的双重价值.希望学生深刻体会例题的思想和方法,尽量独立地做好每一道习题.这对于加深基本理论的理解和掌握高等数学的方法无疑具有重要的意义.书中每章后的总习题参照了历年的考研题型,旨在提高学生的应试能力和综合能力.

本书是高等农林院校非数学类各专业高等数学通用教材,也可作为其他高等院校非数学类各专业学生的参考书,还可作为科学技术与管理人员的自学及参考用书.

参加本书编写的有江西农业大学方桂英、曾海福、胡菊华、程国华老师,山西农业大学崔克俭、韩忠海、赵喜梅老师，以及安徽农业大学吴坚、岳超慧老师．全书由方桂英、崔克俭老师审阅并负责统稿．编审工作得到江西农业大学胡建根、高晓波、孙爱珍、吴志远、邓梦薇、刘华明等教师的协助，在此表示衷心的感谢．

编者十分感谢科学出版社对本书出版给予的关心与大力支持．

限于编者的水平，本书难免有不妥之处，敬请广大读者和授课教师批评指正．

编　者

2009 年 3 月

目 录

第二版前言

第一版前言

第1章 函数与极限 ·· 1

  1.1 函数 ·· 1

    1.1.1 函数的概念 ··· 1

    1.1.2 函数的基本性质 ·· 3

    1.1.3 反函数与复合函数 ·· 5

    1.1.4 初等函数 ·· 6

    1.1.5 其他类型的函数 ·· 7

    习题 1.1 ··· 10

  1.2 数列极限 ··· 11

    1.2.1 数列极限的定义 ·· 11

    1.2.2 收敛数列的性质 ·· 13

    习题 1.2 ··· 14

  1.3 函数极限 ··· 15

    1.3.1 自变量趋于无穷大时函数的极限 ··································· 15

    1.3.2 自变量趋于有限值时函数的极限 ··································· 16

    1.3.3 函数极限的性质 ·· 17

    习题 1.3 ··· 19

  1.4 无穷小量与无穷大量 ··· 19

    1.4.1 无穷小量 ··· 19

    1.4.2 无穷大量 ··· 20

    1.4.3 极限运算法则 ·· 21

    习题 1.4 ··· 23

  1.5 两个重要极限 ·· 24

    1.5.1 极限存在的两个准则 ··· 24

    1.5.2 两个重要极限 ·· 26

    习题 1.5 ··· 29

  1.6 无穷小量的比较 ·· 30

    习题 1.6 ··· 32

1.7 函数的连续性 ·· 33
    1.7.1 函数连续的概念 ·· 33
    1.7.2 函数的间断点 ·· 34
    1.7.3 连续函数的性质 初等函数的连续性 ················ 36
    1.7.4 闭区间上连续函数的性质 ···························· 37
    习题 1.7 ··· 39
第 1 章总习题 ·· 40

第 2 章 导数与微分 ·· 42

2.1 导数的概念 ·· 42
    2.1.1 导数的定义 ··· 42
    2.1.2 利用定义求导举例 ···································· 45
    2.1.3 函数可导性与连续性的关系 ························ 47
    习题 2.1 ··· 48

2.2 导数的求导法则 ·· 49
    2.2.1 导数的四则运算法则 ································· 49
    2.2.2 反函数的求导法则 ···································· 50
    2.2.3 复合函数的求导法则 ································· 52
    2.2.4 隐函数的求导法则 ···································· 54
    2.2.5 由参数方程确定的函数的导数 ···················· 55
    习题 2.2 ··· 56

2.3 高阶导数 ·· 57
    习题 2.3 ··· 61

2.4 函数的微分 ·· 62
    2.4.1 微分的概念 ··· 62
    2.4.2 微分基本公式与运算法则 ··························· 64
    *2.4.3 微分在近似计算中的应用 ·························· 65
    习题 2.4 ··· 67

第 2 章总习题 ·· 68

第 3 章 微分中值定理与导数的应用 ·························· 70

3.1 微分中值定理 ··· 70
    3.1.1 罗尔定理 ·· 70
    3.1.2 拉格朗日中值定理 ···································· 71
    3.1.3 柯西中值定理 ·· 73
    3.1.4 泰勒公式 ·· 74
    习题 3.1 ··· 76

目录

- 3.2 洛必达法则 ········· 77
  - 3.2.1 $\frac{0}{0}$ 与 $\frac{\infty}{\infty}$ 型未定式 ········· 77
  - 3.2.2 其他类型未定式 ········· 80
  - 习题 3.2 ········· 81
- 3.3 函数的单调性与曲线的凹凸性 ········· 81
  - 3.3.1 函数的单调性 ········· 81
  - 3.3.2 曲线的凹凸性 ········· 83
  - 习题 3.3 ········· 85
- 3.4 函数的极值与最大值、最小值 ········· 86
  - 3.4.1 函数的极值 ········· 86
  - 3.4.2 函数的最大值与最小值 ········· 89
  - 习题 3.4 ········· 91
- 3.5 函数图形的描绘 ········· 92
  - 3.5.1 曲线的渐近线 ········· 92
  - 3.5.2 函数图形的描绘 ········· 94
  - 习题 3.5 ········· 95
- 3.6 导数在经济学中的应用 ········· 96
  - 3.6.1 边际分析 ········· 96
  - 3.6.2 弹性分析 ········· 97
  - 习题 3.6 ········· 100
- 第 3 章总习题 ········· 100

第 4 章 不定积分 ········· 103

- 4.1 不定积分的概念与性质 ········· 103
  - 4.1.1 原函数的概念 ········· 103
  - 4.1.2 不定积分的概念 ········· 104
  - 4.1.3 不定积分的性质 ········· 105
  - 4.1.4 基本积分公式 ········· 106
  - 习题 4.1 ········· 108
- 4.2 换元积分法 ········· 108
  - 4.2.1 第一类换元法 ········· 109
  - 4.2.2 第二类换元法 ········· 114
  - 习题 4.2 ········· 117
- 4.3 分部积分法 ········· 119
  - 习题 4.3 ········· 122

- 4.4 有理函数的积分 ······ 123
  - 4.4.1 有理函数的积分 ······ 123
  - 4.4.2 可化为有理函数的积分 ······ 127
  - 习题 4.4 ······ 129
- *4.5 积分表的使用 ······ 129
  - 习题 4.5 ······ 131
- 第 4 章总习题 ······ 131

第 5 章 定积分及其应用 ······ 133

- 5.1 定积分的概念与性质 ······ 133
  - 5.1.1 引例 ······ 133
  - 5.1.2 定积分的定义 ······ 134
  - 5.1.3 定积分的性质 ······ 137
  - 习题 5.1 ······ 139
- 5.2 微积分基本公式 ······ 140
  - 5.2.1 可变上限定积分及其导数 ······ 140
  - 5.2.2 牛顿-莱布尼茨公式 ······ 142
  - 习题 5.2 ······ 144
- 5.3 定积分的换元积分法和分部积分法 ······ 145
  - 5.3.1 定积分的换元积分法 ······ 146
  - 5.3.2 定积分的分部积分法 ······ 149
  - 习题 5.3 ······ 151
- 5.4 广义积分与 Γ 函数 ······ 152
  - 5.4.1 积分区间为无限的广义积分 ······ 152
  - 5.4.2 被积函数为无界的广义积分 ······ 153
  - 5.4.3 Γ 函数 ······ 155
  - 习题 5.4 ······ 156
- 5.5 定积分的应用 ······ 156
  - 5.5.1 定积分的元素法 ······ 157
  - 5.5.2 平面图形的面积 ······ 157
  - 5.5.3 体积 ······ 160
  - 5.5.4 经济学、生物学等方面的应用实例 ······ 162
  - 习题 5.5 ······ 164
- *5.6 定积分的近似计算 ······ 165
  - 5.6.1 矩形法 ······ 165
  - 5.6.2 梯形法 ······ 166

  习题 5.6 ··· 167
第 5 章总习题 ·· 167
第 6 章　多元函数微积分 ·· 169
 6.1　空间解析几何简介 ··· 169
  6.1.1　空间直角坐标系 ····································· 169
  6.1.2　空间曲面 ··· 171
  习题 6.1 ··· 173
 6.2　多元函数的极限与连续 ··································· 174
  6.2.1　区域 ··· 174
  6.2.2　多元函数概念 ·· 175
  6.2.3　二元函数的极限 ····································· 176
  6.2.4　二元函数的连续性 ·································· 176
  习题 6.2 ··· 177
 6.3　偏导数 ·· 178
  6.3.1　偏导数的概念 ·· 178
  6.3.2　高阶偏导数 ··· 180
  习题 6.3 ··· 181
 6.4　全微分 ·· 182
  6.4.1　全微分的定义 ·· 182
  6.4.2　全微分在近似计算中的应用 ····················· 183
  习题 6.4 ··· 184
 6.5　多元复合函数与隐函数的求导法则 ···················· 184
  6.5.1　多元复合函数的求导法则 ························ 184
  6.5.2　多元隐函数的求导法则 ··························· 186
  习题 6.5 ··· 187
 6.6　多元函数的极值及其应用 ································ 188
  6.6.1　多元函数的极值 ····································· 188
  6.6.2　条件极值 ··· 189
  6.6.3　多元函数的最大值与最小值 ····················· 192
  习题 6.6 ··· 193
 6.7　二重积分 ··· 193
  6.7.1　二重积分的概念与性质 ··························· 193
  6.7.2　二重积分的计算 ····································· 196
  习题 6.7 ··· 203
第 6 章总习题 ·· 205

第 7 章 微分方程与差分方程 ······ 207

7.1 微分方程的基本概念 ······ 207
习题 7.1 ······ 210

7.2 可分离变量的微分方程 ······ 211
7.2.1 可分离变量的微分方程 ······ 211
7.2.2 齐次微分方程 ······ 214
习题 7.2 ······ 215

7.3 一阶线性微分方程 ······ 216
习题 7.3 ······ 220

7.4 可降阶的高阶微分方程 ······ 220
7.4.1 $y^{(n)}=f(x)$ 型的微分方程 ······ 220
*7.4.2 $y''=f(x,y')$ 型的微分方程 ······ 221
*7.4.3 $y''=f(y,y')$ 型的微分方程 ······ 222
习题 7.4 ······ 223

7.5 高阶线性微分方程 ······ 223
7.5.1 二阶线性微分方程解的结构 ······ 223
7.5.2 二阶常系数齐次线性微分方程 ······ 225
7.5.3 二阶常系数非齐次线性微分方程 ······ 228
习题 7.5 ······ 230

7.6 差分方程的基本概念 ······ 231
7.6.1 差分的概念与性质 ······ 231
7.6.2 差分方程的概念 ······ 233
习题 7.6 ······ 233

7.7 常系数线性差分方程 ······ 234
7.7.1 一阶常系数线性差分方程 ······ 234
*7.7.2 二阶常系数线性差分方程 ······ 237
习题 7.7 ······ 239

第 7 章总习题 ······ 239

第 8 章 无穷级数 ······ 241

8.1 常数项级数 ······ 241
8.1.1 级数敛散性概念 ······ 241
8.1.2 收敛级数的基本性质 ······ 243
习题 8.1 ······ 244

8.2 常数项级数敛散性判别方法 ······ 245
8.2.1 正项级数敛散性判别方法 ······ 245

目录

  8.2.2 交错项级数敛散性判别方法 …… 249
  8.2.3 任意项级数的绝对收敛与条件收敛 …… 250
 习题 8.2 …… 252
 8.3 幂级数 …… 252
  8.3.1 函数项级数的概念 …… 252
  8.3.2 幂级数及其收敛域 …… 253
  8.3.3 幂级数的运算 …… 256
 习题 8.3 …… 258
 8.4 函数的幂级数展开 …… 258
  8.4.1 泰勒级数 …… 258
  8.4.2 函数展开成幂级数 …… 259
 习题 8.4 …… 262
 第 8 章总习题 …… 262

*第 9 章 高等数学实验 …… 265
 9.1 MATLAB 操作基础 …… 265
  9.1.1 MATLAB 桌面平台 …… 265
  9.1.2 MATLAB 帮助系统 …… 268
  9.1.3 MATLAB 的基本命令与函数 …… 268
  9.1.4 MATLAB 的数值计算 …… 270
  9.1.5 MATLAB 的程序设计 …… 273
 9.2 基于 MATLAB 的高等数学实验 …… 278
  9.2.1 求极限 …… 278
  9.2.2 求导数 …… 279
  9.2.3 泰勒级数逼近计算器 …… 280
  9.2.4 二维与三维图像描绘 …… 280
  9.2.5 非线性方程求根 …… 285
  9.2.6 求积分 …… 287
  9.2.7 求解微分方程 …… 289
 9.3 数学建模案例 …… 292

附录一 常用三角函数公式 …… 298
附录二 希腊字母表 …… 299
附录三 积分表 …… 300
部分习题答案与提示 …… 309

第 1 章 函数与极限

函数是数学中最重要的基本概念之一,是高等数学的主要研究对象.极限概念是微积分的理论基础,连续性是函数的一个重要性质.本章将介绍函数的概念与性质,函数极限的概念及其性质与运算,并运用函数的极限讨论函数的连续性.

1.1 函 数

1.1.1 函数的概念

首先看几个例子.

例 1.1.1(自由落体问题) 一个自由落体,从开始下落时算起,经过的时间设为 $t(\text{s})$,在这段时间中落体的路程设为 $s(\text{m})$.由于只考虑重力对落体的作用,而忽略空气阻力等其他外力的影响,如果落体从开始到着地所需的时间为 T,那么从物理学知道,s 与 t 之间有如下的依赖关系(其中 g 为重力加速度):

$$s = \frac{1}{2}gt^2, \quad 0 \leqslant t \leqslant T.$$

例 1.1.2 某化工公司统计去年农用化肥月生产量如表 1.1.1 所示.

表 1.1.1

月 份	1	2	3	4	5	6	7	8	9	10	11	12
月产量/万吨	5.1	5.2	5.6	6.2	5.9	5.5	5.8	5.0	6.1	5.4	4.2	4.1

从上表可以看出过去一年该公司月产量 x(万吨)与时间 t(月)之间有着确定的对应关系.

例 1.1.3 图 1.1.1 是气温自动记录仪描出的某地一天的温度变化曲线,它给出了气温 $T(℃)$ 与时间 $t(\text{h})$ 之间的依赖关系.

时间 t 的变化范围是 $0 \leqslant t \leqslant 24$,当 t 在这范围内任取一值时,从图 1.1.1 中的曲线可找出气温的对应值.

上述几个例子所描述的问题虽各不相同,但却有共同的特征:它们都表达了两个变量之间的相互依赖关系,当一个变量在它的定义域中任意取定一值时,另一个变量按一定法则就有一个确定的值与之对应.把这种确定的依赖关系抽象出来,就是**函数**的概念.

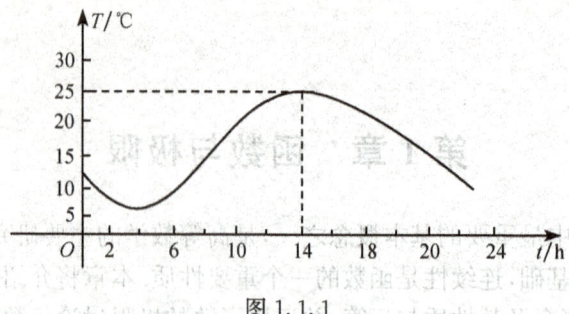

图 1.1.1

定义 1.1.1 设 D 是实数集 $\mathbf{R}$ 的非空子集，f 是一个对应法则. 如果对于 D 中的每一个 x，按照对应法则 f，都有确定的唯一实数 y 与之对应，则称 f 为定义在 D 上的**函数**. 集合 D 称为函数 f 的**定义域**，与 D 中 x 相对应的 y 称为 f 在 x 处的**函数值**，记作

$$y = f(x), \quad x \in D.$$

称全体函数值构成的集合为函数 f 的**值域**，一般记为 $f(D)$.

如果把 x,y 分别看成 $D,\mathbf{R}$ 中的变量，则称 x 为**自变量**，y 为**因变量**.

函数的定义中有两个**基本要素**，就是定义域与对应法则. 两个函数相同的充分必要条件是它们的定义域相同，对应法则也相同.

函数关系表示法通常有三种：**解析式法**、**列表法**和**图示法**.

下面再看几个函数例子.

例 1.1.4 根据《中华人民共和国个人所得税法》(2007 年 12 月 29 日第五次修正)，工资、薪金所得缴纳个人所得税的税率如表 1.1.2 所示.

表 1.1.2

级 数	月工资 x/元	税率/%
0	$0 \leqslant x \leqslant 2000$	0
1	$2000 < x \leqslant 2500$	5
2	$2500 < x \leqslant 4000$	10
3	$4000 < x \leqslant 7000$	15
4	$7000 < x \leqslant 22000$	20
5	$22000 < x \leqslant 42000$	25
6	$42000 < x \leqslant 62000$	30
7	$62000 < x \leqslant 82000$	35
8	$82000 < x \leqslant 102000$	40
9	$x > 102000$	45

采用超额累进计算税费的方法. 若记月工资为 x(元)，应缴纳的税款为 y(元)，则 y 是 x 的函数. 根据超额累进计算税费的方法，该函数为

$$y=f(x)=\begin{cases} 0, & 0 \leqslant x \leqslant 2000, \\ 0.05(x-2000), & 2000 < x \leqslant 2500, \\ 25+0.1(x-2500), & 2500 < x \leqslant 4000, \\ 175+0.15(x-4000), & 4000 < x \leqslant 7000, \\ 625+0.2(x-7000), & 7000 < x \leqslant 22000, \\ 3625+0.25(x-22000), & 22000 < x \leqslant 42000, \\ 8625+0.3(x-42000), & 42000 < x \leqslant 62000, \\ 14625+0.35(x-62000), & 62000 < x \leqslant 82000, \\ 21625+0.4(x-82000), & 82000 < x \leqslant 102000, \\ 29625+0.45(x-102000), & x > 102000. \end{cases}$$

例 1.1.4 中,函数有时需要用几个式子表示,这种在自变量的不同变化范围内,对应法则用不同的式子表示的函数称为**分段函数**.

下面介绍几个常见的分段函数.

例 1.1.5 绝对值函数(图 1.1.2)
$$y=|x|=\begin{cases} x, & x \geqslant 0, \\ -x, & x < 0. \end{cases}$$

例 1.1.6 符号函数(图 1.1.3)

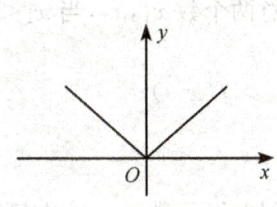

图 1.1.2

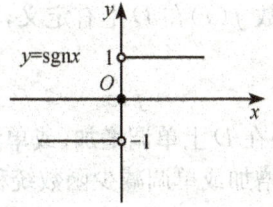

图 1.1.3

$$\operatorname{sgn} x=\begin{cases} -1, & x < 0, \\ 0, & x = 0, \\ 1, & x > 0. \end{cases}$$

对任意实数 x,满足关系
$$x=|x|\operatorname{sgn} x.$$

例 1.1.7 取整函数(图 1.1.4)
$$y=[x],$$
其中 $[x]$ 表示不超过 x 的最大整数.

1.1.2 函数的基本性质

1. 有界性

设函数 $f(x)$ 在 D 上有定义,若存在常数

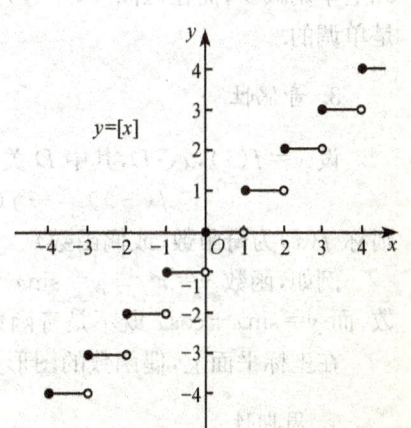

图 1.1.4

k_1(或 k_2),使对一切 $x \in D$ 有
$$f(x) \leqslant k_1 \quad (\text{或 } f(x) \geqslant k_2),$$
则称 $f(x)$ 在 D 上有**上界**(或有**下界**),称 k_1(或 k_2)为 $f(x)$ 在 D 上的**上界**(或**下界**).若存在正数 M,使对一切 $x \in D$,有
$$|f(x)| \leqslant M,$$
则称 $f(x)$ 在 D 上**有界**,这时也称 $f(x)$ 在 D 上是**有界函数**.如果对任给的正数 M,总存在 $x_1 \in D$,使 $|f(x_1)| > M$,就称 $f(x)$ 在 D 上**无界**.

例如,函数 $y = \sin x$ 在它的定义域 $(-\infty, +\infty)$ 内有界;函数 $f(x) = \dfrac{1}{x}$ 在 $[1, +\infty)$ 上有界,在 $(0,1)$ 内却是无界的,因为对任给的正数 $M > 1$,总存在 $x_1 = \dfrac{1}{2M} \in (0,1)$,使
$$|f(x_1)| = \left|\dfrac{1}{x_1}\right| = 2M > M.$$

容易证明,函数 $f(x)$ 在 D 上有界的充分必要条件是:它在 D 上既有上界又有下界.

2. 单调性

设函数 $f(x)$ 在 D 上有定义,如果对 D 中任意两个数 x_1, x_2,当 $x_1 < x_2$ 时,总有
$$f(x_1) < f(x_2) \quad (\text{或 } f(x_1) > f(x_2)),$$
则称 $f(x)$ 在 D 上**单调增加**(或**单调减少**).

单调增加或单调减少函数统称为**单调函数**.

例如,函数 $y = x^3$ 在 $(-\infty, +\infty)$ 内是单调增加的;函数 $y = x^2$ 在区间 $(-\infty, 0]$ 上单调减少,而在区间 $[0, +\infty)$ 上单调增加,但在整个区间 $(-\infty, +\infty)$ 内却不是单调的.

3. 奇偶性

设 $y = f(x), x \in D$,其中 D 关于原点对称,如果对任意 $x \in D$,总有
$$f(-x) = -f(x) \quad (\text{或 } f(-x) = f(x)),$$
则称 $f(x)$ 为**奇函数**(或**偶函数**).

例如,函数 $y = x^3$ 与 $y = \sin x$ 都是奇函数,函数 $y = x^2$ 与 $y = \cos x$ 都是偶函数,而 $y = \sin x + \cos x$ 既不是奇函数,也不是偶函数.

在坐标平面上,偶函数的图形关于 y 轴对称,奇函数的图形关于原点对称.

4. 周期性

设函数 $f(x)$ 在 D 上有定义,若存在常数 $l \neq 0$,使对任意 $x \in D$,总有

$$f(x+l) = f(x),$$

则称 $f(x)$ 为**周期函数**,l 称为 $f(x)$ 的一个**周期**.显然,若 l 为 $f(x)$ 的一个周期,则 $kl(k=\pm 1,\pm 2,\cdots)$ 也都是它的周期,所以,一个周期函数一定有无穷多个周期.通常所说周期函数的周期是指**最小正周期**.

如 $\sin x$ 和 $\cos x$ 是周期为 2π 的周期函数,$\tan x$ 和 $\cot x$ 是周期为 π 的周期函数.

注意 并非任何周期函数都有最小正周期.例如,常量函数 $f(x)=C$ 是周期函数,任何实数都是它的周期,因而不存在最小正周期.

1.1.3 反函数与复合函数

1. 反函数

定义 1.1.2 设函数 $f(x)$ 的定义域为 D,值域为 $f(D)$.若对 $f(D)$ 中每一值 y,D 中有唯一值 x 与之相对应,且 $y=f(x)$,这样便得到 $f(D)$ 上一个新函数,称此函数为函数 $y=f(x)$ 的**反函数**,记作

$$x = f^{-1}(y), \quad y \in f(D).$$

相对于反函数 $x=f^{-1}(y)$ 来说,原来的函数 $y=f(x)$ 称为**直接函数**.

一般地,$y=f(x)(x\in D)$ 的反函数记为 $y=f^{-1}(x)(x\in f(D))$.在同一坐标平面上,函数 $y=f(x)$ 与 $y=f^{-1}(x)$ 的图形关于直线 $y=x$ 对称.

例如,函数 $y=x^3$ 的反函数是 $y=\sqrt[3]{x}$,函数 $y=x^2$ 在 $(-\infty,0]$ 上反函数是 $y=-\sqrt{x}$.

注意 并不是任何一个函数都有反函数.可以证明,单调增加(减少)函数必有反函数,且反函数也是单调增加(减少)的.

2. 复合函数

定义 1.1.3 已知函数 $y=f(u)$ 的定义域为 E,函数 $u=\varphi(x)$ 的定义域为 D,值域为 $\varphi(D)$.如果 $E\cap\varphi(D)\neq\varnothing$,则称 $y=f[\varphi(x)]$ 为由函数 $y=f(u)$ 与 $u=\varphi(x)$ 复合而成的**复合函数**,其中 u 称为**中间变量**.

注意 习惯上称 $y=f(u)$ 为**外函数**,$u=\varphi(x)$ 为**内函数**.定义 1.1.3 表明只有当内函数的值域与外函数的定义域的交集非空时,这两个函数才能复合.

例如,函数 $y=\cos u$ 与 $u=x^2+1$ 可以复合成函数

$$y = \cos(x^2+1), \quad x \in (-\infty,+\infty).$$

又如,函数 $y=\sqrt{u}$ 与 $u=1-x^2$ 可以复合成函数

$$y = \sqrt{1-x^2}, \quad x \in [-1,1].$$

但函数 $y=\sqrt{u-2}$ 与 $u=\sin x$ 就不能进行复合,因为 $y=\sqrt{u-2}$ 的定义域 $[2,+\infty)$

与 $u=\sin x$ 的值域 $[-1,1]$ 的交集为空集.

例 1.1.8 设 $f(x)=\begin{cases}1+x, & x<0,\\ 1, & x\geqslant 0.\end{cases}$ 求 $f[f(x)]$.

解 $$f[f(x)]=\begin{cases}1+f(x), & f(x)<0,\\ 1, & f(x)\geqslant 0.\end{cases}$$

易知当 $x<-1$ 时,$f(x)=1+x<0$,而 $f[f(x)]=1+f(x)=1+(1+x)=2+x$. 当 $x\geqslant -1$ 时,无论 $-1\leqslant x<0$ 及 $x\geqslant 0$, 均有 $f(x)\geqslant 0$, 从而 $f[f(x)]=1$. 所以

$$f[f(x)]=\begin{cases}2+x, & x<-1,\\ 1, & x\geqslant -1.\end{cases}$$

复合函数还可以由两个以上的函数构成. 例如, 由三个函数 $y=5^u$, $u=v^3$, $v=2x-1$ 复合而成的函数为 $y=5^{(2x-1)^3}$.

反过来也能将一个复合函数分解成几个简单函数. 例如, 函数 $y=\log_2\sqrt{x^2+1}$ 可以看作由三个函数 $y=\log_2 u$, $u=\sqrt{v}$, $v=x^2+1$ 复合而成.

1.1.4 初等函数

下列函数统称为**基本初等函数**：
(1) **常量函数** $y=C$（C 为常数）；
(2) **幂函数** $y=x^\mu$（$\mu\in\mathbf{R}, \mu\neq 0$）；
(3) **指数函数** $y=a^x$（$a>0, a\neq 1$）；
(4) **对数函数** $y=\log_a x$（$a>0, a\neq 1$, 特别当 $a=e$ 时, 记为 $y=\ln x$）；
(5) **三角函数** $y=\sin x, y=\cos x, y=\tan x, y=\cot x$；
(6) **反三角函数**
   ① 反正弦函数 $y=\arcsin x, x\in[-1,1], y\in\left[-\dfrac{\pi}{2},\dfrac{\pi}{2}\right]$；
   ② 反余弦函数 $y=\arccos x, x\in[-1,1], y\in[0,\pi]$；
   ③ 反正切函数 $y=\arctan x, x\in(-\infty,+\infty), y\in\left(-\dfrac{\pi}{2},\dfrac{\pi}{2}\right)$；
   ④ 反余切函数 $y=\mathrm{arccot}\, x, x\in(-\infty,+\infty), y\in(0,\pi)$.

由基本初等函数经过有限次的四则运算或有限次的复合运算所产生并且能用一个解析式表示的函数称为**初等函数**.

例如,
$$y=\sqrt{1+x^2}, \quad y=3\sin\left(2x+\dfrac{2}{3}\pi\right), \quad y=2^{\sin^2 3x}-\dfrac{1}{x}$$

都是初等函数. 还有正割 $\sec x=\dfrac{1}{\cos x}$, 余割 $\csc x=\dfrac{1}{\sin x}$ 也是常见的初等函数.

1.1 函数

并非所有函数都为初等函数,分段函数一般不是初等函数. 不是初等函数的函数统称为**非初等函数**. 例如,符号函数 sgn$x$ 和取整函数 $[x]$ 都是非初等函数.

1.1.5 其他类型的函数

1. 隐函数

设 $X \subset \mathbf{R}, Y \subset \mathbf{R}$,若对于任意 $x \in X$,总有唯一确定的 $y \in Y$,使得 x,y 共同满足方程:

$$F(x,y) = 0, \tag{1.1.1}$$

则称由方程(1.1.1)确定了一个定义在 X 上,值域含于 Y 的**隐函数**,记为

$$y = y(x), \quad x \in X, \quad y \in Y.$$

例如,方程

$$xy + y + 1 = 0$$

就确定了一个定义在 $(-\infty, -1) \cup (-1, +\infty)$ 上的隐函数$\left(\text{即 } y = -\dfrac{1}{x+1}\right)$.

又如,方程

$$xy + \mathrm{e}^y - \mathrm{e}^x = 0$$

就确定了一个定义在 $(-\infty, +\infty)$ 内的隐函数(这里 y 不能由含 x 的解析式表示).

2. 由参数方程所确定的函数

参数方程

$$\begin{cases} x = \varphi(t), \\ y = \psi(t), \end{cases} t \in [\alpha, \beta] \tag{1.1.2}$$

一般表示平面上的一条曲线. 如果当参数 t 从 α 单调地变化到 β 时,$x = \varphi(t)$ 也单调,则其反函数 $t = \varphi^{-1}(x)$ 存在且单调,代入 $y = \psi(t)$,便有 $y = \psi[\varphi^{-1}(x)]$,这说明在上述条件下,由参数方程(1.1.2)确定了 x 与 y 之间的一个函数关系.

例如,炮弹运动的轨迹(即弹道曲线)在不计空气阻力的情况下可表示为参数方程

$$\begin{cases} x = v_1 t, \\ y = v_2 t - \dfrac{1}{2} g t^2, \end{cases} 0 \leqslant t \leqslant \dfrac{2 v_2}{g},$$

其中 v_1, v_2 分别表示炮弹的水平和铅直方向的初速度,g 为重力加速度,t 为时间,x 和 y 分别表示炮弹在铅垂平面内位置的横坐标与纵坐标. 消去参变量 t,就有

$$y = \dfrac{v_2}{v_1} x - \dfrac{g}{2 v_1^2} x^2,$$

称这个函数是由所给参数方程所确定的函数.

3. 极坐标

平面上取一定点 O,称之为**极点**,从 O 出发,引一条射线 Ox,称为**极轴**,并选定一个长度单位和角度的正方向(通常取逆时针方向). 对于平面内的任意一点 M,作线段 OM,记 OM 的长度为 ρ,称 ρ 为点 M 的**极径**. 用 θ 表示从 Ox 到 OM 的角度,称 θ 为点 M 的**极角**(图 1.1.5).这样,便建立了平面上的点 M 与有序数组 (ρ,θ) 之间一一对应的关系,称 (ρ,θ) 为点 M 的**极坐标**,而相应的坐标系称为**极坐标系**.

以极点 O 为原点,取 x 轴正向与极轴正向一致,取与极坐标系相同的长度单位,作平面直角坐标系(图 1.1.6).这样,平面内的任意一点 M 的直角坐标 (x,y) 与极坐标 (ρ,θ) 显然具有如下的关系:

$$\begin{cases} x = \rho\cos\theta, \\ y = \rho\sin\theta. \end{cases} \quad (1.1.3)$$

式(1.1.3)为直角坐标与极坐标之间的变换公式. 通过此公式,可把点的极坐标与直角坐标互相转化,也可以将曲线的极坐标方程和直角坐标方程互相转化.

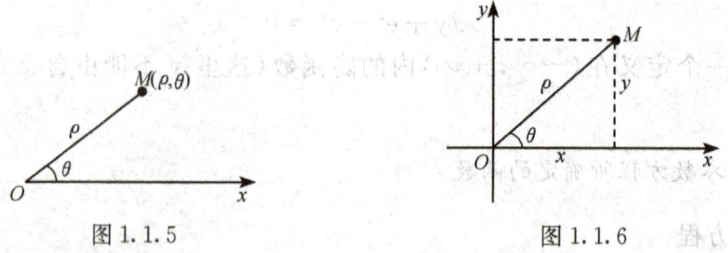

图 1.1.5　　　　　　　　　图 1.1.6

例 1.1.9　把圆的直角坐标方程 $x^2+(y-R)^2=R^2$ 化为极坐标方程.

解　原方程化为 $x^2+y^2=2Ry$,由式(1.1.3)可得 $\rho^2=2R\rho\sin\theta$,即

$$\rho = 2R\sin\theta,$$

这就是该圆极坐标方程.

同样得圆 $x^2+y^2=a^2$ 极坐标方程为 $\rho=a$;圆 $x^2+y^2=2ax$ 的极坐标方程为 $\rho=2a\cos\theta$. 而从原点出发,与极轴夹角为 φ 的射线极坐标方程为 $\theta=\varphi$.

通常可借助于直角坐标或用描点法画出极坐标方程所对应的图形.

例 1.1.10　画出阿基米德螺线 $\rho=a\theta$.

解　设 $a>0$,将 (ρ,θ) 的若干取值列表如表 1.1.3:

表 1.1.3

θ	0	$\frac{\pi}{4}$	$\frac{\pi}{2}$	$\frac{3\pi}{4}$	π	$\frac{5\pi}{4}$	$\frac{3\pi}{2}$	$\frac{7\pi}{4}$	2π
ρ	0	$0.79a$	$1.57a$	$2.36a$	$3.14a$	$3.93a$	$4.71a$	$5.50a$	$6.28a$

描点可得阿基米德螺线如图 1.1.7 实线图形所示.当 $a<0$ 时,如图 1.1.7 虚线图形所示.

同样可画出心形线 $\rho=a(1+\cos\theta)$,如图 1.1.8 所示(当 $a>0$ 时,为实线;当 $a<0$ 时,为虚线).

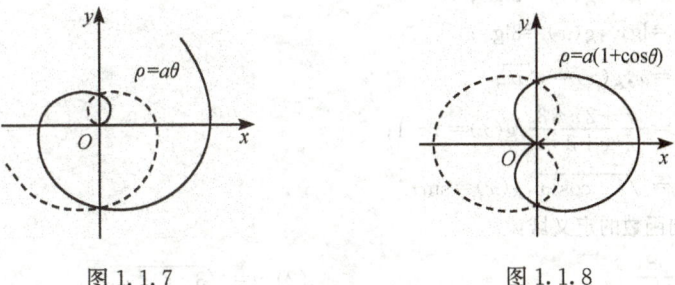

图 1.1.7   图 1.1.8

有些曲线在直角坐标系中的方程较为复杂,或不易看出曲线的特征,而在极坐标系中或参数方程中对于这些曲线的描述与分析将会容易得多. 例如,伯努利双纽线 $\rho^2=a^2\sin2\theta$(图 1.1.9(a)),或 $\rho^2=a^2\cos2\theta$(图 1.1.9(b));星形线 $\begin{cases}x=a\cos^3 t,\\y=a\sin^3 t\end{cases}$ $(0\leqslant t\leqslant 2\pi)$(图 1.1.10);摆线 $\begin{cases}x=a(\theta-\sin\theta),\\y=a(1-\cos\theta)\end{cases}$ $(0\leqslant\theta\leqslant 2\pi)$(图 1.1.11).

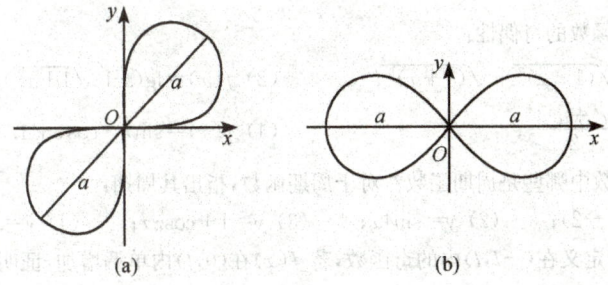

图 1.1.9

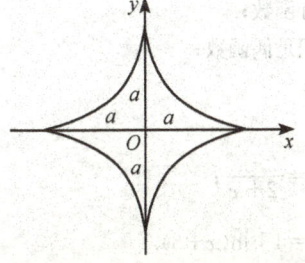

图 1.1.10

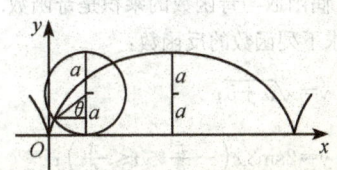

图 1.1.11

习 题 1.1

1. 下列各题函数是否同一函数,为什么?
   (1) $f(x)=\lg x^2, g(x)=2\lg x$;
   (2) $f(x)=\lg x^3, g(x)=3\lg x$;
   (3) $f(x)=x, g(x)=\sqrt{x^2}$;
   (4) $f(x)=\dfrac{x^2+2x-3}{x+3}, g(x)=x-1$;
   (5) $f(x)=\sqrt{1-\cos^2 x}, g(x)=\sin x$.

2. 求下列函数的定义域:
   (1) $y=\dfrac{x^2}{1+x}$;
   (2) $y=\sqrt{3x-x^2}$;
   (3) $y=\dfrac{x}{\sqrt{x^2-3x+2}}$;
   (4) $y=\arcsin(x-2)$.

3. 设 $\varphi(x)=\begin{cases}|\sin x|, & |x|<\dfrac{\pi}{3} \\ 0, & |x|\geqslant\dfrac{\pi}{3}\end{cases}$,求 $\varphi\left(\dfrac{\pi}{6}\right), \varphi\left(\dfrac{\pi}{4}\right), \varphi\left(-\dfrac{\pi}{2}\right), \varphi(-2)$.

4. 确定下列函数在指定区间内的单调性:
   (1) $y=\dfrac{x}{1-x}(-\infty,1)$;
   (2) $y=e^{\frac{1}{x}}(0,+\infty)$.

5. 确定下列函数的奇偶性:
   (1) $f(x)=\sqrt[3]{(1-x)^2}+\sqrt[3]{(1+x)^2}$;
   (2) $f(x)=\lg(x+\sqrt{1+x^2})$;
   (3) $f(x)=\dfrac{a^x+a^{-x}}{2}$;
   (4) $f(x)=\sin x-\cos x+4$.

6. 下列各函数中哪些是周期函数?对于周期函数,指出其周期:
   (1) $y=\sin(x-2)$;   (2) $y=\sin 4x$;   (3) $y=1+\cos\pi x$;   (4) $y=x\sin x$.

7. 设 $f(x)$ 为定义在 $(-l,l)$ 内的奇函数,若 $f(x)$ 在 $(0,l)$ 内单调增加,证明 $f(x)$ 在 $(-l,0)$ 内也单调增加.

8. 设下面所考虑的函数都是定义在区间 $(-l,l)$ 上的,证明:
   (1) 两个偶函数的和是偶函数,两个奇函数的和是奇函数;
   (2) 两个偶函数的乘积是偶函数,两个奇函数的乘积是偶函数;
   (3) 偶函数与奇函数的乘积是奇函数.

9. 求下列函数的反函数:
   (1) $y=\sqrt[3]{x+5}$;
   (2) $y=\dfrac{2-x}{2+x}$;
   (3) $y=2\sin 3x\left(-\dfrac{\pi}{6}\leqslant x\leqslant\dfrac{\pi}{6}\right)$;
   (4) $y=1+\ln(x+3)$.

10. 指出下列函数由哪些简单函数复合而成:

(1) $y=\ln(1+2^x)$;　　　　　　(2) $y=\cos\sqrt{1+\arccos x}$;

(3) $y=e^{\sin^2\frac{1}{x}}$;　　　　　　(4) $y=\arctan\sqrt{\ln(x^2-1)}$.

11. 设 $f(x)$ 的定义域为 $[0,1]$，求下列各函数的定义域：

(1) $f(x^2)$;　　　　　　(2) $f(\cos x)$;

(3) $f(x+a)(a>0)$;　　　　　　(4) $f(x+a)+f(x-a)(a>0)$.

12. 设
$$f(x)=\begin{cases}1, & |x|<1,\\ 0, & |x|=1,\\ -1, & |x|>1,\end{cases} \quad g(x)=e^x,$$
求 $f[g(x)]$ 和 $g[f(x)]$，并作出这两个函数的图形。

13. 某运输公司规定货物的吨公里运价为：在 a km 以内，每千米 k 元，超过部分每千米为 $\frac{4}{5}k$ 元。求运价 y 和里程 s 之间的函数关系。

14. 要设计一个容积为 $20\pi(\text{m}^3)$ 有盖圆柱形油桶，已知上盖单位面积造价是侧面的一半，而侧面单位面积造价又是底面的一半，设上盖单位面积造价为 a(元·m^{-2})，试将油桶总造价 P 表示为油桶底面半径 r 的函数。

15. 某房地产公司有 50 套公寓出租，当租金定为每月 1000 元，公寓可全部租出去。当租金每月增加 50 元时，就会多一套公寓租不出去，而租出去的房子每月需花费 100 元的整修维护费。试确定房地产公司收入 y 与房租 x 的函数关系。

1.2 数列极限

极限思想是源于求某些实际问题的精确解答而产生的。例如，我国古代数学家刘徽（公元 3 世纪）利用圆内接正多边形面积来推算圆面积的方法——割圆术，就是极限思想在几何学上的应用。极限是研究变量的变化趋势的基本工具，本节将首先给出特殊函数——数列的极限定义。

1.2.1 数列极限的定义

定义 1.2.1 一个以正整数集 $\mathbf{N}^+$ 为定义域的函数
$$y=f(n), \quad n\in\mathbf{N}^+.$$
当其自变量 n 按正整数增大的顺序依次取值时，就把对应的函数值 $f(n)$ 记作 $x_n(n=1,2,3,\cdots)$，则得到的一列有序的数
$$x_1,x_2,\cdots,x_n,\cdots$$
称为**数列**，记作 $\{x_n\}$，其中第 n 项 x_n 称为这数列的**一般项**或**通项**。例如，数列

(1) $\frac{1}{2},\frac{1}{4},\frac{1}{8},\cdots,\frac{1}{2^n},\cdots$;　　(2) $2,\frac{1}{2},\frac{4}{3},\cdots,1+\frac{(-1)^{n-1}}{n},\cdots$;

(3) $1,8,27,\cdots,n^3,\cdots$;　　(4) $-1,1,-1,\cdots,(-1)^n,\cdots$.

一般项分别为 $\dfrac{1}{2^n}$；$1+\dfrac{(-1)^{n-1}}{n}$；n^3；$(-1)^n$.

现在考察数列 $\left\{1+\dfrac{(-1)^{n-1}}{n}\right\}$. 发现随着 n 的无限增大，一般项 $x_n=1+\dfrac{(-1)^{n-1}}{n}$ 无限地接近于 1，这是因为

$$|x_n-1|=\left|1+\dfrac{(-1)^{n-1}}{n}-1\right|=\dfrac{1}{n}.$$

由此可见，随着 n 的无限增大，x_n 与常数 1 的距离 $|x_n-1|$ 无限变小. 换句话说，只要 n 足够大，就可以使 $|x_n-1|$ 小于任意给定的正数 ε（不论 ε 多么小）. 例如，给定 $\varepsilon=0.01$，要使 $|x_n-1|<0.01$，即 $\dfrac{1}{n}<0.01$，只要 $n>100$ 即可，即从 101 项开始，都有不等式 $|x_n-1|<0.01$ 成立. 可以说，当 n 趋向无穷大（记为 $n\to\infty$）时，数列 $\{x_n\}$ 的极限为常数 1. 一般地，有下列数列极限定义.

定义 1.2.2 设 $\{x_n\}$ 是一个数列，a 是一个确定的数，若对任意给定的正数 ε，总存在正整数 N，使得当 $n>N$ 时，总有不等式

$$|x_n-a|<\varepsilon$$

成立，则称当 $n\to\infty$ 时，**数列 $\{x_n\}$ 的极限为 a**，或称**数列 $\{x_n\}$ 收敛于 a**. 记为

$$\lim_{n\to\infty}x_n=a \quad (\text{或 } x_n\to a,\ n\to\infty).$$

如果数列 $\{x_n\}$ 没有极限，则称它是**发散**的，习惯上也说 $\lim\limits_{n\to\infty}x_n$ 不存在.

注意 定义中的 ε 是任意给定的正数，用来衡量 x_n 与 a 接近的程度，ε 越小，x_n 与 a 越接近；定义中的 N 是与 ε 有关的正整数，用以保证不等式 $|x_n-a|<\varepsilon$ 成立，n 需要大到一定程度. 一般说来，ε 给得越小，所需要的 N 就越大，但 N 不唯一.

下面讨论数列极限的几何意义. 为叙述方便，先引进邻域的概念.

设 a 为一个常数，δ 为一个正数，称开区间 $(a-\delta,a+\delta)$ 为**点 a 的 δ 邻域**，记为 $U(a,\delta)$. 称 a 为邻域的中心，δ 为邻域的半径，当不强调邻域半径大小时，记为 $U(a)$.

点 a 的 δ 邻域挖去中心点 a 后，称为**点 a 的 δ 去心邻域**，记为 $\mathring{U}(a,\delta)$.

数列极限的几何意义：如果 $\lim\limits_{n\to\infty}x_n=a$，用数轴上的点来表示收敛数列 $\{x_n\}$ 的各项，就不难发现：对于 a 的任何 ε 邻域 $U(a,\varepsilon)$（无论多么小），总存在正整数 N，当 $n>N$ 时，一切 x_n，即点 $x_{N+1},x_{N+2},\cdots$ 都落在邻域 $U(a,\varepsilon)$ 内，而只有有限个点（至多 N 个）在这邻域之外（图 1.2.1）.

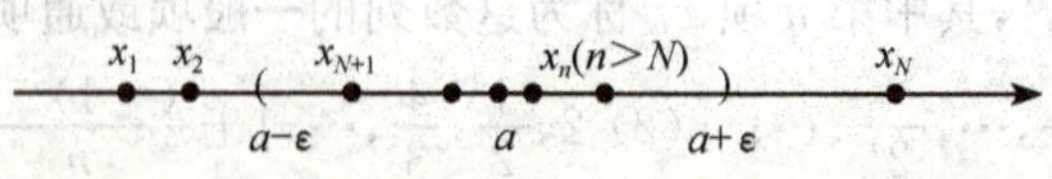

图 1.2.1

例 1.2.1 证明 $\lim\limits_{n\to\infty}\left[1+\dfrac{(-1)^{n-1}}{n}\right]=1.$

证 对任给 $\varepsilon>0$,因为 $|x_n-1|=\left|1+\dfrac{(-1)^{n-1}}{n}-1\right|=\dfrac{1}{n}$,所以欲使 $\left|1+\dfrac{(-1)^n}{n}-1\right|<\varepsilon$,即 $\dfrac{1}{n}<\varepsilon$,只要 $n>\dfrac{1}{\varepsilon}$ 即可. 因此,取 $N=\left[\dfrac{1}{\varepsilon}\right]$,当 $n>N$ 时,恒有

$$\left|1+\dfrac{(-1)^n}{n}-1\right|<\varepsilon.$$

所以,

$$\lim_{n\to\infty}\left[1+\dfrac{(-1)^{n-1}}{n}\right]=1.$$

例 1.2.2 证明 $\lim\limits_{n\to\infty}\dfrac{\sqrt{n^2+a^2}}{n}=1.$

证 对任给 $\varepsilon>0$,由于

$$\left|\dfrac{\sqrt{n^2+a^2}}{n}-1\right|=\dfrac{\sqrt{n^2+a^2}-n}{n}=\dfrac{a^2}{n(\sqrt{n^2+a^2}+n)}<\dfrac{a^2}{n},$$

所以要使 $\left|\dfrac{\sqrt{n^2+a^2}}{n}-1\right|<\varepsilon$,只要 $\dfrac{a^2}{n}<\varepsilon$,即 $n>\dfrac{a^2}{\varepsilon}$. 于是取 $N=\left[\dfrac{a^2}{\varepsilon}\right]$,当 $n>N$ 时,总有

$$\left|\dfrac{\sqrt{n^2+a^2}}{n}-1\right|<\varepsilon.$$

所以,

$$\lim_{n\to\infty}\dfrac{\sqrt{n^2+a^2}}{n}=1.$$

类似地,可以证明 $\lim\limits_{n\to\infty}q^n=0(|q|<1)$,$\lim\limits_{n\to\infty}a^{\frac{1}{n}}=1(a>0$ 且 $a\neq 1)$.

1.2.2 收敛数列的性质

定理 1.2.1(有界性) 若数列 $\{x_n\}$ 收敛,则它是有界的,即存在 $M>0$,对一切正整数 n,都有 $|x_n|\leqslant M$.

证 设 $\lim\limits_{n\to\infty}x_n=a$. 根据极限定义,对 $\varepsilon=1$ 时,总存在正整数 N,使得当 $n>N$ 时,总有不等式

$$|x_n-a|<1.$$

由于

$$|x_n|=|x_n-a+a|\leqslant|x_n-a|+|a|<1+|a|,$$

所以若令 $M=\max\{|x_1|,|x_2|,\cdots,|x_N|,1+|a|\}$,则 $M>0$,对一切正整数 n,都有

$$|x_n| \leqslant M,$$

所以$\{x_n\}$是有界数列.

注意 有界性只是数列收敛的必要条件,并非充分条件. 例如,数列$\{(-1)^n\}$有界,但它并不收敛.

类似可以证明下面的几个定理,这里略去证明.

定理 1.2.2(唯一性) 若数列$\{x_n\}$收敛,则它的极限是唯一的.

定理 1.2.3(保号性) 若$\lim\limits_{n\to\infty}x_n=a$且$a>0$(或$a<0$),则总存在正整数$N$,使得当$n>N$时,恒有$x_n>0$(或$x_n<0$).

推论 1.2.1 若$\lim\limits_{n\to\infty}x_n=a$且$x_n>0$(或$x_n<0$),则有$a\geqslant 0$(或$a\leqslant 0$).

推论 1.2.2(保不等式性) 设$\lim\limits_{n\to\infty}x_n=a$,$\lim\limits_{n\to\infty}y_n=b$,且从某项起恒有$x_n\leqslant y_n$,则$a\leqslant b$.

最后介绍子数列的概念以及收敛数列与其子数列的关系.

在数列$\{x_n\}$中,第一次取一项,记为x_{n_1},第二次在x_{n_1}后取一项,记为x_{n_2},……这样无休止地取下去,得到一个数列

$$x_{n_1},\quad x_{n_2},\quad \cdots,\quad x_{n_k},\quad \cdots,$$

则称数列$\{x_{n_k}\}$是数列$\{x_n\}$的一个**子数列**.

定理 1.2.4(收敛数列与其子数列的关系) 若数列$\{x_n\}$收敛于a,则其任意子数列$\{x_{n_k}\}$也收敛,且极限都是a.

证明从略.

由定理 1.2.4 可知,若数列$\{x_n\}$有两个子数列收敛于不同的极限,则数列$\{x_n\}$发散. 例如,数列$\{(-1)^n\}$的子数列$\{x_{2k}\}$收敛于 1;而子数列$\{x_{2k-1}\}$收敛于-1,则数列$\{(-1)^n\}$发散.

习 题 1.2

1. 观察下列数列$\{x_n\}$的变化趋势,如果极限存在,写出极限:

   (1) $x_n=\dfrac{1}{2^n}$; (2) $x_n=(-1)^n\dfrac{n+3}{n}$; (3) $x_n=2+\dfrac{1}{n^3}$; (4) $x_n=\dfrac{n-1}{n+1}$.

* 2. 用极限的定义证明下列极限:

   (1) $\lim\limits_{n\to\infty}\dfrac{1}{n^2}=0$; (2) $\lim\limits_{n\to\infty}\dfrac{2n-1}{3n+1}=\dfrac{2}{3}$;

   (3) $\lim\limits_{n\to\infty}\dfrac{1}{n}\cos\dfrac{\pi}{n}=0$; (4) $\lim\limits_{n\to\infty}q^n=0(|q|<1)$.

* 3. 若$\lim\limits_{n\to\infty}u_n=a$,证明$\lim\limits_{n\to\infty}|u_n|=|a|$,并举例说明:如果数列$\{|x_n|\}$有极限,但数列$\{x_n\}$未必有极限.

* 4. 设数列$\{x_n\}$有界,又$\lim\limits_{n\to\infty}y_n=0$,证明:$\lim\limits_{n\to\infty}x_ny_n=0$. 并求极限$\lim\limits_{n\to\infty}\dfrac{1}{n}\sin n$.

*5. 对于数列 $\{x_n\}$,若 $x_{2k-1} \to a(k \to \infty)$,$x_{2k} \to a(k \to \infty)$,证明:$x_n \to a(n \to \infty)$.

6. 若 $x_n > 0$,且 $\lim\limits_{n \to \infty} x_n = a$,则 $a > 0$ 不一定成立,为什么?

1.3 函数极限

数列可看作自变量为正整数 n 的函数:$x_n = f(n)$,数列 $\{x_n\}$ 的极限为 a,即当自变量 n 取正整数且无限增大时,对应的函数值 $f(n)$ 无限接近于数 a. 可以由此引出函数极限的一般概念:在自变量 x 的某个变化过程中,如果对应的函数值 $f(x)$ 无限接近于某个确定的数 A,则称 A 是在该变化过程中函数 $f(x)$ 的极限. 当然,自变量的变化过程不同,函数的极限就有不同的表现形式. 本节将讨论两种情形:①自变量趋于无穷大时函数的极限;②自变量趋于有限值时函数的极限.

1.3.1 自变量趋于无穷大时函数的极限

考察函数 $f(x) = \dfrac{1}{x}$,当 $|x|$ 无限增大时,对应的函数值 $f(x)$ 无限接近于 0,类似于数列的极限定义,就是说,对任给的 $\varepsilon > 0$,总存在足够大的正数 $X = \dfrac{1}{\varepsilon}$,只要 $|x| > X$,就有 $\left| \dfrac{1}{x} - 0 \right| = \dfrac{1}{|x|} < \varepsilon$.

一般地,有如下定义.

定义 1.3.1 设 $f(x)$ 是在 $|x| \geq a$ 上有定义的函数,A 是一个确定的数. 若对任意给定的 $\varepsilon > 0$,总存在某一个正数 X,使得当 $|x| > X$ 时,总有
$$|f(x) - A| < \varepsilon,$$
则称 A 为函数 $f(x)$ 当 x **趋于无穷大**(记为 $x \to \infty$)**时的极限**,记作
$$\lim_{x \to \infty} f(x) = A \quad (\text{或 } f(x) \to A(x \to \infty)).$$

定义 1.3.1 的几何意义:$\lim\limits_{x \to \infty} f(x) = A$ 意味着,对于任给的 $\varepsilon > 0$,作两条平行直线 $y = A + \varepsilon$ 与 $y = A - \varepsilon$,总存在 $X > 0$,使得当 $x < -X$ 或 $x > X$ 时,函数 $f(x)$ 图形完全夹在这两条平行线之间(图 1.3.1).

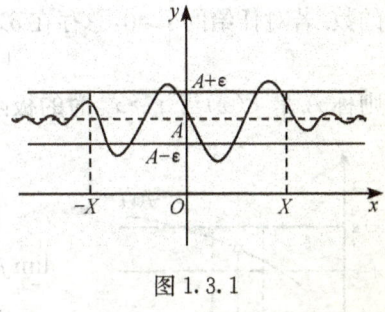

图 1.3.1

如果 $x > 0$,且当 x 无限增大(记为 $x \to +\infty$)时,那么只要把定义 1.3.1 中 $|x| > X$ 改为 $x > X$,就得到 $\lim\limits_{x \to +\infty} f(x) = A$ 的定义. 同样,如果 $x < 0$,且当 $|x|$ 无限增大(记为 $x \to -\infty$)时,那么只要把定义 1.3.1 中 $|x| > X$ 改为 $x < -X$,就得到 $\lim\limits_{x \to -\infty} f(x) = A$ 的定义. 由定义易得下列定理.

定理 1.3.1 函数 $f(x)$ 当 $x\to\infty$ 时极限存在的充分必要条件是 $f(x)$ 当 $x\to+\infty$ 与 $x\to-\infty$ 时极限各自存在,并且相等. 即

$$\lim_{x\to\infty}f(x)=A \Leftrightarrow \lim_{x\to-\infty}f(x)=\lim_{x\to+\infty}f(x)=A.$$

因此,即使 $\lim\limits_{x\to-\infty}f(x)$ 与 $\lim\limits_{x\to+\infty}f(x)$ 都存在,但若不相等,则 $\lim\limits_{x\to\infty}f(x)$ 不存在.

例 1.3.1 证明 $\lim\limits_{x\to\infty}\dfrac{1}{x^2}=0$.

证 对任给 $\varepsilon>0$,要使 $\left|\dfrac{1}{x^2}-0\right|=\dfrac{1}{x^2}<\varepsilon$,只要 $|x|>\sqrt{\dfrac{1}{\varepsilon}}$. 取 $X=\sqrt{\dfrac{1}{\varepsilon}}$,则当 $|x|>X$ 时,就有

$$\left|\dfrac{1}{x^2}-0\right|<\varepsilon,$$

所以

$$\lim_{x\to\infty}\dfrac{1}{x^2}=0.$$

可以证明 $\lim\limits_{x\to-\infty}\arctan x=-\dfrac{\pi}{2}$,$\lim\limits_{x\to+\infty}\arctan x=\dfrac{\pi}{2}$,$\lim\limits_{x\to\infty}\dfrac{1}{x^n}=0(n\in\mathbf{N}^+)$.

1.3.2 自变量趋于有限值时函数的极限

我们来考察函数 $f(x)=\dfrac{x^2-4}{x-2}$ 当自变量 x 无限接近于 2 时的变化趋势. 虽然 $f(x)$ 在 $x=2$ 无定义,但当 $x\neq 2$ 而趋于 2 时,对应的函数值 $f(x)=\dfrac{x^2-4}{x-2}=x+2$ 无限地接近于一个确定的数 4. 因为当 $x\neq 2$ 时有

$$|f(x)-4|=|(x+2)-4|=|x-2|,$$

所以,若对任意给定的 $\varepsilon>0$,要使 $|f(x)-4|<\varepsilon$,只要 $|x-2|<\varepsilon$ 即可.

定义 1.3.2 设函数 $f(x)$ 在点 x_0 的某个去心邻域内有定义,A 是一个确定的数. 若对任给的 $\varepsilon>0$,总存在 $\delta>0$,使得当 $0<|x-x_0|<\delta$ 时,总有

$$|f(x)-A|<\varepsilon,$$

则称 A 是 $f(x)$ 当 $x\to x_0$ 时的极限,记作

$$\lim_{x\to x_0}f(x)=A \quad (\text{或 } f(x)\to A(x\to x_0)).$$

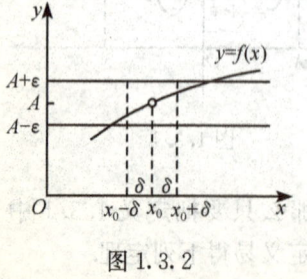

图 1.3.2

定义 1.3.2 的几何意义: 如图 1.3.2 所示,若 $\lim\limits_{x\to x_0}f(x)=A$,则对任意给定的 $\varepsilon>0$,作两条平行直线 $y=A+\varepsilon$ 与 $y=A-\varepsilon$,总存在 $\delta>0$,在点 x_0 的 δ 去心邻域内,即当 $x\in\overset{\circ}{U}(x_0,\delta)$ 时,函数 $f(x)$ 图形完全夹在这两条平行线之间.

例 1.3.2 证明 $\lim\limits_{x\to 2}\dfrac{x^2-4}{x-2}=4$.

证 对任给 $\varepsilon>0$，因为
$$\left|\dfrac{x^2-4}{x-2}-4\right|=|(x+2)-4|=|x-2|,$$
所以，要使 $\left|\dfrac{x^2-4}{x-2}-4\right|<\varepsilon$，只要 $|x-2|<\varepsilon$. 取 $\delta=\varepsilon$，则当 $0<|x-2|<\delta$ 时，就有
$$\left|\dfrac{x^2-4}{x-2}-4\right|<\varepsilon.$$
于是
$$\lim\limits_{x\to 2}\dfrac{x^2-4}{x-2}=4.$$

可以证明 $\lim\limits_{x\to x_0}c=c$ (c 为常数), $\lim\limits_{x\to x_0}x^2=x_0^2$.

更一般地，$\lim\limits_{x\to x_0}(a_0x^n+a_1x^{n-1}+\cdots+a_n)=a_0x_0^n+a_1x_0^{n-1}+\cdots+a_n$.

如果函数 $f(x)$ 当 x 从 x_0 的**左**侧（即 $x<x_0$）趋于 x_0 时以数 A 为极限，则称 A 为 $f(x)$ 在 x_0 的**左极限**. 记作
$$\lim\limits_{x\to x_0^-}f(x)=A \quad (\text{或 } f(x_0-0)=A).$$

如果函数 $f(x)$ 当 x 从 x_0 的**右**侧（即 $x>x_0$）趋于 x_0 时以数 A 为极限，则称 A 为 $f(x)$ 在 x_0 的**右极限**. 记作
$$\lim\limits_{x\to x_0^+}f(x)=A \quad (\text{或 } f(x_0+0)=A).$$

左极限与右极限皆称为**单侧极限**，显然，它与函数极限有如下关系.

定理 1.3.2（单侧极限与极限的关系） 函数 $f(x)$ 当 $x\to x_0$ 时极限存在的充分必要条件是 $f(x)$ 在点 x_0 的左极限、右极限都存在，并且相等. 即
$$\lim\limits_{x\to x_0}f(x)=A \Leftrightarrow f(x_0-0)=f(x_0+0)=A.$$

因此，即使 $\lim\limits_{x\to x_0^-}f(x)$ 与 $\lim\limits_{x\to x_0^+}f(x)$ 都存在，但若不相等，则 $\lim\limits_{x\to x_0}f(x)$ 不存在.

例 1.3.3 讨论当 $x\to 0$ 时，函数 $f(x)=\begin{cases}x^2, & x<0,\\ 2x+1, & x\geqslant 0\end{cases}$ 的极限.

解 因为 $\lim\limits_{x\to 0^-}f(x)=\lim\limits_{x\to 0^-}x^2=0$, $\lim\limits_{x\to 0^+}f(x)=\lim\limits_{x\to 0^+}(2x+1)=1$,
$$\lim\limits_{x\to 0^-}f(x)\neq\lim\limits_{x\to 0^+}f(x),$$
所以，极限 $\lim\limits_{x\to 0}f(x)$ 不存在.

以同样的方法我们可以证明：当 $x\to 0$ 时，函数 $f(x)=|x|$ 的极限存在，且极限值为 0；而当 $x\to 0$ 时，函数 $f(x)=\text{sgn}\,x$ 的极限不存在.

1.3.3 函数极限的性质

类似数列极限性质，函数极限也有相应的性质. 下面仅以"$\lim\limits_{x\to x_0}f(x)$"形式给出

函数极限性质的几个定理,并就其中一个定理给出证明.至于其他形式的极限性质及其证明,只要相应地进行一些修改即可.

定理 1.3.3(局部有界性) 若 $\lim\limits_{x \to x_0} f(x)$ 存在,则存在 $\delta > 0$,使得 $f(x)$ 在点 x_0 的去心邻域 $\mathring{U}(x_0, \delta)$ 内有界.

定理 1.3.4(唯一性) 若极限 $\lim\limits_{x \to x_0} f(x)$ 存在,则它是唯一的.

定理 1.3.5(局部保号性) 设 $\lim\limits_{x \to x_0} f(x) = A$,若 $A > 0$(或 $A < 0$),则存在 $\delta > 0$,使对一切 $x \in \mathring{U}(x_0, \delta)$,总有 $f(x) > 0$(或 $f(x) < 0$).

证 设 $A > 0$,对 $\varepsilon = \dfrac{A}{2} > 0$,由极限定义,存在 $\delta > 0$,使对一切 $x \in \mathring{U}(x_0, \delta)$ 有
$$|f(x) - A| < \frac{A}{2},$$
则
$$f(x) > A - \frac{A}{2} = \frac{A}{2} > 0.$$
类似地可证明 $A < 0$ 的情形.

推论 1.3.1 设 $\lim\limits_{x \to x_0} f(x) = A$,当 $x \in \mathring{U}(x_0)$ 时,$f(x) \geqslant 0$(或 $f(x) \leqslant 0$),则 $A \geqslant 0$(或 $A \leqslant 0$).

推论 1.3.2(保不等式性) 若 $\lim\limits_{x \to x_0} f(x) = A$,$\lim\limits_{x \to x_0} g(x) = B$,且在 x_0 的某去心邻域内总有 $f(x) \leqslant g(x)$,则 $A \leqslant B$.

定理 1.3.6(函数极限与数列极限关系) 设 $\lim\limits_{x \to x_0} f(x) = A$,$\lim\limits_{n \to \infty} x_n = x_0$,且 $x_n \neq x_0 (n \in \mathbf{N}^+)$,则 $\lim\limits_{n \to \infty} f(x_n) = A$(假设 $f(x_n)$ 有定义).

例如,设 $\lim\limits_{x \to 0} \dfrac{\sin x}{x} = 1$,则
$$\lim_{n \to \infty} n \sin \frac{1}{n} = \lim_{n \to \infty} \frac{\sin \dfrac{1}{n}}{\dfrac{1}{n}} = 1.$$

例 1.3.4 证明极限 $\lim\limits_{x \to 0} \sin \dfrac{1}{x}$ 不存在.

证 取 $x_n = \dfrac{1}{n\pi}$,$x_n' = \dfrac{1}{2n\pi + \dfrac{\pi}{2}} (n \in \mathbf{N}^+)$,则
$$\lim_{n \to \infty} x_n = 0, \quad \lim_{n \to \infty} x_n' = 0, \quad x_n \neq 0, x_n' \neq 0, n \in \mathbf{N}^+.$$
但
$$\lim_{n \to \infty} \sin \frac{1}{x_n} = \lim_{n \to \infty} \sin n\pi = 0, \quad \lim_{n \to \infty} \sin \frac{1}{x_n'} = \lim_{n \to \infty} \sin\left(2n\pi + \frac{\pi}{2}\right) = 1.$$

二者不相等,由定理 1.3.6 知,$\lim\limits_{x\to 0}\sin\dfrac{1}{x}$ 不存在.

习 题 1.3

*1. 根据函数的定义证明:

(1) $\lim\limits_{x\to\infty}\dfrac{1+x}{3x}=\dfrac{1}{3}$; (2) $\lim\limits_{x\to+\infty}\dfrac{\cos x}{\sqrt{x}}=0$;

(3) $\lim\limits_{x\to 3}(2x-1)=5$; (4) $\lim\limits_{x\to -3}\dfrac{x^2-9}{x+3}=-6$.

*2. 证明: $\lim\limits_{x\to\infty}f(x)=A \Leftrightarrow \lim\limits_{x\to -\infty}f(x)=\lim\limits_{x\to +\infty}f(x)=A$.

*3. 证明: $\lim\limits_{x\to x_0}f(x)=A \Leftrightarrow f(x_0-0)=f(x_0+0)=A$.

4. 若 $f(x)>0$,且 $\lim\limits_{x\to x_0}f(x)=A$. 问: 能否保证有 $A>0$ 的结论? 试举例说明.

5. 设 $f(x)=\begin{cases}x^2-x, & x<0,\\ 2x-1, & x\geqslant 0.\end{cases}$ 求极限 $\lim\limits_{x\to -1}f(x),\lim\limits_{x\to 1}f(x)$ 及 $\lim\limits_{x\to 0}f(x)$.

*6. 给出 $x\to\infty$ 时函数极限局部有界性定理,并加以证明.

7. 证明极限 $\lim\limits_{x\to\infty}\cos\dfrac{1}{x}$ 不存在.

8. 证明极限 $\lim\limits_{x\to\infty}2^x$ 不存在.

1.4 无穷小量与无穷大量

1.4.1 无穷小量

如果在自变量的某变化过程中函数 $f(x)$ 的极限是零,则称在这个变化过程中 $f(x)$ 是**无穷小量**. 下面仅仅就变化过程 $x\to x_0$ 情形给出无穷小量的精确定义.

定义 1.4.1 设函数 $f(x)$ 在点 x_0 的某个去心邻域内有定义. 若对任给的 $\varepsilon>0$ (不论 ε 多么小), 总存在 $\delta>0$, 使得当 $0<|x-x_0|<\delta$ 时, 总有

$$|f(x)|<\varepsilon,$$

则称 $f(x)$ 当 $x\to x_0$ **时是无穷小量,简称无穷小**.

例如, 函数 $y=1-x^2$ 当 $x\to 1$ 时是无穷小; 函数 $y=\dfrac{1}{x}$ 当 $x\to\infty$ 时是无穷小; 数列 $\left\{\dfrac{1}{2^n}\right\}$ 当 $n\to\infty$ 时以零为极限, 称之为**无穷小数列**.

注意 无穷小量是在自变量的某变化过程中极限为零的变量, 即绝对值小于任意给定的正数的变量. 因此, 它不是绝对值很小的常数, 但零是无穷小量.

无穷小量具有如下性质.

定理 1.4.1（无穷小量的性质） 在自变量的同一变化过程中，
(1) 有限个无穷小的和仍然是一个无穷小；
(2) 有限个无穷小的乘积仍然是一个无穷小；
(3) 无穷小与有界函数的乘积是无穷小.

证 这里只证明(1)，且只证明 $x \to x_0$ 的情形.

考虑两个无穷小的和. 设 $f(x), g(x)$ 当 $x \to x_0$ 时是无穷小. 对任给的 $\varepsilon > 0$，因为 $\lim\limits_{x \to x_0} f(x) = 0$，则总存在 $\delta_1 > 0$，使得当 $0 < |x - x_0| < \delta_1$ 时，总有
$$|f(x)| < \frac{\varepsilon}{2}.$$
同样，因为 $\lim\limits_{x \to x_0} g(x) = 0$，总存在 $\delta_2 > 0$，使得当 $0 < |x - x_0| < \delta_2$ 时，总有
$$|g(x)| < \frac{\varepsilon}{2}.$$
取 $\delta = \min\{\delta_1, \delta_2\}$，则当 $0 < |x - x_0| < \delta$ 时，有
$$|f(x) + g(x)| \leqslant |f(x)| + |g(x)| < \frac{\varepsilon}{2} + \frac{\varepsilon}{2} = \varepsilon.$$
这就证明了 $f(x) + g(x)$ 当 $x \to x_0$ 时是无穷小，即 $\lim\limits_{x \to x_0}[f(x) + g(x)] = 0$.

有限个无穷小的和的情形同样可以证明.

定理 1.4.2（函数极限与无穷小量的关系） $\lim\limits_{x \to x_0} f(x) = A$ 充分必要条件是 $f(x) = A + \alpha(x)$，其中 $\alpha(x)$ 当 $x \to x_0$ 时是无穷小量.

证 先证必要性. 设 $\lim\limits_{x \to x_0} f(x) = A$，令 $\alpha(x) = f(x) - A$，则对任给的 $\varepsilon > 0$，总存在 $\delta > 0$，使得当 $0 < |x - x_0| < \delta$ 时，总有
$$|f(x) - A| < \varepsilon,$$
即
$$|\alpha(x)| < \varepsilon,$$
所以 $\alpha(x)$ 当 $x \to x_0$ 时是无穷小量，且 $f(x) = A + \alpha(x)$.

再证充分性. 设 $\alpha(x)$ 当 $x \to x_0$ 时是无穷小量，$f(x) = A + \alpha(x)$. 则有
$$|f(x) - A| = |\alpha(x)|,$$
所以对任给的 $\varepsilon > 0$，总存在 $\delta > 0$，使得当 $0 < |x - x_0| < \delta$ 时，总有
$$|\alpha(x)| = |f(x) - A| < \varepsilon,$$
因而
$$\lim\limits_{x \to x_0} f(x) = A.$$
此定理对 $x \to \infty$ 等情形也成立.

1.4.2 无穷大量

如果在自变量的某变化过程中函数 $f(x)$ 的绝对值 $|f(x)|$ 无限增大，则称在这个变化过程中 $f(x)$ 是**无穷大量**. 下面就 $x \to x_0$ 情形给出无穷大量的精确定义.

定义 1.4.2 设函数 $f(x)$ 在点 x_0 的某个去心邻域内有定义,若对任给的 $M>0$(不论 M 多么大),总存在 $\delta>0$,使得当 $0<|x-x_0|<\delta$ 时,总有
$$|f(x)|>M,$$
则称 $f(x)$ 当 $x\to x_0$ 时是**无穷大量**,简称**无穷大**. 这时 $f(x)$ 的极限是不存在的,但为叙述函数的这一性质,我们也说 $f(x)$ 的极限是无穷大,记作
$$\lim_{x\to x_0}f(x)=\infty.$$

例 1.4.1 证明 $\lim\limits_{x\to 1}\dfrac{1}{x-1}=\infty$.

证 对任给的 $M>0$,要使 $\left|\dfrac{1}{x-1}\right|>M$,只要 $|x-1|<\dfrac{1}{M}$,所以,取 $\delta=\dfrac{1}{M}$,当 $0<|x-1|<\delta$ 时,总有
$$\left|\dfrac{1}{x-1}\right|>M,$$
这就证明了 $\lim\limits_{x\to 1}\dfrac{1}{x-1}=\infty$.

如果把定义 1.4.2 中 $|f(x)|>M$ 改成 $f(x)>M$(或 $f(x)<-M$),就记为
$$\lim_{x\to x_0}f(x)=+\infty \quad \text{或} \quad \lim_{x\to x_0}f(x)=-\infty.$$

注意 无穷大量一定无界,但无界函数不一定是无穷大量. 例如,可以证明函数 $f(x)=x\sin x$ 在 $[0,+\infty)$ 上是无界的,但当 $x\to+\infty$ 时却不是无穷大量.

根据无穷小量与无穷大量的定义易得下述定理.

定理 1.4.3(无穷小量与无穷大量的关系) 在自变量的同一变化过程中,

(1) 若 $f(x)$ 是无穷大量,则 $\dfrac{1}{f(x)}$ 是无穷小量;

(2) 若 $f(x)$ 是无穷小量,且 $f(x)\neq 0$,则 $\dfrac{1}{f(x)}$ 是无穷大量.

例如,$\lim\limits_{x\to 1}(x^2-1)=0$,则 $\lim\limits_{x\to 1}\dfrac{1}{x^2-1}=\infty$.

1.4.3 极限运算法则

定理 1.4.4(四则运算法则) 设 $\lim\limits_{x\to x_0}f(x)=A$,$\lim\limits_{x\to x_0}g(x)=B$,则

(1) $\lim\limits_{x\to x_0}[f(x)\pm g(x)]=\lim\limits_{x\to x_0}f(x)\pm\lim\limits_{x\to x_0}g(x)=A\pm B$;

(2) $\lim\limits_{x\to x_0}[f(x)\cdot g(x)]=\lim\limits_{x\to x_0}f(x)\cdot\lim\limits_{x\to x_0}g(x)=A\cdot B$;

(3) $\lim\limits_{x\to x_0}\dfrac{f(x)}{g(x)}=\dfrac{\lim\limits_{x\to x_0}f(x)}{\lim\limits_{x\to x_0}g(x)}=\dfrac{A}{B}(B\neq 0)$.

证 只证(2),其他留给读者证.

由于 $\lim\limits_{x\to x_0}f(x)=A$, $\lim\limits_{x\to x_0}g(x)=B$,根据定理 1.4.2,有

$$f(x)=A+\alpha(x), \quad g(x)=B+\beta(x),$$

其中,$\alpha(x),\beta(x)$ 当 $x\to x_0$ 时是无穷小量. 于是

$$f(x)\cdot g(x)=AB+A\beta(x)+B\alpha(x)+\alpha(x)\beta(x).$$

因为 A,B 为常数,而当 $x\to x_0$ 时,$A\beta(x)+B\alpha(x)+\alpha(x)\beta(x)$ 是无穷小,再由定理 1.4.2,得

$$\lim\limits_{x\to x_0}f(x)\cdot g(x)=A\cdot B.$$

定理 1.4.4 对自变量的其他变化过程也成立,(1)与(2)还可推广到任意有限个函数情形. 另外有下述推论.

推论 1.4.1 (1) $\lim\limits_{x\to x_0}[kf(x)]=k\lim\limits_{x\to x_0}f(x)$($k$ 为常数);

(2) $\lim\limits_{x\to x_0}[f(x)]^n=[\lim\limits_{x\to x_0}f(x)]^n$ ($n\in \mathbf{N}^+$);

(3) $\lim\limits_{x\to x_0}[f(x)]^{\frac{1}{m}}=[\lim\limits_{x\to x_0}f(x)]^{\frac{1}{m}}$ ($f(x)>0, m\in \mathbf{N}^+$).

例 1.4.2 求下列极限:

(1) $\lim\limits_{x\to 1}\dfrac{x+3}{x^2+3x+2}$; (2) $\lim\limits_{x\to 1}\dfrac{x+1}{x^2-3x+2}$; (3) $\lim\limits_{x\to 1}\dfrac{x-1}{x^2-3x+2}$.

解 (1) $\lim\limits_{x\to 1}\dfrac{x+3}{x^2+3x+2}=\dfrac{\lim\limits_{x\to 1}(x+3)}{\lim\limits_{x\to 1}(x^2+3x+2)}$

$$=\dfrac{\lim\limits_{x\to 1}x+\lim\limits_{x\to 1}3}{\lim\limits_{x\to 1}x^2+3\lim\limits_{x\to 1}x+\lim\limits_{x\to 1}2}=\dfrac{1+3}{1+3\times 1+2}=\dfrac{2}{3}.$$

(2) 注意到 $\lim\limits_{x\to 1}(x^2-3x+2)=0$,故该极限不能运用商的极限运算法则,但因为

$$\lim\limits_{x\to 1}\dfrac{x^2-3x+2}{x+1}=\dfrac{0}{2}=0,$$

所以

$$\lim\limits_{x\to 1}\dfrac{x+1}{x^2-3x+2}=\infty.$$

(3) $\lim\limits_{x\to 1}\dfrac{x-1}{x^2-3x+2}=\lim\limits_{x\to 1}\dfrac{x-1}{(x-1)(x-2)}=\lim\limits_{x\to 1}\dfrac{1}{x-2}=-1.$

例 1.4.3 求 $\lim\limits_{x\to 3}\left(\dfrac{27}{x^3-27}-\dfrac{1}{x-3}\right)$.

解 $\lim\limits_{x\to 3}\left(\dfrac{27}{x^3-27}-\dfrac{1}{x-3}\right)=\lim\limits_{x\to 3}\dfrac{27-(x^2+3x+9)}{x^3-27}$

$$=\lim\limits_{x\to 3}\dfrac{-(x^2+3x-18)}{x^3-27}$$

$$=-\lim\limits_{x\to 3}\dfrac{x+6}{x^2+3x+9}=-\dfrac{1}{3}.$$

1.4 无穷小量与无穷大量

例 1.4.4 求 $\lim\limits_{n\to\infty}(\sqrt{n^2+n}-n)$.

解 $\lim\limits_{n\to\infty}(\sqrt{n^2+n}-n)=\lim\limits_{n\to\infty}\dfrac{n}{\sqrt{n^2+n}+n}=\lim\limits_{n\to\infty}\dfrac{1}{\sqrt{1+\dfrac{1}{n}}+1}=\dfrac{1}{2}$.

例 1.4.5 求 $\lim\limits_{x\to\infty}\dfrac{2x^3+3x^2-1}{4x^3-x+5}$.

解 $\lim\limits_{x\to\infty}\dfrac{2x^3+3x^2-1}{4x^3-x+5}=\lim\limits_{x\to\infty}\dfrac{2+\dfrac{3}{x}-\dfrac{1}{x^3}}{4-\dfrac{1}{x^2}+\dfrac{5}{x^3}}=\dfrac{1}{2}$.

一般地，

$$\lim_{x\to\infty}\dfrac{a_0x^m+a_1x^{m-1}+\cdots+a_{m-1}x+a_m}{b_0x^n+b_1x^{n-1}+\cdots+b_{n-1}x+b_n}=\begin{cases}0, & m<n,\\ \dfrac{a_0}{b_0}, & m=n,\\ \infty, & m>n,\end{cases}$$

其中 m,n 为非负整数，$a_0\neq 0, b_0\neq 0$.

定理 1.4.5（复合函数极限运算法则） 设 $\lim\limits_{x\to x_0}f(x)=A, \lim\limits_{t\to t_0}\varphi(t)=x_0$，且存在 $\delta>0$，当 $t\in \mathring{U}(t_0,\delta)$ 时，$\varphi(t)\neq x_0$，复合函数 $f[\varphi(t)]$ 在 $\mathring{U}(t_0,\delta)$ 内有定义，则

$$\lim_{t\to t_0}f[\varphi(t)]=\lim_{x\to x_0}f(x)=A.$$

定理 1.4.5 说明，求极限可作适当的变量代换，以简化计算，如下面例题.

例 1.4.6 求 $\lim\limits_{x\to 0}\dfrac{\sqrt[n]{1+x}-1}{x}$ ($n\in \mathbf{N}^+$).

解 作变量代换 $\sqrt[n]{x+1}=t$，或 $x=t^n-1$，当 $x\to 0$ 时，$t\to 1$. 则

$$\lim_{x\to 0}\dfrac{\sqrt[n]{1+x}-1}{x}=\lim_{t\to 1}\dfrac{t-1}{t^n-1}=\lim_{t\to 1}\dfrac{1}{t^{n-1}+t^{n-2}+\cdots+t+1}=\dfrac{1}{n}.$$

习 题 1.4

1. 下列说法是否正确，说明理由：

在自变量的同一变化过程中，

(1) 无穷小的和仍然是一个无穷小；

(2) 两个无穷小的商仍然是一个无穷小；

(3) 两个无穷大的和仍然是一个无穷大；

(4) 无穷大与有界函数的乘积是无穷大；

(5) 两个无穷大的积仍然是一个无穷大.

*2. 用定义证明：

(1) $f(x)=\dfrac{x^2-9}{x+3}$，当 $x\to 3$ 时是无穷小；

(2) $f(x)=\dfrac{x-3}{x^2-9}$,当 $x\to -3$ 时是无穷大.

3. 求下列极限,并说明理由:

(1) $\lim\limits_{x\to\infty}\dfrac{\arctan x}{x}$; (2) $\lim\limits_{x\to+\infty}\dfrac{\cos x}{\sqrt{x}}$; (3) $\lim\limits_{x\to\infty}\dfrac{1}{x}\sin x$; (4) $\lim\limits_{x\to 0}x\sin\dfrac{1}{x^2}$.

*4. 证明:函数 $f(x)=x\sin x$ 在 $[0,+\infty)$ 上是无界的,但当 $x\to +\infty$ 时却不是无穷大量.

*5. 证明:函数 $f(x)=\dfrac{1}{x}\cos\dfrac{1}{x}$ 在 $(0,1]$ 上是无界的,但当 $x\to 0^+$ 时却不是无穷大量.

6. 求下列极限:

(1) $\lim\limits_{x\to\sqrt{2}}\dfrac{x^2-2}{x^2+3}$; (2) $\lim\limits_{x\to 2}\dfrac{x^2-5x+6}{x^2-4}$;

(3) $\lim\limits_{x\to 1}\dfrac{x^2-x+1}{(x-1)^2}$; (4) $\lim\limits_{x\to 0}\dfrac{3x^3-5x^2+2x}{4x^2+3x}$;

(5) $\lim\limits_{x\to 0}\dfrac{(x+a)^2-a^2}{x}$; (6) $\lim\limits_{x\to\infty}\dfrac{x^3-1}{3x^3-x^2-1}$;

(7) $\lim\limits_{x\to\infty}\dfrac{x^3+x}{x^4-2x^2+3}$; (8) $\lim\limits_{n\to\infty}\dfrac{(n+1)(n+2)(2n+3)}{4n^3}$;

(9) $\lim\limits_{x\to 1}\left(\dfrac{1}{1-x}-\dfrac{3}{1-x^3}\right)$; (10) $\lim\limits_{n\to\infty}\left(1+\dfrac{1}{3}+\dfrac{1}{9}+\cdots+\dfrac{1}{3^n}\right)$;

(11) $\lim\limits_{n\to\infty}\dfrac{1+2+3+\cdots+(n-1)}{n^2}$; (12) $\lim\limits_{x\to+\infty}\sqrt{x}(\sqrt{a+x}-\sqrt{x})$;

(13) $\lim\limits_{x\to 0}\dfrac{x}{\sqrt{2+x}-\sqrt{2-x}}$; (14) $\lim\limits_{x\to 0}\dfrac{\sqrt{x^2+a^2}-a}{\sqrt{x^2+b^2}-b}(a>0,b>0)$;

(15) $\lim\limits_{x\to+\infty}\dfrac{\sqrt{1+x^2}+\sqrt{x}}{\sqrt[4]{x^3+x^2-x}}$; (16) $\lim\limits_{n\to\infty}\left[\dfrac{1}{1\cdot 3}+\dfrac{1}{3\cdot 5}+\cdots+\dfrac{1}{(2n-1)(2n+1)}\right]$;

(17) $\lim\limits_{x\to 0}\dfrac{x}{\sqrt[4]{1+2x}-1}$; (18) $\lim\limits_{n\to\infty}\dfrac{(n-1)(n-2)(n-3)}{1+2^2+3^2+\cdots+n^2}$.

7. 设 $f(x)=\dfrac{(x+2)(x-1)}{x(x^2-1)}$,问:

(1) $f(x)$ 何时是无穷小?

(2) $f(x)$ 何时是无穷大?

8. 计算下列极限:

(1) $\lim\limits_{x\to\infty}\dfrac{x^2}{2x+3}$; (2) $\lim\limits_{x\to\infty}(x^3-2x^2+x-1)$.

1.5 两个重要极限

1.5.1 极限存在的两个准则

已经知道,收敛数列一定有界,有界数列不一定收敛,但有如下定理.

定理 1.5.1(单调有界收敛准则) 单调有界数列必收敛.

此准则不作证明.

例 1.5.1 设数列 $x_1=\sqrt{3}, x_2=\sqrt{3+\sqrt{3}}, \cdots, x_n=\sqrt{3+x_{n-1}}, \cdots$，证明数列 $\{x_n\}$ 收敛，并求其极限.

解 显然 $\{x_n\}$ 单调增加，下面用数学归纳法证明 $\{x_n\}$ 有界.

因为 $x_1=\sqrt{3}<3$，假设 $x_k<3$，则有
$$x_{k+1}=\sqrt{3+x_k}<\sqrt{3+3}<3.$$

故由归纳原理知 $\{x_n\}$ 有上界（显然有界，因为对一切 n 有 $\sqrt{3}\leqslant x_n<3$），根据定理 1.5.1 知 $\{x_n\}$ 收敛.

设 $\lim\limits_{n\to\infty}x_n=a$，因为 $x_n=\sqrt{3+x_{n-1}}$，两端求极限，得
$$a=\sqrt{3+a},$$

解此方程，得到 $a=\dfrac{1+\sqrt{13}}{2}$（另一解 $a=\dfrac{1-\sqrt{13}}{2}$ 不合理，舍去）. 因此，
$$\lim_{n\to\infty}x_n=\frac{1+\sqrt{13}}{2}.$$

定理 1.5.2（夹逼准则） 设数列 $\{x_n\}, \{y_n\}$ 及 $\{z_n\}$ 满足：

(1) $x_n\leqslant y_n\leqslant z_n\ (n\geqslant K, K$ 为某个正整数$)$；

(2) $\lim\limits_{n\to\infty}x_n=a, \lim\limits_{n\to\infty}z_n=a$，

则数列 $\{y_n\}$ 极限存在，且 $\lim\limits_{n\to\infty}y_n=a$.

证 因为 $\lim\limits_{n\to\infty}x_n=a$，所以，对任意 $\varepsilon>0$，总存在 $N_1>0$，使得当 $n>N_1$ 时，有
$$|x_n-a|<\varepsilon\Rightarrow a-\varepsilon<x_n.$$

又因为 $\lim\limits_{n\to\infty}z_n=a$，同样，总存在 $N_2>0$，使得当 $n>N_2$ 时，有
$$|z_n-a|<\varepsilon\Rightarrow z_n<a+\varepsilon.$$

取 $N=\max\{N_1,N_2,K\}$，当 $n>N$ 时，则有
$$a-\varepsilon<x_n\leqslant y_n\leqslant z_n<a+\varepsilon,$$

得
$$|y_n-a|<\varepsilon.$$

所以
$$\lim_{n\to\infty}y_n=a.$$

此夹逼准则对函数也成立. 如 $x\to x_0$ 情形有下述定理.

定理 1.5.3（夹逼准则） 设 $\lim\limits_{x\to x_0}g(x)=\lim\limits_{x\to x_0}h(x)=A$，若存在 x_0 的某去心邻域 $\mathring{U}(x_0,\delta)$，使对一切 $x\in\mathring{U}(x_0,\delta)$，总有 $g(x)\leqslant f(x)\leqslant h(x)$，则
$$\lim_{x\to x_0}f(x)=A.$$

本定理的证明可仿照数列中的证明方法进行，留给读者练习.

例 1.5.2 求 $\lim\limits_{n\to\infty}\left(\dfrac{n}{n^2+1}+\dfrac{n}{n^2+2}+\cdots+\dfrac{n}{n^2+n}\right)$.

解 令 $y_n = \dfrac{n}{n^2+1} + \dfrac{n}{n^2+2} + \cdots + \dfrac{n}{n^2+n}$. 因为

$$\dfrac{n^2}{n^2+n} \leqslant y_n \leqslant \dfrac{n^2}{n^2+1}.$$

又 $\lim\limits_{n\to\infty}\dfrac{n^2}{n^2+n}=1$, $\lim\limits_{n\to\infty}\dfrac{n^2}{n^2+1}=1$. 由夹逼准则得

$$\lim_{n\to\infty} y_n = 1.$$

1.5.2 两个重要极限

1. $\lim\limits_{x\to 0}\dfrac{\sin x}{x}=1$ (x 用弧度作单位)

证 设 $0<x<\dfrac{\pi}{2}$, 如图 1.5.1 所示, 作单位圆, 圆心角 $\angle BOA=x$, 点 A 的切线交 OB 的延长线于 D, $BC\perp OA$. 因为,

$\triangle BOA$ 的面积 $<$ 扇形 BOA 的面积 $<$ $\triangle AOD$ 的面积,

所以,

$$\dfrac{1}{2}\sin x < \dfrac{1}{2}x < \dfrac{1}{2}\tan x.$$

于是

$$\cos x < \dfrac{\sin x}{x} < 1. \qquad (1.5.1)$$

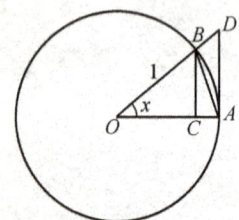

图 1.5.1

因为 $\cos x$, $\dfrac{\sin x}{x}$ 都为偶函数, 所以, 当 $-\dfrac{\pi}{2}<x<0$ 时, 式 (1.5.1) 也成立. 当 $0<|x|<\dfrac{\pi}{2}$ 时, 由于

$$0 < 1-\cos x = 2\sin^2\dfrac{x}{2} \leqslant 2\left(\dfrac{x}{2}\right)^2 = \dfrac{x^2}{2},$$

当 $x\to 0$ 时, $\dfrac{x^2}{2}\to 0$, 由夹逼准则得 $\lim\limits_{x\to 0}(1-\cos x)=0$, 从而 $\lim\limits_{x\to 0}\cos x=1$.

由式 (1.5.1) 及夹逼准则得

$$\lim_{x\to 0}\dfrac{\sin x}{x}=1.$$

例 1.5.3 求 $\lim\limits_{x\to 0}\dfrac{\tan x}{x}$.

解 $\lim\limits_{x\to 0}\dfrac{\tan x}{x}=\lim\limits_{x\to 0}\dfrac{\sin x}{x}\cdot\dfrac{1}{\cos x}=\lim\limits_{x\to 0}\dfrac{\sin x}{x}\cdot\lim\limits_{x\to 0}\dfrac{1}{\cos x}=1\times 1=1.$

例 1.5.4 求 $\lim\limits_{x\to 0}\dfrac{\sin 3x}{x}$.

解 $\lim\limits_{x\to 0}\dfrac{\sin 3x}{x}=\lim\limits_{x\to 0}\dfrac{\sin 3x}{3x}\cdot 3=3\times 1=3.$

例 1.5.5 求 $\lim\limits_{x\to 0}\dfrac{1-\cos x}{x^2}.$

解 $\lim\limits_{x\to 0}\dfrac{1-\cos x}{x^2}=\lim\limits_{x\to 0}\dfrac{2\sin^2\dfrac{x}{2}}{x^2}=\lim\limits_{x\to 0}\dfrac{1}{2}\left(\dfrac{\sin\dfrac{x}{2}}{\dfrac{x}{2}}\right)^2=\dfrac{1}{2}.$

例 1.5.6 求 $\lim\limits_{x\to 0}\dfrac{\arcsin x}{x}.$

解 令 $t=\arcsin x, x=\sin t,$ 当 $x\to 0$ 时, $t\to 0.$ 则由复合函数求极限法则得

$$\lim\limits_{x\to 0}\dfrac{\arcsin x}{x}=\lim\limits_{t\to 0}\dfrac{t}{\sin t}=1.$$

2. $\lim\limits_{x\to\infty}\left(1+\dfrac{1}{x}\right)^x=\mathrm{e}$ \hfill (1.5.2)

这里只证明 x 取正整数时极限存在,即 $\lim\limits_{n\to\infty}\left(1+\dfrac{1}{n}\right)^n$ 存在.

证 设 $x_n=\left(1+\dfrac{1}{n}\right)^n,$ 下面证明 $\{x_n\}$ 单调增加且有上界. 由二项式展开定理, 得

$$x_n=\left(1+\dfrac{1}{n}\right)^n=1+\dfrac{n}{1!}\cdot\dfrac{1}{n}+\dfrac{n(n-1)}{2!}\cdot\dfrac{1}{n^2}$$
$$+\dfrac{n(n-1)(n-2)}{3!}\cdot\dfrac{1}{n^3}+\cdots$$
$$+\dfrac{n(n-1)\cdots 3\cdot 2\cdot 1}{n!}\cdot\dfrac{1}{n^n}$$
$$=1+1+\dfrac{1}{2!}\left(1-\dfrac{1}{n}\right)+\dfrac{1}{3!}\left(1-\dfrac{1}{n}\right)\left(1-\dfrac{2}{n}\right)+\cdots$$
$$+\dfrac{1}{n!}\left(1-\dfrac{1}{n}\right)\left(1-\dfrac{2}{n}\right)\cdots\left(1-\dfrac{n-1}{n}\right).$$

同样地,有

$$x_{n+1}=\left(1+\dfrac{1}{n+1}\right)^{n+1}=1+1+\dfrac{1}{2!}\left(1-\dfrac{1}{n+1}\right)$$
$$+\dfrac{1}{3!}\left(1-\dfrac{1}{n+1}\right)\left(1-\dfrac{2}{n+1}\right)$$
$$+\cdots+\dfrac{1}{n!}\left(1-\dfrac{1}{n+1}\right)\left(1-\dfrac{2}{n+1}\right)\cdots\left(1-\dfrac{n-1}{n+1}\right)$$
$$+\dfrac{1}{(n+1)!}\left(1-\dfrac{1}{n+1}\right)\left(1-\dfrac{2}{n+1}\right)\cdots\left(1-\dfrac{n-1}{n+1}\right)\left(1-\dfrac{n}{n+1}\right).$$

比较 x_n 与 x_{n+1} 的展开式, 除了前两项相同外, x_{n+1} 的项都比 x_n 的对应项大, 并且

x_{n+1} 还多了最后一项,其值大于零,因此
$$x_n < x_{n+1}.$$
又注意到 x_n 的展开式中从第三项起放大,有
$$x_n < 1+1+\frac{1}{2!}+\frac{1}{3!}+\cdots+\frac{1}{n!} < 1+1+\frac{1}{2}+\frac{1}{2^2}+\cdots+\frac{1}{2^{n-1}}$$
$$= 1+\frac{1}{1-\frac{1}{2}}\left(1-\frac{1}{2^n}\right) = 3-\frac{1}{2^{n-1}} < 3.$$

这就证明了 $\{x_n\}$ 单调增加且有上界,根据定理 1.5.1,这个数列的极限是存在的. 通常把这极限记作 e(可以证明它是一个无理数,其值 e = 2.718281828459045⋯. 指数函数 $y = e^x$ 与自然对数函数 $y = \ln x$ 中的底 e 就是这个常数). 即
$$\lim_{n \to \infty}\left(1+\frac{1}{n}\right)^n = e.$$

例 1.5.7 求 $\lim\limits_{x \to \infty}\left(1+\frac{2}{x}\right)^x$.

解 令 $t = \frac{x}{2}, x = 2t$, 当 $x \to \infty$ 时, $t \to \infty$. 则由复合函数求极限法则得
$$\lim_{x \to \infty}\left(1+\frac{2}{x}\right)^x = \lim_{t \to \infty}\left(1+\frac{1}{t}\right)^{2t} = \lim_{t \to \infty}\left[\left(1+\frac{1}{t}\right)^t\right]^2 = e^2.$$

注意 解题时,变量代换可以不写出来,下面以例题说明.

例 1.5.8 求 $\lim\limits_{x \to \infty}\left(\frac{1-x}{2-x}\right)^x$.

解
$$\lim_{x \to \infty}\left(\frac{1-x}{2-x}\right)^x = \lim_{x \to \infty}\left(\frac{x-2+1}{x-2}\right)^x = \lim_{x \to \infty}\left(1+\frac{1}{x-2}\right)^x$$
$$= \lim_{x \to \infty}\left(1+\frac{1}{x-2}\right)^{x-2} \cdot \left(1+\frac{1}{x-2}\right)^2 = e \cdot 1 = e.$$

利用复合函数求极限法则,令 $y = \frac{1}{x}$,式(1.5.2)变为
$$\lim_{y \to 0}(1+y)^{\frac{1}{y}} = e.$$

例 1.5.9 求 $\lim\limits_{x \to 0}(1+3x)^{\frac{1}{x}}$.

解
$$\lim_{x \to 0}(1+3x)^{\frac{1}{x}} = \lim_{x \to 0}[(1+3x)^{\frac{1}{3x}}]^3 = e^3.$$

称 $[f(x)]^{g(x)}$ 为**幂指函数**,如果 $\lim\limits_{x \to x_0}f(x) = A > 0, \lim\limits_{x \to x_0}g(x) = B$,则
$$\lim_{x \to x_0}[f(x)]^{g(x)} = A^B.$$

证明在将 1.7 节给出. 此结果对 $x \to \infty$ 情形也成立. 例如,
$$\lim_{x \to \infty}\left(\frac{1+2x}{2+x}\right)^{\frac{x+1}{x}} = 2^1 = 2.$$

例 1.5.10 求 $\lim\limits_{x\to 0^+}(\cos\sqrt{x})^{\frac{1}{\sin x}}$.

解
$$\lim_{x\to 0^+}(\cos\sqrt{x})^{\frac{1}{\sin x}} = \lim_{x\to 0^+}[1+(\cos\sqrt{x}-1)]^{\frac{1}{\sin x}}$$
$$= \lim_{x\to 0^+}\left\{[1+(\cos\sqrt{x}-1)]^{\frac{1}{\cos\sqrt{x}-1}}\right\}^{\frac{\cos\sqrt{x}-1}{\sin x}} = e^{-\frac{1}{2}}.$$

这里因为可求得 $\lim\limits_{x\to 0^+}\dfrac{1-\cos\sqrt{x}}{\sin x}=\dfrac{1}{2}$.

例 1.5.11（连续复利问题） 设银行某种储蓄的年利率为 r，按复利计算利息. 某人将一笔本金 A_0 存入银行，满 t 年时的本利之和为
$$A_1(t)=A_0(1+r)^t.$$

如果在一年中分两次计算利息，每次的利率为 $\dfrac{r}{2}$，满 t 年时共计息 $2t$ 次，本利之和为
$$A_2(t)=A_0\left(1+\dfrac{r}{2}\right)^{2t}.$$

如果在一年中计息 n 次，每次的利率为 $\dfrac{r}{n}$，满 t 年时共计息 nt 次，本利之和为
$$A_n(t)=A_0\left(1+\dfrac{r}{n}\right)^{nt}.$$

若令 $n\to\infty$，即无限缩短计息的时间，利息也随时计入本金重复计算复利，这样的计息方式称为**连续复利**，满 t 年时的本利之和为
$$A(t)=\lim_{n\to\infty}A_0\left(1+\dfrac{r}{n}\right)^{nt}=A_0 e^{rt}.$$

习 题 1.5

1. 求下列极限：

(1) $\lim\limits_{n\to\infty}\left(\dfrac{1}{\sqrt{n^2+1}}+\dfrac{1}{\sqrt{n^2+2}}+\cdots+\dfrac{1}{\sqrt{n^2+n}}\right)$；

(2) $\lim\limits_{n\to\infty}(2^n+3^n+4^n)^{\frac{1}{n}}$.

2. 利用极限存在准则证明：

(1) $\lim\limits_{x\to 0}\sqrt[n]{1+x}=1\,(n\in\mathbf{N}^+)$；   (2) $\lim\limits_{x\to 0^+}x\left[\dfrac{1}{x}\right]=1$.

3. 设数列 $x_1=\sqrt{2}, x_2=\sqrt{2+\sqrt{2}},\cdots, x_n=\sqrt{2+x_{n-1}},\cdots$，证明数列 $\{x_n\}$ 收敛，并求其极限.

4. 计算下列极限：

(1) $\lim\limits_{x\to 0}\dfrac{\sin\omega x}{x}$；   (2) $\lim\limits_{x\to 0}\dfrac{\sin 3x}{\tan 7x}$；

(3) $\lim\limits_{x\to 0}x\cot x$;

(4) $\lim\limits_{x\to 0}\dfrac{\sin 7x-\sin 3x}{x}$;

(5) $\lim\limits_{x\to 0}\dfrac{\tan x-\sin x}{\sin^3 x}$;

(6) $\lim\limits_{x\to 1}(1-x)\tan\dfrac{\pi x}{2}$;

(7) $\lim\limits_{n\to\infty}2^n\sin\dfrac{\pi}{2^n}$;

(8) $\lim\limits_{x\to\infty}\left(1-\dfrac{2}{x}\right)^{3x}$;

(9) $\lim\limits_{n\to\infty}\left(1+\dfrac{2}{3^n}\right)^{3^n}$;

(10) $\lim\limits_{x\to\infty}\left(\dfrac{x+3}{x+1}\right)^{2x+1}$;

(11) $\lim\limits_{x\to 0}(1-2x)^{\frac{1}{x}}$;

(12) $\lim\limits_{x\to 0^+}\sqrt[x]{\cos\sqrt{x}}$.

1.6 无穷小量的比较

已经知道,当 $x\to 0$ 时,$x,2x,x^2$ 及 $\sin x$ 都是无穷小量,而 $\dfrac{x^2}{2x}=\dfrac{x}{2}\to 0$,即当 $x\to 0$ 时 $\dfrac{x^2}{2x}$ 仍是无穷小量;但 $\dfrac{\sin x}{x}\to 1$,这说明当 $x\to 0$ 时 $\dfrac{\sin x}{x}$ 不再是无穷小量. 这样无穷小量的商是会有着不同的结果. 产生这种现象的原因在于各个无穷小量趋于零的"快慢"程度不一样,x^2 要比 $2x$ 趋于零的速度快,而在零的附近 $\sin x$ 与 x 趋于零的速度几乎相同. 为了描述这些现象,对无穷小量进行比较,并引入无穷小量的阶的概念.

定义 1.6.1 设 $\lim\limits_{x\to x_0}\alpha(x)=0,\lim\limits_{x\to x_0}\beta(x)=0$,且 $\beta(x)\neq 0$.

(1) 如果 $\lim\limits_{x\to x_0}\dfrac{\alpha(x)}{\beta(x)}=0$,则称当 $x\to x_0$ 时 $\alpha(x)$ 是比 $\beta(x)$ **高阶的无穷小**,记作 $\alpha(x)=o(\beta(x))$,也称 $\beta(x)$ 是比 $\alpha(x)$ **低阶的无穷小**;

(2) 如果 $\lim\limits_{x\to x_0}\dfrac{\alpha(x)}{\beta(x)}=c\neq 0$($c$ 为常数),则称当 $x\to x_0$ 时 $\alpha(x)$ 与 $\beta(x)$ **是同阶无穷小**;

(3) 如果 $\lim\limits_{x\to x_0}\dfrac{\alpha(x)}{[\beta(x)]^k}=c\neq 0$($k\in\mathbf{N}^+$),则称当 $x\to x_0$ 时 $\alpha(x)$ 是 $\beta(x)$ 的 k **阶无穷小**;

(4) 如果 $\lim\limits_{x\to x_0}\dfrac{\alpha(x)}{\beta(x)}=1$,则称当 $x\to x_0$ 时 $\alpha(x)$ 与 $\beta(x)$ **是等价无穷小**,记作

$$\alpha(x)\sim\beta(x).$$

例如,由于 $\lim\limits_{x\to 0}\dfrac{\sin x}{x}=1,\lim\limits_{x\to 0}\dfrac{1-\cos x}{x^2}=\dfrac{1}{2},\lim\limits_{x\to 0}\dfrac{\sin x^2}{2x}=0$,所以,当 $x\to 0$ 时,$\sin x$ 与 x 是等价无穷小;$1-\cos x$ 与 x^2 是同阶无穷小,或说 $1-\cos x$ 是 x 的 2 阶无穷小;$\sin x^2$ 是比 $2x$ 高阶的无穷小,或说 $2x$ 是比 $1-\cos x$ 低阶的无穷小.

可以证明,当 $x\to 0$ 时,有下列常用的等价无穷小:

1.6 无穷小量的比较

$\sin x \sim x$，$\tan x \sim x$，$\arcsin x \sim x$，$\arctan x \sim x$，$1-\cos x \sim \dfrac{x^2}{2}$，

$\sqrt[n]{1+x}-1 \sim \dfrac{x}{n}$ $(n \in \mathbf{N}^+)$，一般地，$(1+x)^\alpha - 1 \sim \alpha x (\alpha \neq 0)$.

对于 $x \to \infty$ 情形也有类似定义 1.6.1 的概念. 例如, $\lim\limits_{x \to \infty} \dfrac{\sin \frac{1}{x}}{\frac{1}{x}} = 1$，则 $\sin \dfrac{1}{x}$ 与 $\dfrac{1}{x}$ 当 $x \to \infty$ 时是等价无穷小. 下面关于等价无穷小量的定理对于 $x \to \infty$ 情形同样成立.

定理 1.6.1（无穷小量等价代换）　设 $\alpha(x), \beta(x), \alpha_1(x), \beta_1(x)$ 都当 $x \to x_0$ 时是无穷小量, 且 $\alpha(x) \sim \alpha_1(x), \beta(x) \sim \beta_1(x)$，如果 $\lim\limits_{x \to x_0} \dfrac{\alpha_1(x)}{\beta_1(x)}$ 存在, 则 $\lim\limits_{x \to x_0} \dfrac{\alpha(x)}{\beta(x)}$ 也存在, 且有

$$\lim_{x \to x_0} \frac{\alpha(x)}{\beta(x)} = \lim_{x \to x_0} \frac{\alpha_1(x)}{\beta_1(x)}.$$

证　事实上，由于

$$\frac{\alpha(x)}{\beta(x)} = \frac{\alpha(x)}{\alpha_1(x)} \cdot \frac{\alpha_1(x)}{\beta_1(x)} \cdot \frac{\beta_1(x)}{\beta(x)},$$

所以

$$\lim_{x \to x_0} \frac{\alpha(x)}{\beta(x)} = \lim_{x \to x_0} \frac{\alpha(x)}{\alpha_1(x)} \cdot \lim_{x \to x_0} \frac{\alpha_1(x)}{\beta_1(x)} \cdot \lim_{x \to x_0} \frac{\beta_1(x)}{\beta(x)} = \lim_{x \to x_0} \frac{\alpha_1(x)}{\beta_1(x)}.$$

根据无穷小量等价代换定理, 在计算两个无穷小商的极限时, 可将分子、分母分别代换成与它们等价的无穷小量, 往往能方便地得出结果.

例 1.6.1　求 $\lim\limits_{x \to 0} \dfrac{\tan 2x}{\sin 5x}$.

解　当 $x \to 0$ 时, $\tan 2x \sim 2x$, $\sin 5x \sim 5x$, 所以

$$\lim_{x \to 0} \frac{\tan 2x}{\sin 5x} = \lim_{x \to 0} \frac{2x}{5x} = \frac{2}{5}.$$

例 1.6.2　求 $\lim\limits_{x \to 0} \dfrac{\tan x - \sin x}{x^3}$.

解　当 $x \to 0$ 时, $\tan x \sim x$, $1 - \cos x \sim \dfrac{x^2}{2}$, 所以

$$\lim_{x \to 0} \frac{\tan x - \sin x}{x^3} = \lim_{x \to 0} \frac{\tan x(1 - \cos x)}{x^3} = \lim_{x \to 0} \frac{x \cdot \frac{x^2}{2}}{x^3} = \frac{1}{2}.$$

注意　错误解法: $\lim\limits_{x \to 0} \dfrac{\tan x - \sin x}{x^3} = \lim\limits_{x \to 0} \dfrac{x - x}{x^3} = 0.$

例 1.6.3 求 $\lim\limits_{x\to 0}\dfrac{\sqrt{1+x\tan x}-\cos x}{x\arcsin x}$.

解 当 $x\to 0$ 时，$\sqrt{1+x\tan x}-1\sim\dfrac{1}{2}x\tan x\sim\dfrac{1}{2}x^2$，$1-\cos x\sim\dfrac{x^2}{2}$，所以

$$\lim_{x\to 0}\frac{\sqrt{1+x\tan x}-\cos x}{x\arcsin x}=\lim_{x\to 0}\frac{\sqrt{1+x\tan x}-1+1-\cos x}{x^2}$$

$$=\lim_{x\to 0}\frac{\sqrt{1+x\tan x}-1}{x^2}+\lim_{x\to 0}\frac{1-\cos x}{x^2}$$

$$=\lim_{x\to 0}\frac{\frac{x^2}{2}}{x^2}+\lim_{x\to 0}\frac{\frac{x^2}{2}}{x^2}=\frac{1}{2}+\frac{1}{2}=1.$$

定理 1.6.2 当 $x\to x_0$ 时，$\alpha\sim\beta\Leftrightarrow\beta=\alpha+o(\alpha)$.

证 先证必要性. 当 $x\to x_0$ 时，设 $\alpha\sim\beta$，由于

$$\lim_{x\to x_0}\frac{\beta-\alpha}{\alpha}=\lim_{x\to x_0}\frac{\beta}{\alpha}-1=0,$$

则 $\beta-\alpha=o(\alpha)$，即 $\beta=\alpha+o(\alpha)$.

再证充分性. 当 $x\to x_0$ 时，设 $\beta=\alpha+o(\alpha)$，因为

$$\lim_{x\to x_0}\frac{\beta}{\alpha}=\lim_{x\to x_0}\frac{\alpha+o(\alpha)}{\alpha}=\lim_{x\to x_0}\left[1+\frac{o(\alpha)}{\alpha}\right]=1,$$

因此 $\alpha\sim\beta$.

例如，当 $x\to 0$ 时，$\sin x\sim x$ 可表述为 $\sin x=x+o(x)$.

习 题 1.6

1. 当 $x\to 0$ 时，下列函数哪些是 x 的高阶无穷小？哪些与 x 是同阶无穷小？哪些是 x 的低阶无穷小？

(1) $2x-x^2$；
(2) $x^4+\sin x$；
(3) $\sqrt[3]{x(1-x)}$；
(4) $\dfrac{2}{\pi}\cos\dfrac{\pi}{2}(1-x)$；
(5) $2\cos x\sqrt[3]{\tan^4 x}$；
(6) $\csc x-\cot x$.

2. 已知当 $x\to 0$ 时，$(1+ax^2)^{\frac{1}{3}}-1$ 与 $\cos x-1$ 是等价无穷小量，求常数 a.

3. 当 $x\to 0$ 时，$(\sqrt[4]{1+x\sin x}-1)\tan x$ 是 x 的几阶无穷小量？

4. 利用无穷小量等价代换定理求下列极限：

(1) $\lim\limits_{x\to 0}\dfrac{\sin(x^m)}{(\sin x)^n}$ (n,m 为正整数)；
(2) $\lim\limits_{x\to 0}\dfrac{1-\cos x}{\sin^2 x}$；
(3) $\lim\limits_{x\to 0}\dfrac{5x^2-2(1-\cos^2 x)}{3x^3+4\tan^2 x}$；
(4) $\lim\limits_{x\to 0}\dfrac{1-\sqrt{1-\sin^2 x}}{x\tan x}$；

(5) $\lim\limits_{x\to 0}\dfrac{\sqrt{1+x\tan x}-\cos x}{x\sin(\sin 2x)}$; (6) $\lim\limits_{x\to 0}\dfrac{1-\sqrt[3]{1+x\tan x}+x\sin x}{x\arctan x}$.

1.7 函数的连续性

1.7.1 函数连续的概念

客观世界的许多现象,如气温的变化、植物生长、物种变化等,都是随时间变化而连续变化的.这种现象在函数关系上的反映,就是函数的连续性.例如,就气温的变化来看,其特点是:当时间变化很微小时,气温的变化也很微小,这就是函数连续性本质.本节将以极限为基础,介绍连续函数的概念、连续函数的运算及连续函数的一些性质.

设自变量 x 从点 x_1 变化到点 x_2,则称 x_2-x_1 为自变量在点 x_1 处的**改变量**(或**增量**),记作 Δx,即 $\Delta x = x_2 - x_1$.

若自变量 x 在点 x_0 处取得增量 Δx,即自变量 x 从点 x_0 变化到点 $x_0+\Delta x$,相应地,函数 $y=f(x)$ 由 $f(x_0)$ 变到 $f(x_0+\Delta x)$,函数相应的增量为

$$\Delta y = f(x_0+\Delta x) - f(x_0).$$

定义 1.7.1 设函数 $y=f(x)$ 在点 x_0 的某个邻域内有定义,如果当自变量在点 x_0 处的增量 $\Delta x \to 0$ 时,函数相应的增量 $\Delta y \to 0$,即

$$\lim_{\Delta x\to 0}\Delta y = \lim_{\Delta x\to 0}[f(x_0+\Delta x) - f(x_0)] = 0,$$

则称函数 $f(x)$ **在点 x_0 处连续**. 称 x_0 为**连续点**.

设 $x=x_0+\Delta x$,当 $\Delta x\to 0$ 时,$x\to x_0$,且 $\Delta y = f(x) - f(x_0)$,于是有定义 1.7.1 的等价定义.

定义 1.7.2 设函数 $y=f(x)$ 在点 x_0 的某个邻域内有定义,如果

$$\lim_{x\to x_0} f(x) = f(x_0),$$

则称函数 $f(x)$ **在点 x_0 处连续**.

例 1.7.1 证明 $f(x)=\sin x$ 在 $(-\infty,+\infty)$ 内任一点 x_0 处连续.

证 因为

$$\Delta y = \sin(x_0+\Delta x) - \sin x_0 = 2\cos\left(x_0+\dfrac{\Delta x}{2}\right)\sin\dfrac{\Delta x}{2},$$

$$|\Delta y| = \left|2\cos\left(x_0+\dfrac{\Delta x}{2}\right)\sin\dfrac{\Delta x}{2}\right| \leqslant 2\left|\sin\dfrac{\Delta x}{2}\right| \leqslant |\Delta x|,$$

则

$$\lim_{\Delta x\to 0}\Delta y = 0,$$

故 $f(x)=\sin x$ 在点 x_0 处连续.

类似地,可证明 $y=\cos x$ 在任一点 x_0 处也连续.

定义 1.7.3(单侧连续) (1) 设函数 $y=f(x)$ 在点 x_0 的某个左邻域 $(x_0-\delta, x_0]$ 内有定义,如果
$$\lim_{x \to x_0^-} f(x) = f(x_0),$$
则称**函数 $f(x)$ 在点 x_0 处左连续**.

(2) 设函数 $y=f(x)$ 在点 x_0 的某个右邻域 $[x_0, x_0+\delta)$ 内有定义,如果
$$\lim_{x \to x_0^+} f(x) = f(x_0),$$
则称**函数 $f(x)$ 在点 x_0 处右连续**.

如果函数 $f(x)$ 在 (a,b) 内每一点都连续,则称 $f(x)$ **在 (a,b) 内连续**. 如果函数 $f(x)$ 在 (a,b) 内连续,且在点 a 右连续,在点 b 左连续,则称 $f(x)$ **在 $[a,b]$ 上连续**. 例如,由例 1.7.1 知,$y=\sin x, y=\cos x$ 在 $(-\infty,+\infty)$ 内都连续.

利用单侧极限与极限的关系可推出

定理 1.7.1(单侧连续与连续的关系) 函数 $f(x)$ 在点 x_0 处连续的充分必要条件是 $y=f(x)$ 在点 x_0 处既左连续,又右连续.

例 1.7.2 讨论函数 $f(x)=|x|$ 在点 $x=0$ 的连续性.

解 因为
$$f(0-0) = \lim_{x \to 0^-} |x| = \lim_{x \to 0^-} (-x) = 0,$$
$$f(0+0) = \lim_{x \to 0^+} |x| = \lim_{x \to 0^+} x = 0,$$
所以
$$\lim_{x \to 0} f(x) = 0 = f(0),$$
则 $f(x)=|x|$ 在点 $x=0$ 处连续.

例 1.7.3 讨论函数 $f(x)=\begin{cases} x-1, & x \leqslant 0, \\ x+1, & x > 0 \end{cases}$ 在点 $x=0$ 的连续性.

解 因为 $f(0-0) = \lim_{x \to 0^-} f(x) = \lim_{x \to 0^-} (x-1) = -1 = f(0),$
$$f(0+0) = \lim_{x \to 0^+} f(x) = \lim_{x \to 0^+} (x+1) = 1 \neq f(0),$$
所以,$f(x)$ 在点 $x=0$ 左连续,不右连续,从而 $f(x)$ 在点 $x=0$ 不连续.

例 1.7.4 设函数 $f(x)=\begin{cases} x\sin\dfrac{1}{x}, & x \neq 0, \\ a, & x=0, \end{cases}$ 问 a 为何值时, $f(x)$ 在点 $x=0$ 处连续?

解 因为 $f(0)=a, \lim_{x \to 0} f(x) = \lim_{x \to 0} x\sin\dfrac{1}{x} = 0$. 故当 $a=0$ 时,$f(x)$ 在点 $x=0$ 处连续.

1.7.2 函数的间断点

如果函数 $f(x)$ 在点 x_0 的某去心邻域内有定义,且在点 x_0 处不连续,则称

$f(x)$ 在点 x_0 处**间断**,并称 x_0 为 $f(x)$ 的**间断点**或**不连续点**. 由函数 $f(x)$ 在点 x_0 连续定义可知,若出现下列三种情况之一:

(1) $f(x)$ 在点 x_0 没有定义;

(2) $\lim\limits_{x \to x_0} f(x)$ 不存在;

(3) $f(x)$ 在点 x_0 有定义且 $\lim\limits_{x \to x_0} f(x)$ 存在,但 $\lim\limits_{x \to x_0} f(x) \neq f(x_0)$,

则点 x_0 为 $f(x)$ 的间断点.

根据 $x \to x_0$ 时 $f(x)$ 的极限情况,间断点分为下面两类:

(Ⅰ) **第一类间断点** 设点 x_0 为 $f(x)$ 的间断点,但当 $x \to x_0$ 时 $f(x)$ 左极限 $f(x_0-0)$ 与右极限 $f(x_0+0)$ 都存在,则称 x_0 为 $f(x)$ 的**第一类间断点**,其中

当 $f(x_0-0) \neq f(x_0+0)$,则称 x_0 为 $f(x)$ 的**跳跃型间断点**;

当 $f(x_0-0) = f(x_0+0)$,则称 x_0 为 $f(x)$ 的**可去型间断点**,这时

$$\lim_{x \to x_0} f(x) \neq f(x_0) \quad \text{或} \quad f(x_0) \text{ 没有定义}.$$

(Ⅱ) **第二类间断点** 设点 x_0 为 $f(x)$ 的间断点,但当 $x \to x_0$ 时 $f(x)$ 左极限 $f(x_0-0)$ 或右极限 $f(x_0+0)$ 不存在,则称 x_0 为 $f(x)$ 的**第二类间断点**,其中

当 $f(x_0-0)$ 或 $f(x_0+0)$ 为无穷大,则称 x_0 为 $f(x)$ 的**无穷型间断点**;

当 $x \to x_0^-$ 或 $x \to x_0^+$ 时,函数 $f(x)$ 值摆动不定,则称 x_0 为 $f(x)$ 的**振荡型间断点**.

例 1.7.5 讨论下列函数在点 x_0 处的连续性,若 x_0 为间断点,指出其类型:

(1) $f(x) = \dfrac{1}{x}, x_0 = 0$;   (2) $f(x) = \dfrac{\sin x}{x}, x_0 = 0$;

(3) $f(x) = \sin \dfrac{1}{x}, x_0 = 0$;   (4) $f(x) = \begin{cases} \dfrac{\sin x}{2x}, & x < 0, \\ 1 + \cos x, & x \geq 0, \end{cases} x_0 = 0$.

解 (1) 因为 $f(0)$ 没有定义,所以 $f(x)$ 在点 $x=0$ 处不连续,$x=0$ 为间断点. 由于

$$\lim_{x \to 0} f(x) = \lim_{x \to 0} \frac{1}{x} = \infty,$$

故 $x=0$ 为 $f(x)$ 的第二类无穷型间断点.

(2) 因为 $f(0)$ 没有定义,所以 $f(x)$ 在点 $x=0$ 处不连续,$x=0$ 为间断点. 由于

$$\lim_{x \to 0} f(x) = \lim_{x \to 0} \frac{\sin x}{x} = 1,$$

故 $x=0$ 为 $f(x)$ 的第一类可去型间断点. 只要补充定义 $f(0) = \lim\limits_{x \to 0} f(x) = 1$,得到由 $f(x)$ 派生的一个新函数,仍然记为 $f(x)$,则 $f(x)$ 在点 $x=0$ 处变连续.

(3) 因为 $f(0)$ 没有定义,所以 $f(x)$ 在点 $x=0$ 处不连续,$x=0$ 为间断点. 由于

当 $x \to x_0$ 时,函数 $f(x) = \sin \dfrac{1}{x}$ 值摆动不定,$f(x)$ 极限不存在,则 x_0 为 $f(x)$ 的第二类振荡型间断点.

(4) 因为 $f(0-0) = \lim\limits_{x \to 0^-} f(x) = \lim\limits_{x \to 0^-} \dfrac{\sin x}{2x} = \dfrac{1}{2} \neq f(0) = 2$,

$\qquad\qquad f(0+0) = \lim\limits_{x \to 0^+} f(x) = \lim\limits_{x \to 0^+} (1 + \cos x) = 2 = f(0)$,

所以,$f(x)$ 在点 $x=0$ 右连续,不左连续,从而 $f(x)$ 在点 $x=0$ 不连续. 由于 $f(x_0-0) \neq f(x_0+0)$,则 $x=0$ 为 $f(x)$ 的第一类跳跃型间断点.

1.7.3 连续函数的性质　初等函数的连续性

函数的连续性是利用极限来定义的,所以根据极限的运算法则可推得下列连续函数的性质.

定理 1.7.2(连续函数的四则运算)　若函数 $f(x), g(x)$ 都在点 x_0 连续,则 $f(x) \pm g(x), f(x) \cdot g(x), \dfrac{f(x)}{g(x)} (g(x_0) \neq 0)$ 在点 x_0 也连续.

例如,利用 $y = \sin x$ 与 $y = \cos x$ 在 $(-\infty, +\infty)$ 内的连续,可推出 $y = \cot x, y = \tan x$,及正割 $x = \sec x$,余割 $y = \csc x$ 在其定义域内都是连续的.

定理 1.7.3(反函数的连续性)　若函数 $y = f(x)$ 在区间 I_x 上单调增加(减少)且连续,则它的反函数 $x = f^{-1}(y)$ 也在对应的区间 $I_y = \{y \mid y = f(x), x \in I_x\}$ 上单调增加(减少)且连续.

证明从略.

例如,因为 $y = \sin x$ 在 $\left[-\dfrac{\pi}{2}, \dfrac{\pi}{2}\right]$ 上单调增加且连续,推出 $y = \arcsin x$ 在 $[-1, 1]$ 上单调增加且连续. 同理,$y = \arccos x, y = \arctan x$ 和 $y = \text{arccot} x$ 也都是各自定义域上的单调且连续函数.

利用函数的连续定义及复合函数求极限法则可得如下定理.

定理 1.7.4(复合函数的连续性)　设函数 $u = \varphi(x)$ 在点 x_0 处连续,且 $\varphi(x_0) = u_0$,而函数 $y = f(u)$ 在点 u_0 处连续,则复合函数 $y = f[\varphi(x)]$ 在点 x_0 处连续.

我们容易证得,指数函数 $y = a^x (a > 0, a \neq 1)$ 在 $(-\infty, +\infty)$ 内连续. 于是利用反函数的连续性推出,对数函数 $y = \log_a x (a > 0, a \neq 1)$ 在 $(0, +\infty)$ 内连续. 进而利用复合函数的连续性推出,幂函数 $y = x^\mu = e^{\mu \ln x} (x > 0)$ 在 $(0, +\infty)$ 内连续. 又由于常量函数是连续的,因此得到:**一切基本初等函数在其定义域上都是连续的**. 再根据上述连续函数的性质可推知:

定理 1.7.5(初等函数的连续性)　一切初等函数在其定义区间上都是连续的.

连续函数的性质也为求极限提供了一种简便方法:

(1) 若 $f(x)$ 在点 x_0 连续,则在计算极限 $\lim\limits_{x \to x_0} f(x)$ 时,只要算出函数值 $f(x_0)$ 即可;

(2) 若 $y=f(u)$ 在点 u_0 连续,且 $\lim\limits_{x \to x_0} \varphi(x) = u_0$,则在计算复合函数 $f[\varphi(x)]$ 的极限时,可利用公式

$$\lim_{x \to x_0} f[\varphi(x)] = f[\lim_{x \to x_0} \varphi(x)].$$

上式表明,在上述(2)的条件下,求复合函数极限 $\lim\limits_{x \to x_0} f[\varphi(x)]$ 时,函数符号 f 与极限符号 $\lim\limits_{x \to x_0}$ 可以交换次序.

注意 在(2)中,特别当 $u=\varphi(x)$ 在点 x_0 处连续情况也成立.

例 1.7.6 求极限:(1) $\lim\limits_{x \to 0} \sin\left(\pi \sqrt{\dfrac{1-2x}{4+3x}}\right)$; (2) $\lim\limits_{x \to 0} \dfrac{\ln(1+x)}{x}$.

解 (1) 因为 $f(x) = \sin\left(\pi \sqrt{\dfrac{1-2x}{4+3x}}\right)$ 在点 $x=0$ 连续,且 $f(0)=1$,从而有

$$\lim_{x \to 0} \sin\left(\pi \sqrt{\dfrac{1-2x}{4+3x}}\right) = 1.$$

(2) 由于 $\lim\limits_{x \to 0}(1+x)^{\frac{1}{x}} = e$ 及对数函数的连续性,则有

$$\lim_{x \to 0} \dfrac{\ln(1+x)}{x} = \lim_{x \to 0} \ln(1+x)^{\frac{1}{x}} = \ln \lim_{x \to 0}(1+x)^{\frac{1}{x}} = \ln e = 1.$$

例 1.7.7 求 $\lim\limits_{x \to 0} \dfrac{a^x - 1}{x} (a > 0, a \neq 1)$.

解 令 $u = a^x - 1$,则 $x = \log_a(1+u)$,且当 $x \to 0$ 时 $u \to 0$. 从而有

$$\lim_{x \to 0} \dfrac{a^x - 1}{x} = \lim_{u \to 0} \dfrac{u}{\log_a(1+u)} = \lim_{u \to 0} \dfrac{1}{\log_a(1+u)^{\frac{1}{u}}} = \dfrac{1}{\log_a e} = \ln a.$$

于是我们又得到当 $x \to 0$ 时几对等价无穷小

$$\ln(1+x) \sim x, \quad a^x - 1 \sim x \ln a, \quad e^x - 1 \sim x.$$

现在我们来证明:如果 $\lim\limits_{x \to x_0} f(x) = A > 0, \lim\limits_{x \to x_0} g(x) = B$,则

$$\lim_{x \to x_0} [f(x)]^{g(x)} = A^B.$$

事实上,利用指数函数的连续性,得

$$\lim_{x \to x_0} [f(x)]^{g(x)} = \lim_{x \to x_0} e^{g(x) \ln f(x)} = e^{\lim\limits_{x \to x_0} g(x) \ln f(x)} = e^{B \ln A} = A^B.$$

1.7.4 闭区间上连续函数的性质

前面关于连续函数的性质其实只是它的局部性质,即它在每个连续点的某邻域内所具有的性质. 如果在闭区间上讨论连续函数,则它还具有许多整个区间上的

特性,即整体性质.这些性质,下面以定理形式叙述它们,但不作证明.

定理 1.7.6(最大值最小值定理) 若函数 $f(x)$ 在闭区间 $[a,b]$ 上连续,则 $f(x)$ 在 $[a,b]$ 上有最大值 M 和最小值 m.

这就是说,在 $[a,b]$ 上至少存在 ξ_1 及 ξ_2,$f(\xi_1)=M$,$f(\xi_2)=m$,且对一切 $x\in[a,b]$ 都有
$$m\leqslant f(x)\leqslant M.$$

推论 1.7.1(有界性定理) 若 $f(x)$ 在 $[a,b]$ 上连续,则 $f(x)$ 在 $[a,b]$ 上有界.

注意 对于开区间上的连续函数或闭区间上的非连续函数,并不一定有最大值或最小值,也不一定有界.例如,$f(x)=x$,虽然它在 $(0,1)$ 内连续,但它在 $(0,1)$ 内既无最大值也无最小值.又如 $f(x)=\dfrac{1}{x}$,虽然它在 $(0,1)$ 内连续,但它在 $(0,1)$ 内既无最大值也无最小值,也无界.

定理 1.7.7(介值定理) 设 $f(x)$ 在 $[a,b]$ 上连续,且 $f(a)\neq f(b)$,则对介于 $f(a)$ 与 $f(b)$ 之间的任何实数 c,在 (a,b) 内必至少存在一点 ξ,使 $f(\xi)=c$.

这就是说,对任何实数 c,有 $f(a)<c<f(b)$ 或 $f(b)<c<f(a)$,定义于 (a,b) 内的连续曲线弧 $y=f(x)$ 与水平直线 $y=c$ 必至少相交于一点 (ξ,c)(图 1.7.1).

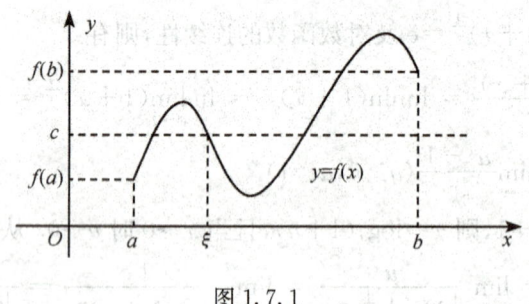

图 1.7.1

推论 1.7.2 闭区间上的连续函数必取得介于最大值与最小值之间的任何值.

证 设 $f(x)$ 在 $[a,b]$ 上连续,且分别在 $x_1\in[a,b]$ 取得最小值 $m=f(x_1)$ 和在 $x_2\in[a,b]$ 取得最大值 $M=f(x_2)$.

不妨设 $x_1<x_2$,且 $M>m$(即 $f(x)$ 不是常量函数).由于 $f(x)$ 在 $[x_1,x_2]$ 上连续,且 $f(x_1)\neq f(x_2)$,故由介值定理知,对介于 m 与 M 之间的任何实数 c,必至少存在一点 $\xi\in(x_1,x_2)\subset(a,b)$,使 $f(\xi)=c$.

推论 1.7.2 具体可分两种情况,设 $f(x)$ 在 $[a,b]$ 上连续,$f(x)$ 在 $[a,b]$ 上最大值是 M,最小值是 m,则对任何实数 c,

(1) 如果 $m<c<M$,则必至少存在一点 $\xi\in(a,b)$,使 $f(\xi)=c$;

(2) 如果 $m\leqslant c\leqslant M$,则必至少存在一点 $\xi\in[a,b]$,使 $f(\xi)=c$.

1.7 函数的连续性

推论 1.7.3(根的存在性定理) 设 $f(x)$ 在 $[a,b]$ 上连续,且 $f(a)$ 与 $f(b)$ 异号(即 $f(a) \cdot f(b) < 0$),则在 (a,b) 内至少存在一点 ξ,使 $f(\xi)=0$.

即方程 $f(x)=0$ 在 (a,b) 内至少存在一个实根.

这是介值定理的一种特殊情形. 方程 $f(x)=0$ 的根也称为函数 $f(x)$ 的**零点**,所以,通常也把根的存在性定理称为**零点存在定理**.

例 1.7.8 证明方程 $x^3 - 4x^2 + 1 = 0$ 至少有一个小于 1 的正根.

证 作函数 $f(x) = x^3 - 4x^2 + 1$,则 $f(x)$ 在 $[0,1]$ 上连续,且
$$f(0) = 1 > 0, \quad f(1) = -2 < 0,$$
由根的存在定理知,至少存在一点 $\xi \in (0,1)$,使得 $f(\xi) = \xi^3 - 4\xi^2 + 1 = 0$,即 ξ 是方程 $x^3 - 4x^2 + 1 = 0$ 的根,所以方程 $x^3 - 4x^2 + 1 = 0$ 至少有一个小于 1 的正根.

习 题 1.7

1. 讨论下列函数在点 $x=0$ 的连续性,并画出函数图形:

   (1) $f(x) = \dfrac{|x|}{x}$;

   (2) $f(x) = \begin{cases} x^2, & x \leq 0, \\ 2-x, & 0 < x. \end{cases}$

2. 求下列函数的连续区间:

   (1) $f(x) = \dfrac{x^3 + 3x^2 - x - 3}{x^2 + x - 6}$;

   (2) $f(x) = \dfrac{x}{\ln x}$.

3. 求下列函数间断点,并指明间断点的类型,若是可去型的间断点,则补充或改变函数定义使它连续:

   (1) $y = \dfrac{x^2 - 1}{x^2 - 3x + 2}$;

   (2) $y = \cos^2 \dfrac{1}{x}$;

   (3) $f(x) = \dfrac{x-1}{\ln x}$;

   (4) $f(x) = e^{\frac{1}{x-1}}$;

   (5) $f(x) = \dfrac{x}{\sin x}$;

   (6) $f(x) = \begin{cases} e^{-\frac{1}{x^2}}, & x \neq 0, \\ 2, & x = 0. \end{cases}$

4. 确定常数 a 的值,使得函数 $f(x)$ 为 $(-\infty, +\infty)$ 内的连续函数:

   (1) $f(x) = \begin{cases} a+x, & x \leq 0, \\ \sin x, & x > 0; \end{cases}$

   (2) $f(x) = \begin{cases} \arctan \dfrac{1}{x}, & x < 0, \\ a + \sqrt{x}, & x \geq 0. \end{cases}$

5. 求下列极限:

   (1) $\lim\limits_{x \to 0} \sqrt{x^2 - 3x + 4}$;

   (2) $\lim\limits_{x \to 0} \dfrac{(e^{2x}-1)(1-\cos x)}{x^2 \ln(1+x)}$;

   (3) $\lim\limits_{x \to 0} \ln \dfrac{\sin x}{x}$;

   (4) $\lim\limits_{x \to +\infty} (\sqrt{x^2 + x} - \sqrt{x^2 - x})$;

   (5) $\lim\limits_{x \to 0} (1 + 3\tan^2 x)^{\cot^2 x}$;

   (6) $\lim\limits_{x \to 0} \dfrac{\sqrt{1 + \tan x} - \sqrt{1 + \sin x}}{x \sqrt{1 + \sin^2 x} - x}$;

(7) $\lim\limits_{n\to\infty}\left(\dfrac{n+3}{n+6}\right)^{\frac{n-1}{2}}$;   (8) $\lim\limits_{x\to x_0}\dfrac{\sin x-\sin x_0}{x-x_0}$.

6. 证明方程 $x^5-3x=1$ 至少有一个根介于 1 和 2 之间.

7. 证明方程 $\sin x+x+1=0$ 在开区间 $\left(-\dfrac{\pi}{2},\dfrac{\pi}{2}\right)$ 内至少有一个根.

8. 证明:若 $f(x)$ 在 $[a,b]$ 上连续,$a<x_1<x_2<\cdots<x_n<b$,则在 $[x_1,x_n]$ 内至少有一点 ξ,使
$$f(\xi)=\dfrac{f(x_1)+f(x_2)+\cdots+f(x_n)}{n}.$$

第1章总习题

1. 填空题:

(1) 设 $f(x)=\begin{cases}0, & x\leqslant 0,\\ x, & x>0.\end{cases}$ $g(x)=\begin{cases}0, & x\leqslant 0,\\ -x^2, & x>0,\end{cases}$ 则
$$f[g(x)]=\underline{\qquad},\quad g[f(x)]=\underline{\qquad};$$

(2) $\lim\limits_{x\to+\infty}\dfrac{x^2+1}{3x-2}\sin\dfrac{\pi}{x}=\underline{\qquad}$;

(3) 若 $\lim\limits_{x\to\infty}\left(\dfrac{x+2a}{x-2a}\right)^{\frac{x}{3}}=\mathrm{e}^2$,则 $a=\underline{\qquad}$;

(4) 当 $x\to\infty$ 时,函数 $f(x)$ 与 $\dfrac{1}{x^4}$ 是等价无穷小量,函数 $g(x)$ 与 $\dfrac{1}{x^2}$ 是等价无穷小,则 $\lim\limits_{x\to\infty}\dfrac{xf(x)}{g(x)}=\underline{\qquad}$;

(5) $\lim\limits_{t\to 0}\dfrac{\mathrm{e}^{x+t}-\mathrm{e}^x}{t}=\underline{\qquad}$.

2. 单项选择题:

(1) 下列函数在指定的变化过程中为无穷小量的是( )

(A) $\mathrm{e}^{\frac{1}{x}}$ $(x\to\infty)$;   (B) $\mathrm{e}^{\frac{1}{x}}$ $(x\to 0)$;

(C) $\dfrac{\sin x}{x}$ $(x\to\infty)$;   (D) $\dfrac{\sqrt{x+1}-1}{x}$ $(x\to 0)$.

(2) 当 $x\to 1$ 时,函数 $f(x)=\dfrac{1-x}{1+x}$ 与 $g(x)=1-\sqrt{x}$ 的关系是( )

(A) $f(x)$ 是比 $g(x)$ 低阶无穷小;   (B) $f(x)$ 与 $g(x)$ 是等价无穷小;

(C) $f(x)$ 是比 $g(x)$ 高阶无穷小;   (D) $f(x)$ 与 $g(x)$ 是同阶非等价无穷小.

(3) 设 $\lim\limits_{x\to 2}\dfrac{x^2+ax+b}{x^2-x-2}=2$,则( )

(A) $a=1,b=2$;   (B) $a=-2,b=8$;

(C) $a=2,b=6$;   (D) $a=2,b=-8$.

(4) 设 $\lim\limits_{x\to\infty}\left(\dfrac{x^2}{2x+1}-ax-b\right)=0$,则( )

(A) $a=-\frac{1}{2}, b=-\frac{1}{4}$; (B) $a=\frac{1}{2}, b=-\frac{1}{4}$;

(C) $a=-\frac{1}{2}, b=\frac{1}{4}$; (D) $a=\frac{1}{2}, b=\frac{1}{4}$.

(5) 设 $f(x)=\begin{cases} \dfrac{e^x-e}{x-1}, & x<1, \\ \pi, & x=1, \\ \dfrac{\arctan\pi(x-1)}{x-1}, & x>1. \end{cases}$ 则 $f(x)$ 在点 $x=1$ (　　)

(A) 没有定义； (B) 左连续但不右连续；

(C) 右连续但左不连续； (D) 连续.

3. 求下列极限：

(1) $\lim\limits_{x\to 0}\dfrac{2^x+3^x-2}{x}$; (2) $\lim\limits_{n\to\infty}(\sqrt{n-\sqrt{n}}-\sqrt{n})$;

(3) $\lim\limits_{x\to 0}(\cos x+x\sin x)^{\frac{1}{x^2}}$; (4) $\lim\limits_{x\to 0}\dfrac{\tan x-\sin x}{(1-e^x)\ln(1+2x^2)}$;

(5) $\lim\limits_{x\to\frac{\pi}{2}}(\sin x)^{\tan x}$; (6) $\lim\limits_{x\to 0}\left(\dfrac{a^x+b^x+c^x}{3}\right)^{\frac{1}{x}}(a>0,b>0,c>0)$;

(7) $\lim\limits_{x\to+\infty}(\sin\sqrt{x+1}-\sin\sqrt{x})$; (8) $\lim\limits_{n\to\infty}\dfrac{2^n\sin\dfrac{x}{2^n}}{\sin x}(0<x<\pi)$.

4. 设 $P(x)$ 是多项式, 且 $\lim\limits_{x\to\infty}\dfrac{P(x)-2x^3}{x^2}=1, \lim\limits_{x\to 0}\dfrac{P(x)}{x}=3$, 求 $P(x)$.

5. 设 $f(x+1)=\lim\limits_{n\to\infty}\left(\dfrac{n+x}{n-2}\right)^n$, 求 $f(x)$.

6. 讨论函数 $f(x)=\lim\limits_{n\to\infty}\dfrac{1-x^{2n}}{1+x^{2n}}x$ 的连续性, 若有间断点, 判别其类型.

7. 证明方程 $x=a\sin x+b(a>0,b>0)$ 至少有一个不超过 $a+b$ 的正根.

8. 证明：若 $f(x)$ 在 $[a,+\infty)$ 上连续, 且 $\lim\limits_{x\to+\infty}f(x)$ 存在, 则 $f(x)$ 在 $[a,+\infty)$ 上有界.

9. 设 $f(x)$ 在 $[0,1]$ 上连续, 且 $f(1)=0, f\left(\dfrac{1}{2}\right)=1$, 证明至少存在一点 $\xi\in\left(\dfrac{1}{2},1\right)$, 使 $f(\xi)=\xi$.

10. 证明任何阶奇次方程 $a_0x^n+a_1x^{n-1}+\cdots+a_{n-1}x+a_n=0$ (n 为正奇数) 至少有一实根.

第 2 章 导数与微分

微分学是微积分的重要组成部分,它的基本内容是导数与微分及其应用. 本章主要讨论导数与微分的概念以及它们的计算方法. 至于导数的应用,将在第 3 章讨论.

2.1 导数的概念

2.1.1 导数的定义

导数的概念源于力学中的速度问题和几何学中的切线斜率问题,下面从这两个问题说起,引出导数的概念.

例 2.1.1 变速直线运动的速度问题.

设一质点做变速直线运动,在 $[0,t]$ 时间段所经过的路程为 $s=f(t)$,它是时间 t 的函数. 当 t 从 t_0 增加到 $t_0+\Delta t$ 时,质点在 $[t_0,t_0+\Delta t]$ 时间内平均速度是

$$\bar{v} = \frac{\Delta s}{\Delta t} = \frac{f(t_0+\Delta t)-f(t_0)}{\Delta t}.$$

显然,随着 Δt 的减小,平均速度 $\bar{v}$ 就越接近质点在 $t=t_0$ 时刻的速度(**瞬时速度**). 但无论 Δt 取得怎样小,平均速度 $\bar{v}$ 总不能精确地刻画出质点运动在 $t=t_0$ 时变化的快慢. 为此我们想到极限的思想,如果当 $\Delta t \to 0$ 时,平均速度 $\bar{v}=\frac{\Delta s}{\Delta t}$ 的极限存在,则自然地把这极限值(记为 $v(t_0)$)定义为质点在 $t=t_0$ 时的瞬时速度,即

$$v(t_0) = \lim_{\Delta t \to 0} \frac{\Delta s}{\Delta t} = \lim_{\Delta t \to 0} \frac{f(t_0+\Delta t)-f(t_0)}{\Delta t}.$$

例 2.1.2 切线斜率问题.

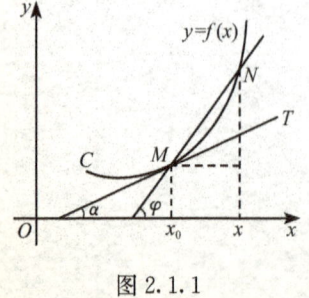

图 2.1.1

设曲线 C 的方程为 $y=f(x)$,$M(x_0,y_0)$ 为曲线 C 上的一个定点,下面给出曲线 $y=f(x)$ 在点 M 处的切线定义.

在曲线 C 上取动点 $N(x_0+\Delta x, f(x_0+\Delta x))$,作割线 MN,当动点 N 沿着曲线 C 趋向于定点 M 时,如果割线 MN 有一极限位置 MT(图 2.1.1),则称直线 MT 是曲线 $y=f(x)$ 在点 M 处的**切线**. 下面定出切线的斜率.

由于割线 MN 的斜率为

$$\tan\varphi = \frac{\Delta y}{\Delta x} = \frac{f(x_0 + \Delta x) - f(x_0)}{\Delta x},$$

其中 φ 为割线 MN 的倾斜角. 当动点 N 沿着曲线 C 趋向于定点 M 时, $\Delta x \to 0$, 如果上式的极限存在, 则此极限值就是曲线 $y = f(x)$ 在点 M 处的切线 MT 斜率(记为 k), 即

$$k = \tan\alpha = \lim_{\Delta x \to 0} \frac{f(x_0 + \Delta x) - f(x_0)}{\Delta x},$$

其中 α 为切线 MT 的倾斜角.

上面所讲的瞬时速度和切线斜率, 虽然它们来自不同的具体问题, 但在计算上都归结为同一结构极限形式, 即当自变量的增量趋于零时, 函数的增量与自变量的增量之比的极限. 撇开变量的具体意义, 抓着它们在数学关系上的这种共性, 就得出了函数的导数概念.

定义 2.1.1 设函数 $y = f(x)$ 在点 x_0 的某一邻域内有定义. 当自变量 x 在点 x_0 处取得增量 Δx, 相应地, 函数有增量 $\Delta y = f(x_0 + \Delta x) - f(x_0)$, 如果极限

$$\lim_{\Delta x \to 0} \frac{\Delta y}{\Delta x} = \lim_{\Delta x \to 0} \frac{f(x_0 + \Delta x) - f(x_0)}{\Delta x} \tag{2.1.1}$$

存在, 则称函数 $y = f(x)$ 在点 x_0 处**可导**, 并称此极限值为函数 $y = f(x)$ **在点 x_0 处的导数**, 记为 $f'(x_0)$, 即

$$f'(x_0) = \lim_{\Delta x \to 0} \frac{f(x_0 + \Delta x) - f(x_0)}{\Delta x}, \tag{2.1.2}$$

也记作 $y'\big|_{x=x_0}$, $\dfrac{dy}{dx}\bigg|_{x=x_0}$ 或 $\dfrac{df(x)}{dx}\bigg|_{x=x_0}$.

若极限(2.1.1)不存在, 则称 $f(x)$ 在点 x_0 处**不可导**, 或导数不存在.

导数定义式(2.1.2)也有其他形式, 如

$$f'(x_0) = \lim_{h \to 0} \frac{f(x_0 + h) - f(x_0)}{h}, \quad h = \Delta x. \tag{2.1.3}$$

$$f'(x_0) = \lim_{x \to x_0} \frac{f(x) - f(x_0)}{x - x_0}, \quad x = x_0 + \Delta x. \tag{2.1.4}$$

如果称 $\dfrac{\Delta y}{\Delta x} = \dfrac{f(x_0 + \Delta x) - f(x_0)}{\Delta x}$ 为函数在区间 $[x_0, x_0 + \Delta x]$ 或 $[x_0 + \Delta x, x_0]$ 上的**平均变化率**, 那么导数 $f'(x_0)$ 称为函数 $f(x)$ **在点 x_0 处变化率**. 在实际应用中, 经常遇到需要讨论具有不同意义的变量的变化"快慢"问题, 在数学上就是函数的变化率问题.

根据导数的概念, 在前面的例子中:

(1) $t=t_0$ 时的瞬时速度就是路程 $s=f(t)$ 在 t_0 处的导数,即
$$v(t_0) = \frac{ds}{dt}\bigg|_{t=t_0};$$

(2) 若函数 $f(x)$ 在 x_0 点可导,则曲线 $y=f(x)$ 在点 $(x_0, f(x_0))$ 处切线的斜率为
$$k = \tan\alpha = f'(x_0).$$
这就是导数的几何意义,于是得到曲线 $y=f(x)$ 在点 $(x_0, f(x_0))$ 处的切线方程为
$$y - f(x_0) = f'(x_0)(x - x_0).$$
当 $f'(x_0) \neq 0$,在点 $(x_0, f(x_0))$ 处的法线方程为
$$y - f(x_0) = -\frac{1}{f'(x_0)}(x - x_0).$$

如果函数 $y=f(x)$ 在开区间 I 内每一点都可导,则称 $f(x)$ 在 I 内可导. 这时对每一个 $x \in I$,都有导数 $f'(x)$ 与之相对应,从而在 I 内确定了一个新的函数,称为 $y=f(x)$ 的**导函数**,记作
$$f'(x), \quad y', \quad \frac{dy}{dx} \text{ 或 } \frac{df(x)}{dx}.$$

在式 (2.1.2) 中把 x_0 换成 x,即得导函数的定义:
$$f'(x) = \lim_{\Delta x \to 0} \frac{f(x+\Delta x) - f(x)}{\Delta x}, \quad x \in I.$$
于是函数 $f(x)$ 在点 x_0 处的导数 $f'(x_0)$ 就是导函数 $f'(x)$ 在点 x_0 的函数值,即
$$f'(x_0) = f'(x)|_{x=x_0}.$$

注意 以后在不至于混淆的地方把导函数称为导数.

由于导数 $f'(x_0) = \lim\limits_{\Delta x \to 0} \dfrac{f(x_0+\Delta x) - f(x_0)}{\Delta x}$ 是一个极限,与函数左、右极限类似,那么可以定义函数 $y=f(x)$ 在点 x_0 处的左、右导数,即**单侧导数**.

定义 2.1.2 如果极限 $\lim\limits_{\Delta x \to 0^-} \dfrac{f(x_0+\Delta x) - f(x_0)}{\Delta x}$ 存在,则称此极限为 $f(x)$ 在点 x_0 的**左导数**,记作 $f'_-(x_0)$;如果极限 $\lim\limits_{\Delta x \to 0^+} \dfrac{f(x_0+\Delta x) - f(x_0)}{\Delta x}$ 存在,则称此极限为 $f(x)$ 在点 x_0 的**右导数**,记作 $f'_+(x_0)$.

根据单侧极限与极限的关系,我们得到下述定理.

定理 2.1.1 $f(x)$ 在点 x_0 处可导的充分必要条件是 $f(x)$ 在点 x_0 左导数 $f'_-(x_0)$ 与右导数 $f'_+(x_0)$ 都存在且相等.

例 2.1.3 讨论 $f(x) = \begin{cases} \sin x, & x < 0 \\ x, & x \geq 0 \end{cases}$ 在点 $x=0$ 处是否可导.

解 因为 $f'_-(0) = \lim\limits_{x \to 0^-} \dfrac{f(x)-f(0)}{x} = \lim\limits_{x \to 0^-} \dfrac{\sin x - 0}{x} = 1$,

$$f'_+(0) = \lim\limits_{x \to 0^+} \dfrac{f(x)-f(0)}{x} = \lim\limits_{x \to 0^+} \dfrac{x-0}{x} = 1,$$

$$f'_-(0) = f'_+(0) = 1,$$

所以,$f(x)$ 在点 $x=0$ 处可导,且 $f'(0)=1$.

如果 $f(x)$ 在开区间 (a,b) 内可导,且在点 a 右可导,在点 b 左可导,则称 $f(x)$ 在闭区间 $[a,b]$ 上可导.

2.1.2 利用定义求导举例

例 2.1.4 设 $f(x)=C$ (C 为常数),求 $f(x)$ 的导数 $f'(x)$ 及 $f'(0)$.

解 $f'(x) = \lim\limits_{\Delta x \to 0} \dfrac{f(x+\Delta x)-f(x)}{\Delta x} = \lim\limits_{\Delta x \to 0} \dfrac{0}{\Delta x} = 0,$

即 $(C)'=0,$

所以 $f'(0) = f'(x)|_{x=0} = 0.$

例 2.1.5 证明 $(x^n)' = nx^{n-1}$ ($n \in \mathbf{N}^+$).

证 设 $f(x)=x^n$,则

$$f'(x) = \lim_{h \to 0} \dfrac{f(x+h)-f(x)}{h} = \lim_{h \to 0} \dfrac{(x+h)^n - x^n}{h}$$

$$= \lim_{h \to 0} \dfrac{(C_n^0 x^n + C_n^1 x^{n-1} h + C_n^2 x^{n-2} h^2 + \cdots + C_n^n h^n) - x^n}{h}$$

$$= \lim_{h \to 0}(C_n^1 x^{n-1} + C_n^2 x^{n-2} h + \cdots + C_n^n h^{n-1}) = nx^{n-1},$$

即 $(x^n)' = nx^{n-1}.$

更一般地, $(x^\mu)' = \mu x^{\mu-1}$ (μ 为常数).

这就是幂函数求导公式,证明在以后给出. 例如,若取 $\mu = 1, -1, \dfrac{1}{2}, -\dfrac{1}{2}$,则分别有

$$(x)'=1, \quad \left(\dfrac{1}{x}\right)' = -\dfrac{1}{x^2}, \quad (\sqrt{x})' = \dfrac{1}{2\sqrt{x}}, \quad \left(\dfrac{1}{\sqrt{x}}\right)' = -\dfrac{1}{2}x^{-\frac{3}{2}}.$$

例 2.1.6 证明:当常数 $a>0, a \neq 1$ 时,(1) $(a^x)' = a^x \ln a$;(2) $(\log_a x)' = \dfrac{1}{x \ln a}$.

证 (1) 设 $y=a^x$,因为

$$\lim_{\Delta x \to 0} \dfrac{\Delta y}{\Delta x} = \lim_{\Delta x \to 0} \dfrac{a^{x+\Delta x} - a^x}{\Delta x} = a^x \lim_{\Delta x \to 0} \dfrac{a^{\Delta x}-1}{\Delta x} = a^x \ln a,$$

所以 $(a^x)' = a^x \ln a.$

特别地，$(e^x)' = e^x$.

(2) 设 $y = \log_a x$，因为

$$\lim_{\Delta x \to 0} \frac{\Delta y}{\Delta x} = \lim_{h \to 0} \frac{\log_a(x+h) - \log_a x}{h} = \lim_{h \to 0} \frac{\log_a\left(1+\dfrac{h}{x}\right)}{h}$$

$$= \lim_{h \to 0} \frac{1}{x} \log_a \left(1+\frac{h}{x}\right)^{\frac{x}{h}} = \frac{1}{x} \log_a e = \frac{1}{x \ln a},$$

所以，
$$(\log_a x)' = \frac{1}{x \ln a}.$$

特别地，$(\ln x)' = \dfrac{1}{x}$.

例 2.1.7 证明 $(\sin x)' = \cos x$.

证 设 $y = \sin x$，因为

$$\lim_{\Delta x \to 0} \frac{\Delta y}{\Delta x} = \lim_{\Delta x \to 0} \frac{\sin(x + \Delta x) - \sin x}{\Delta x}$$

$$= \lim_{\Delta x \to 0} \frac{2\sin\dfrac{\Delta x}{2} \cos\left(x + \dfrac{\Delta x}{2}\right)}{\Delta x} = \cos x,$$

所以，
$$(\sin x)' = \cos x.$$

类似证明：$(\cos x)' = -\sin x$.

例 2.1.8 已知 $f(x) = \begin{cases} \sin x, & x < 0, \\ x^2, & x \geq 0. \end{cases}$ 求 $f'(x)$.

解 当 $x < 0$ 时，$f'(x) = (\sin x)' = \cos x$；当 $x > 0$ 时，$f'(x) = (x^2)' = 2x$.
当 $x = 0$ 时，由于

$$f'_-(0) = \lim_{x \to 0^-} \frac{\sin x - 0}{x} = 1, \quad f'_+(0) = \lim_{x \to 0^+} \frac{x^2 - 0}{x} = 0,$$

$$f'_-(0) \neq f'_+(0),$$

所以 $f'(0)$ 不存在，于是得

$$f'(x) = \begin{cases} \cos x, & x < 0, \\ 2x, & x > 0. \end{cases}$$

注意 对于分段函数，求它的导函数时需要分段进行，在分点处的导数，则通过讨论它的单侧导数以确定它的存在性.

例 2.1.9 求曲线 $y = \sqrt[3]{x^2}$ 在点 $(1,1)$ 处的切线方程与法线方程.

解 由于 $\dfrac{dy}{dx} = \dfrac{2}{3} x^{-\frac{1}{3}} = \dfrac{2}{3\sqrt[3]{x}}$，所求切线的斜率为

$$k = \frac{dy}{dx}\bigg|_{x=1} = \frac{2}{3\sqrt[3]{x}}\bigg|_{x=1} = \frac{2}{3},$$

则切线方程为
$$y-1=\frac{2}{3}(x-1),$$
即
$$3y-2x-1=0.$$
法线方程为
$$y-1=-\frac{3}{2}(x-1),$$
即
$$2y+3x-5=0.$$

注意 如果 $f(x)$ 在点 x_0 处可导,则曲线 $f(x)$ 在点 $(x_0,f(x_0))$ 存在切线,反之不然,即曲线 $f(x)$ 在点 $(x_0,f(x_0))$ 存在切线,$f(x)$ 在点 x_0 处不一定可导. 例如,曲线 $f(x)=x^{\frac{1}{3}}$,在原点 $O(0,0)$ 有切线 $x=0$(图 2.1.2),但在点 $x=0$ 处,$f(x)=x^{\frac{1}{3}}$ 不可导. 这是因为,$f'(0)=\lim\limits_{h\to 0}\dfrac{f(0+h)-f(0)}{h}=\lim\limits_{h\to 0}\dfrac{h^{\frac{1}{3}}-0}{h}=\lim\limits_{h\to 0}\dfrac{1}{h^{\frac{2}{3}}}=+\infty$(即 $f'(0)$ 不存在).

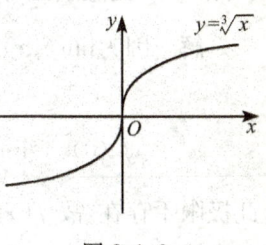

图 2.1.2

2.1.3 函数可导性与连续性的关系

定理 2.1.2 若函数 $f(x)$ 在点 x_0 处可导,则它在点 x_0 一定连续.

证 设 $f(x)$ 在点 x_0 处可导,即 $\lim\limits_{\Delta x\to 0}\dfrac{\Delta y}{\Delta x}=f'(x_0)$.

根据函数极限与无穷小量的关系,得
$$\frac{\Delta y}{\Delta x}=f'(x_0)+\alpha,$$
其中 $\lim\limits_{\Delta x\to 0}\alpha=0$. 上式即为
$$\Delta y=f'(x_0)\Delta x+\alpha\Delta x.$$
于是
$$\lim\limits_{\Delta x\to 0}\Delta y=\lim\limits_{\Delta x\to 0}(f'(x_0)\Delta x+\alpha\Delta x)=0,$$
所以 $f(x)$ 在点 x_0 处连续.

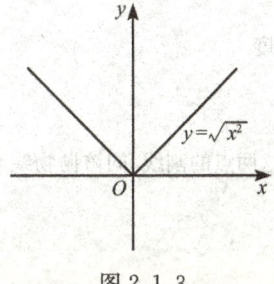

图 2.1.3

反之不一定成立,即连续不一定可导. 例如,函数 $f(x)=\sqrt{x^2}=|x|$ 在点 x_0 处连续,但不可导(图 2.1.3). 事实上,
$$f'_-(0)=\lim\limits_{x\to 0^-}\frac{f(x)-f(0)}{x-0}=\lim\limits_{x\to 0^-}\frac{-x}{x}=-1,$$
$$f'_+(0)=\lim\limits_{x\to 0^+}\frac{f(x)-f(0)}{x-0}=\lim\limits_{x\to 0^+}\frac{x}{x}=1,$$
$$f'_-(0)\neq f'_+(0),$$

所以 $f'(0)$ 不存在.

定理 2.1.2 说明,函数 $y=f(x)$ 在点 x_0 连续性是 $y=f(x)$ 在点 x_0 可导的必要条件. 显然,若函数 $y=f(x)$ 在点 x_0 不连续,那么它在该点一定不可导.

例 2.1.10 讨论函数

$$f(x)=\begin{cases} x\sin\dfrac{1}{x}, & x\neq 0, \\ 0, & x=0 \end{cases}$$

在点 $x=0$ 处连续性与可导性.

解 因为 $\lim\limits_{x\to 0}f(x)=\lim\limits_{x\to 0}x\sin\dfrac{1}{x}=0=f(0)$,则 $f(x)$ 在点 $x=0$ 处连续. 但由于

$$f'(0)=\lim_{x\to 0}\frac{f(x)-f(0)}{x-0}=\lim_{x\to 0}\frac{x\sin\dfrac{1}{x}-0}{x}=\lim\sin\dfrac{1}{x},$$

此极限不存在,故 $f(x)$ 在点 $x=0$ 处不可导.

习 题 2.1

1. 根据导数的定义,求下列函数在给定点处的导数:

    (1) $y=\dfrac{2}{x}, x_0=1$;   (2) $y=2x^2+1, x_0=-1$.

2. 证明:$(\cos x)'=-\sin x$.

3. 设 $f(x)$ 在点 $x=a$ 处可导,求下列极限:

    (1) $\lim\limits_{x\to 0}\dfrac{f(a-x)-f(a)}{x}$;   (2) $\lim\limits_{h\to 0}\dfrac{f(a+h)-f(a-h)}{h}$;

    (3) $\lim\limits_{t\to\infty}t\left[f\left(a+\dfrac{3}{t}\right)-f(a)\right]$;   (4) 若 $a=0, f(0)=0$,求 $\lim\limits_{x\to 0}\dfrac{f(2x)}{x}$.

4. 求下列函数的导数:

    (1) $y=x^3$;   (2) $y=\sqrt[5]{x^3}$;

    (3) $y=\dfrac{1}{x^3}$;   (4) $y=\dfrac{x^3\cdot\sqrt[5]{x^3}}{\sqrt{x^3}}$;

    (5) $y=2^{2x}$;   (6) $y=\log_2 x$.

5. 已知物体的运动规律为 $s=t^3$(m),求这物体在 $t=2$(s)时的速度.

6. 如果 $f(x)$ 为偶函数,且 $f'(0)$ 存在,证明 $f'(0)=0$.

7. 求曲线 $y=e^x$ 在点 $(0,1)$ 处的切线方程和法线方程.

8. 在抛物线 $y=x^2$ 上取横坐标为 $x_1=1$ 及 $x_2=3$ 的两点,作过这两点的割线.问该抛物线上哪一点的切线平行于这条割线?

9. 求曲线 $y=\ln x$ 过原点的切线.

10. 讨论下列函数在 $x=0$ 处的连续性与可导性:

(1) $y=|\sin x|$; (2) $y=\begin{cases} x^2\sin\dfrac{1}{x}, & x\neq 0, \\ 0, & x=0. \end{cases}$

11. 设函数
$$f(x)=\begin{cases} x^3, & x\leqslant 1, \\ ax+b, & x>1. \end{cases}$$
为了使函数 $f(x)$ 在 $x=1$ 处连续且可导，a,b 应取什么值？

12. 已知 $f(x)=\begin{cases} \cos x, & x<0, \\ x, & x\geqslant 0. \end{cases}$ 求 $f'(x)$.

2.2 导数的求导法则

本节将从导数的定义出发，给出几个主要的求导法则——导数的四则运算法则、反函数与复合函数的求导法则. 借助于这些法则和 2.1 节导出的几个基本初等函数的导数公式，求出其余的基本初等函数的导数公式. 在此基础上解决初等函数的求导问题以及其他类型的函数求导问题.

2.2.1 导数的四则运算法则

定理 2.2.1 设 $u(x),v(x)$ 在点 x 处可导，则 $u(x)\pm v(x),u(x)v(x),\dfrac{u(x)}{v(x)}$ ($v(x)\neq 0$) 都在点 x 处可导，且有

(1) $[u(x)\pm v(x)]'=u'(x)\pm v'(x)$；

(2) $[u(x)v(x)]'=u'(x)v(x)+u(x)v'(x)$；

(3) $\left[\dfrac{u(x)}{v(x)}\right]'=\dfrac{u'(x)v(x)-u(x)v'(x)}{v^2(x)}$ ($v(x)\neq 0$).

证 只证(2)，其他读者自证.

令 $y=u(x)\cdot v(x)$，因为
$$\begin{aligned}\Delta y &= u(x+\Delta x)v(x+\Delta x)-u(x)v(x) \\ &= [u(x+\Delta x)-u(x)]v(x+\Delta x)+u(x)[v(x+\Delta x)-v(x)] \\ &= \Delta u\cdot v(x+\Delta x)+u(x)\cdot \Delta v.\end{aligned}$$

由于可导必连续，故有 $\lim\limits_{\Delta x\to 0}v(x+\Delta x)=v(x)$，从而推出

$$\lim_{\Delta x\to 0}\frac{\Delta y}{\Delta x}=\lim_{\Delta x\to 0}\frac{\Delta u}{\Delta x}\cdot \lim_{\Delta x\to 0}v(x+\Delta x)+u(x)\cdot \lim_{\Delta x\to 0}\frac{\Delta v}{\Delta x}$$
$$=u'(x)v(x)+u(x)v'(x),$$

所以，$y=u(x)\cdot v(x)$ 也在点 x 可导，且有
$$[u(x)v(x)]'=u'(x)v(x)+u(x)v'(x).$$

定理 2.2.1 中的法则(1),(2)可以推广到任意有限个可导函数的情形. 例如,若 u,v,w 都是 x 的可导函数,则
$$(u+v-w)' = u'+v'-w',$$
$$(uvw)' = u'vw+uv'w+uvw'.$$
另外,法则(2)中还有推论:$(Cu)'=Cu'$(C 是常数).

例 2.2.1 求 $y=3\log_a x-6\cos x+9\sqrt{x}+1$ 的导数.

解
$$y' = 3(\log_a x)'-6(\cos x)'+9(\sqrt{x})'+(1)'$$
$$= \frac{3}{x\ln a}-6(-\sin x)+9\frac{1}{2\sqrt{x}}+0$$
$$= \frac{3}{x\ln a}+6\sin x+\frac{9}{2\sqrt{x}}.$$

例 2.2.2 求下列函数的导数:
(1) $y=\sec x$;   (2) $y=\csc x$;
(3) $y=\tan x$;   (4) $y=\cot x$.

解 (1) $(\sec x)' = \left(\frac{1}{\cos x}\right)' = -\frac{(\cos x)'}{\cos^2 x} = \frac{\sin x}{\cos^2 x} = \sec x \tan x.$

(2) 类似求得 $(\csc x)' = -\csc x \cot x.$

(3) $(\tan x)' = \left(\frac{\sin x}{\cos x}\right)' = \frac{\cos x \cos x - \sin x(-\sin x)}{\cos^2 x} = \frac{1}{\cos^2 x} = \sec^2 x.$

(4) 类似求得 $(\cot x)' = -\csc^2 x.$

例 2.2.3 设 $y=\ln x \cdot \cos x - \dfrac{\sin x-1}{\sin x+1}$. 求 $y'|_{x=\pi}$.

解
$$y' = (\ln x \cdot \cos x)' - \left(\frac{\sin x-1}{\sin x+1}\right)'$$
$$= \frac{1}{x}\cos x + \ln x(-\sin x) - \frac{\cos x(\sin x+1)-(\sin x-1)\cos x}{(\sin x+1)^2}$$
$$= \frac{\cos x}{x} - \ln x \cdot \sin x - \frac{2\cos x}{(\sin x+1)^2}.$$

所以
$$y'|_{x=\pi} = \frac{\cos\pi}{\pi} - \ln\pi \cdot \sin\pi - \frac{2\cos\pi}{(\sin\pi+1)^2} = 2 - \frac{1}{\pi}.$$

2.2.2 反函数的求导法则

定理 2.2.2 设 $y=f(x)$ 为 $x=\varphi(y)$ 的反函数. 如果 $x=\varphi(y)$ 在某区间 I_y 内单调可导,且 $\varphi'(y)\neq 0$,则它的反函数 $y=f(x)$ 在对应的区间 I_x 内也可导,且有

$$f'(x) = \frac{1}{\varphi'(y)} \quad \left(\text{或} \frac{\mathrm{d}y}{\mathrm{d}x} = \frac{1}{\frac{\mathrm{d}x}{\mathrm{d}y}}\right). \tag{2.2.1}$$

证 任取 $x \in I_x$ 及 $\Delta x \neq 0$，使 $x + \Delta x \in I_x$。由假设知 $y = f(x)$ 在区间 I_x 内也单调，因此
$$\Delta y = f(x + \Delta x) - f(x) \neq 0.$$

又由假设可知 $f(x)$ 在点 x 连续，故当 $\Delta x \to 0$ 时 $\Delta y \to 0$. 而 $x = \varphi(y)$ 可导，且 $\varphi'(y) \neq 0$，所以
$$\lim_{\Delta x \to 0} \frac{\Delta y}{\Delta x} = \frac{1}{\lim\limits_{\Delta y \to 0} \frac{\Delta x}{\Delta y}} = \frac{1}{\varphi'(y)},$$

即 $y = f(x)$ 在点 x 可导，并且式(2.2.1)成立。

例 2.2.4 求 $y = \arcsin x$ 的导数。

解 由于 $y = \arcsin x, x \in (-1, 1)$ 为 $x = \sin y, y \in \left(-\frac{\pi}{2}, \frac{\pi}{2}\right)$ 的反函数，且当 $y \in \left(-\frac{\pi}{2}, \frac{\pi}{2}\right)$ 时，$(\sin y)' = \cos y > 0$，所以，由式(2.2.1)得

$$(\arcsin x)' = \frac{1}{(\sin y)'} = \frac{1}{\cos y} = \frac{1}{\sqrt{1 - \sin^2 y}} = \frac{1}{\sqrt{1 - x^2}}.$$

同理可得
$$(\arccos x)' = -\frac{1}{\sqrt{1 - x^2}}.$$

例 2.2.5 求 $y = \arctan x$ 的导数。

解 由于 $y = \arctan x, x \in (-\infty, +\infty)$ 为 $x = \tan y, y \in \left(-\frac{\pi}{2}, \frac{\pi}{2}\right)$ 的反函数，且当 $y \in \left(-\frac{\pi}{2}, \frac{\pi}{2}\right)$ 时，$(\tan y)' = \sec^2 y > 0$，所以，由式(2.2.1)得

$$(\arctan x)' = \frac{1}{(\tan y)'} = \frac{1}{\sec^2 y} = \frac{1}{1 + \tan^2 y} = \frac{1}{1 + x^2}.$$

同理可得
$$(\text{arc} \cot x)' = -\frac{1}{1 + x^2}.$$

到此得到了导数基本公式如下：

(1) $(C)' = 0$（C 是常数）；　　(2) $(x^\mu)' = \mu x^{\mu-1}$（μ 为任意实数）；

(3) $(a^x)' = a^x \ln a$；　　(4) $(e^x)' = e^x$；

(5) $(\log_a x)' = \dfrac{1}{x \ln a}$；　　(6) $(\ln x)' = \dfrac{1}{x}$；

(7) $(\sin x)' = \cos x$；　　(8) $(\cos x)' = -\sin x$；

(9) $(\tan x)' = \sec^2 x$；　　(10) $(\cot x)' = -\csc^2 x$；

(11) $(\sec x)' = \sec x \tan x$；　　(12) $(\csc x)' = -\csc x \cot x$；

(13) $(\arcsin x)' = \dfrac{1}{\sqrt{1 - x^2}}$；　　(14) $(\arccos x)' = -\dfrac{1}{\sqrt{1 - x^2}}$；

(15) $(\arctan x)' = \dfrac{1}{1+x^2}$; (16) $(\text{arccot}\,x)' = -\dfrac{1}{1+x^2}$.

例 2.2.6 设 $y = 2\arctan x - \sec x \tan x$,求 y'.

解 $y' = (2\arctan x)' - (\sec x \tan x)' = \dfrac{2}{1+x^2} - \sec x \tan^2 x - \sec^3 x$

$\qquad = \dfrac{2}{1+x^2} - \sec x (2\sec^2 x - 1)$.

2.2.3 复合函数的求导法则

定理 2.2.3 如果 $u = \varphi(x)$ 在点 x 可导,而 $y = f(u)$ 在对应的点 $u = \varphi(x)$ 可导,则复合函数 $y = f[\varphi(x)]$ 在点 x 可导,且其导数为

$$\frac{\mathrm{d}y}{\mathrm{d}x} = f'(u) \cdot \varphi'(x) \quad \left(\text{或}\frac{\mathrm{d}y}{\mathrm{d}x} = \frac{\mathrm{d}y}{\mathrm{d}u} \cdot \frac{\mathrm{d}u}{\mathrm{d}x}\right). \tag{2.2.2}$$

证 由于 $y = f(u)$ 在点 u 可导,即 $\lim\limits_{\Delta u \to 0} \dfrac{\Delta y}{\Delta u} = f'(u)$.

则由函数极限与无穷小量关系知

$$\frac{\Delta y}{\Delta u} = f'(u) + \alpha,$$

其中 $\alpha = \alpha(\Delta u) \to 0 (\Delta u \to 0)$. 用 $\Delta u \neq 0$ 乘上式两边,得

$$\Delta y = f'(u)\Delta u + \alpha \cdot \Delta u. \tag{2.2.3}$$

当 $\Delta u = 0$ 时,规定 $\alpha = 0$,这时因 $\Delta y = f(u + \Delta u) - f(u) = 0$,故式(2.2.3)对 $\Delta u = 0$ 也成立. 用 $\Delta x \neq 0$ 除式(2.2.3)两边,得

$$\frac{\Delta y}{\Delta x} = f'(u)\frac{\Delta u}{\Delta x} + \alpha\frac{\Delta u}{\Delta x}. \tag{2.2.4}$$

因为 $u = \varphi(x)$ 在点 x 可导,有 $\lim\limits_{\Delta x \to 0} \dfrac{\Delta u}{\Delta x} = \varphi'(x)$. 又由 $u = \varphi(x)$ 在点 x 的连续性推知,当 $\Delta x \to 0$ 时 $\Delta u \to 0$. 从而有

$$\lim_{\Delta x \to 0} \alpha = \lim_{\Delta u \to 0} \alpha = 0.$$

于是式(2.2.4)右边当 $\Delta x \to 0$ 时极限存在,且

$$\lim_{\Delta x \to 0} \frac{\Delta y}{\Delta x} = f'(u) \cdot \varphi'(x),$$

所以 $y = f[\varphi(x)]$ 在点 x 可导,并且式(2.2.2)成立.

式(2.2.2)通常称为复合函数求导的**链式法则**,它可以推广到任意有限个可导函数的复合函数. 例如,设 $y = f(u), u = \varphi(v), v = \psi(x)$ 均可导,则复合函数 $y = f\{\varphi[\psi(x)]\}$ 也可导,且

$$\frac{\mathrm{d}y}{\mathrm{d}x} = \frac{\mathrm{d}y}{\mathrm{d}u} \cdot \frac{\mathrm{d}u}{\mathrm{d}v} \cdot \frac{\mathrm{d}v}{\mathrm{d}x}.$$

例 2.2.7 求 $y=\sin(1+x^2)$ 的导数.

解 设 $y=\sin u, u=1+x^2$,则

$$\frac{dy}{dx}=\frac{dy}{du}\cdot\frac{du}{dx}=\cos u\cdot 2x=2x\cos(x^2+1).$$

例 2.2.8 求函数 $y=\arcsin\dfrac{x+1}{x-1}$ 的导数.

解 设 $y=\arcsin u, u=\dfrac{x+1}{x-1}$,则

$$\frac{dy}{dx}=\frac{dy}{du}\cdot\frac{du}{dx}=\frac{1}{\sqrt{1-u^2}}\frac{-2}{(1-x)^2}=\frac{1}{(x-1)\sqrt{-x}}.$$

在运用式(2.2.2)比较熟练以后,解题时就可以不必写出中间变量.

例 2.2.9 求函数 $y=\sqrt[3]{1-2x^2}$ 的导数.

解 $y'=\dfrac{1}{3}(1-2x^2)^{-\frac{2}{3}}(1-2x^2)'=\dfrac{1}{3}(1-2x^2)^{-\frac{2}{3}}(-4x)$

$$=\frac{-4x}{3\sqrt[3]{(1-2x^2)^2}}.$$

例 2.2.10 求函数 $y=e^{\sqrt{1+2^x}}$ 的导数.

解 $y'=e^{\sqrt{1+2^x}}\cdot(\sqrt{1+2^x})'=e^{\sqrt{1+2^x}}\cdot\dfrac{1}{2\sqrt{1+2^x}}(1+2^x)'$

$$=e^{\sqrt{1+2^x}}\cdot\frac{1}{2\sqrt{1+2^x}}(0+2^x\ln 2)=\frac{2^x e^{\sqrt{1+2^x}}\ln 2}{2\sqrt{1+2^x}}.$$

例 2.2.11 求 $y=\ln(x+\sqrt{x^2+1})$ 的导数.

解 $y'=\dfrac{1}{x+\sqrt{1+x^2}}[x+\sqrt{1+x^2}]'$

$$=\frac{1}{x+\sqrt{1+x^2}}\left[1+\frac{1}{2\sqrt{1+x^2}}(1+x^2)'\right]$$

$$=\frac{1}{x+\sqrt{1+x^2}}\left[1+\frac{2x}{2\sqrt{1+x^2}}\right]=\frac{1}{\sqrt{1+x^2}}.$$

例 2.2.12 设函数 $f(x)$ 在 $[0,1]$ 上可导,且 $y=f(\sin^2 x)$,求 y'.

解 $y'=f'(\sin^2 x)\cdot(\sin^2 x)'=f'(\sin^2 x)\cdot 2\sin x\cos x$

$$=\sin 2x\cdot f'(\sin^2 x).$$

例 2.2.13 设 $y=x^2 e^{\cos\frac{1}{x}}$,求 y'.

解 $y'=(x^2)'e^{\cos\frac{1}{x}}+x^2(e^{\cos\frac{1}{x}})'=2xe^{\cos\frac{1}{x}}+x^2 e^{\cos\frac{1}{x}}\left(-\sin\dfrac{1}{x}\right)\left(-\dfrac{1}{x^2}\right)$

$$=\left(2x+\sin\frac{1}{x}\right)e^{\cos\frac{1}{x}}.$$

下面利用复合函数求导法则证明幂函数导数公式$(x^\mu)'=\mu x^{\mu-1}$(μ为常数).
因为$y=x^\mu=e^{\ln x^\mu}=e^{\mu\ln x}$,则

$$y'=(e^{\mu\ln x})'=e^{\mu\ln x}\cdot\mu\cdot\frac{1}{x}=\mu x^{\mu-1}.$$

2.2.4 隐函数的求导法则

在第1章中,介绍了隐函数的概念. 对于隐函数同样需要解决它们的求导问题. 下面以例题说明隐函数求导方法.

例 2.2.14 设由方程$e^y+xy-e=0$确定隐函数$y=y(x)$,求$\dfrac{dy}{dx}$及$\dfrac{dy}{dx}\Big|_{x=0}$.

解 在方程$e^y+xy-e=0$中,把y看作x的函数,方程两边对x求导,有
$$(e^y)'+(xy)'-(e)'=(0)',$$
则
$$e^y y'+y+xy'=0,$$
所以,
$$\frac{dy}{dx}=y'=-\frac{y}{x+e^y}.$$

当$x=0$时,由方程得$y=1$,将$x=0,y=1$代入导数$\dfrac{dy}{dx}$,得

$$\frac{dy}{dx}\Big|_{x=0}=-\frac{1}{e}.$$

例 2.2.15 求幂指函数$y=x^{\sin x}$($x>0$)的导数.

解 先对$y=x^{\sin x}$取对数,得
$$\ln y=\sin x\ln x,$$
其中y可以看成隐函数,两边对x求导,得
$$\frac{1}{y}y'=\cos x\ln x+\sin x\cdot\frac{1}{x},$$
整理后有
$$y'=x^{\sin x}\left(\cos x\ln x+\frac{\sin x}{x}\right).$$

上述求导的方法称为**取对数求导法**. 一般地,$y=[u(x)]^{v(x)}$($u(x)>0$)都可以采用取对数求导法,当然也把它化为$y=e^{v(x)\ln u(x)}$形式,然后利用复合函数求导法则直接求导. 此外,对由多个函数的幂、开方或乘积运算得到的函数也可以采用取对数求导法.

例 2.2.16 求$y=\sqrt{\dfrac{x(x^2+1)}{(x-2)(x-1)^2}}$的导数.

解 当$x>2$时,两边取对数,得
$$\ln y=\frac{1}{2}[\ln x+\ln(x^2+1)-2\ln(x-1)-\ln(x-2)].$$

两边对 x 求导,得
$$\frac{1}{y}y' = \frac{1}{2}\left(\frac{1}{x} + \frac{2x}{x^2+1} - \frac{2}{x-1} - \frac{1}{x-2}\right).$$
所以
$$y' = \frac{1}{2}\sqrt{\frac{x(x^2+1)}{(x-2)(x-1)^2}}\left(\frac{1}{x} + \frac{2x}{x^2+1} - \frac{2}{x-1} - \frac{1}{x-2}\right).$$
当 $x<0$ 时,有相同的结果.

2.2.5 由参数方程确定的函数的导数

设参数方程
$$\begin{cases} x = \varphi(t), \\ y = \psi(t), \end{cases} t \in [\alpha, \beta]$$

确定函数 $y=f(x)$,需要求出它的导数 $\dfrac{\mathrm{d}y}{\mathrm{d}x}$. 现在讨论直接由参数方程求出它所确定的函数的导数方法,这就是下面的参数方程求导法则.

定理 2.2.4 设参数方程
$$\begin{cases} x = \varphi(t), \\ y = \psi(t), \end{cases} t \in [\alpha, \beta]$$

确定函数 $y=f(x)$,函数 $\varphi(t)$ 在 $[\alpha,\beta]$ 上单调,$\varphi(t),\psi(t)$ 都可导,且 $\varphi'(t) \neq 0$,则函数 $y=f(x)$ 也可导,且

$$\frac{\mathrm{d}y}{\mathrm{d}x} = \frac{\psi'(t)}{\varphi'(t)}. \tag{2.2.5}$$

证 由假设知 $x=\varphi(t)$ 在 $[\alpha,\beta]$ 上存在反函数 $t=\varphi^{-1}(x)$,由反函数求导法则,得

$$[\varphi^{-1}(x)]' = \frac{1}{\varphi'(t)}.$$

由于 y 关于 x 的函数可写出复合函数形式 $y=\psi(t)=\psi[\varphi^{-1}(x)]$. 则由复合函数求导法则,可得

$$\frac{\mathrm{d}y}{\mathrm{d}x} = \frac{\mathrm{d}y}{\mathrm{d}t} \cdot \frac{\mathrm{d}t}{\mathrm{d}x} = \psi'(t) \cdot \frac{1}{\varphi'(t)} = \frac{\psi'(t)}{\varphi'(t)}.$$

例 2.2.17 求参数方程(摆线)
$$\begin{cases} x = t - \sin t, \\ y = 1 - \cos t, \end{cases} 0 < t < 2\pi$$

确定的函数 $y=f(x)$ 的导数 $\dfrac{\mathrm{d}y}{\mathrm{d}x}$.

解 由参数方程求导公式(2.2.5),得

$$\frac{dy}{dx} = \frac{(1-\cos t)'}{(t-\sin t)'} = \frac{\sin t}{1-\cos t}.$$

例 2.2.18 椭圆的参数方程为
$$\begin{cases} x = a\cos t, \\ y = b\sin t, \end{cases} \quad 0 \leqslant t \leqslant 2\pi.$$
试求它在 $t = \dfrac{\pi}{4}$ 处的切线方程.

解 当 $t = \dfrac{\pi}{4}$ 时,椭圆上对应的点为 $M\left(\dfrac{a}{\sqrt{2}}, \dfrac{b}{\sqrt{2}}\right)$,由于

$$\frac{dy}{dx} = \frac{(b\sin t)'}{(a\cos t)'} = \frac{b\cos t}{-a\sin t} = -\frac{b}{a}\cot t.$$

所以椭圆在点 M 的切线斜率为 $k = \left.\dfrac{dy}{dx}\right|_{t=\frac{\pi}{4}} = -\dfrac{b}{a}$,则所求切线方程为

$$\left(y - \frac{b}{\sqrt{2}}\right) = -\frac{b}{a}\left(x - \frac{a}{\sqrt{2}}\right),$$

即
$$bx + ay - \sqrt{2}ab = 0.$$

习 题 2.2

1. 求下列函数的导数:

(1) $y = \dfrac{x^3\sqrt{x} - \sqrt[3]{x^2} + 1}{x^3}$;

(2) $y = 2\tan x + \sec x - 2x$;

(3) $y = \sin x \cdot \cos x$;

(4) $y = 2e^x \sin x$;

(5) $y = \dfrac{e^x}{x^3} + \ln\pi$;

(6) $y = x^3 \ln x \cdot \sin x$;

(7) $y = x\operatorname{arccot} x$;

(8) $y = \dfrac{2+\cos x}{3+\sin x}$.

2. 求下列函数在给定点处的导数:

(1) $f(x) = 4x^2 \arcsin x$,求 $f'\left(\dfrac{\sqrt{2}}{2}\right)$;

(2) $f(x) = \dfrac{\ln x}{x^2}$,求 $f'(e)$.

3. 求下列函数的导数:

(1) $y = (3x+4)^5$;

(2) $y = e^{-5x^2}$;

(3) $y = \ln(1+x^3)$;

(4) $y = \sqrt{a^2 - x^2}$;

(5) $y = (\arcsin 2x)^3$;

(6) $y = \arctan(e^{\sqrt{x}})$.

4. 求下列函数的导数:

(1) $y = \sin^n x \cdot \cos nx$;

(2) $y = e^{-3x} \sin 5x$;

(3) $y=\arctan\dfrac{x^2+2}{x^2-4}$;   (4) $y=x^3\arccos\dfrac{x}{3}-\sqrt{9-x^2}$;

(5) $y=\dfrac{x}{\sqrt{a^2-x^2}}$;   (6) $y=\mathrm{e}^{\sqrt{1+\cos x}}$;

(7) $y=\sqrt{x+\sqrt{x}}$;   (8) $y=\arcsin\dfrac{2t}{1+t^2}$;

(9) $y=\ln(x+\sqrt{x^2-a^2})$;   (10) $y=\mathrm{e}^{-\sin^2\frac{1}{x}}$;

(11) $y=\dfrac{x}{2}\sqrt{x^2+a^2}+\dfrac{a^2}{2}\ln(x+\sqrt{x^2+a^2})$;

(12) $y=x^{a^a}+a^{x^a}+a^{a^x}\ (a>0)$.

5. 设 $f(x)$ 可导，求下列函数的导数 $\dfrac{\mathrm{d}y}{\mathrm{d}x}$:

(1) $y=f(x^3)$;   (2) $y=f(\cos^3 x)$;   (3) $y=f(\mathrm{e}^x)\mathrm{e}^{f(x)}$.

6. 求由下列方程所确定的隐函数 $y=y(x)$ 的导函数 $\dfrac{\mathrm{d}y}{\mathrm{d}x}$ 或指定点的导数：

(1) $x^2+y^2-3axy=0$;   (2) $\arctan\dfrac{y}{x}=\ln\sqrt{x^2+y^2}$;

(3) $xy=\mathrm{e}^{x+y}$;   (4) $y=1-x\mathrm{e}^y$, $x=0$.

7. 利用取对数求导法求下列函数的导数：

(1) $y=x^x$;   (2) $y=\sqrt{\dfrac{(x-1)(x-2)}{(x-3)(x-4)}}$;

(3) $y=\sqrt{x\sin x\sqrt{1-\mathrm{e}^x}}$;   (4) $y=\left(1+\dfrac{1}{x}\right)^x$.

8. 求曲线 $x^{\frac{2}{3}}+y^{\frac{2}{3}}=a^{\frac{2}{3}}$ 在点 $\left(\dfrac{\sqrt{2}}{4}a,\dfrac{\sqrt{2}}{4}a\right)$ 处的切线方程.

9. 求由下列参数方程所确定函数的导函数 $\dfrac{\mathrm{d}y}{\mathrm{d}x}$ 或指定点处的导数：

(1) $\begin{cases}x=a(\cos t+t\sin t),\\ y=a(\sin t-t\cos t);\end{cases}$ (2) $\begin{cases}x=\ln(1+t^2),\\ y=t-\arctan t;\end{cases}$ (3) $\begin{cases}x=\mathrm{e}^t\sin t,\\ y=\mathrm{e}^t\cos t,\end{cases}$ $t=\dfrac{\pi}{3}$.

2.3 高阶导数

已经知道，变速直线运动中的速度 $v(t)$ 是路程函数 $s(t)$ 对时间 t 的导数，而加速度 $a=a(t)$ 是速度 $v(t)$ 关于时间 t 的变化率，也就是速度 $v(t)$ 对时间 t 的导数，即

$$a=\dfrac{\mathrm{d}v}{\mathrm{d}t}=\dfrac{\mathrm{d}}{\mathrm{d}t}\left(\dfrac{\mathrm{d}s}{\mathrm{d}t}\right) \quad \text{或} \quad a=v'=(s')'.$$

这种导数的导数叫做 s 对 t 的**二阶导数**，那么加速度就是路程函数 $s(t)$ 对时间 t 的二阶导数.

一般地，有下面的定义.

定义 2.3.1 设 $y=f(x)$ 的导数 $f'(x)$ 仍是一个可导函数,则把 $f'(x)$ 的导数称为 $f(x)$ 的**二阶导数**,记作

$$y'', \quad f''(x), \quad \frac{\mathrm{d}^2 y}{\mathrm{d}x^2} \quad \left(\text{或}\frac{\mathrm{d}^2 f}{\mathrm{d}x^2}\right),$$

即

$$y'' = (y')' \quad \left(\text{或}\frac{\mathrm{d}^2 y}{\mathrm{d}x^2} = \frac{\mathrm{d}}{\mathrm{d}x}\left(\frac{\mathrm{d}y}{\mathrm{d}x}\right)\right).$$

相似地,把 $f(x)$ 的导数 $f'(x)$ 叫做 $f(x)$ 的**一阶导数**.

类似地,函数 $y=f(x)$ 的二阶导数 $f''(x)$ 的导数称为 $f(x)$ 的**三阶导数**,记作

$$y''', \quad f'''(x), \quad \frac{\mathrm{d}^3 y}{\mathrm{d}x^3} \quad \left(\text{或}\frac{\mathrm{d}^3 f}{\mathrm{d}x^3}\right).$$

一般地,函数 $y=f(x)$ 的 $(n-1)$ 阶导数的导数称为函数 $f(x)$ 的 n **阶导数**,记作

$$y^{(n)}, \quad f^{(n)}(x), \quad \frac{\mathrm{d}^n y}{\mathrm{d}x^n} \quad \left(\text{或}\frac{\mathrm{d}^n f}{\mathrm{d}x^n}\right).$$

二阶与二阶以上的导数统称为**高阶导数**. 函数 $f(x)$ 具有 n 阶导数,也说 $f(x)$ n **阶可导**. 根据定义,求 $y=f(x)$ 的高阶导数,只要按照以前学的求导法则多次接连地求导即可.

例 2.3.1 求 $y=x^3+3x^2-2x+1$ 的各阶导数.

解
$$y'=3x^2+6x-2, \quad y''=6x+6,$$
$$y'''=6, \quad y^{(n)}=0, \quad n \geqslant 4.$$

一般地,n 次多项式 $y=x^n+a_1 x^{n-1}+\cdots+a_{n-1}x+a_n$ 的 n 阶导数为

$$y^{(n)} = n!.$$

例 2.3.2 设 $y=\sqrt{2x-x^2}$,证明 $y''y^3+1=0$.

证 因为 $y'=\dfrac{2-2x}{2\sqrt{2x-x^2}}=\dfrac{1-x}{\sqrt{2x-x^2}}$,

$$y''=\frac{-\sqrt{2x-x^2}-(1-x)\dfrac{1-x}{\sqrt{2x-x^2}}}{(2x-x^2)}=\frac{-1}{(2x-x^2)^{\frac{3}{2}}}=\frac{-1}{y^3},$$

所以 $y''y^3+1=0$.

例 2.3.3 求 $y=\mathrm{e}^x$ 的 n 阶导数.

解 $(\mathrm{e}^x)'=\mathrm{e}^x, \quad (\mathrm{e}^x)''=\mathrm{e}^x, \quad (\mathrm{e}^x)'''=\mathrm{e}^x, \quad \cdots, \quad (\mathrm{e}^x)^{(n)}=\mathrm{e}^x.$

类似得到 $(a^x)^{(n)}=a^x(\ln a)^n$.

例 2.3.4 证明:

(1) $(\sin x)^{(n)} = \sin\left(x + n \cdot \dfrac{\pi}{2}\right)$;   (2) $(\cos x)^{(n)} = \cos\left(x + n \cdot \dfrac{\pi}{2}\right)$.

证 只证(1)式,(2)式读者自证.

设 $y = \sin x$,由于

$$y' = \cos x = \sin\left(x + \dfrac{\pi}{2}\right),$$

$$y'' = \cos\left(x + \dfrac{\pi}{2}\right) = \sin\left(x + \dfrac{\pi}{2} + \dfrac{\pi}{2}\right) = \sin\left(x + 2 \cdot \dfrac{\pi}{2}\right),$$

$$y''' = \cos\left(x + 2 \cdot \dfrac{\pi}{2}\right) = \sin\left(x + 2 \cdot \dfrac{\pi}{2} + \dfrac{\pi}{2}\right) = \sin\left(x + 3 \cdot \dfrac{\pi}{2}\right).$$

一般地,可得

$$(\sin x)^{(n)} = \sin\left(x + n \cdot \dfrac{\pi}{2}\right).$$

例 2.3.5 求 $y = \ln x$ 的 n 阶导数.

解 因为 $(\ln x)' = \dfrac{1}{x} = x^{-1}$, $(\ln x)'' = (x^{-1})' = -x^{-2}$,

$(\ln x)''' = (-1)(-2)x^{-3}$, $(\ln x)^{(4)} = (-1)(-2)(-3)x^{-4}$,

以此类推,可得

$$(\ln x)^{(n)} = (-1)^{n-1} 1 \cdot 2 \cdot \cdots \cdot (n-2)(n-1)x^{-n} = (-1)^{n-1}\dfrac{(n-1)!}{x^n}.$$

类似得到 $\left(\dfrac{1}{ax+b}\right)^{(n)} = (-1)^n \dfrac{a^n n!}{(ax+b)^{n+1}}$, $a \neq 0$.

例 2.3.6 设参数方程 $\begin{cases} x = \varphi(t), \\ y = \psi(t) \end{cases}$ 确定函数 $y = y(x)$,且 $\varphi'(t) \neq 0, \varphi''(t)$,$\psi'(t), \psi''(t)$ 都存在.求二阶导数 $\dfrac{d^2 y}{dx^2}$.

解 由参数方程的求导法则知,

$$y' = \dfrac{dy}{dx} = \dfrac{\psi'(t)}{\varphi'(t)}.$$

要求 $\dfrac{d^2 y}{dx^2}$,相当是求由参数方程

$$\begin{cases} x = \varphi(t), \\ y' = \dfrac{\psi'(t)}{\varphi'(t)} \end{cases}$$

所确定的函数 y' 对 x 的导数.再由参数方程的求导法则,得

$$y'' = \dfrac{\dfrac{d}{dt}\left(\dfrac{\psi'(t)}{\varphi'(t)}\right)}{\varphi'(t)} = \dfrac{\psi''(t)\varphi'(t) - \psi'(t)\varphi''(t)}{\varphi'(t)(\varphi'(t))^2} = \dfrac{\psi''(t)\varphi'(t) - \psi'(t)\varphi''(t)}{(\varphi'(t))^3},$$

则由参数方程所确定的函数的二阶导数公式为

$$\frac{d^2 y}{d x^2} = \frac{\psi''(t)\varphi'(t) - \psi'(t)\varphi''(t)}{[\varphi'(t)]^3}. \tag{2.3.1}$$

例如，求由参数方程所确定 $\begin{cases} x = t - \sin t, \\ y = 1 - \cos t \end{cases}$ 的函数 $y = f(x)$ 的二阶导数 $\dfrac{d^2 y}{d x^2}$。

由参数方程求导法则，有

$$\frac{dy}{dx} = \frac{(1-\cos t)'}{(t-\sin t)'} = \frac{\sin t}{1-\cos t}.$$

从而

$$\frac{d^2 y}{dx^2} = \frac{\dfrac{d}{dt}\left(\dfrac{dy}{dx}\right)}{\dfrac{dx}{dt}} = \frac{\dfrac{\cos t(1-\cos t)-\sin t \sin t}{(1-\cos t)^2}}{1-\cos t} = \frac{-1}{(1-\cos t)^2}.$$

它也可以直接利用式(2.3.1)计算。

例 2.3.7 设方程 $x - y + \dfrac{1}{2}\sin y = 0$ 确定隐函数 $y = f(x)$，求 $\dfrac{dy}{dx}$ 及 $\dfrac{d^2 y}{dx^2}$。

解 方程两端同时对 x 求导，得

$$1 - y' + \frac{1}{2}\cos y \cdot y' = 0, \tag{2.3.2}$$

从而

$$y' = \frac{2}{2 - \cos y}.$$

上式两端再对 x 求导，同样注意到 y 是 x 函数，于是有

$$y'' = \frac{-2\sin y \cdot y'}{(2 - \cos y)^2}.$$

将 y' 代入，得

$$y'' = \frac{d^2 y}{dx^2} = \frac{-4\sin y}{(2 - \cos y)^3}.$$

求 y'' 也可以按如下方法：

式(2.3.2)两端同时对 x 求导，并注意到 y 与 y' 都是 x 函数，于是有

$$-y'' - \frac{1}{2}\sin y \cdot (y')^2 + \frac{1}{2}\cos y \cdot y'' = 0,$$

从中解得

$$y'' = \frac{-\sin y \cdot (y')^2}{2 - \cos y}.$$

将 y' 代入，即得相同的结果。

例 2.3.8 设 $y = f(u)$ 二阶可导，$y = f(\sin x)$，试求 $\dfrac{d^2 y}{dx^2}$。

解 两次利用复合函数求导法则，有

2.3 高阶导数

$$\frac{\mathrm{d}y}{\mathrm{d}x} = f'(\sin x) \cdot \cos x,$$

$$\frac{\mathrm{d}^2 y}{\mathrm{d}x^2} = f''(\sin x) \cdot \cos^2 x + f'(\sin x) \cdot (-\sin x)$$

$$= \cos^2 x \cdot f''(\sin x) - \sin x \cdot f'(\sin x).$$

容易证明,当 $f(x)$ 与 $g(x)$ 都 n 阶可导,则

$$(f(x) \pm g(x))^{(n)} = f^{(n)}(x) \pm g^{(n)}(x).$$

例 2.3.9 设 $y = \dfrac{x^2 + 2x - 1}{x^2 - 1}$,求 $y^{(n)}$.

解 因为 $y = 1 + \dfrac{2x}{x^2 - 1} = 1 + \dfrac{1}{x-1} + \dfrac{1}{x+1},$

所以

$$y^{(n)} = 0 + \left(\frac{1}{x-1}\right)^{(n)} + \left(\frac{1}{x+1}\right)^{(n)}$$

$$= (-1)^n n! \left[\frac{1}{(x-1)^{n+1}} + \frac{1}{(x+1)^{n+1}}\right].$$

习 题 2.3

1. 求下列函数的二阶导数:

(1) $y = e^{3x-4}$; (2) $y = \ln(1 - x^3)$;

(3) $y = \tan^2 x$; (4) $y = x^2 \sin x$;

(5) $y = \dfrac{e^{2x}}{x^2}$; (6) $y = \ln(x + \sqrt{1 + x^2})$.

2. 设 $f(x) = (x + 9)^5$,求 $f'''(1)$.

3. 设 $f''(x)$ 存在,求下列函数的二阶导数 $\dfrac{\mathrm{d}^2 y}{\mathrm{d}x^2}$:

(1) $y = f(x^3)$; (2) $y = \ln[f(x)] \ (f(x) > 0)$.

4. 求下列函数的 n 阶导数的一般表达式:

(1) $y = \cos^2 x$; (2) $y = x \ln x$;

(3) $y = x e^x$; (4) $y = \dfrac{1-x}{1+x}$;

(5) $f(x) = \dfrac{1}{x^2 - 3x + 2}$.

5. 设 $f(x) = \begin{cases} x^2 \sin \dfrac{1}{x}, & x \neq 0 \\ 0, & x = 0, \end{cases}$ 问 $f(x)$ 在点 $x = 0$ 是否二阶可导?

6. 求下列隐函数的导数:

(1) 已知 $\sqrt{x^2 + y^2} = e^{\arctan \frac{y}{x}}$,求 $\dfrac{\mathrm{d}y}{\mathrm{d}x}$ 及 $\dfrac{\mathrm{d}^2 y}{\mathrm{d}x^2}$;

(2) 已知 $y=1+xe^y$,求 $\dfrac{dy}{dx}\bigg|_{x=0}$ 及 $\dfrac{d^2y}{dx^2}\bigg|_{x=0}$.

7. 验证函数 $y=A\sin(\omega t+\varphi_0)$ 满足关系式: $\dfrac{d^2y}{dt^2}+\omega^2 y=0$.

8. 求由下列参数方程所确定的函数 $y=f(x)$ 的二阶导数 $\dfrac{d^2y}{dx^2}$:

(1) $\begin{cases} x=a\cos t, \\ y=b\sin t; \end{cases}$ (2) $\begin{cases} x=1-t^2, \\ y=t-t^3. \end{cases}$

2.4 函数的微分

在实际问题中,往往需要计算一个函数的自变量在某一点有微小的改变时,函数所对应的变化,即函数的改变量. 一般来说,函数改变量的精确值难以计算,但在应用上往往只要得到它具有一定精度的近似值,这就是产生微分概念的原始思想.

2.4.1 微分的概念

先分析一个具体问题.

一块正方形金属薄片受温度变化的影响,设其边长由 x 改变到 $x+\Delta x$(图 2.4.1). 下面来计算其面积的改变量 ΔS. 由于面积 $S(x)=x^2$,则有

$$\Delta S = (x+\Delta x)^2 - x^2 = 2x\Delta x+(\Delta x)^2.$$

从上式可以看出,ΔS 分为两部分,一部分是 $2x\Delta x$,它是 Δx 的线性函数;另一部分是 $(\Delta x)^2$,它是当 $\Delta x \to 0$ 时比 Δx 高阶的无穷小量,即

$$\Delta S = 2x\Delta x + o(\Delta x).$$

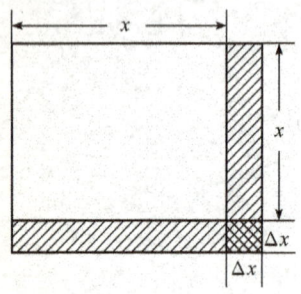

图 2.4.1

如果 $|\Delta x|$ 很小时,从图 2.4.1 可见,$o(\Delta x)=(\Delta x)^2$ 也很小. 这时 ΔS 可近似地用 $2x\Delta x$ 来代替,所产生的误差为

$$\Delta S - 2x\Delta x = o(\Delta x),$$

其中 Δx 的线性函数 $2x\Delta x$ 有着特殊的意义,称它是面积函数 $S(x)=x^2$ 的**微分**.

一般地,有下面的定义.

定义 2.4.1 设函数 $y=f(x)$ 在点 x 某个邻域内有定义,如果当自变量在点 x 取得改变量 Δx, $y=f(x)$ 相应的改变量 $\Delta y=f(x+\Delta x)-f(x)$ 可表示为

$$\Delta y = A(x)\Delta x + o(\Delta x),$$

其中 $A(x)$ 与 Δx 无关,$o(\Delta x)$ 是当 $\Delta x \to 0$ 时比 Δx 高阶的无穷小量,则称函数

$f(x)$ 在点 x 处**可微**,并称 $A(x)\Delta x$ 为函数 $f(x)$ 在点 x 处的**微分**,记为
$$\mathrm{d}y = A(x)\Delta x.$$

通常称 Δx 的线性函数 $A(x)\Delta x$ 为 Δy 的**线性主要部分**(或**线性主部**).因为当 $|\Delta x|$ 充分小时,可以近似地用 $A(x)\Delta x$ 来代替 Δy,即 $\Delta y \approx \mathrm{d}y$,其误差为 $o(\Delta x)$.

那么,函数可微条件是什么? 可微与可导有什么关系? 我们有以下定理.

定理 2.4.1 函数 $f(x)$ 在点 x 处可微的充分必要条件是 $f(x)$ 在点 x 处可导.

证 必要性 若 $y=f(x)$ 在点 x 处可微,即有
$$\Delta y = A(x)\Delta x + o(\Delta x).$$
于是
$$f'(x) = \lim_{\Delta x \to 0} \frac{\Delta y}{\Delta x} = \lim_{\Delta x \to 0} \frac{A(x)\Delta x + o(\Delta x)}{\Delta x} = \lim_{\Delta x \to 0} \left(A(x) + \frac{o(\Delta x)}{\Delta x}\right) = A(x).$$
从而,$y=f(x)$ 在点 x 处可导,且 $f'(x)=A(x)$.

充分性 若 $y=f(x)$ 在点 x 处可导,即有
$$\lim_{\Delta x \to 0} \frac{\Delta y}{\Delta x} = f'(x).$$
由函数极限与无穷小量的关系,得到
$$\frac{\Delta y}{\Delta x} = f'(x) + \alpha(\Delta x),$$
其中 $\lim_{\Delta x \to 0}\alpha(\Delta x)=0$,于是 $\Delta y = f'(x)\Delta x + \alpha(\Delta x)\Delta x.$

由于 $\lim_{\Delta x \to 0}\frac{\alpha(\Delta x)\Delta x}{\Delta x}=0$,则
$$\Delta y = f'(x)\Delta x + o(\Delta x),$$
故 $y=f(x)$ 在点 x 处可微.

该定理说明,函数 $y=f(x)$ 在点 x 处可微与可导是等价的,且 $A(x)=f'(x)$. 因此,$y=f(x)$ 在点 x 处的微分可写成
$$\mathrm{d}y = f'(x)\Delta x.$$

通常把自变量的增量称为**自变量的微分**,记为 $\mathrm{d}x$,即 $\mathrm{d}x=\Delta x$. 则 $y=f(x)$ 在点 x 处的微分又可写为
$$\mathrm{d}y = f'(x)\mathrm{d}x. \tag{2.4.1}$$

由式(2.4.1)得 $f'(x)=\dfrac{\mathrm{d}y}{\mathrm{d}x}$,这说明函数微分 $\mathrm{d}y$ 与自变量微分 $\mathrm{d}x$ 的商等于该函数的导数.因此,导数又叫做"微商".

例 2.4.1 求函数 $y=x^3$ 当 $x=2$,$\Delta x=0.02$ 时的微分 $\mathrm{d}y$ 与增量 Δy.

解 因为 $\mathrm{d}y=y'\mathrm{d}x=3x^2\mathrm{d}x$,所以当 $x=2$,$\Delta x=0.02$ 时的微分为

$$dy = 3 \cdot 2^2 \cdot 0.02 = 0.24.$$

而增量 $\Delta y = (2+0.02)^3 - 2^3 = 0.24248.$

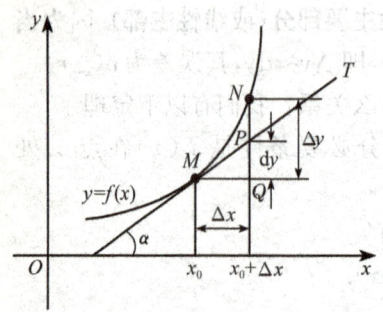

图 2.4.2

微分的几何意义：如图 2.4.2 所示，设 $M(x_0, y_0)$ 为曲线 $y=f(x)$ 上的一个定点，在曲线上取动点 $N(x_0+\Delta x, f(x_0+\Delta x))$，$MQ = \Delta x$，直线 MT 是曲线 $y=f(x)$ 在点 M 处的切线，它的倾角为 α，则

$$QP = MQ\tan\alpha = \Delta x \cdot f'(x_0),$$

即 $dy = QP.$

从而，当 $|\Delta x|$ 很小时，有 $QN = \Delta y \approx dy = QP.$

因为 Δy 是曲线 $y=f(x)$ 上的点纵坐标的增量，dy 是曲线的切线的点纵坐标的增量，这意味着，当 $|\Delta x|$ 很小时，在点 M 的附近切线可以近似代替曲线. 这就是微积分学中"以直代曲"或"线性逼近"的理论依据.

2.4.2 微分基本公式与运算法则

从函数微分的表达式(2.4.1)可以看出，要求函数的微分，等于求它的导数与自变量的微分乘积. 所以由导数基本公式与运算法则，可得微分基本公式与运算法则.

1. 微分基本公式

(1) $d(C) = 0$（C 是常数）；

(2) $d(x^\mu) = \mu x^{\mu-1} dx$（$\mu$ 为任意实数）；

(3) $d(a^x) = a^x \ln a\, dx$；　　　(4) $d(e^x) = e^x dx$；

(5) $d(\log_a x) = \dfrac{1}{x\ln a} dx$；　　(6) $d(\ln x) = \dfrac{1}{x} dx$；

(7) $d(\sin x) = \cos x\, dx$；　　(8) $d(\cos x) = -\sin x\, dx$；

(9) $d(\tan x) = \sec^2 x\, dx$；　　(10) $d(\cot x) = -\csc^2 x\, dx$；

(11) $d(\sec x) = \sec x \tan x\, dx$；　(12) $d(\csc x) = -\csc x \cot x\, dx$；

(13) $d(\arcsin x) = \dfrac{1}{\sqrt{1-x^2}} dx$；　(14) $d(\arccos x) = -\dfrac{1}{\sqrt{1-x^2}} dx$；

(15) $d(\arctan x) = \dfrac{1}{1+x^2} dx$；　(16) $d(\text{arccot}\, x) = -\dfrac{1}{1+x^2} dx.$

2. 微分的四则运算法则

设 $f(x), g(x)$ 都可导，则

(1) $d(f(x) \pm g(x)) = df(x) \pm dg(x);$

(2) $d(f(x)g(x)) = g(x)df(x) + f(x)dg(x);$

(3) $d\left(\dfrac{f(x)}{g(x)}\right) = \dfrac{g(x)df(x) - f(x)dg(x)}{g^2(x)} \ (g(x) \neq 0).$

3. 复合函数的微分法则

设 $y = f(u), u = g(x)$ 都可导，则复合函数 $y = f[g(x)]$ 的微分为
$$dy = (f[g(x)])' dx = f'(u)g'(x) dx.$$

由于 $g'(x)dx = du$，所以 $y = f[g(x)]$ 的微分又可写成 $dy = f'(u)du$. 由此可见，无论 u 是自变量还是中间变量，微分形式 $dy = f'(u)du$ 保持不变，这一性质称为**一阶微分形式的不变性**. 有了这个性质，对于一个函数 $y = f(u)$ 不必顾及 u 是自变量还是中间变量，均可按 $dy = f'(u)du$ 去求微分，这会给函数的微分运算带来方便.

例 2.4.2 求函数 $y = \cos(2x+1)$ 的微分 dy.

解 $\qquad dy = y' dx = -2\sin(2x+1)dx.$

也可以用微分形式的不变性，即
$$dy = -\sin(2x+1)d(2x+1) = -2\sin(2x+1)dx.$$

例 2.4.3 求由方程 $y + xe^y = 1$ 确定的隐函数 $y = f(x)$ 的导数 $\dfrac{dy}{dx}$.

解 下面采用微分形式不变性来求.

方程两边求微分，由微分形式不变性和微分运算法则，有
$$dy + e^y dx + xe^y dy = 0,$$
即
$$(1 + xe^y)dy + e^y dx = 0,$$
于是得
$$\dfrac{dy}{dx} = -\dfrac{e^y}{1 + xe^y}.$$

*2.4.3 微分在近似计算中的应用

1. 函数值的近似计算

如果函数 $y = f(x)$ 在点 x_0 处可微，当 $|\Delta x|$ 很小时，就可用函数的微分 dy 去近似代替 Δy，则
$$f(x_0 + \Delta x) - f(x_0) \approx f'(x_0)\Delta x \qquad (2.4.2)$$
或
$$f(x_0 + \Delta x) \approx f(x_0) + f'(x_0)\Delta x. \qquad (2.4.3)$$

若令 $x = x_0 + \Delta x$，式(2.4.3)又可写成
$$f(x) \approx f(x_0) + f'(x_0)(x - x_0). \qquad (2.4.4)$$

特别地,当 $x_0=0$,且 $|x|$ 很小时,有
$$f(x) \approx f(0) + f'(0)x. \qquad (2.4.5)$$
由这个近似公式,可以推得几个常用的近似公式(当 $|x|$ 很小时):
$$\sin x \approx x(x \text{ 用弧度作单位}), \quad \tan x \approx x(x \text{ 用弧度作单位}),$$
$$\arcsin x \approx x, \quad e^x \approx 1+x,$$
$$\ln(1+x) \approx x, \quad (1+x)^\alpha \approx 1+\alpha x (\alpha \in \mathbf{R}).$$
这些近似公式请读者自行证明.

例 2.4.4 求 $\sin 30°13'$ 的近似值.

解 设 $f(x)=\sin x$, $x_0=30°=\dfrac{\pi}{6}$, $\Delta x=13'=\dfrac{13\pi}{180\times 60}$. 由于 $|\Delta x|$ 很小,代入近似计算式(2.4.3),有
$$\sin 30°13' = \sin(30°+13') = \sin\left(\dfrac{\pi}{6}+\dfrac{13\pi}{60\times 180}\right)$$
$$\approx f\left(\dfrac{\pi}{6}\right)+f'\left(\dfrac{\pi}{6}\right)\cdot\dfrac{13\pi}{60\times 180}$$
$$= \sin\dfrac{\pi}{6}+\cos\dfrac{\pi}{6}\cdot\dfrac{13\pi}{60\times 180} \approx 0.5032.$$

例 2.4.5 计算 $\sqrt[5]{245}$ 的近似值.

解 已知 $\sqrt[5]{245}=(243+2)^{\frac{1}{5}}=3\left(1+\dfrac{2}{243}\right)^{\frac{1}{5}}$. 设 $f(x)=(1+x)^\alpha$, $x=\dfrac{2}{243}$.
由于 $|x|$ 很小,则由近似公式 $(1+x)^\alpha \approx 1+\alpha x$,有
$$\sqrt[5]{245}=3\left(1+\dfrac{2}{243}\right)^{\frac{1}{5}} \approx 3\left(1+\dfrac{1}{5}\cdot\dfrac{2}{243}\right) \approx 3\times 1.0016 = 3.0048.$$

例 2.4.6 钟摆的周期为 1s,在冬季摆长缩短了 0.01cm.问这钟每天大约快了多少?

解 由物理学知,单摆的周期 T 与摆长 l 的关系为
$$T=2\pi\sqrt{\dfrac{l}{g}},$$
其中 g 为重力加速度.已知该钟摆的周期为 $T=1s$,故钟摆的原长为 $l_0=\dfrac{g}{(2\pi)^2}$.
摆长的改变量为 $\Delta l=-0.0001$m,此时要计算相应的 ΔT. 由于
$$\left.\dfrac{dT}{dl}\right|_{l=l_0} = \dfrac{\pi}{\sqrt{g}}\cdot\left.\dfrac{1}{\sqrt{l}}\right|_{l=l_0} = \dfrac{\pi}{\sqrt{g}}\cdot\dfrac{1}{\sqrt{l_0}} = \dfrac{2\pi^2}{g},$$
则有
$$\Delta T \approx dT = \dfrac{2\pi^2}{g}\Delta l = \dfrac{2\cdot(3.14)^2}{9.8}(-0.0001) \approx -0.0002(s).$$

这就是说,当摆长缩短了 0.01cm,摆的周期就缩短了约 0.0002s,即每个周期快了 0.0002s. 因此,每天约快 $86400\times0.0002=17.28(s)$.

2. 间接测量的误差估计

设实际问题中的两个量 x 与 y 满足关系式 $y=f(x)$,当通过直接测量 x 的值来计算 y 值时,由于测量值 x_0 是测量 x 而得的一个近似值,所以通过 $y=f(x)$ 计算所得的 $y_0=f(x_0)$(**间接测量值**)也是 y 的一个近似值.一般来说,近似值 x_0 与真值 x 之差的绝对值不会超过度量工具的精度 δ_x,δ_x 称为 x 的**绝对误差限**(**绝对误差**),并把 $\dfrac{\delta_x}{|x_0|}$ 称为 x 的**相对误差**,记为 δ_x^*,即

$$|x-x_0|\leqslant\delta_x,\quad \delta_x^*=\frac{\delta_x}{|x_0|}.$$

现在设已知 x 的绝对误差 δ_x,下面来估计出间接测量所得 y 值的绝对误差 δ_y 和相对误差 δ_y^*. 因为

$$|f(x_0+\Delta x)-f(x_0)|\approx|f'(x_0)\Delta x|\leqslant|f'(x_0)|\delta_x.$$

所以

$$\delta_y=|f'(x_0)|\delta_x,\quad \delta_y^*=\frac{\delta_y}{|y_0|}=\left|\frac{f'(x_0)}{f(x_0)}\right|\delta_x. \tag{2.4.6}$$

例 2.4.7 用卡尺测量得一根电阻丝的直径 D 为 2.02mm,测量 D 的绝对误差 $\delta_D=0.05$mm,即 $|\Delta D|\leqslant 0.05$mm,试计算电阻丝的截面积 S,并估计它的绝对误差和相对误差.

解 因为 $S=\dfrac{\pi}{4}D^2$,$S'=\dfrac{\pi}{2}D$. 当 $D=D_0=2.02$ 时的截面积为

$$S_0=\frac{3.14}{4}(2.02)^2\approx 3.2(mm)^2.$$

已知 $\delta_D=0.05$,由式(2.4.6),得电阻丝的截面积 S 的绝对误差为

$$\delta_S=\frac{\pi}{2}D_0\delta_D=\frac{\pi}{2}\times 2.02\times 0.05\approx 0.16(mm)^2,$$

即间接测量得 $S_0=3.20$mm^2 的绝对误差不超过 0.16mm^2. 而相对误差为

$$\delta_S^*=\frac{\delta_S}{|S_0|}=\frac{0.16}{3.20}=5\%.$$

习 题 2.4

1. 设 $y=2x^3+3x-4$,计算在 $x=1$ 处,Δx 分别为 $0.1, 0.01$ 时的 $\Delta y, dy$.
2. 填空题:
   (1) d( ) $=\alpha x^{\alpha-1}dx$;
   (2) d( ) $=\sin x dx$;

(3) $d(\quad)=e^{-2x}dx$; (4) $d(\quad)=\sec^2 3x\,dx$;

(5) $d(\quad)=\dfrac{1}{1+x}dx$; (6) $d(\quad)=\dfrac{1}{\sqrt{x}}dx$;

(7) $d(\quad)=xe^{x^2}dx$; (8) $d(\quad)=\dfrac{1}{x\ln x}dx$.

3. 求下列函数的微分：

(1) $y=x\sin 2x$; (2) $y=\dfrac{x}{\sqrt{x^2+1}}$;

(3) $y=e^{-x}\cos(3-x)$; (4) $y=\arcsin\sqrt{1-x^2}$;

(5) $y=\tan^2(1+2x^2)$; (6) $y=\arctan\dfrac{1-x^2}{1+x^2}$;

(7) $y=\sqrt[3]{\dfrac{1-x}{1+x}}$; (8) $y=x^{2x}$.

4. 当 $|x|$ 很小时，证明下列近似公式：

(1) $\sin x\approx x$ (x 用弧度作单位); (2) $(1+x)^{\alpha}\approx 1+\alpha x(\alpha\in\mathbf{R})$;

(3) $e^x\approx 1+x$; (4) $\ln(1+x)\approx x$.

5. 求下列近似值：

(1) $\cos 29°$; (2) $\sqrt{25.4}$;

(3) $e^{0.01}$; (4) $\ln 1.06$.

6. 有一批半径为 1cm 的球，为了提高球面的光洁度，要镀上一层铜，厚度为 0.01cm. 试估计每只球约需用多少克的铜（铜的密度是 $8.9\text{g}\cdot\text{cm}^{-3}$）.

7. 求由方程 $e^{x+y}-xy=0$ 确定的隐函数 $y=f(x)$ 的微分 dy.

8. 设测量一正方形的边长 x 为 2.41m，测量 x 的绝对误差 $\delta_x=0.005$m，求它的面积，并且估计它的绝对误差和相对误差.

第2章总习题

1. 填空题：

(1) 设 $f(x)=x(x-1)(x-2)\cdots(x-99)$，则 $f'(0)=\underline{\qquad}$;

(2) 设 $f(x)$ 在 $x=e$ 处有连续的一阶导数，且 $f'(e)=-2e^{-1}$，则

$$\lim_{x\to 0^+}\dfrac{d}{dx}f(e^{\cos\sqrt{x}})=\underline{\qquad};$$

(3) 设曲线 $f(x)=x^3+ax$ 与 $g(x)=bx^2+c$ 在它们的交点 $(-1,0)$ 处有公共切线，则

$$a=\underline{\qquad},\quad b=\underline{\qquad},\quad c=\underline{\qquad};$$

(4) 设 $f(x)=\arctan\sqrt{x}$，则 $\lim\limits_{x\to 0}\dfrac{f(1+x^2)-f(1)}{x^2}=\underline{\qquad}$;

(5) 二轮船甲和乙从同一码头同时出发，甲船以 $30\text{km}\cdot\text{h}^{-1}$ 的速度向北行驶，乙船以 $40\text{km}\cdot\text{h}^{-1}$ 的速度向东行驶，则出发一小时后两船间距离增加的速度为 $\underline{\qquad}$.

2. 选择题：

(1) $f(x)$ 在点 $x=a$ 可导的充分必要条件是（　　）

(A) $\lim\limits_{h\to+\infty} h\left[f\left(a+\dfrac{1}{h}\right)-f(a)\right]$ 存在；

(B) $\lim\limits_{h\to 0}\dfrac{f(a+2h)-f(a+h)}{h}$ 存在；

(C) $\lim\limits_{h\to 0}\dfrac{f(a)-f(a-h)}{h}$ 存在；

(D) $\lim\limits_{h\to 0}\dfrac{f(a+h)-f(a-h)}{h}$ 存在.

(2) 设函数 $f(x)$ 对任意 x,y 满足 $f(x+y)=f(x)+f(y)$，且 $f'(0)=2$，则（　　）

(A) $f'(x)=f(x)$；　　　　　　(B) $f'(x)=0$；

(C) $f'(x)=2$；　　　　　　　(D) 以上都不对.

(3) 设 $f(x)=|x^3-1|\varphi(x)$，$\varphi(x)$ 在 $x=1$ 处连续，则 $\varphi(1)=0$ 是 $f(x)$ 在 $x=1$ 处可导的（　　）

(A) 充分必要条件；　　　　　(B) 必要但不充分条件；

(C) 充分但不必要条件；　　　(D) 既不充分也不必要条件.

(4) 函数 $f(x)=(x^2-x-2)|x^3-x|$ 不可导点的个数是（　　）

(A) 3；　　　(B) 2；　　　(C) 1；　　　(D) 0.

(5) 设 $f(x)$ 在点 x_0 可导，且 $f'(x_0)=\dfrac{1}{2}$，则当 $\Delta x\to 0$ 时，$f(x)$ 在点 x_0 的微分 dy 是（　　）

(A) 与 Δx 等价无穷小；　　(B) 与 Δx 同阶无穷小；

(C) 比 Δx 低阶无穷小；　　(D) 比 Δx 高阶无穷小.

(6) 若 $f(x)$ 可导，且 $y=f(e^x)$，则（　　）

(A) $dy=f'(e^x)dx$；　　　　　(B) $dy=f(e^x)e^x dx$；

(C) $dy=(f(e^x))'de^x$；　　　(D) $dy=f'(e^x)de^x$.

3. 求下列函数的导数：

(1) $y=\ln\sqrt{\dfrac{x\sin x}{1+x^2}}$；　　(2) $y=\ln\tan\dfrac{x}{2}-\cos x\cdot\ln\tan x$；

(3) $y=\ln(e^x+\sqrt{1+e^{2x}})$；　　(4) $y=x^{\frac{1}{x}}$ ($x>0$).

4. 求下列函数的 n 阶导数：

(1) $y=x^n+2^x+e^n$；　　(2) $y=\sqrt[m]{1+x}$.

5. 设曲线 $y=e^{1-x^2}$ 上点 P 的切线平行直线 $y=2x-1$，求点 P 的坐标与点 P 的切线方程.

6. 设曲线方程为 $\begin{cases}x=\cos^3 t, \\ y=\sin^3 t,\end{cases}$ 求曲线在 $t=\dfrac{\pi}{4}$ 处的切线方程.

7. 设 $f(x)=\begin{cases}x^3\sin\dfrac{1}{x}, & x\neq 0, \\ 0, & x=0.\end{cases}$ (1) 求 $f'(x)$；(2) 讨论 $f'(x)$ 在点 $x=0$ 的连续性与可导性.

8. 设方程 $x^3+y^3+3xy-1=0$ 确定隐函数 $y=y(x)$，求导数 $y''(0)$.

9. 设 $f(x)=\lim\limits_{n\to\infty}\dfrac{x^2 e^{n(x-1)}+ax+b}{1+e^{n(x-1)}}$，其中 a,b 是常数. 求 $f(x)$ 表达式，并讨论 $f(x)$ 的连续性与可导性.

10. 证明：双曲线 $xy=a^2$ 上任一点处的切线与两坐标轴构成的三角形面积都等于 $2a^2$.

第 3 章 微分中值定理与导数的应用

在第 2 章里介绍了导数与微分及其计算方法. 本章将以微分学的基本定理——微分中值定理为基础，应用导数来研究函数的某些性态，以及介绍导数在经济方面的应用.

3.1 微分中值定理

3.1.1 罗尔定理

为方便证明罗尔定理，先介绍费马引理.

费马引理 设函数 $f(x)$ 在点 x_0 的某邻域 $U(x_0)$ 内有定义，并且在点 x_0 处可导，如果对任意的 $x\in U(x_0)$，有
$$f(x)\leqslant f(x_0) \quad (\text{或 } f(x)\geqslant f(x_0)),$$
那么 $f'(x_0)=0$.

证 不妨设 $x\in U(x_0)$ 时，$f(x)\leqslant f(x_0)$（若 $f(x)\geqslant f(x_0)$，可以类似地证明）. 于是，当 $x_0+\Delta x\in U(x_0)$ 时，有
$$f(x_0+\Delta x)\leqslant f(x_0).$$
从而当 $\Delta x>0$ 时，
$$\frac{f(x_0+\Delta x)-f(x_0)}{\Delta x}\leqslant 0.$$
当 $\Delta x<0$ 时，
$$\frac{f(x_0+\Delta x)-f(x_0)}{\Delta x}\geqslant 0.$$
根据函数 $f(x)$ 在点 x_0 可导的条件及极限的保号性，得
$$f'_+(x_0)=\lim_{\Delta x\to 0^+}\frac{f(x_0+\Delta x)-f(x_0)}{\Delta x}\leqslant 0,$$
$$f'_-(x_0)=\lim_{\Delta x\to 0^-}\frac{f(x_0+\Delta x)-f(x_0)}{\Delta x}\geqslant 0,$$
所以，$f'(x_0)=0$.

定理 3.1.1（罗尔定理） 如果函数 $f(x)$ 满足：

(1) 在闭区间 $[a,b]$ 上连续；

(2) 在开区间 (a,b) 内可导；

(3) $f(a)=f(b)$,

则在(a,b)内至少有一点 $\xi\in(a,b)$,使得
$$f'(\xi)=0.$$

罗尔定理的几何意义是:若在两端点纵坐标相等的连续曲线弧$\overset{\frown}{AB}$上,除端点外处处有不垂直于x轴的切线,则曲线弧$\overset{\frown}{AB}$上至少有一点C的切线平行于x轴.如图 3.1.1 所示.

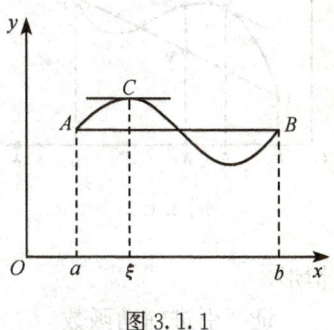

图 3.1.1

证 由于$f(x)$在闭区间$[a,b]$上连续,则$f(x)$在闭区间$[a,b]$上必定取得最大值(设为M)和最小值(设为m),下面分情况讨论:

(1) $M=m$,这时对任意的$x\in[a,b]$,都有$f(x)=M$.因此,任取$\xi\in(a,b)$,有$f'(\xi)=0$.

(2) $M>m$,因为$f(a)=f(b)$,所以M和m这两数中至少有一个不等于$f(a)$,不妨设$M\neq f(a)$,那么必定在(a,b)内至少有一点ξ使$f(\xi)=M$.因此对任意的$x\in[a,b]$,有$f(x)\leqslant f(\xi)$,从而由费马引理可知$f'(\xi)=0$.

例 3.1.1 验证函数$y=\ln\sin x$在区间$\left[\dfrac{\pi}{6},\dfrac{5\pi}{6}\right]$上满足罗尔定理,并求出$\xi$的值.

解 因为$y=\ln\sin x$在区间$\left[\dfrac{\pi}{6},\dfrac{5\pi}{6}\right]$上连续,在$\left(\dfrac{\pi}{6},\dfrac{5\pi}{6}\right)$内可导,且
$$y\big|_{x=\frac{\pi}{6}}=y\big|_{x=\frac{5\pi}{6}}=-\ln 2,$$
所以满足罗尔定理的三个条件,由$y'=\cot x$,令$y'=0$,得$\xi=\dfrac{\pi}{2}\in\left(\dfrac{\pi}{6},\dfrac{5\pi}{6}\right)$.

注意 罗尔定理的三个条件只是充分条件,而不是必要条件;若定理的任一条件不满足,则定理的结论不一定成立.请读者自己举例说明.

3.1.2 拉格朗日中值定理

定理 3.1.2(拉格朗日中值定理) 如果函数$y=f(x)$满足:

(1) 在闭区间$[a,b]$上连续;

(2) 在开区间(a,b)内可导,

则在(a,b)内至少有一点$\xi\in(a,b)$,使得
$$f(b)-f(a)=f'(\xi)(b-a). \tag{3.1.1}$$

在证明之前,先看一下定理的几何意义.

若把式(3.1.1)改写成
$$f'(\xi)=\dfrac{f(b)-f(a)}{b-a},$$

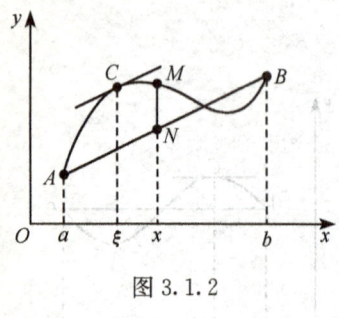

图 3.1.2

由图 3.1.2 可看出,$\dfrac{f(b)-f(a)}{b-a}$ 为弦 AB 的斜率,而 $f'(\xi)$ 为曲线在点 C 处的切线的斜率. 因此拉格朗日定理的几何意义是:如果连续曲线 $y=f(x)$ 的弧 $\overset{\frown}{AB}$ 上除端点外处处具有不垂直于 x 轴的切线,那么这弧上至少有一点 C,使曲线在 C 点处的切线平行于弦 AB.

容易看出,罗尔定理是拉格朗日定理的特殊情形.

证 引进辅助函数

$$\varphi(x)=f(x)-f(a)-\dfrac{f(b)-f(a)}{b-a}(x-a).$$

易验证函数 $\varphi(x)$ 适合罗尔定理的条件:$\varphi(a)=\varphi(b)=0$;$\varphi(x)$ 在 $[a,b]$ 上连续,在 (a,b) 内可导,因为

$$\varphi'(x)=f'(x)-\dfrac{f(b)-f(a)}{b-a}.$$

根据罗尔定理,可知在 (a,b) 内至少有一点 ξ,使 $\varphi'(\xi)=0$. 即

$$f'(\xi)-\dfrac{f(b)-f(a)}{b-a}=0.$$

由此得

$$f(b)-f(a)=f'(\xi)(b-a).$$

显然,式(3.1.1)对于 $b<a$ 也成立. 式(3.1.1)叫做**拉格朗日中值公式**.

设 x 为区间 $[a,b]$ 内一点,$x+\Delta x$ 为这区间内的另一点,则式(3.1.1)可写成

$$\Delta y=f(x+\Delta x)-f(x)=f'(x+\theta\Delta x)\cdot\Delta x, \quad 0<\theta<1. \qquad (3.1.2)$$

式(3.1.2)给出了自变量取得有限增量 Δx($|\Delta x|$ 不一定很小)时,函数增量 Δy 的准确表达式. 因此,这个定理也叫做**有限增量定理**,式(3.1.2)称为**有限增量公式**.

推论 3.1.1 如果函数 $f(x)$ 在区间 I 上的导数恒为零,那么 $f(x)$ 在区间 I 上是一个常数.

证 在区间 I 上任取两点 $x_1,x_2(x_1<x_2)$,应用式(3.1.1)得

$$f(x_2)-f(x_1)=f'(\xi)(x_2-x_1), \quad x_1<\xi<x_2.$$

由假定,$f'(\xi)=0$,所以,

$$f(x_2)=f(x_1).$$

因为 x_1,x_2 是 I 上任意两点,所以上式表明:$f(x)$ 在 I 上的函数值总是相等的,即 $f(x)$ 在区间 I 上是一个常数.

由推论 3.1.1 容易得到如下推论.

推论 3.1.2 若 $f(x),g(x)$ 在区间 I 上的导数恒相等,则 $f(x)=g(x)+C$(C 为常数).

例 3.1.2 证明当 $a>b>0$ 时,$\dfrac{a-b}{a}<\ln\dfrac{a}{b}<\dfrac{a-b}{b}$.

证 令 $f(x)=\ln x$,则当 $a>b>0$ 时,$f(x)$ 在 $[b,a]$ 上满足拉格朗日定理的条件,则

$$\frac{f(a)-f(b)}{a-b}=f'(\xi),\quad b<\xi<a.$$

由于 $f'(x)=\dfrac{1}{x}$,所以上式即为

$$\ln a-\ln b=\frac{a-b}{\xi}.$$

因为

$$\frac{a-b}{a}<\frac{a-b}{\xi}<\frac{a-b}{b},$$

所以,

$$\frac{a-b}{a}<\ln\frac{a}{b}<\frac{a-b}{b}.$$

3.1.3 柯西中值定理

设曲线弧 $\overset{\frown}{AB}$ 由参数方程

$$\begin{cases} X=F(x), \\ Y=f(x), \end{cases} a\leqslant x\leqslant b$$

表示(图 3.1.3),其中 x 为参数. 那么曲线上点 (X,Y) 处的切线的斜率为

$$\frac{\mathrm{d}Y}{\mathrm{d}X}=\frac{f'(x)}{F'(x)},$$

弦 AB 的斜率为

$$\frac{f(b)-f(a)}{F(b)-F(a)}.$$

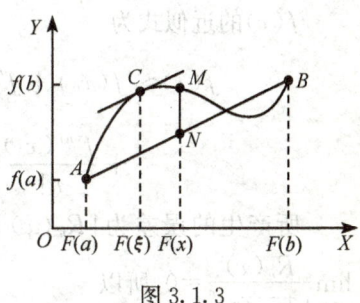

图 3.1.3

假定点 C 对应于参数 $x=\xi$,那么曲线上点 C 处的切线平行于弦 AB,可表示为

$$\frac{f(b)-f(a)}{F(b)-F(a)}=\frac{f'(\xi)}{F'(\xi)}.$$

与上述事实相应的是下述定理.

定理 3.1.3(柯西中值定理) 如果函数 $f(x),F(x)$ 满足:

(1) 在闭区间 $[a,b]$ 上连续;

(2) 在开区间 (a,b) 内可导,且对任一 $x\in(a,b)$,$F'(x)\neq 0$,

则在 (a,b) 内至少有一点 ξ,使得

$$\frac{f(b)-f(a)}{F(b)-F(a)} = \frac{f'(\xi)}{F'(\xi)}. \tag{3.1.3}$$

定理证明从略. 显然,定理中若取 $F(x)=x$,便得拉格朗日中值定理.

3.1.4 泰勒公式

多项式函数是各类函数中最简单的一种,用多项式近似表示函数是近似计算和理论分析的重要内容.

定理 3.1.4(泰勒中值定理) 如果函数 $f(x)$ 在含有 x_0 的某个开区间 (a,b) 内具有直到 $(n+1)$ 阶的导数,则对任一 $x\in(a,b)$,有

$$f(x)=f(x_0)+f'(x_0)(x-x_0)+\frac{f''(x_0)}{2!}(x-x_0)^2+\cdots$$
$$+\frac{f^{(n)}(x_0)}{n!}(x-x_0)^n+R_n(x). \tag{3.1.4}$$

其中

$$R_n(x)=\frac{f^{(n+1)}(\xi)}{(n+1)!}(x-x_0)^{n+1}, \tag{3.1.5}$$

其中 ξ 是 x_0 与 x 之间的某个值.

定理证明从略. 式(3.1.4)称为 $f(x)$ 按 $(x-x_0)$ 的幂展开的 n **阶泰勒公式**,而 $R_n(x)$ 的表达式(3.1.5)称为**拉格朗日型余项**. 当 $n=0$,泰勒公式便是拉格朗日公式.

$f(x)$ 的近似式为

$$f(x)\approx f(x_0)+f'(x_0)(x-x_0)+\frac{f''(x_0)}{2!}(x-x_0)^2+\cdots$$
$$+\frac{f^{(n)}(x_0)}{n!}(x-x_0)^n. \tag{3.1.6}$$

所产生的误差为 $|R_n(x)|$,如果固定 n,当 $x\in(a,b)$ 时,$f^{(n+1)}(x)$ 有界,则 $\lim_{x\to x_0}\frac{R_n(x)}{(x-x_0)^n}=0$,所以

$$R_n(x)=o[(x-x_0)^n].$$

因此在不需要余项的精确表达式时,n 阶泰勒公式也可写成

$$f(x)=f(x_0)+f'(x_0)(x-x_0)+\frac{f''(x_0)}{2!}(x-x_0)^2+\cdots$$
$$+\frac{f^{(n)}(x_0)}{n!}(x-x_0)^n+o[(x-x_0)^n]. \tag{3.1.7}$$

称 $R_n(x)=o[(x-x_0)^n]$ 为**佩亚诺型余项**.

在泰勒公式(3.1.4)中,如果取 $x_0=0$,则 ξ 在 0 与 x 之间,可令 $\xi=\theta x (0<\theta<1)$,

3.1 微分中值定理

从而便得所谓的 n 阶麦克劳林公式

$$f(x) = f(0) + f'(0)x + \frac{f''(0)}{2!}x^2 + \cdots + \frac{f^{(n)}(0)}{n!}x^n$$
$$+ \frac{f^{(n+1)}(\theta x)}{(n+1)!}x^{n+1}, \quad 0 < \theta < 1. \tag{3.1.8}$$

相应的带有佩亚诺型余项的麦克劳林公式为

$$f(x) = f(0) + f'(0)x + \frac{f''(0)}{2!}x^2 + \cdots + \frac{f^{(n)}(0)}{n!}x^n + o(x^n). \tag{3.1.9}$$

例 3.1.3 写出函数 $f(x) = e^x$ 的带有拉格朗日型余项 n 阶麦克劳林公式.

解 因为 $\quad f'(x) = f''(x) = \cdots = f^{(n)}(x) = e^x,$

所以 $\quad f(0) = f'(0) = f''(0) = \cdots = f^{(n)}(0) = 1.$

把这些值代入式(3.1.8),得

$$e^x = 1 + x + \frac{x^2}{2!} + \cdots + \frac{x^n}{n!} + \frac{e^{\theta x}}{(n+1)!}x^{n+1}, \quad 0 < \theta < 1.$$

由此可得 $f(x) = e^x$ 的近似式:

$$e^x \approx 1 + x + \frac{x^2}{2!} + \cdots + \frac{x^n}{n!}.$$

所产生的误差为 $|R_n(x)| = \left| \frac{e^{\theta x}}{(n+1)!} x^{n+1} \right| \leqslant \frac{e^{|x|}}{(n+1)!} |x|^{n+1}.$

如果取 $x = 1$,得无理数 e 的近似式为

$$e \approx 1 + 1 + \frac{1}{2!} + \cdots + \frac{1}{n!}.$$

其误差为 $|R_n(1)| \leqslant \frac{e}{(n+1)!} < \frac{3}{(n+1)!}$. 例如,当 $n = 10$ 时,可算出 $e \approx 2.718282$,其误差不超过 10^{-6}.

易得 e^x 的带有佩亚诺型余项的 n 阶麦克劳林公式为

$$e^x = 1 + x + \frac{x^2}{2!} + \cdots + \frac{x^n}{n!} + o(x^n).$$

类似地,可求出几个常见函数的带有佩亚诺型余项麦克劳林公式:

$$\sin x = x - \frac{x^3}{3!} + \frac{x^5}{5!} - \cdots + (-1)^{m-1} \frac{x^{2m-1}}{(2m-1)!} + o(x^{2m});$$

$$\cos x = 1 - \frac{x^2}{2!} + \frac{x^4}{4!} - \cdots + (-1)^m \frac{x^{2m}}{(2m)!} + o(x^{2m+1});$$

$$\ln(1+x) = x - \frac{1}{2}x^2 + \frac{1}{3}x^3 - \cdots + (-1)^{n-1} \frac{1}{n}x^n + o(x^n);$$

$$(1+x)^\alpha = 1 + \alpha x + \frac{\alpha(\alpha-1)}{2!}x^2 + \cdots + \frac{\alpha(\alpha-1)\cdots(\alpha-n+1)}{n!}x^n + o(x^n).$$

特别当 $\alpha=-1$,有
$$\frac{1}{1+x}=1-x+x^2-\cdots+(-1)^n x^n+o(x^n).$$
间接还可得其他的公式,如
$$\frac{1}{1-x}=1+x+x^2+\cdots+x^n+o(x^n),$$
$$\frac{1}{1+x^2}=1-x^2+x^4-\cdots+(-1)^n x^{2n}+o(x^{2n}).$$

例 3.1.4 利用泰勒公式求极限 $\lim\limits_{x\to+\infty}(\sqrt[3]{x^3+2x^2}-\sqrt[4]{x^4-3x^2})$.

解 令 $x=\dfrac{1}{t}$,则
$$\lim_{x\to+\infty}(\sqrt[3]{x^3+2x^2}-\sqrt[4]{x^4-3x^2})=\lim_{x\to+\infty}x\left(\sqrt[3]{1+\frac{2}{x}}-\sqrt[4]{1-\frac{3}{x^2}}\right)$$
$$=\lim_{t\to 0^+}\frac{(\sqrt[3]{1+2t}-\sqrt[4]{1-3t^2})}{t}$$
$$=\lim_{t\to 0^+}\frac{\left[1+\dfrac{2t}{3}+o(t)\right]-\left[1-\dfrac{3t^2}{4}+o(t^2)\right]}{t}$$
$$=\frac{2}{3}.$$

习 题 3.1

1. 验证函数 $f(x)=x^2(x-1)$ 在 $[0,1]$ 上满足罗尔定理,并求出 ξ.
2. 验证拉格朗日定理对函数 $f(x)=x|x|$ 在区间 $[-1,1]$ 上的正确性.
3. 对函数 $f(x)=x^3$ 及 $F(x)=x^2+1$ 在区间 $[1,2]$ 上验证柯西中值定理的正确性.
4. 不用求出函数 $f(x)=(x-1)(x-2)(x-3)(x-4)$ 的导数,说明方程 $f'(x)=0$ 有几个实根,并指出它们所在的区间.
5. 证明:若方程 $a_0 x^n+a_1 x^{n-1}+\cdots+a_{n-1}x=0$ 有正根 $x=x_0$,则方程 $na_0 x^{n-1}+(n-1)a_1 x^{n-2}+\cdots+a_{n-1}=0$ 必存在小于 x_0 的正根.
6. 证明下列不等式:
(1) $|\sin x-\sin y|\leqslant|x-y|$;
(2) $|\arctan x-\arctan y|\leqslant|x-y|$;
(3) 当 $x>1$ 时,$e^x>e\cdot x$;
(4) 当 $x>0$ 时,$\dfrac{x}{1+x}<\ln(1+x)<x$.
7. 按 $(x-4)$ 的乘幂展开多项式 $f(x)=x^4-5x^3+x^2-3x+4$.
8. 求函数 $f(x)=xe^x$ 的带有佩亚诺型余项的 n 阶麦克劳林公式.
9. 证明恒等式 $\arcsin x+\arccos x=\dfrac{\pi}{2}(-1\leqslant x\leqslant 1)$.

10. 利用泰勒公式求下列极限:

(1) $\lim\limits_{x\to 0}\dfrac{\sin x - x\cos x}{\sin^3 x}$;

(2) $\lim\limits_{x\to 0}\dfrac{\cos x - e^{-\frac{1}{2}x^2}}{x^4}$.

11. 证明方程 $x^5+x-1=0$ 只有一个正根.

12. 求函数 $f(x)=\sqrt{x}$ 按 $(x-4)$ 的幂展开的带下列余项的二阶泰勒公式:

(1) 佩亚诺型余项;

(2) 拉格朗日型余项.

3.2 洛必达法则

如果当 $x\to a$(或 $x\to\infty$)时,两个函数 $f(x)$,$F(x)$ 都趋于零或都趋于无穷大,那么极限 $\lim\limits_{\substack{x\to a\\(x\to\infty)}}\dfrac{f(x)}{F(x)}$ 可能存在,也可能不存在,通常把这种极限叫做**未定式**.并分别简记为 $\dfrac{0}{0}$ 与 $\dfrac{\infty}{\infty}$.下面以导数为工具,介绍一种计算这类未定式极限的一般方法,即洛必达法则.

3.2.1 $\dfrac{0}{0}$ 与 $\dfrac{\infty}{\infty}$ 型未定式

定理 3.2.1 设

(1) 当 $x\to a$ 时,函数 $f(x)$,$F(x)$ 都趋于零;

(2) 在点 a 的某去心邻域内,$f'(x)$,$F'(x)$ 都存在,且 $F'(x)\neq 0$;

(3) $\lim\limits_{x\to a}\dfrac{f'(x)}{F'(x)}$ 存在(或为无穷大),

那么
$$\lim_{x\to a}\frac{f(x)}{F(x)}=\lim_{x\to a}\frac{f'(x)}{F'(x)}.$$

证 因为极限 $\lim\limits_{x\to a}\dfrac{f(x)}{F(x)}$ 存在与否是与 $f(a)$,$F(a)$ 无关的,所以,可以补充定义 $f(a)=F(a)=0$,于是由条件(1)、(2)知道,$f(x)$,$F(x)$ 在点 a 的某一邻域内是连续的,设 $x(x\neq a)$ 是这邻域内的一点,则在以 x 及 a 为端点的区间上,柯西中值定理的条件均满足,因此有
$$\frac{f(x)}{F(x)}=\frac{f(x)-f(a)}{F(x)-F(a)}=\frac{f'(\xi)}{F'(\xi)} \quad (\xi \text{ 在 } x \text{ 与 } a \text{ 之间}).$$

令 $x\to a$,对上式两端求极限,注意到 $x\to a$ 时 $\xi\to a$,再由条件(3)便得到要证明的结论.

注意 若 $\dfrac{f'(x)}{F'(x)}$ 当 $x\to a$ 时仍属 $\dfrac{0}{0}$ 型,且这时 $f'(x)$,$F'(x)$ 能满足定理中 $f(x)$,$F(x)$ 所要满足的条件,则可以继续使用洛必达法则先确定 $\lim\limits_{x\to a}\dfrac{f'(x)}{F'(x)}$,再确定

$\lim\limits_{x\to a}\dfrac{f(x)}{F(x)}$,即

$$\lim_{x\to a}\frac{f(x)}{F(x)}=\lim_{x\to a}\frac{f'(x)}{F'(x)}=\lim_{x\to a}\frac{f''(x)}{F''(x)}.$$

且可以依此类推.

例 3.2.1 求 $\lim\limits_{x\to a}\dfrac{\sin x-\sin a}{x-a}$.

解 $$\lim_{x\to a}\frac{\sin x-\sin a}{x-a}=\lim_{x\to a}\frac{\cos x}{1}=\cos a.$$

例 3.2.2 求 $\lim\limits_{x\to 1}\dfrac{x^3-3x+2}{x^3-x^2-x+1}$.

解 $$\lim_{x\to 1}\frac{x^3-3x+2}{x^3-x^2-x+1}=\lim_{x\to 1}\frac{3x^2-3}{3x^2-2x-1}=\lim_{x\to 1}\frac{6x}{6x-2}=\frac{3}{2}.$$

例 3.2.3 求 $\lim\limits_{x\to 0}\dfrac{\tan x-x}{x^3}$.

解 $$\lim_{x\to 0}\frac{\tan x-x}{x^3}=\lim_{x\to 0}\frac{\sec^2 x-1}{3x^2}=\lim_{x\to 0}\frac{2\sec^2 x\tan x}{6x}=\frac{1}{3}.$$

对于 $x\to\infty$ 时的未定式 $\dfrac{0}{0}$ 型,以及当 $x\to a$ 或 $x\to\infty$ 时,未定式 $\dfrac{\infty}{\infty}$ 型,也有相应的洛必达法则. 例如,对于 $x\to\infty$ 时的未定式 $\dfrac{0}{0}$ 型,有以下定理.

定理 3.2.2 设

(1) 当 $x\to\infty$ 时,函数 $f(x),F(x)$ 都趋于零;

(2) 当 $|x|>N$ 时,$f'(x),F'(x)$ 都存在,且 $F'(x)\neq 0$;

(3) $\lim\limits_{x\to\infty}\dfrac{f'(x)}{F'(x)}$ 存在(或为无穷大),

则 $$\lim_{x\to\infty}\frac{f(x)}{F(x)}=\lim_{x\to\infty}\frac{f'(x)}{F'(x)}.$$

例 3.2.4 求 $\lim\limits_{x\to+\infty}\dfrac{\dfrac{\pi}{2}-\arctan x}{\dfrac{1}{x}}$.

解 $$\lim_{x\to+\infty}\frac{\dfrac{\pi}{2}-\arctan x}{\dfrac{1}{x}}=\lim_{x\to+\infty}\frac{0-\dfrac{1}{1+x^2}}{-\dfrac{1}{x^2}}=1.$$

例 3.2.5 求 $\lim\limits_{x\to+\infty}\dfrac{\ln x}{x^n}$ $(n>0)$.

解 $$\lim_{x\to+\infty}\frac{\ln x}{x^n}=\lim_{x\to+\infty}\frac{\frac{1}{x}}{nx^{n-1}}=\lim_{x\to+\infty}\frac{1}{nx^n}=0.$$

例 3.2.6 求 $\lim\limits_{x\to+\infty}\dfrac{x^n}{e^{\lambda x}}$ (n 为正整数,$\lambda>0$).

解 相继应用洛必达法则 n 次,得

$$\lim_{x\to+\infty}\frac{x^n}{e^{\lambda x}}=\lim_{x\to+\infty}\frac{nx^{n-1}}{\lambda e^{\lambda x}}=\lim_{x\to+\infty}\frac{n(n-1)x^{n-2}}{\lambda^2 e^{\lambda x}}=\cdots=\lim_{x\to+\infty}\frac{n!}{\lambda^n e^{\lambda x}}=0.$$

从上述两例可以看出,对数函数 $\ln x$,幂函数 x^n($n>0$),指数函数 $e^{\lambda x}$($\lambda>0$)当 $x\to+\infty$ 时均为无穷大,但这三个函数增大的"速度"是很不一样的,幂函数增大的"速度"比对数函数快得多,而指数函数增大的"速度"比幂函数快得多.

注意 如果应用洛必达法则后,无法断定极限 $\lim\limits_{\substack{x\to a\\(x\to\infty)}}\dfrac{f'(x)}{F'(x)}$,或能断定它振荡无极限,则洛必达法则失效,此时需另找方法求极限 $\lim\limits_{\substack{x\to a\\(x\to\infty)}}\dfrac{f(x)}{F(x)}$.

例 3.2.7 求 $\lim\limits_{x\to 0}\dfrac{x^2\sin\frac{1}{x}}{\sin x}$.

解 因为

$$\lim_{x\to 0}\frac{\left(x^2\sin\frac{1}{x}\right)'}{(\sin x)'}=\lim_{x\to 0}\frac{2x\sin\frac{1}{x}-\cos\frac{1}{x}}{\cos x},$$

上式右边振荡无极限,故洛必达法则失效. 但原极限是存在的,这是因为

$$\lim_{x\to 0}\frac{x^2\sin\frac{1}{x}}{\sin x}=\lim_{x\to 0}\frac{x}{\sin x}\cdot x\sin\frac{1}{x}=\lim_{x\to 0}\frac{x}{\sin x}\cdot\lim_{x\to 0}x\sin\frac{1}{x}$$
$$=1\times 0=0.$$

洛必达法则是求未定式极限的一种有效方法,但最好能与其他求极限的方法结合使用,如能化简时应尽量先化简,可以应用等价无穷小替代或重要极限时,应尽可能应用,这样可以使运算简捷.

例 3.2.8 求 $\lim\limits_{x\to 0}\dfrac{\arctan x-x}{(\sqrt{1+x}-1)\ln(1+3x^2)}$.

解 $$\lim_{x\to 0}\frac{\arctan x-x}{(\sqrt{1+x}-1)\ln(1+3x^2)}=\lim_{x\to 0}\frac{\arctan x-x}{\frac{1}{2}x\cdot 3x^2}$$

$$=\frac{2}{3}\lim_{x\to 0}\frac{\frac{1}{1+x^2}-1}{3x^2}$$

$$=\frac{2}{3}\lim_{x\to 0}\frac{-x^2}{3x^2(1+x^2)}=-\frac{2}{9}.$$

3.2.2 其他类型未定式

对于 $0 \cdot \infty, \infty - \infty, 0^0, 1^\infty$ 和 ∞^0 等型的未定式,可以先化为 $\dfrac{0}{0}$ 或 $\dfrac{\infty}{\infty}$ 型的未定式,然后利用洛必达法则来计算,下面以例子说明.

例 3.2.9 求 $\lim\limits_{x \to 0^+} x^n \ln x \ (n>0)$.

解 $\lim\limits_{x \to 0^+} x^n \ln x = \lim\limits_{x \to 0^+} \dfrac{\ln x}{\dfrac{1}{x^n}} = \lim\limits_{x \to 0^+} \dfrac{\dfrac{1}{x}}{-nx^{-n-1}} = \lim\limits_{x \to 0^+} \dfrac{-x^n}{n} = 0.$

例 3.2.10 求 $\lim\limits_{x \to 0}\left(\dfrac{1}{x} - \dfrac{1}{e^x - 1}\right)$.

解 $\lim\limits_{x \to 0}\left(\dfrac{1}{x} - \dfrac{1}{e^x - 1}\right) = \lim\limits_{x \to 0} \dfrac{e^x - 1 - x}{x(e^x - 1)} = \lim\limits_{x \to 0} \dfrac{e^x - 1 - x}{x^2} = \lim\limits_{x \to 0} \dfrac{e^x - 1}{2x} = \dfrac{1}{2}.$

例 3.2.11 求 $\lim\limits_{x \to 0^+} x^x$.

解 设 $y = x^x$,取对数得

$$\ln y = x \ln x.$$

当 $x \to 0^+$ 时,上式两端取极限.应用例 3.2.9 的结果,得

$$\lim\limits_{x \to 0^+} \ln y = \lim\limits_{x \to 0^+} x \ln x = 0.$$

由对数函数连续性知 $\ln(\lim\limits_{x \to 0^+} y) = 0$,所以 $\lim\limits_{x \to 0^+} x^x = \lim\limits_{x \to 0^+} y = 1.$

对于 $0^0, 1^\infty, \infty^0$ 型的未定式,都可以如例 3.2.11 那样,通过先取对数,再求极限.下面再举一例.

例 3.2.12 求 $\lim\limits_{x \to +\infty} \left(\dfrac{2}{\pi} \arctan x\right)^x$.

解 设 $y = \left(\dfrac{2}{\pi} \arctan x\right)^x$,取对数得

$$\ln y = x \ln \dfrac{2}{\pi} \arctan x.$$

当 $x \to +\infty$ 时,上式两端取极限,得

$$\lim\limits_{x \to +\infty} \ln y = \lim\limits_{x \to +\infty} \dfrac{\ln \arctan x - \ln \dfrac{\pi}{2}}{\dfrac{1}{x}} = \lim\limits_{x \to +\infty} \dfrac{\dfrac{1}{\arctan x \cdot (1+x^2)}}{-\dfrac{1}{x^2}} = -\dfrac{2}{\pi}.$$

即

$$\ln(\lim\limits_{x \to +\infty} y) = -\dfrac{2}{\pi},$$

从而

$$\lim\limits_{x \to +\infty} y = e^{-\frac{2}{\pi}}.$$

习 题 3.2

1. 用洛必达法则求下列极限：

(1) $\lim\limits_{x \to a} \dfrac{x^m - a^m}{x^n - a^n}(a \neq 0)$；

(2) $\lim\limits_{x \to 0} \dfrac{x - \sin x}{x^3}$；

(3) $\lim\limits_{x \to 0} \dfrac{\sin ax}{\sin bx}(b \neq 0)$；

(4) $\lim\limits_{x \to 0} \dfrac{e^x - \cos x}{x}$；

(5) $\lim\limits_{x \to \frac{\pi}{2}} \dfrac{\ln \sin x}{(\pi - 2x)^2}$；

(6) $\lim\limits_{x \to e} \dfrac{x - e}{\ln x - 1}$；

(7) $\lim\limits_{x \to \frac{\pi}{2}} \dfrac{\tan x}{\tan 3x}$；

(8) $\lim\limits_{x \to 3} \dfrac{x - 3}{\sqrt[3]{3x - 1} - 2}$；

(9) $\lim\limits_{x \to +\infty} \dfrac{\ln\left(1 + \dfrac{1}{x}\right)}{\operatorname{arccot} x}$；

(10) $\lim\limits_{x \to 0} \dfrac{\ln(1 + x^2)}{\sec x - \cos x}$；

(11) $\lim\limits_{x \to -\infty} x\left(\arctan x + \dfrac{\pi}{2}\right)$；

(12) $\lim\limits_{x \to \frac{\pi}{2}}(\sec x - \tan x)$；

(13) $\lim\limits_{x \to 1} x^{\frac{1}{1-x^2}}$；

(14) $\lim\limits_{x \to 0^+} x^{\sin x}$；

(15) $\lim\limits_{x \to 0^+}\left(\dfrac{1}{x}\right)^{\tan x}$；

(16) $\lim\limits_{x \to +\infty}(x + \sqrt{1 + x^2})^{\frac{1}{x}}$；

(17) $\lim\limits_{x \to 0^+} \dfrac{\ln \tan 5x}{\ln \tan 2x}$；

(18) $\lim\limits_{x \to 0^+}(1 + \cos x) x e^{\frac{1}{x}}$.

2. 验证：极限 $\lim\limits_{x \to \infty} \dfrac{x + \sin x}{x}$ 存在，但不能用洛必达法则得出.

3. 设 $f(x) = \begin{cases} \left[\dfrac{(1+x)^{\frac{1}{x}}}{e}\right]^{\frac{1}{x}}, & x > 0, \\ e^{-\frac{1}{2}}, & x \leqslant 0. \end{cases}$ 试讨论 $f(x)$ 在点 $x = 0$ 处的连续性.

4. 设函数 $f(x)$ 有二阶连续导数，证明
$$\lim_{h \to 0} \dfrac{f(x + h) + f(x - h) - 2f(x)}{h^2} = f''(x).$$

3.3 函数的单调性与曲线的凹凸性

3.3.1 函数的单调性

第 1 章已经介绍了函数在区间上单调的概念，下面利用导数来对函数的单调性进行研究.

如果函数 $y = f(x)$ 在 $[a,b]$ 上单调增加（单调减少），那么它的图形是一条沿 x 轴正向上升（下降）的曲线. 这时，如图 3.3.1 所示，曲线上各点处的切线斜率是非负的（是非正的），即 $y' = f'(x) \geqslant 0 (y' = f'(x) \leqslant 0)$. 由此可见，函数的单调性与导

数的符号有着密切的联系.

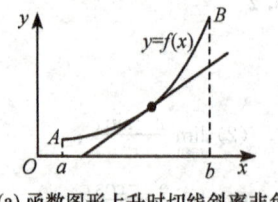

(a) 函数图形上升时切线斜率非负　　(b) 函数图形下降时切线斜率非正

图 3.3.1

反过来,能否用导数的符号来判定函数的单调性呢? 请看下面定理.

定理 3.3.1　设函数 $f(x)$ 在 $[a,b]$ 上连续,在 (a,b) 内可导.

(1) 如果在 (a,b) 内 $f'(x)>0$,那么函数 $f(x)$ 在 $[a,b]$ 上单调增加；

(2) 如果在 (a,b) 内 $f'(x)<0$,那么函数 $f(x)$ 在 $[a,b]$ 上单调减少.

证　(1) 设在 (a,b) 内 $f'(x)>0$. 在 $[a,b]$ 上任取两点 $x_1,x_2(x_1<x_2)$,应用拉格朗日定理,得到

$$f(x_2)-f(x_1)=f'(\xi)(x_2-x_1),\quad x_1<\xi<x_2.$$

因为 $x_2-x_1>0,f'(\xi)>0$. 于是

$$f(x_2)-f(x_1)=f'(\xi)(x_2-x_1)>0.$$

即

$$f(x_2)>f(x_1),$$

所以函数 $y=f(x)$ 在 $[a,b]$ 上单调增加.

(2) 同理可证.

例 3.3.1　判定函数 $y=x-\sin x(0<x<2\pi)$ 的单调性.

解　因为

$$y'=1-\cos x>0,\quad 0<x<2\pi,$$

所以,函数 $y=x-\sin x$ 在 $(0,2\pi)$ 内单调增加.

例 3.3.2　确定函数 $f(x)=2x^3-9x^2+12x-3$ 的单调区间.

解　这函数的定义域为 $(-\infty,+\infty)$. 因为

$$f'(x)=6x^2-18x+12=6(x-1)(x-2).$$

令 $f'(x)=0$,得 $x_1=1,x_2=2$. $x_1=1,x_2=2$ 把 $(-\infty,+\infty)$ 分成三个部分区间 $(-\infty,1],[1,2]$ 及 $[2,+\infty)$.

在区间 $(-\infty,1)$ 与 $(2,+\infty)$ 内,$f'(x)>0$,所以,函数 $f(x)$ 在 $(-\infty,1]$ 与 $[2,+\infty)$ 上单调增加;在区间 $(1,2)$ 内,$f'(x)<0$,所以,函数 $f(x)$ 在 $[1,2]$ 上单调减少.

例 3.3.3　讨论函数 $y=\sqrt[3]{x^2}$ 的单调性.

解　当 $x\neq 0$ 时,

$$y'=\frac{2}{3\sqrt[3]{x}},$$

当 $x=0$ 时,函数的导数不存在;在 $(-\infty,0)$ 内,$y'<0$,因此,函数 $y=\sqrt[3]{x^2}$ 在 $(-\infty,0]$ 上单调减少;在 $(0,+\infty)$ 内,$y'>0$,因此,函数 $y=\sqrt[3]{x^2}$ 在 $[0,+\infty)$ 上单调增加. 函数的图形如图 3.3.2 所示.

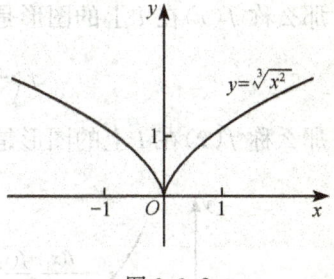

图 3.3.2

从上面例题可看出,如果函数在定义区间上连续,除去有限个导数不存在的点外导数存在,那么只要用方程 $f'(x)=0$ 的根及 $f'(x)$ 不存在的点来划分函数 $f(x)$ 的定义区间,就能保证 $f'(x)$ 在各个部分区间内保持固定符号,因而函数 $f(x)$ 在每个部分区间上单调.

注意 如果在某区间上 $f'(x)\geqslant 0$(或 $f'(x)\leqslant 0$),等号只在个别点取到,那么函数 $f(x)$ 在该区间上仍然单调增加(或减少). 例如,函数 $y=x^3$,$y'=3x^2\geqslant 0$,只有当 $x=0$ 时,$y'=0$. 因此 $y=x^3$ 在定义域 $(-\infty,+\infty)$ 内是单调增加的.

可以用函数的单调性来证明函数不等式,下面举例说明.

例 3.3.4 证明:当 $x>0$ 时,$1+\dfrac{1}{2}x>\sqrt{1+x}$.

证 令 $f(x)=1+\dfrac{1}{2}x-\sqrt{1+x}$,则

$$f'(x)=\dfrac{1}{2}-\dfrac{1}{2\sqrt{1+x}}>0,\quad x>0,$$

所以 $f(x)$ 在 $[0,+\infty)$ 上单调增加.

故当 $x>0$ 时,$f(x)>f(0)=0$,即

$$1+\dfrac{1}{2}x>\sqrt{1+x}.$$

3.3.2 曲线的凹凸性

函数的单调性反映在图形上,就是曲线的上升或下降. 但是,曲线在上升或下降的过程中,还有一个弯曲方向的问题. 例如,图 3.3.3 有两条曲线弧,虽然它们都是上升的,但图形却有显著的不同,弧 $\overparen{ACB}$ 是向上凸的曲线弧,而弧 $\overparen{ADB}$ 是向上凹的曲线弧,它们的凹凸性不同,下面就来研究曲线的凹凸性及其判定法.

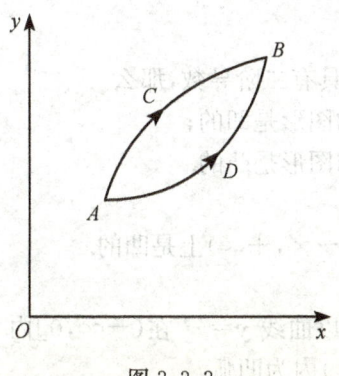

图 3.3.3

定义 3.3.1 设 $f(x)$ 在区间 I 上连续,如果对 I 上任意两点 x_1,x_2($x_1\neq x_2$),恒有

$$f\left(\dfrac{x_1+x_2}{2}\right)<\dfrac{f(x_1)+f(x_2)}{2},$$

那么称 $f(x)$ 在 I 上的图形是(向上)**凹的**(或**凹弧**),如图 3.3.4(a)所示;如果恒有
$$f\left(\frac{x_1+x_2}{2}\right) > \frac{f(x_1)+f(x_2)}{2},$$
那么称 $f(x)$ 在 I 上的图形是(向上)**凸的**(或**凸弧**).如图 3.3.4(b)所示.

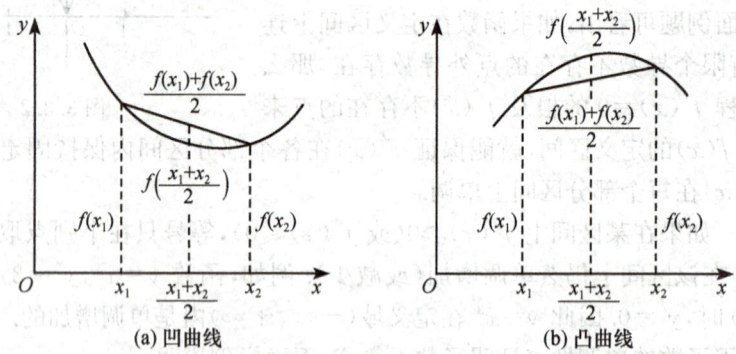

图 3.3.4

曲线的凹凸性有明显的几何意义:对于凹(或凸)曲线,沿 x 轴正向,其上每一点的切线斜率是逐渐增加(或减少)的,即 $f'(x)$ 单调增加(或减少),如图 3.3.5 所示.于是有下述判定曲线的凹凸性的定理,略去了定理的详细证明.

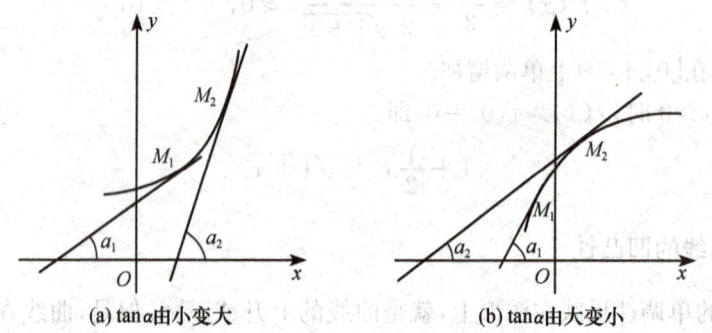

图 3.3.5

定理 3.3.2 设 $f(x)$ 在 $[a,b]$ 上连续,在 (a,b) 内具有二阶导数,那么

(1) 若在 (a,b) 内 $f''(x)>0$,则 $f(x)$ 在 $[a,b]$ 上的图形是凹的;

(2) 若在 (a,b) 内 $f''(x)<0$,则 $f(x)$ 在 $[a,b]$ 上的图形是凸的.

例 3.3.5 判定曲线 $y=e^x$ 的凹凸性.

解 因为 $y'=e^x$,$y''=e^x>0$,所以曲线 $y=e^x$ 在 $(-\infty,+\infty)$ 上是凹的.

例 3.3.6 判定曲线 $y=x^3$ 的凹凸性.

解 因为 $y'=3x^2$,$y''=6x$,当 $x<0$ 时,$y''<0$,所以曲线 $y=x^3$ 在 $(-\infty,0]$ 内为凸弧;当 $x>0$ 时,$y''>0$,所以曲线 $y=x^3$ 在 $[0,+\infty)$ 内为凹弧.

曲线 $y=x^3$ 上的点 $(0,0)$ 是使曲线由凸变凹的分界点,称为拐点. 一般地,有下述定义.

定义 3.3.2 连续曲线上的凹弧与凸弧分界点称为曲线的**拐点**.

由拐点定义与定理 3.3.2 知,如果 $f''(x)$ 在 x_0 的左、右两侧邻近异号,那么点 $(x_0,f(x_0))$ 就是曲线 $f(x)$ 的一个拐点. 这时 $f''(x_0)=0$,或 $f''(x_0)$ 不存在.

例 3.3.7 求曲线 $y=\sqrt[3]{x}$ 的拐点与凹凸区间.

解 这函数在 $(-\infty,+\infty)$ 内连续,当 $x\neq 0$ 时,
$$y'=\frac{1}{3\sqrt[3]{x^2}}, \quad y''=-\frac{2}{9x\sqrt[3]{x^2}}.$$

当 $x=0$ 时,y'' 不存在. 在 $(-\infty,0)$ 内,$y''>0$,这曲线在 $(-\infty,0]$ 上是凹的. 在 $(0,+\infty)$ 内,$y''<0$,这曲线在 $[0,+\infty)$ 上是凸的,所以点 $(0,0)$ 是这曲线的一个拐点.

注意 如果 $f''(x_0)=0$,或 $f''(x_0)$ 不存在,则点 $(x_0,f(x_0))$ 不一定是曲线 $f(x)$ 的拐点,请读者自己举例说明. 因此,使 $f''(x)=0$,或 $f''(x)$ 不存在的点 $(x_0,f(x_0))$ 只是曲线可能的拐点.

例 3.3.8 求曲线 $y=3x^4-4x^3+1$ 的拐点与凹凸区间.

解
$$y'=12x^3-12x^2,$$
$$y''=36x^2-24x=36x\left(x-\frac{2}{3}\right).$$

令 $y''=0$,得 $x_1=0, x_2=\frac{2}{3}$. $x_1=0, x_2=\frac{2}{3}$ 把区间 $(-\infty,+\infty)$ 分为三个部分区间,如表 3.3.1 所示.

表 3.3.1

x	$(-\infty,0)$	0	$\left(0,\frac{2}{3}\right)$	$\frac{2}{3}$	$\left(\frac{2}{3},+\infty\right)$
$f''(x)$	+	0	−	0	+
曲线 y	凹	拐点	凸	拐点	凹

所以,曲线 $y=3x^4-4x^3+1$ 在 $(-\infty,0]$ 与 $\left[\frac{2}{3},+\infty\right)$ 上是凹的;在 $\left[0,\frac{2}{3}\right]$ 上是凸的;拐点为 $(0,1)$ 与 $\left(\frac{2}{3},\frac{11}{27}\right)$.

习 题 3.3

1. 判定函数在给定区间上的单调性:
   (1) $f(x)=\arctan x-x$ $(-\infty,+\infty)$;
   (2) $y=x+\cos x$ $[0,2\pi]$.
2. 确定下列函数的单调区间:
   (1) $y=2x^3-6x^2-18x-7$;
   (2) $y=(x+1)^3(x-1)$;

(3) $y=e^x-x-1$; (4) $y=(x+1)\sqrt[3]{x^2}$.

3. 证明下列不等式：

(1) 当 $x>0$ 时，$e^x>1+x$；

(2) 当 $x>0$ 时，$1+x\ln(x+\sqrt{1+x^2})>\sqrt{1+x^2}$；

(3) 当 $x>4$ 时，$2^x>x^2$；

(4) 当 $0<x<\dfrac{\pi}{2}$ 时，$\tan x>x+\dfrac{1}{3}x^3$.

4. 求下列函数的拐点及凹凸区间：

(1) $y=\ln(x+1)-x$； (2) $y=x\arctan x$；

(3) $y=2x^3+3x^2-12x+14$； (4) $y=xe^{-x}$；

(5) $y=x+\dfrac{1}{x}$； (6) $y=x-\sqrt[3]{x-2}$.

5. 利用函数图形的凹凸性，证明下列不等式：

(1) $\ln\left(\dfrac{x+y}{2}\right)>\dfrac{\ln x+\ln y}{2}$ $(x\neq y)$；

(2) $\dfrac{e^x+e^y}{2}>e^{\frac{x+y}{2}}$ $(x\neq y)$；

(3) $\dfrac{1}{2}(x^n+y^n)>\left(\dfrac{x+y}{2}\right)^n$ $(x>0,y>0,x\neq y,n>1)$.

6. 问 a,b 为何值时，点 $(1,3)$ 为曲线 $y=ax^3+bx^2$ 的拐点？

7. 试确定曲线 $y=ax^3+bx^2+cx+d$ 中的 a,b,c,d 的值，使得 $x=-2$ 处曲线有水平切线，$(1,-10)$ 为拐点，且点 $(-2,44)$ 在曲线上．

8. 证明方程 $\sin x=x$ 只有一个实根．

3.4 函数的极值与最大值、最小值

3.4.1 函数的极值

定义 3.4.1 设函数 $f(x)$ 在点 x_0 的某邻域 $U(x_0)$ 内有定义，如果对于去心邻域 $\mathring{U}(x_0)$ 内的任一 x，有

$$f(x)<f(x_0) \quad (\text{或 } f(x)>f(x_0)).$$

那么就称 $f(x_0)$ 是函数 $f(x)$ 的一个**极大值**(或**极小值**).

函数的极大值与极小值统称为函数的**极值**，使函数取得极值的点称为**极值点**.

在图 3.4.1 中，函数 $f(x)$ 有两个极大值：$f(x_2)$，$f(x_5)$，三个极小值：$f(x_1)$，$f(x_4)$，$f(x_6)$.

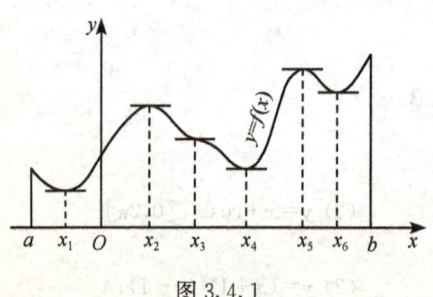

图 3.4.1

3.4 函数的极值与最大值、最小值

从图中还可以看到,在函数取得极值处,曲线的切线是水平的. 但曲线上有水平切线的地方,函数不一定取得极值. 例如,图中 $x=x_3$ 处,曲线有水平切线,但 $f(x_3)$ 不是极值.

由 3.1.1 节中费马引理可知,如果函数 $f(x)$ 在点 x_0 处可导,且 $f(x)$ 在点 x_0 处取得极值,那么 $f'(x_0)=0$. 这就是可导函数取得极值的必要条件. 现将此结论叙述成如下定理.

定理 3.4.1(必要条件) 设函数 $f(x)$ 在点 x_0 处可导,且在点 x_0 处取得极值,那么
$$f'(x_0) = 0.$$

使 $f'(x)=0$ 的点 x_0 称为函数 $f(x)$ 的**驻点**. 根据定理 3.4.1,可导函数 $f(x)$ 的极值点必定是它的驻点. 但反过来,函数的驻点却不一定是极值点. 例如,$f(x)=x^3$,$f'(x)=3x^2$,$f'(0)=0$,虽然 $x=0$ 是驻点,却不是这函数的极值点,所以,函数的驻点只是可能的极值点. 此外,函数在它的导数不存在的点处也可能取得极值. 例如,函数 $f(x)=|x|$ 在点 $x=0$ 处不可导,而函数在该点取得极小值. 但导数不存在的点也不一定是极值点,请读者举例说明.

怎样判定函数在驻点或不可导的点处是否取得极值?下面给出两个判定极值的充分条件.

定理 3.4.2(第一充分条件) 设函数 $f(x)$ 在点 x_0 处连续,且在点 x_0 的某去心邻域 $\mathring{U}(x_0,\delta)$ 内可导:

(1) 若 $x\in(x_0-\delta,x_0)$ 时,$f'(x)>0$,而 $x\in(x_0,x_0+\delta)$ 时,$f'(x)<0$,则 $f(x)$ 在点 x_0 处取得极大值;

(2) 若 $x\in(x_0-\delta,x_0)$ 时,$f'(x)<0$,而 $x\in(x_0,x_0+\delta)$ 时,$f'(x)>0$,则 $f(x)$ 在点 x_0 处取得极小值;

(3) 若 $x\in\mathring{U}(x_0,\delta)$ 时,$f'(x)$ 的符号保持不变,则 $f(x)$ 在点 x_0 处没有极值.

证 (1) 根据函数单调性的判定法知,函数 $f(x)$ 在 $(x_0-\delta,x_0)$ 内单调增加,而在 $(x_0,x_0+\delta)$ 内单调减少,又由于函数 $f(x)$ 在点 x_0 处是连续的,故当 $x\in\mathring{U}(x_0,\delta)$ 时,总有 $f(x)<f(x_0)$,所以,$f(x_0)$ 是 $f(x)$ 的一个极大值(图 3.4.2(a)).

类似地可证(2)(图 3.4.2(b))及(3)(图 3.4.2(c),(d)).

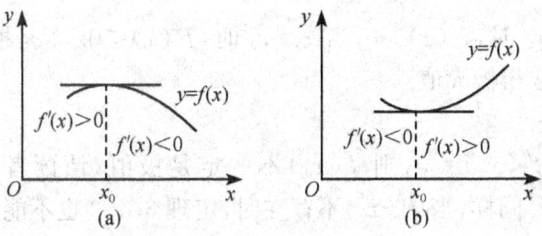

图 3.4.2

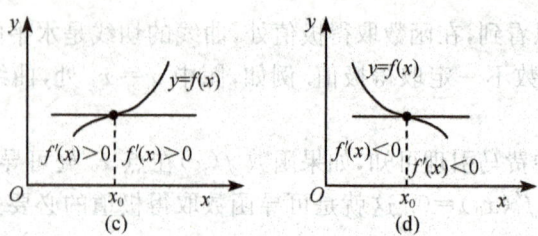

图 3.4.2(续)

例 3.4.1 求函数 $y=\dfrac{1+3x}{\sqrt{4+5x^2}}$ 的极值.

解 令 $y'=\dfrac{12-5x}{(4+5x^2)\sqrt{4+5x^2}}=0$，得 $x=\dfrac{12}{5}$，

当 $x\in\left(-\infty,\dfrac{12}{5}\right)$ 时，$y'>0$；当 $x\in\left(\dfrac{12}{5},+\infty\right)$ 时，$y'<0$，所以，由定理 3.4.2 知函数 $y=\dfrac{1+3x}{\sqrt{4+5x^2}}$ 在 $x=\dfrac{12}{5}$ 处取极大值 $y\left(\dfrac{12}{5}\right)=\dfrac{1}{10}\sqrt{205}$.

当函数 $f(x)$ 在驻点处的二阶导数存在且不为零时，也可以利用下述定理来判定 $f(x)$ 在驻点处取得极大值还是极小值.

定理 3.4.3（第二充分条件） 设函数 $f(x)$ 在点 x_0 处具有二阶导数且 $f'(x_0)=0$，$f''(x_0)\neq 0$，那么，

(1) 当 $f''(x_0)<0$ 时，函数 $f(x)$ 在点 x_0 处取得极大值；

(2) 当 $f''(x_0)>0$ 时，函数 $f(x)$ 在点 x_0 处取得极小值.

证 （1）由于 $f''(x_0)<0$，按二阶导数的定义有

$$f''(x_0)=\lim_{x\to x_0}\dfrac{f'(x)-f'(x_0)}{x-x_0}<0.$$

根据函数极限的局部保号性，当 x 在点 x_0 的足够小的去心邻域内时，

$$\dfrac{f'(x)-f'(x_0)}{x-x_0}<0.$$

但 $f'(x_0)=0$，所以，上式即为 $\dfrac{f'(x)}{x-x_0}<0$.

因此，当 $x<x_0$ 时，$f'(x)>0$；当 $x>x_0$ 时，$f'(x)<0$. 于是根据定理 3.4.2 知道，$f(x)$ 在 x_0 处取得极大值.

(2) 类似可证.

注意 如果 $f''(x_0)=0$，则 $f(x_0)$ 不一定是极值（请读者举例说明），定理 3.4.3 就不能应用. 同样，当 $f''(x_0)$ 不存在时，定理 3.4.3 也不能应用.

例 3.4.2 求函数 $f(x)=(x^2-1)^3+1$ 的极值.

解 $f'(x)=6x(x^2-1)^2.$

令 $f'(x)=0$，求得驻点 $x_1=-1,x_2=0,x_3=1.$
$$f''(x)=6(x^2-1)(5x^2-1).$$

因 $f''(0)=6>0$，故 $f(x)$ 在 $x=0$ 处取得极小值，极小值为 $f(0)=0.$

因 $f''(-1)=f''(1)=0$，故用定理 3.4.3 无法判别.

考察一阶导数 $f'(x)$ 在驻点 $x_1=-1,x_3=1$ 左右邻近的符号：当 x 取 -1 左侧邻近的值时，$f'(x)<0$；当 x 取 -1 右侧邻近的值时，$f'(x)<0$；因为 $f'(x)$ 的符号没有改变，所以 $f(x)$ 在 $x=-1$ 处没有极值. 同理，$f(x)$ 在 $x=1$ 处也没有极值（图 3.4.3）.

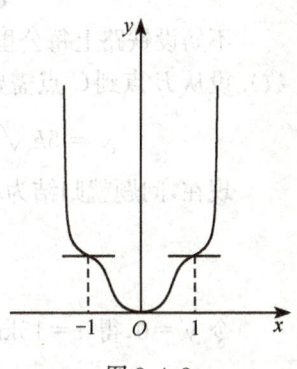

图 3.4.3

3.4.2 函数的最大值与最小值

在工农业生产、工程技术及科学实验中，常常会遇到这样一类问题：在一定条件下，怎样使"产品最多"、"用料最省"、"成本最低"、"效益最高"等问题，这类问题在数学上可归结为求某一函数（通常称为**目标函数**）的最大值或最小值问题.

假定函数 $f(x)$ 在闭区间 $[a,b]$ 上连续，则 $f(x)$ 在 $[a,b]$ 上必有最大值和最小值. 且最大值和最小值也只能在区间的端点或极值点处取得. 因此，为求 $f(x)$ 在 $[a,b]$ 上的最大值和最小值，可先求出 $f(x)$ 在可能的极值点（即驻点与不可导点）函数值与端点的函数值 $f(a),f(b)$，然后比较这些函数值，其中最大的便是 $f(x)$ 在 $[a,b]$ 上的最大值，最小的便是 $f(x)$ 在 $[a,b]$ 上的最小值.

例 3.4.3 求函数 $f(x)=x\sqrt[3]{(x-1)^2}$ 在 $[-1,1]$ 上的最大值与最小值.

解 $f'(x)=\sqrt[3]{(x-1)^2}+x\dfrac{2}{3}(x-1)^{-\frac{1}{3}}=\dfrac{5x-3}{3\sqrt[3]{x-1}},$

令 $f'(x)=0$，得 $x=\dfrac{3}{5}$；当 $x=1$ 时，$f'(x)$ 不存在. 因为

$$f(-1)=-\sqrt[3]{4},\quad f\left(\dfrac{3}{5}\right)=\dfrac{3}{5}\cdot\sqrt[3]{\dfrac{4}{25}},\quad f(1)=0,$$

所以函数最大值为 $f\left(\dfrac{3}{5}\right)=\dfrac{3}{5}\cdot\sqrt[3]{\dfrac{4}{25}}$，最小值为 $f(-1)=-\sqrt[3]{4}.$

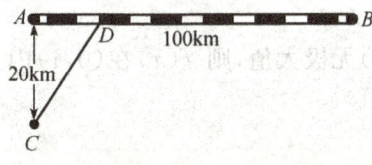

图 3.4.4

例 3.4.4 铁路线上 AB 段的距离为 100km. 工厂 C 距 A 处为 20km，AC 垂直于 AB（图 3.4.4）. 为了运输需要，要在 AB 线上选定一点 D 向工厂修筑一条公路. 已知铁路每公里货运的运费与公路上每公里货运的运费之比为

3:5. 为了使货物从供应站 B 运到工厂 C 的运费最省,问 D 点应选在何处?

解 设 $AD=x$ km,那么 $DB=100-x$,
$$CD=\sqrt{20^2+x^2}=\sqrt{400+x^2}.$$
不妨设铁路上每公里的运费为 $3k$,则公路上每公里的运费为 $5k$(k 为某个正数). 设从 B 点到 C 点需要的总运费为 y,那么
$$y=5k\sqrt{400+x^2}+3k(100-x),\quad 0\leqslant x\leqslant 100.$$
现在,问题就归结为:x 在 $[0,100]$ 上取何值时目标函数 y 的值最小.
$$y'=k\left(\frac{5x}{\sqrt{400+x^2}}-3\right).$$
令 $y'=0$,得 $x=15$ km.

由于 $y|_{x=0}=400k$,$y|_{x=15}=380k$,$y|_{x=100}=500k\sqrt{1+\frac{1}{5^2}}$,其中以 $y|_{x=15}=380k$ 为最小,因此,当 $AD=x=15$ km 时,总运费最省.

注意 如果 $f(x)$ 在一个区间(有限或无限,开或闭)内只有一个极大(小)值,而无极小(大)值,则该极大(小)值就是 $f(x)$ 在该区间上的最大(小)值(图 3.4.5).

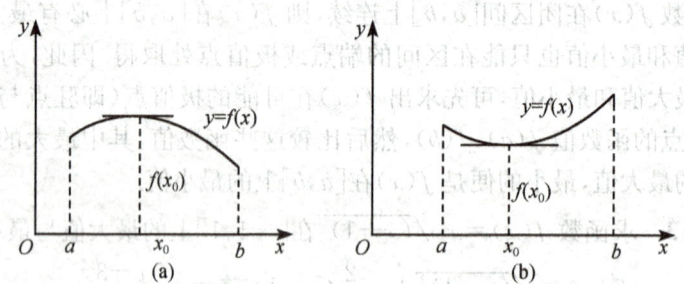

图 3.4.5

例 3.4.5 求函数 $f(x)=\dfrac{1}{x}+\dfrac{1}{1-x}$ 在 $(0,1)$ 内最小值.

解 $$f'(x)=-\frac{1}{x^2}+\frac{1}{(1-x)^2}=\frac{2x-1}{x^2(1-x)^2}.$$
令 $f'(x)=0$,得 $x=\dfrac{1}{2}\in(0,1)$.

可以判定 $f\left(\dfrac{1}{2}\right)=4$ 是唯一的极小值,而 $f(x)$ 无极大值,则 $f(x)$ 在 $(0,1)$ 内的最小值是 $f\left(\dfrac{1}{2}\right)=4$.

最后还要指出,实际问题中,往往根据问题的性质就可以断定可导函数 $f(x)$

3.4 函数的极值与最大值、最小值

确有最大值或最小值,而且一定在区间内部取得. 这时如果 $f(x)$ 在定义区间内部只有一个驻点 x_0,那么不必讨论 $f(x_0)$ 是不是极值,就可以断定 $f(x_0)$ 是最大值或最小值.

例 3.4.6 要造一圆柱形油罐,体积为 V,问底半径 r 和高 h 各等于多少时,才能使表面积 S 最小? 这时底直径与高的比是多少?

解 由题意得 $V=\pi r^2 h$, $S=2\pi r^2+2\pi rh$,于是

$$S=2\pi r^2+\frac{2V}{r}, \quad 0<r<+\infty.$$

令 $S'=4\pi r-\dfrac{2V}{r^2}=0$,得唯一驻点 $r=\sqrt[3]{\dfrac{V}{2\pi}}$. 由于表面积的最小值一定存在,且一定在区间 $(0,+\infty)$ 内部取得,故当 $r=\sqrt[3]{\dfrac{V}{2\pi}}$, $h=\sqrt[3]{\dfrac{4V}{\pi}}$ 时,才能使表面积最小,这时底直径与高的比是 $1:1$.

习 题 3.4

1. 求下列函数的极值:
   (1) $y=2x^3-6x^2-18x+7$;
   (2) $y=x-\ln(1+x)$;
   (3) $y=x+\sqrt{1-x}$;
   (4) $f(x)=(x-4)\sqrt[3]{(x+1)^2}$;
   (5) $y=3-2\sqrt[3]{(x+1)^2}$;
   (6) $y=x^{\frac{1}{x}}$.

2. 试问 a 为何值时,函数 $f(x)=a\sin x+\dfrac{1}{3}\sin 3x$ 在 $x=\dfrac{\pi}{3}$ 处取得极值? 它是极大值还是极小值? 并求此极值.

3. 求下列函数的最大值、最小值:
   (1) $y=\ln(x^2+1)$ $(-1\leqslant x\leqslant 2)$;
   (2) $y=x^4-8x^2+2$ $(-1\leqslant x\leqslant 3)$;
   (3) $f(x)=|x^2-3x+2|$ $(-3\leqslant x\leqslant 4)$.

4. 问函数 $y=\dfrac{x}{x^2+1}$ $(x\geqslant 0)$ 在何处取得最大值?

5. 用一块半径为 R 的扇形铁片,做成一个圆锥形的漏斗,问扇形的中心角 φ 取多大时,做成的漏斗的容积最大?

6. 轮船甲位于轮船乙以东 170km 处,以 40km·h^{-1} 的速度向西行驶,轮船乙以 30km·h^{-1} 的速度向北行驶,问经过多少时间两船间距离最近?

7. 在习题 1.1 第 15 题中,问房租 x 定为多少时,使房产公司收入最大?

8. 某车间要盖一间长方形小屋,小屋一面靠墙壁,现有存砖只够砌 20m 长的墙壁. 问应围成怎样的长方形才能使这间小屋的面积最大?

9. 设 $p>1$,证明当 $0\leqslant x\leqslant 1$ 时,有 $\dfrac{1}{2^{p-1}}\leqslant x^p+(1-x)^p\leqslant 1$.

3.5 函数图形的描绘

3.5.1 曲线的渐近线

有些函数的定义域与值域都是有限区间,此时函数的图形局限于一定的范围之内,如圆、椭圆等.而有些函数的定义域或值域是无限区间,此时函数的图形向无穷远延伸,如双曲线、抛物线等.为了把握曲线在无限远的变化趋势,下面先介绍曲线的渐近线概念.

定义 3.5.1 如果曲线上的一点沿着曲线趋于无穷远时,该点与某条直线的距离趋于零,则称此直线为曲线的**渐近线**.一般地,曲线的渐近线分下列三种情况.

1. 水平渐近线

如果曲线 $y=f(x)$ 的定义域是无限区间,具有

$$\lim_{x\to-\infty}f(x)=b \quad (\text{或} \lim_{x\to+\infty}f(x)=b),$$

则直线 $y=b$ 为曲线 $y=f(x)$ 的一条渐近线,称为**水平渐近线**(图 3.5.1).

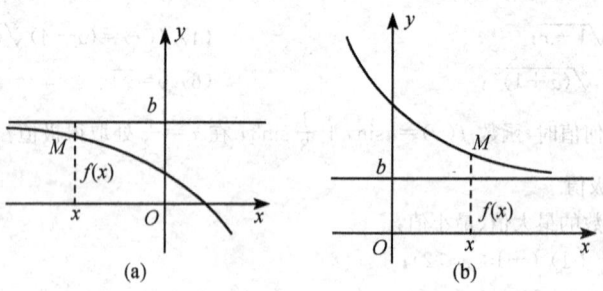

图 3.5.1

例 3.5.1 求曲线 $y=\dfrac{1}{x-1}$ 的水平渐近线.

解 因为 $\lim\limits_{x\to\infty}\dfrac{1}{x-1}=0$,所以,$y=0$ 是曲线的一条水平渐近线(图 3.5.2).

2. 铅垂渐近线

如果曲线 $y=f(x)$ 满足

$$\lim_{x\to c^-}f(x)=\infty \quad (\text{或} \lim_{x\to c^+}f(x)=\infty),$$

则直线 $x=c$ 为曲线 $y=f(x)$ 的一条渐近线,称为**铅垂渐近线**(图 3.5.3).

3.5 函数图形的描绘

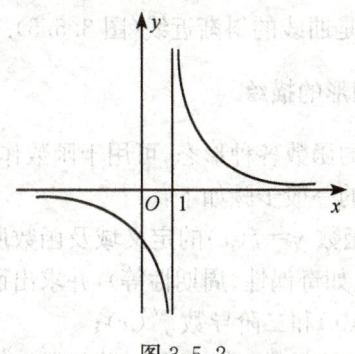

图 3.5.2

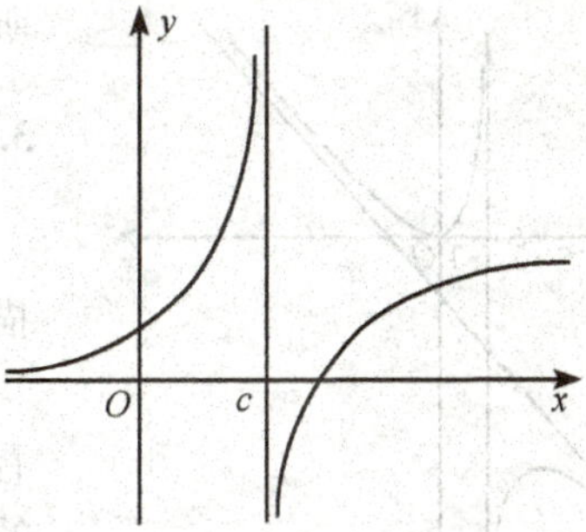

图 3.5.3

例 3.5.2 求曲线 $y=\dfrac{1}{x-1}$ 的铅垂渐近线.

解 因为 $\lim\limits_{x\to 1}\dfrac{1}{x-1}=\infty$. 所以 $x=1$ 是曲线的一条铅垂渐近线(图 3.5.2).

3. 斜渐近线

如果
$$\lim_{x\to\infty}[f(x)-(ax+b)]=0, \quad a\neq 0, \tag{3.5.1}$$

则 $y=ax+b$ 是曲线 $y=f(x)$ 的一条渐近线,称为**斜渐近线**(图 3.5.4).

下面来确定 a,b.

由式(3.5.1)得 $\lim\limits_{x\to\infty}x\left(\dfrac{f(x)}{x}-a-\dfrac{b}{x}\right)=0$,则

$$\lim_{x\to\infty}\left(\dfrac{f(x)}{x}-a-\dfrac{b}{x}\right)=0,$$

所以
$$a=\lim_{x\to\infty}\dfrac{f(x)}{x}.$$

求出 a 后,将 a 代入式(3.5.1)得
$$b=\lim_{x\to\infty}[f(x)-ax].$$

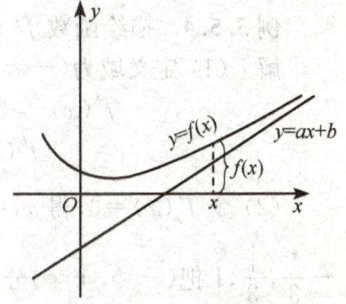

图 3.5.4

注意 在斜渐近线中,仅给出了 $x\to\infty$ 的情形,对于 $x\to -\infty$,或 $x\to +\infty$ 情形的也有类似结果.

例 3.5.3 求曲线 $y=\dfrac{x^2}{1+x}$ 的渐近线.

解 因为 $\lim\limits_{x\to -1}\dfrac{x^2}{1+x}=\infty$,所以 $x=-1$ 为曲线的铅垂渐近线.

又因为 $a=\lim\limits_{x\to\infty}\dfrac{f(x)}{x}=\lim\limits_{x\to\infty}\dfrac{x}{1+x}=1, b=\lim\limits_{x\to\infty}[f(x)-ax]=\lim\limits_{x\to\infty}\left(\dfrac{x^2}{1+x}-x\right)=-1,$

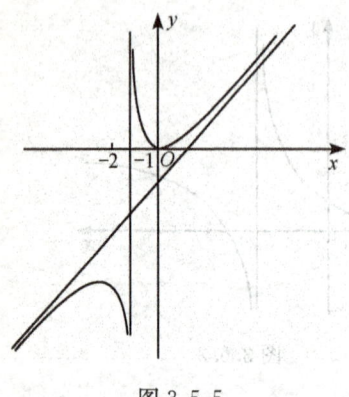

图 3.5.5

所以 $y=x-1$ 是曲线的斜渐近线(图 3.5.5).

3.5.2 函数图形的描绘

前面讨论的函数各种形态,可用于函数作图. 描绘函数图形的一般步骤如下:

(1) 确定函数 $y=f(x)$ 的定义域及函数所具有的某些特性(如奇偶性、周期性等),并求出函数的一阶导数 $f'(x)$ 和二阶导数 $f''(x)$;

(2) 求出一阶导数 $f'(x)$ 和二阶导数 $f''(x)$ 在函数定义域内的全部零点,并求出函数 $f(x)$ 的间断点及 $f'(x)$ 和 $f''(x)$ 不存在的点,用这些点把函数的定义域分成几个部分区间;

(3) 确定在这些部分区间内 $f'(x)$ 和 $f''(x)$ 的符号,并由此确定函数图形的升降和凹凸、极值点和拐点;

(4) 确定函数图形渐近线以及其他变化趋势;

(5) 建立直角坐标系,算出 $f'(x)$ 和 $f''(x)$ 的零点及其不存在的点所对应的函数值,定出图形上相应的点. 为了把图形描绘得准确些,有时还需要补充一些点,然后结合第 3,4 步中得到的结果,连接这些点画出函数 $y=f(x)$ 的图形.

例 3.5.4 描绘函数 $f(x)=x^3-x^2-x+1$ 的图形.

解 (1) 定义域为 $(-\infty,+\infty)$.
$$f'(x)=3x^2-2x-1=(3x+1)(x-1),$$
$$f''(x)=6x-2=2(3x-1).$$

(2) 令 $f'(x)=0$,得 $x_1=-\dfrac{1}{3}, x_2=1$;令 $f''(x)=0$,得 $x_3=\dfrac{1}{3}$. 三个点 $x=-\dfrac{1}{3}, \dfrac{1}{3}, 1$ 把 $(-\infty,+\infty)$ 分成四个部分区间,各区间上函数图形的升降和凹凸情况列表讨论如下表 3.5.1 所示:

表 3.5.1

x	$\left(-\infty,-\dfrac{1}{3}\right)$	$-\dfrac{1}{3}$	$\left(-\dfrac{1}{3},\dfrac{1}{3}\right)$	$\dfrac{1}{3}$	$\left(\dfrac{1}{3},1\right)$	1	$(1,+\infty)$
$f'(x)$	$+$	0	$-$		$-$	0	$+$
$f''(x)$	$-$	$-$	$-$	0	$+$	$+$	$+$
$y=f(x)$ 的图形	升,凸	极大	降,凸	拐点	降,凹	极小	升,凹

(3) 当 $x\to+\infty$ 时,$y\to+\infty$;当 $x\to-\infty$ 时,$y\to-\infty$.

(4) 建立直角坐标系,描出曲线上点:
$$\left(-\dfrac{1}{3},\dfrac{32}{27}\right),\quad \left(\dfrac{1}{3},\dfrac{16}{27}\right),\quad (1,0).$$

可再补充点:$(-1,0),(0,1),\left(\dfrac{3}{2},\dfrac{5}{8}\right)$.结合上面得到的结果,便可以画出 $y=x^3-x^2-x+1$ 的图形(图 3.5.6).

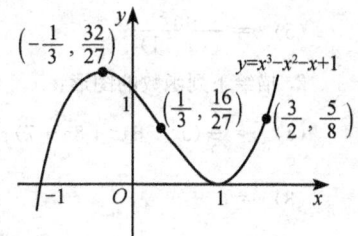

图 3.5.6

例 3.5.5 描绘函数 $y=\dfrac{1}{\sqrt{2\pi}}\mathrm{e}^{-\frac{x^2}{2}}$ 的图形.

解 (1) 定义域为 $(-\infty,+\infty)$. 由于 $f(x)$ 是偶函数,所以它的图形关于 y 轴对称.因此可以只讨论 $[0,+\infty)$ 上函数的图形,再利用对称性画出 $(-\infty,0]$ 上的图形.

$$f'(x)=\dfrac{1}{\sqrt{2\pi}}\mathrm{e}^{-\frac{x^2}{2}}(-x)=-\dfrac{1}{\sqrt{2\pi}}x\mathrm{e}^{-\frac{x^2}{2}},$$

$$f''(x)=\dfrac{1}{\sqrt{2\pi}}\mathrm{e}^{-\frac{x^2}{2}}(x^2-1).$$

(2) 令 $f'(x)=0$,得 $x_1=0$;令 $f''(x)=0$,得 $x_2=1$. 点 $x=0,1$ 把 $[0,+\infty)$ 分成两个部分区间,各区间上函数图形的升降和凹凸情况列表讨论如表 3.5.2 所示:

表 3.5.2

x	0	(0,1)	1	$(1,+\infty)$
$f'(x)$	0	$-$	$-$	$-$
$f''(x)$	$-$	$-$	0	$+$
$y=f(x)$的图形	极大	降,凸	拐点	降,凹

(3) 由于 $\lim\limits_{x\to+\infty}f(x)=0$,所以图形有一条水平渐近线 $y=0$.

(4) 建立直角坐标系,描出曲线上点:

$$M_1\left(0,\dfrac{1}{\sqrt{2\pi}}\right),\quad M_2\left(1,\dfrac{1}{\sqrt{2\pi\mathrm{e}}}\right),\quad M_3\left(2,\dfrac{1}{\sqrt{2\pi}\mathrm{e}^2}\right).$$

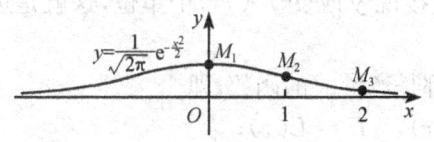

图 3.5.7

结合上面的讨论,画出函数 $y=\dfrac{1}{\sqrt{2\pi}}\mathrm{e}^{-\frac{x^2}{2}}$ 在 $[0,+\infty)$ 上的图形.最后,利用图形的对称性,便得到函数在 $(-\infty,0]$ 上的图形(图 3.5.7)

习 题 3.5

1. 求下列曲线的渐近线:

(1) $y=\dfrac{x}{(x+3)^2}$;

(2) $y=\mathrm{e}^{-\frac{1}{x}}$;

(3) $y=\dfrac{\mathrm{e}^x}{1+x}$;

(4) $y=\ln x$;

(5) $y=\dfrac{\sin x}{x(x-1)}$; (6) $y=\dfrac{x^2}{x+2}$.

2. 描绘下列函数的图形:

(1) $y=\dfrac{1}{5}(x^4-6x^2+8x+7)$; (2) $y=\dfrac{x}{(x+3)^2}$;

(3) $y=e^{-(x-1)^2}$; (4) $y=\dfrac{x^2}{x+1}$;

(5) $y=(2x-5)\sqrt[3]{x^2}$.

3.6 导数在经济学中的应用

本节利用几个常见的经济函数(如产品的成本函数、收益函数、利润函数与需求函数等等),介绍经济学中边际分析与弹性分析的概念.

3.6.1 边际分析

定义 3.6.1 设 $y=f(x)$ 是一个经济函数,其导数 $f'(x)$ 称为 $f(x)$ 的**边际函数**, $f'(x_0)$ 称为 $f(x)$ 在 x_0 的**边际函数值**.

对于经济函数 $f(x)$,设经济变量 x 在点 x_0 有一个改变量 Δx,则经济变量 y 在 $y_0=f(x_0)$ 处有相应的改变量

$$\Delta y = f(x_0+\Delta x)-f(x_0).$$

若函数 $f(x)$ 在点 x_0 可微,则

$$\Delta y \approx dy|_{x=x_0} = f'(x_0)\Delta x.$$

假如 $\Delta x=1$,则

$$\Delta y \approx f'(x_0).$$

这说明当 x 在 x_0 点改变"一个单位"时,y 相应地近似改变 $f'(x_0)$ 个单位. 在实际应用中,经济学家常常略去"近似"而直接说 y 改变 $f'(x_0)$ 个单位,这就是边际函数值的含义.

如果某产品的成本 C、收益 R、利润 L 都是产量 x 的函数,即

$$C=C(x), \quad R=R(x), \quad L=L(x),$$

则它们的导数 $C'(x), R'(x), L'(x)$ 依次称为对产量 x 的**边际成本**、**边际收益**和**边际利润**.

例 3.6.1 已知某产品的产量为 q 件时总成本为

$$C(q)=1500+\dfrac{1}{1200}q^2(\text{百元}).$$

求 $q=900$ 件时的总成本、平均成本和边际成本.

解 总成本 $C(900)=1500+\dfrac{1}{1200}\times 900^2=2175(\text{百元}).$

平均成本 $\bar{C}(900) = \dfrac{C(900)}{900} = \dfrac{2175}{900} = 2.417$(百元).

因为 $C'(q) = \dfrac{q}{600}$,所以

$$C'(900) = \dfrac{900}{600} = 1.5(百元),$$

即 $q=900$ 件边际成本为 1.5 百元,它说明当产量 q 达到 900 件时,再多产生 1 件产品时,成本要增加 150 元.

例 3.6.2 已知某产品的价格 p 与产量 x 满足关系 $p = 10 - \dfrac{x}{5}$,成本函数为

$$C = C(x) = 50 + 2x.$$

求取得最大利润时的产量.

解 假设产销平衡,那么收益函数 $R = R(x) = px = 10x - \dfrac{x^2}{5}$,则利润函数为

$$L = L(x) = R(x) - C(x) = 8x - \dfrac{x^2}{5} - 50.$$

$$L'(x) = R'(x) - C'(x) = 8 - \dfrac{2x}{5}.$$

令 $L'(x) = 0$,得唯一驻点 $x = 20$. 因为 $L''(x) < 0$,所以当产量 $x = 20$ 时利润最大. 这时,$R'(20) = C'(20)$,即边际成本与边际收益相等(这是利润取得最大的必要条件).

3.6.2 弹性分析

设 $y = f(x)$ 是一个经济函数,x 在 x_0 点的改变量为 Δx,相应的 y 在 $y_0 = f(x_0)$ 处的改变量为

$$\Delta y = f(x_0 + \Delta x) - f(x_0),$$

导数 $y'|_{x=x_0} = f'(x_0)$ 考虑的是 Δy 与 Δx 之比的极限. 但在经济学中,常常需要知道的是当 x 在 x_0 处改变 1 个百分数时,y 在 y_0 处要改变多少个百分数,即要求考虑 $\dfrac{\Delta y}{y_0}$ 与 $\dfrac{\Delta x}{x_0}$ 之比.

定义 3.6.2 设 $y = f(x)$ 是一个经济函数,当经济变量 x 在点 x_0 改变 Δx 时,经济变量 y 相应地在 $y_0 = f(x_0)$ 处改变 $\Delta y = f(x_0 + \Delta x) - f(x_0)$. 如果极限

$$\lim_{\Delta x \to 0} \dfrac{\dfrac{\Delta y}{y_0}}{\dfrac{\Delta x}{x_0}}$$

存在,则称此极限为函数 $y = f(x)$ 在 x_0 点的**弹性**,记为 $\dfrac{\mathrm{E}y}{\mathrm{E}x}\bigg|_{x=x_0}$.

在任意一点 x 的弹性,记为 $\dfrac{\mathrm{E}y}{\mathrm{E}x}$,它作为 x 的函数称为 $y=f(x)$ 的**弹性函数**. 且

$$\frac{\mathrm{E}y}{\mathrm{E}x}=\lim_{\Delta x\to 0}\frac{\frac{\Delta y}{y}}{\frac{\Delta x}{x}}=\frac{x}{y}\lim_{\Delta x\to 0}\frac{\Delta y}{\Delta x}=\frac{x}{y}\frac{\mathrm{d}y}{\mathrm{d}x}=\frac{x}{y}f'(x).$$

从弹性的定义可知,当 $\dfrac{\Delta x}{x_0}=1\%$ 时,

$$\frac{\Delta y}{y_0}\approx\left.\frac{\mathrm{E}y}{\mathrm{E}x}\right|_{x=x_0}(\%),$$

即当自变量 x 在点 x_0 增加 1% 时,因变量 y 在 $y_0=f(x_0)$ 近似地改变 $\left.\dfrac{\mathrm{E}y}{\mathrm{E}x}\right|_{x=x_0}$ 个百分数. 在实际应用中,常常省去"近似"而直接说成改变 $\left.\dfrac{\mathrm{E}y}{\mathrm{E}x}\right|_{x=x_0}$ 个百分数,这就是"弹性"概念的实际含义.

由于 $\dfrac{\Delta x}{x}$ 与 $\dfrac{\Delta y}{y}$ 都是相对改变量($\Delta x,\Delta y$ 是 x 和 y 的绝对改变量),而 $\dfrac{\mathrm{E}y}{\mathrm{E}x}$ 是这种相对改变量之比的极限,故它是一种相对变化率,它是 y 对于由 x 的变化(按百分数来衡量,百分数是一种相对的指标)所产生的反应的**灵敏度**的量化指标.

例 3.6.3 设 $S=S(p)$ 是市场对某一商品的供给函数,其中 p 是商品价格,则

$$\frac{\mathrm{E}S}{\mathrm{E}p}=\frac{p}{S}S'(p)$$

称为**供给弹性**.

由于 S 一般随 p 的上升而增加,$S(p)$ 是单调增加函数,$S'(p)\geqslant 0$,故 $\dfrac{\mathrm{E}S}{\mathrm{E}p}\geqslant 0$. 其意义是:当价格从 p 上升 1% 时,市场供给量从 $S(p)$ 增加 $\dfrac{\mathrm{E}S}{\mathrm{E}p}$ 个百分数.

例 3.6.4 设 $D=D(p)$ 是市场对某一商品的需求函数,其中 p 是商品价格,则

$$\frac{\mathrm{E}D}{\mathrm{E}p}=\frac{p}{D}D'(p)$$

称为**需求弹性**.

由于 D 一般随 p 的上升而减少,$D(p)$ 是单调减少函数,$D'(p)\leqslant 0$,故 $\dfrac{\mathrm{E}D}{\mathrm{E}p}\leqslant 0$. 其意义是:当价格从 p 上升 1% 时,市场需求量从 $D(p)$ 减少 $-\dfrac{\mathrm{E}D}{\mathrm{E}p}$ 个百分数;反之,当价格从 p 下降 1% 时,市场需求量从 $D(p)$ 增加 $-\dfrac{\mathrm{E}D}{\mathrm{E}p}$ 个百分数.

3.6 导数在经济学中的应用

如果 $R=R(p)$ 是收益函数,则
$$R(p) = pD(p),$$
所以
$$R'(p) = D(p) + pD'(p) = D(p) + D(p)\frac{ED}{Ep} = D(p)\left(1+\frac{ED}{Ep}\right).$$
可见

当 $\frac{ED}{Ep}<-1$ 时,$R'(p)<0$,从而随着价格上升收益会减少;

当 $\frac{ED}{Ep}>-1$ 时,$R'(p)>0$,从而随着价格上升收益会增加;

当 $\frac{ED}{Ep}=-1$ 时,$R'(p)=0$,收益相对于价格处于临界状态.

例 3.6.5 设某商品的市场需求函数为 $D=15-\frac{p}{3}$(价格 p:百元·台$^{-1}$,D:台). 求

(1) 需求弹性函数 $\frac{ED}{Ep}$;

(2) $\left.\frac{ED}{Ep}\right|_{p=9}$,并说明其实际意义;

(3) $\frac{ED}{Ep}=-1$ 时的价格,并说明这时的收益情况.

解 (1) 由于 $D'(p)=-\frac{1}{3}$,于是
$$\frac{ED}{Ep} = \frac{p}{D}D'(p) = \frac{p}{p-45}.$$

(2) $\left.\frac{ED}{Ep}\right|_{p=9} = \frac{9}{9-45} = -0.25.$

所以当价格 p 从 9(百元/台)上涨 1% 时,该商品的需求量在 $D(9)=12$ 台的基础上下降 0.25%(或价格 p 从 9(百元/台)下跌 1% 时,该商品的需求量在 $D(9)=12$ 台的基础上增加 0.25%). 由于 $\left.\frac{ED}{Ep}\right|_{p=9}>-1$,所以当价格上涨时收益能够增加.

(3) 若 $\frac{ED}{Ep}=-1$,则 $\frac{p}{p-45}=-1$,即 $p=22.5$ 百元·台$^{-1}$. 这时 $R'(p)=0$,由于
$$R(p) = pD(p) = 15p - \frac{p^2}{3} = \frac{1}{3}\left[\left(\frac{45}{2}\right)^2 - \left(p-\frac{45}{2}\right)^2\right].$$
故当 $p=22.5$ 百元·台$^{-1}$ 时,$R(p)=\frac{1}{3}\left(\frac{45}{2}\right)^2 = \frac{675}{4}$ 百元为最大收益.

习 题 3.6

1. 已知某商品的成本函数为
$$C(q) = 1000 + \frac{q^2}{8}.$$
求当产量 $q=120$ 时的总成本和边际成本.

2. 设某产品的销量 Q 与价格 P 之间的关系为
$$P = 150 - 0.01Q(元).$$
求收益函数及 $Q=100$ 件时的总收益与边际收益.

3. 设生产某产品的固定成本为 60000 元，可变成本为每件 20 元，价格函数为
$$P = 60 - \frac{Q}{1000},$$
其中 Q 为销量. 设供销平衡，求
(1) 边际利润；
(2) 当 $P=10$ 元时价格上涨 1%，收益增加（还是减少）了百分之几？

4. 设某商品的需求函数为
$$D(p) = 75 - p^2,$$
求当 $p=4$ 时的需求价格弹性和收益价格弹性，并说明其实际含义.

5. 设某商品的供给函数为
$$S(p) = 2 + 3p,$$
求供给价格弹性函数及当 $p=3$ 时的供给价格弹性，并说明其实际含义.

6. 某厂每批生产某种商品 x 单位的费用为
$$C(x) = 5x + 200(元),$$
得到的收益是：$R(x) = 10x - 0.01x^2$(元)，问每批应生产多少单位时才能使利润最大？

第 3 章总习题

1. 选择题：
(1) 设在 $[0,1]$ 上 $f''(x) > 0$，则（　　）
(A) $f'(1) > f'(0) > f(1) - f(0)$；
(B) $f'(1) > f(1) - f(0) > f'(0)$；
(C) $f(1) - f(0) > f'(1) > f'(0)$；
(D) $f'(1) > f(0) - f(1) > f'(0)$.

(2) 设 $\lim\limits_{x \to x_0} \dfrac{f(x) - f(x_0)}{(x - x_0)^2} = 5$，则在点 $x = x_0$ 处（　　）
(A) $f'(x)$ 不存在；
(B) $f(x)$ 取极大值；
(C) $f(x)$ 取极小值；
(D) $f'(x)$ 不存在.

(3) 设 $f(x) = ax^3 - 6ax^2 + b$ 在 $[-1, 2]$ 上的最大值为 3，最小值为 -29，已知 $a > 0$，则（　　）
(A) $a=2, b=-29$；
(B) $a=3, b=2$；
(C) $a=2, b=3$；
(D) 以上都不对.

(4) 曲线 $f(x)=\dfrac{\sin x}{(1-x)\ln x}$ （　　）

(A) 仅有水平渐近线；　　　　　　(B) 无水平渐近线；
(C) 仅有铅垂渐近线；　　　　　　(D) 有水平也有铅垂渐近线．

(5) 曲线 $y=e^{1+x^2}$ 在 $(-\infty,0)$ 内是（　　）
(A) 凸曲线；　　(B) 凹曲线；　　(C) 增加曲线；　　(D) 有界曲线．

2. 填空题：

(1) 设常数 $k>0$，函数 $f(x)=\ln x-\dfrac{x}{e}+k$ 在 $(0,+\infty)$ 内零点的个数为_____；

(2) 曲线 $f(x)=\dfrac{1}{e^x-1}$ 的渐近线有_____；

(3) 设 $f(x)$ 有一阶连续导数，$f(0)=f'(0)=1$，则 $\lim\limits_{x\to 0}\dfrac{f(\sin x)-1}{\ln f(x)}=$ _____．

3. 列举一个函数 $f(x)$ 满足：$f(x)$ 在 $[a,b]$ 上连续，在 (a,b) 内除某一点外处处可导，但在 (a,b) 内不存在点 ξ，使 $f(b)-f(a)=f'(\xi)(b-a)$．

4. 设 $\lim\limits_{x\to\infty}f'(x)=k$，求 $\lim\limits_{x\to\infty}[f(x+a)-f(x)]$．

5. 证明多项式 $f(x)=x^3-3x+a$ 在 $[0,1]$ 上不可能有两个零点．

6. 设 $a_0+\dfrac{a_1}{2}+\cdots+\dfrac{a_n}{n+1}=0$，证明多项式
$$f(x)=a_0+a_1x+\cdots+a_nx^n$$
在 $(0,1)$ 内至少有一个零点．

7. 设 $f(x)$ 在 $[0,a]$ 上连续，在 $(0,a)$ 内可导，且 $f(a)=0$，证明存在一点 $\xi\in(0,a)$，使
$$f(\xi)+\xi f'(\xi)=0.$$

8. 设 $0<a<b$，函数 $f(x)$ 在 $[a,b]$ 上连续，在 (a,b) 内可导，试利用柯西中值定理，证明存在一点 $\xi\in(a,b)$，使
$$f(b)-f(a)=\xi f'(\xi)\ln\dfrac{b}{a}.$$

9. 设 $f(x),g(x)$ 都是可导函数，且 $|f'(x)|<g'(x)$，证明：当 $x>a$ 时，
$$|f(x)-f(a)|<g(x)-g(a).$$

10. 求下列极限：

(1) $\lim\limits_{x\to 0^+}\left(\ln\dfrac{1}{x}\right)^x$；　　(2) $\lim\limits_{x\to 1}\left(\dfrac{1}{x-1}-\dfrac{1}{\ln x}\right)$；

(3) $\lim\limits_{x\to 0}\dfrac{x-\arcsin x}{x^3}$；　　(4) $\lim\limits_{x\to\infty}\left[\dfrac{a_1^{\frac{1}{x}}+a_2^{\frac{1}{x}}+\cdots+a_n^{\frac{1}{x}}}{n}\right]^{nx}$（其中 $a_1,a_2,\cdots,a_n>0$）；

(5) $\lim\limits_{x\to\infty}\left[x-x^2\ln\left(1+\dfrac{1}{x}\right)\right]$；　　(6) $\lim\limits_{x\to+\infty}(x+e^x)^{\frac{1}{x}}$．

11. 证明下列不等式：

(1) 当 $0<x_1<x_2<\dfrac{\pi}{2}$ 时，$\dfrac{\tan x_2}{\tan x_1}>\dfrac{x_2}{x_1}$；

(2) 当 $x>0$ 时，$\ln(1+x)>\dfrac{\arctan x}{1+x}$；

(3) 当 $0 < x < \dfrac{\pi}{2}$ 时,$\dfrac{2}{\pi} < \dfrac{\sin x}{x}$;

(4) 当 $x > 0, a > e$ 时,$(a+x)^a < a^{a+x}$.

12. 求数列 $\left\{ n^{\frac{1}{n}} \right\}$ 的最大项.

13. 求椭圆 $x^2 - xy + y^2 = 3$ 上纵坐标最大和最小的点.

14. 若在区间 $(-\infty, +\infty)$ 上,$f''(x) > 0, f(0) < 0$,证明 $F(x) = \dfrac{f(x)}{x}$ 在区间 $(-\infty, 0)$ 与 $(0, \infty)$ 内都单调增加.

15. 已知 $f(x) = \begin{cases} \dfrac{g(x) - \cos x}{x}, & x \neq 0, \\ a, & x = 0, \end{cases}$ 其中 $g(x)$ 有二阶连续的导数,且 $g(0) = 1$. 试确定常数 a 的值,使 $f(x)$ 在点 $x = 0$ 连续,又问 $f(x)$ 在点 $x = 0$ 是否可导?

16. 设函数 $f(x)$ 在 $[0,1]$ 上连续,在 $(0,1)$ 内可导.试证明:至少存在一点 $\xi \in (0,1)$,使
$$f'(\xi) = 2\xi [f(1) - f(0)].$$

17. 设当 $x \to 0$ 时,$e^x - (ax^2 + bx + 1)$ 是比 x^2 高阶无穷小,求 a, b.

18. 求函数 $f(x) = \begin{cases} x^{2x}, & x > 0, \\ x + 1, & x \leqslant 0, \end{cases}$ 的极值.

第 4 章 不定积分

在微分学中,已经讨论了如何求一个函数导数(或微分)的问题,但在科学、技术和经济的许多问题中常常需要解决相反的问题.例如,已知物体运动速度求路程;已知曲线在任意一点处切线的斜率求该曲线的方程;已知某产品的边际成本函数求生产该产品的成本函数等.这种由已知一个函数导数(或微分)要求原来的函数的问题就是求**不定积分**的问题,它是积分学的基本问题之一.本章将介绍不定积分的概念、性质及其计算方法.

4.1 不定积分的概念与性质

4.1.1 原函数的概念

定义 4.1.1 设 $f(x)$ 是定义在区间 I 上的函数,若存在函数 $F(x)$,使得对任意的 $x \in I$,都有
$$F'(x) = f(x) \quad (\text{或 } dF(x) = f(x)dx),$$
则称函数 $F(x)$ 为 $f(x)$ 在区间 I 上的一个**原函数**.

例如,因为 $(\sin x)' = \cos x$,故 $\sin x$ 是 $\cos x$ 在 $(-\infty, +\infty)$ 上的一个原函数.因为 $(x^2)' = 2x$, $(x^2+3)' = 2x$,故 x^2, x^2+3 都是 $2x$ 在 $(-\infty, +\infty)$ 上的原函数.事实上,若 $F(x)$ 为 $f(x)$ 在区间 I 上的一个原函数,则有
$$(F(x) + C)' = f(x) \quad (C \text{ 为任意常数}).$$
说明对任意常数 C, $F(x)+C$ 都是 $f(x)$ 在区间 I 上的原函数.

由此可见,一个已知函数如果有一个原函数存在,那么它就有无穷多个原函数.

设 $F(x)$ 和 $G(x)$ 都是 $f(x)$ 的原函数,则
$$(F(x) - G(x))' = F'(x) - G'(x) = f(x) - f(x) = 0,$$
则 $F(x) - G(x) = C$ (C 为任意常数),可见一个函数的任意两个原函数之间相差一个常数,如果 $F(x)$ 是 $f(x)$ 的一个原函数,则 $f(x)$ 的全体原函数由形如 $F(x)+C$ (C 为任意常数)的函数组成.

一个函数具有什么条件,能保证它的原函数一定存在?下面定理回答了这个问题.

定理 4.1.1(原函数存在定理) 如果 $f(x)$ 在区间 I 上连续,那么在区间 I 上

存在可导函数 $F(x)$,使对任一 $x\in I$,都有
$$F'(x) = f(x).$$
本定理的证明将在第 5 章给出.

定理 4.1.1 说明,连续函数一定存在原函数. 初等函数在其定义区间上是连续的,于是初等函数在其定义区间上一定存在原函数.

4.1.2 不定积分的概念

定义 4.1.2 设 $F(x)$ 为 $f(x)$ 在某区间 I 上一个原函数,则称其全体原函数 $F(x)+C$(C 为任意常数)为函数 $f(x)$ 在区间 I 上的**不定积分**. 并用记号 $\int f(x)\mathrm{d}x$ 表示,即
$$\int f(x)\mathrm{d}x = F(x) + C,$$
其中,记号 $\int$ 称为积分号,$f(x)$ 称为**被积函数**,$f(x)\mathrm{d}x$ 称为**被积表达式**,x 称为**积分变量**,C 为积分常数.

由定义 4.1.2 可知,求函数 $f(x)$ 的不定积分,就是求 $f(x)$ 的全体原函数,所以只要求出函数 $f(x)$ 的一个原函数 $F(x)$,再加上任意常数 C 便得到 $f(x)$ 的不定积分.

例 4.1.1 求下列不定积分:

(1) $\int x^2 \mathrm{d}x$; (2) $\int \dfrac{1}{x} \mathrm{d}x$; (3) $\int \dfrac{1}{1+x^2} \mathrm{d}x$.

解 (1) 因为 $\left(\dfrac{x^3}{3}\right)' = x^2$,所以 $\dfrac{x^3}{3}$ 是 x^2 的一个原函数,因此,
$$\int x^2 \mathrm{d}x = \dfrac{x^3}{3} + C.$$

(2) 当 $x>0$ 时,因为 $(\ln x)' = \dfrac{1}{x}$,所以 $\ln x$ 是 $\dfrac{1}{x}$ 在 $(0,+\infty)$ 内的一个原函数,因此,在 $(0,+\infty)$ 内,
$$\int \dfrac{1}{x} \mathrm{d}x = \ln x + C.$$

当 $x<0$ 时,因为 $[\ln(-x)]' = \dfrac{1}{x}$,所以 $\ln(-x)$ 是 $\dfrac{1}{x}$ 在 $(-\infty,0)$ 内的一个原函数,因此,在 $(-\infty,0)$ 内,
$$\int \dfrac{1}{x} \mathrm{d}x = \ln(-x) + C,$$
所以
$$\int \dfrac{1}{x} \mathrm{d}x = \ln|x| + C.$$

(3) 因为$(\arctan x)' = \dfrac{1}{1+x^2}$,所以 $\arctan x$ 是 $\dfrac{1}{1+x^2}$ 的原函数,因此,
$$\int \frac{1}{1+x^2} \mathrm{d}x = \arctan x + C.$$

例 4.1.2 已知曲线 $y=f(x)$ 在其任一点处的切线斜率等于这点横坐标的两倍,且曲线通过点 $(1,2)$,求此曲线的方程.

解 设所求的曲线方程为 $f(x)$,根据题意可得
$$f'(x) = 2x,$$
即 $f(x)$ 是 $2x$ 的一个原函数,从而
$$f(x) = \int 2x \mathrm{d}x = x^2 + C.$$
因所求曲线通过点 $(1,2)$,由 $2 = 1^2 + C$,得 $C = 1$.
故所求的曲线方程为
$$y = x^2 + 1.$$

不定积分的几何意义:由于不定积分 $\int f(x)\mathrm{d}x = F(x) + C$ 所表示的不是一个函数,而是一族函数. 这样不定积分 $\int f(x)\mathrm{d}x = F(x) + C$ 在几何上就表示为一族曲线,称为 $f(x)$ 的**积分曲线族**. 这族曲线中的任何一条曲线都可由另一条曲线沿 y 轴向上或向下平移得到,其中每一条曲线在横坐标相同点 x 处的切线彼此平行,它们的斜率等于 $f(x)$. 如例 4.1.2 就是求函数 $2x$ 的通过点 $(1,2)$ 的那条积分曲线,显然,这条积分曲线可由另一条积分曲线(如 $y=x^2$)经 y 轴方向平移而得,如图 4.1.1 所示.

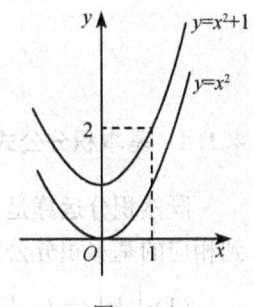

图 4.1.1

例 4.1.3 设生产某产品 x 单位的总成本 C 是 x 的函数 $C(x)$,固定成本(即 $C(0)$)为 20 元,边际成本函数为 $C'(x) = 2x + 10$(元/单位),求总成本函数 $C(x)$.

解 根据题意可得该产品的总成本函数为
$$C(x) = \int (2x+10) \mathrm{d}x.$$
因为 $(x^2 + 10x)' = 2x + 10$,所以 $x^2 + 10x$ 是 $2x + 10$ 的一个原函数,从而
$$C(x) = \int (2x+10) \mathrm{d}x = x^2 + 10x + C.$$
又因为固定成本为 20 元,故 $C(0) = 20$,得 $C = 20$. 因此,所求总成本函数为 $C(x) = x^2 + 10x + 20$.

4.1.3 不定积分的性质

由不定积分的定义易得性质 1 与性质 2.

性质 1 $\dfrac{\mathrm{d}}{\mathrm{d}x}\left(\int f(x)\mathrm{d}x\right) = f(x)$ 或 $\mathrm{d}\left(\int f(x)\mathrm{d}x\right) = f(x)\mathrm{d}x.$

性质 2 $\int F'(x)\mathrm{d}x = F(x) + C$ 或 $\int \mathrm{d}F(x) = F(x) + C.$

由此可见，微分运算（以记号 d 表示）与积分运算（以记号 $\int$ 表示）是互逆的，当两个运算 $\int$ 与 d 连在一起时，或者抵消，或者抵消后相差一常数.

性质 3 设函数 $f(x)$ 和 $g(x)$ 的原函数都存在，则
$$\int (f(x) \pm g(x))\mathrm{d}x = \int f(x)\mathrm{d}x \pm \int g(x)\mathrm{d}x.$$

证明 因为
$$\left(\int f(x)\mathrm{d}x \pm \int g(x)\mathrm{d}x\right)' = \left(\int f(x)\mathrm{d}x\right)' \pm \left(\int g(x)\mathrm{d}x\right)' = f(x) \pm g(x).$$

性质 3 可推广到任意有限个函数情形. 类似可证明性质 4.

性质 4 设函数 $f(x)$ 的原函数存在，k 为非零常数，则
$$\int kf(x)\mathrm{d}x = k\int f(x)\mathrm{d}x.$$

4.1.4 基本积分公式

既然积分运算是微分运算的逆运算，那么很自然地可以从导数的基本公式得到相应的基本积分公式.

(1) $\int k\mathrm{d}x = kx + C$（$k$ 为常数）；

(2) $\int x^{\mu}\mathrm{d}x = \dfrac{x^{\mu+1}}{\mu+1} + C$（$\mu \neq -1$）；

(3) $\int \dfrac{1}{x}\mathrm{d}x = \ln|x| + C$；

(4) $\int a^x \mathrm{d}x = \dfrac{a^x}{\ln a} + C$；

(5) $\int e^x \mathrm{d}x = e^x + C$；

(6) $\int \dfrac{1}{1+x^2}\mathrm{d}x = \arctan x + C$；

(7) $\int \dfrac{1}{\sqrt{1-x^2}}\mathrm{d}x = \arcsin x + C$；

(8) $\int \cos x \mathrm{d}x = \sin x + C$；

(9) $\int \sin x \mathrm{d}x = -\cos x + C$；

(10) $\int \dfrac{1}{\cos^2 x}\mathrm{d}x = \int \sec^2 x \mathrm{d}x = \tan x + C$；

(11) $\int \dfrac{1}{\sin^2 x}\mathrm{d}x = \int \csc^2 x \mathrm{d}x = -\cot x + C$；

(12) $\int \sec x \tan x \mathrm{d}x = \sec x + C$；

(13) $\int \csc x \cot x \mathrm{d}x = -\csc x + C$.

下面利用基本积分公式和不定积分的性质，直接求出不定积分，这种方法称为

4.1 不定积分的概念与性质

直接积分法.

例 4.1.4 求 $\int (x^2+2x-10)\,dx$.

解 $\int (x^2+2x-10)\,dx = \int x^2\,dx + \int 2x\,dx - \int 10\,dx = \dfrac{x^3}{3}+x^2-10x+C.$

注意 例 4.1.4 中每个积分号都含有任意常数,但由于这些任意常数的和仍是任意常数,因此,只要写出一个任意常数 C 即可.

例 4.1.5 求 $\int \sqrt{x}(x^2-5)\,dx$.

解 $\int \sqrt{x}(x^2-5)\,dx = \int \left(x^{\frac{5}{2}} - 5x^{\frac{1}{2}}\right)dx = \int x^{\frac{5}{2}}\,dx - 5\int x^{\frac{1}{2}}\,dx$

$\qquad = \dfrac{2}{7}x^{\frac{7}{2}} - 5 \cdot \dfrac{2}{3}x^{\frac{3}{2}} + C = \dfrac{2}{7}x^3\sqrt{x} - \dfrac{10}{3}x\sqrt{x} + C.$

例 4.1.6 求 $\int 2^x e^x\,dx$.

解 $\int 2^x e^x\,dx = \int (2e)^x\,dx = \dfrac{(2e)^x}{\ln(2e)} + C = \dfrac{2^x e^x}{1+\ln 2} + C.$

例 4.1.7 求 $\int \dfrac{1+x+x^2}{x(1+x^2)}\,dx$.

解 $\int \dfrac{1+x+x^2}{x(1+x^2)}\,dx = \int \dfrac{x+(1+x^2)}{x(1+x^2)}\,dx = \int \left(\dfrac{1}{1+x^2} + \dfrac{1}{x}\right)dx$

$\qquad = \int \dfrac{1}{1+x^2}\,dx + \int \dfrac{1}{x}\,dx = \arctan x + \ln|x| + C.$

例 4.1.8 求 $\int \dfrac{1}{x^6+x^4}\,dx$.

解 $\int \dfrac{1}{x^6+x^4}\,dx = \int \dfrac{1}{(x^2+1)x^4}\,dx = \int \dfrac{1+x^2-x^2}{(x^2+1)x^4}\,dx$

$\qquad = \int \left(\dfrac{1}{x^4} - \dfrac{1}{(x^2+1)x^2}\right)dx = \int \left(\dfrac{1}{x^4} - \dfrac{1+x^2-x^2}{(x^2+1)x^2}\right)dx$

$\qquad = \int \left(\dfrac{1}{x^4} - \dfrac{1}{x^2} + \dfrac{1}{1+x^2}\right)dx = -\dfrac{1}{3x^3} + \dfrac{1}{x} + \arctan x + C.$

例 4.1.9 求 $\int \tan^2 x\,dx$.

解 $\int \tan^2 x\,dx = \int (\sec^2 x - 1)\,dx = \tan x - x + C.$

例 4.1.10 求 $\int \cos^2 \dfrac{x}{2}\,dx$.

解 $\int \cos^2 \dfrac{x}{2}\,dx = \int \dfrac{1}{2}(1+\cos x)\,dx = \dfrac{1}{2}(x+\sin x) + C.$

习 题 4.1

1. 求下列不定积分：

(1) $\int x^2 \sqrt{x}\,dx$；

(2) $\int \frac{1}{x\sqrt[3]{x}}\,dx$；

(3) $\int (e^x - 3\cos x)\,dx$；

(4) $\int \frac{x^4}{1+x^2}\,dx$；

(5) $\int \frac{\sqrt{1+x^2}}{\sqrt{1-x^4}}\,dx$；

(6) $\int (2^x + x^2)\,dx$；

(7) $\int \frac{3x^4 + 3x^2 + 1}{x^2 + 1}\,dx$；

(8) $\int \sqrt{x\sqrt{x\sqrt{x}}}\,dx$；

(9) $\int e^x \left(1 - \frac{e^{-x}}{\sqrt{x}}\right)dx$；

(10) $\int \frac{1}{x^2(1+x^2)}\,dx$；

(11) $\int 3^x e^x\,dx$；

(12) $\int \frac{2\cdot 3^x - 5\cdot 2^x}{3^x}\,dx$；

(13) $\int \cot^2 x\,dx$；

(14) $\int \frac{1}{\sin^2 x \cos^2 x}\,dx$；

(15) $\int \sin^2 \frac{x}{2}\,dx$；

(16) $\int \frac{1}{1+\cos 2x}\,dx$；

(17) $\int \frac{\cos 2x}{\cos x - \sin x}\,dx$；

(18) $\int \sec x(\sec x - \tan x)\,dx$.

2. 设 $f(x)$ 的导数是 $\frac{1}{\sqrt{x}}$，求 $f(x)$.

3. 设 $\int x f(x)\,dx = \arctan x + C$，求 $f(x)$.

4. 设 $f'(x^2) = \frac{1}{\sqrt{x}}$，求 $f(x)$.

5. 一曲线通过点 $(e^2, 3)$，且在任一点处的切线斜率等于这点横坐标的倒数，求此曲线的方程.

6. 一物体由静止开始运动，经 $t\,s$ 后的速度是 $3t^2 (\text{m}\cdot\text{s}^{-1})$，问：

(1) 在 3s 后物体离开出发点的距离是多少？

(2) 物体走完 360m 需要多少时间？

7. 设某品种作物产量函数 $y(x)(\text{kg}\cdot\text{hm}^{-2})$ 的边际产量为 $f(x) = 15.92 - 0.88x$，其中 x 表示某种肥料施用量 $(\text{kg}\cdot\text{hm}^{-2})$，且 $y(0) = 3612$. 求：

(1) 产量函数 $y(x)$；

(2) 每公顷 (hm^2) 施肥量为多少千克 (kg) 时，产量最高，并求最高产量.

4.2 换元积分法

前面利用直接积分法只能计算一些较简单函数的不定积分，因此有必要进一

4.2 换元积分法

步研究不定积分的求法. 本节介绍两类不定积分**换元积分法**,简称**换元法**.

4.2.1 第一类换元法

如果不定积分 $\int f(x)\mathrm{d}x$ 具有以下特征：

$$\int f(x)\mathrm{d}x = \int g[\varphi(x)]\varphi'(x)\mathrm{d}x \quad (或 \int f(x)\mathrm{d}x = \int g[\varphi(x)]\mathrm{d}\varphi(x)),$$

可作变量代换 $u=\varphi(x), \varphi'(x)\mathrm{d}x=\mathrm{d}\varphi(x)$,则可将关于变量 x 的积分转化为关于变量 u 的积分,于是有

$$\int f(x)\mathrm{d}x = \int g[\varphi(x)]\varphi'(x)\mathrm{d}x = \int g(u)\mathrm{d}u.$$

而 $\int g(u)\mathrm{d}u$ 可利用基本积分公式容易求得,再将 $u=\varphi(x)$ 回代,这样不定积分 $\int f(x)\mathrm{d}x$ 的计算得到解决,这就是第一类换元法.

定理 4.2.1(第一类换元法) 设 $g(u)$ 的原函数为 $F(u), u=\varphi(x)$ 可导,则有换元法公式

$$\int f(x)\mathrm{d}x = \int g[\varphi(x)]\varphi'(x)\mathrm{d}x$$
$$= \int g(u)\mathrm{d}u = F(u)+C = F[\varphi(x)]+C. \quad (4.2.1)$$

证 利用复合函数求导法则,得

$$\frac{\mathrm{d}F[\varphi(x)]}{\mathrm{d}x} = F'[\varphi(x)]\varphi'(x) = g[\varphi(x)]\varphi'(x) = f(x),$$

所以 $F[\varphi(x)]$ 为 $f(x)$ 的原函数,故式(4.2.1)成立.

例 4.2.1 求 $\int \tan x\,\mathrm{d}x$.

解 因为 $\tan x = \dfrac{\sin x}{\cos x} = -\dfrac{1}{\cos x}\cdot(-\sin x) = -\dfrac{1}{\cos x}(\cos x)'$,所以,令 $u=\cos x$,则

$$\int \tan x\,\mathrm{d}x = -\int \frac{1}{\cos x}(\cos x)'\mathrm{d}x = -\int \frac{1}{\cos x}\mathrm{d}(\cos x) = -\int \frac{1}{u}\mathrm{d}u$$
$$= -\ln|u|+C = -\ln|\cos x|+C.$$

类似地,可得 $\int \cot x\,\mathrm{d}x = \ln|\sin x|+C$.

例 4.2.2 求 $\int 2\cos 2x\,\mathrm{d}x$.

解 因为 $2\cos 2x = \cos 2x \cdot 2 = \cos 2x \cdot (2x)'$,所以,令 $u=2x$,则

$$\int 2\cos 2x \mathrm{d}x = \int \cos 2x \cdot (2x)' \mathrm{d}x = \int \cos 2x \mathrm{d}(2x)$$
$$= \int \cos u \mathrm{d}u = \sin u + C = \sin 2x + C.$$

例 4.2.3 求 $\int (2x-3)^3 \mathrm{d}x$.

解 设 $u = 2x-3$, $\mathrm{d}u = 2\mathrm{d}x$, 所以有
$$\int (2x-3)^3 \mathrm{d}x = \frac{1}{2} \int (2x-3)^3 (2x-3)' \mathrm{d}x$$
$$= \frac{1}{2} \int u^3 \mathrm{d}u = \frac{1}{2} \cdot \frac{u^4}{4} + C = \frac{1}{8}(2x-3)^4 + C.$$

例 4.2.4 求 $\int x \mathrm{e}^{x^2} \mathrm{d}x$.

解 设 $u = x^2$, $\mathrm{d}u = 2x\mathrm{d}x$, 所以有
$$\int x \mathrm{e}^{x^2} \mathrm{d}x = \frac{1}{2} \int \mathrm{e}^{x^2} (x^2)' \mathrm{d}x = \frac{1}{2} \int \mathrm{e}^u \mathrm{d}u = \frac{1}{2} \mathrm{e}^u + C = \frac{1}{2} \mathrm{e}^{x^2} + C.$$

例 4.2.5 求 $\int x\sqrt{1-x^2} \mathrm{d}x$.

解 设 $u = 1-x^2$, $\mathrm{d}u = -2x\mathrm{d}x$, 所以有
$$\int x\sqrt{1-x^2} \mathrm{d}x = -\frac{1}{2} \int \sqrt{1-x^2} (1-x^2)' \mathrm{d}x = -\frac{1}{2} \int \sqrt{1-x^2} \mathrm{d}(1-x^2)$$
$$= -\frac{1}{2} \int u^{\frac{1}{2}} \mathrm{d}u = -\frac{1}{2} \cdot \frac{2}{3} u^{\frac{3}{2}} + C = -\frac{1}{3}(1-x^2)^{\frac{3}{2}} + C.$$

第一类换元法又称**凑微分法**, 在对变量代换比较熟练以后, 就不一定写出中间变量的换元和回代过程.

例 4.2.6 求 $\int \frac{1}{a^2+x^2} \mathrm{d}x$ (常数 $a > 0$).

解 $\int \frac{1}{a^2+x^2} \mathrm{d}x = \int \frac{1}{a^2 \left[1+\left(\frac{x}{a}\right)^2\right]} \mathrm{d}x = \frac{1}{a} \int \frac{1}{1+\left(\frac{x}{a}\right)^2} \mathrm{d}\left(\frac{x}{a}\right)$
$$= \frac{1}{a} \arctan \frac{x}{a} + C.$$

例 4.2.7 求 $\int \frac{1}{\sqrt{a^2-x^2}} \mathrm{d}x$ (常数 $a > 0$).

解 $\int \frac{1}{\sqrt{a^2-x^2}} \mathrm{d}x = \int \frac{1}{a\sqrt{1-\left(\frac{x}{a}\right)^2}} \mathrm{d}x = \int \frac{1}{\sqrt{1-\left(\frac{x}{a}\right)^2}} \mathrm{d}\left(\frac{x}{a}\right)$
$$= \arcsin \frac{x}{a} + C.$$

例 4.2.8 求 $\int \dfrac{1}{x^2-a^2}\mathrm{d}x$(常数 $a>0$).

解 $\int \dfrac{1}{x^2-a^2}\mathrm{d}x = \int \dfrac{1}{(x+a)(x-a)}\mathrm{d}x = \dfrac{1}{2a}\int\left(\dfrac{1}{x-a}-\dfrac{1}{x+a}\right)\mathrm{d}x$

$\qquad = \dfrac{1}{2a}\left(\int\dfrac{1}{x-a}\mathrm{d}x - \int\dfrac{1}{x+a}\mathrm{d}x\right)$

$\qquad = \dfrac{1}{2a}\left[\int\dfrac{1}{x-a}\mathrm{d}(x-a) - \int\dfrac{1}{x+a}\mathrm{d}(x+a)\right]$

$\qquad = \dfrac{1}{2a}(\ln|x-a|-\ln|x+a|)+C = \dfrac{1}{2a}\ln\left|\dfrac{x-a}{x+a}\right|+C.$

例 4.2.9 求 $\int\dfrac{1}{x^2+4x+29}\mathrm{d}x$.

解 $\int\dfrac{1}{x^2+4x+29}\mathrm{d}x = \int\dfrac{1}{(x+2)^2+5^2}\mathrm{d}x = \int\dfrac{1}{(x+2)^2+5^2}\mathrm{d}(x+2)$

$\qquad = \dfrac{1}{5}\arctan\dfrac{x+2}{5}+C.$

例 4.2.10 求 $\int\dfrac{1}{\sqrt{5-4x-x^2}}\mathrm{d}x$.

解 $\int\dfrac{1}{\sqrt{5-4x-x^2}}\mathrm{d}x = \int\dfrac{1}{\sqrt{3^2-(2+x)^2}}\mathrm{d}x = \int\dfrac{1}{\sqrt{3^2-(2+x)^2}}\mathrm{d}(2+x)$

$\qquad = \arcsin\dfrac{2+x}{3}+C.$

例 4.2.11 求 $\int\dfrac{1}{x^2}\cos\dfrac{1}{x}\mathrm{d}x$.

解 $\int\dfrac{1}{x^2}\cos\dfrac{1}{x}\mathrm{d}x = -\int\cos\dfrac{1}{x}\left(-\dfrac{1}{x^2}\right)\mathrm{d}x = -\int\cos\dfrac{1}{x}\mathrm{d}\left(\dfrac{1}{x}\right)$

$\qquad = -\sin\dfrac{1}{x}+C.$

例 4.2.12 求 $\int\dfrac{\sqrt{1+2\arctan x}}{1+x^2}\mathrm{d}x$.

解 $\int\dfrac{\sqrt{1+2\arctan x}}{1+x^2}\mathrm{d}x = \int\sqrt{1+2\arctan x}\cdot\dfrac{1}{1+x^2}\mathrm{d}x$

$\qquad = \int\sqrt{1+2\arctan x}\,\mathrm{d}(\arctan x)$

$\qquad = \dfrac{1}{2}\int(1+2\arctan x)^{\frac{1}{2}}\mathrm{d}(1+2\arctan x)$

$\qquad = \dfrac{1}{3}(1+2\arctan x)^{\frac{3}{2}}+C.$

例 4.2.13 求 $\int \dfrac{1}{x(1+2\ln x)}dx$.

解 $\int \dfrac{1}{x(1+2\ln x)}dx = \int \dfrac{1}{1+2\ln x} \cdot \dfrac{1}{x}dx = \int \dfrac{1}{1+2\ln x}d(\ln x)$

$= \dfrac{1}{2}\int \dfrac{1}{1+2\ln x}d(1+2\ln x) = \dfrac{1}{2}\ln|1+2\ln x|+C.$

例 4.2.14 求 $\int \dfrac{1}{1+e^x}dx$.

解 $\int \dfrac{1}{1+e^x}dx = \int \dfrac{1+e^x-e^x}{1+e^x}dx = \int \left(1-\dfrac{e^x}{1+e^x}\right)dx$

$= \int dx - \int \dfrac{e^x}{1+e^x}dx = \int dx - \int \dfrac{1}{1+e^x}d(1+e^x)$

$= x - \ln(1+e^x) + C.$

例 4.2.15 求 $\int \csc x\, dx$.

解 $\int \csc x\, dx = \int \dfrac{dx}{\sin x} = \int \dfrac{dx}{2\sin\dfrac{x}{2}\cos\dfrac{x}{2}} = \int \dfrac{1}{\tan\dfrac{x}{2}\cos^2\dfrac{x}{2}}d\left(\dfrac{x}{2}\right)$

$= \int \dfrac{1}{\tan\dfrac{x}{2}}d\left(\tan\dfrac{x}{2}\right) = \ln\left|\tan\dfrac{x}{2}\right| + C.$

因为 $\tan\dfrac{x}{2} = \dfrac{1-\cos x}{\sin x} = \csc x - \cot x$. 所以上述不定积分又可写为

$$\int \csc x\, dx = \ln|\csc x - \cot x| + C.$$

例 4.2.16 求 $\int \sec x\, dx$.

解 $\int \sec x\, dx = \int \dfrac{1}{\cos x}dx = \int \dfrac{1}{\sin\left(x+\dfrac{\pi}{2}\right)}d\left(x+\dfrac{\pi}{2}\right)$

$= \ln\left|\csc\left(x+\dfrac{\pi}{2}\right) - \cot\left(x+\dfrac{\pi}{2}\right)\right| + C$

$= \ln|\sec x + \tan x| + C.$

例 4.2.17 求 $\int \sin^4 x\cos x\, dx$.

解 $\int \sin^4 x\cos x\, dx = \int \sin^4 x\, d\sin x = \dfrac{1}{5}\sin^5 x + C.$

例 4.2.18 求 $\int \cos^2 x\, dx$.

解 $\int \cos^2 x\, dx = \int \dfrac{1+\cos 2x}{2}dx = \dfrac{1}{2}\left(\int dx + \int \cos 2x\, dx\right)$

$$= \frac{1}{2}\int dx + \frac{1}{4}\int \cos 2x d(2x) = \frac{x}{2} + \frac{\sin 2x}{4} + C.$$

一般地,求形如 $\int \sin^n x \cos^m x dx$ 的积分时,当 m,n 为一奇一偶时拆奇次项去凑微分;当 m,n 均为偶数时,常用半角公式通过降低幂次的方法如例 4.2.18 来计算.

例 4.2.19 求 $\int \cos 2x \cos 4x dx$.

解
$$\int \cos 2x \cos 4x dx = \frac{1}{2}\int (\cos 2x + \cos 6x) dx$$
$$= \frac{1}{2}\left[\frac{1}{2}\int \cos 2x d(2x) + \frac{1}{6}\int \cos 6x d(6x)\right]$$
$$= \frac{1}{4}\sin 2x + \frac{1}{12}\sin 6x + C.$$

一般地,求形如 $\int \cos ax \cos bx dx$、$\int \sin ax \cos bx dx$、$\int \sin ax \sin bx dx$ 的积分时,常常利用三角公式中的积化和差公式.

例 4.2.20 求 $\int \dfrac{x}{x-\sqrt{x^2-1}} dx$.

解
$$\int \frac{x}{x-\sqrt{x^2-1}} dx = \int \frac{x(x+\sqrt{x^2-1})}{x^2-(\sqrt{x^2-1})^2} dx = \int x^2 dx + \int x\sqrt{x^2-1} dx$$
$$= \frac{x^3}{3} + \frac{1}{2}\int \sqrt{x^2-1} d(x^2-1)$$
$$= \frac{x^3}{3} + \frac{1}{3}(x^2-1)^{\frac{3}{2}} + C.$$

上述各例求不定积分用的都是第一类换元法,由此可见式(4.2.1)在求不定积分中所起的作用,像复合函数求导法则在微分学中一样,式(4.2.1)在积分学中也经常使用. 但利用式(4.2.1)求不定积分,一般却比求导要来得困难,因为其中需要一定的技巧,无一般规律可循. 因此要掌握第一类换元法,除了熟悉一些典型的例子外,还要做较多的练习才能运用灵活. 下面给出几种常见的凑微分形式:

(1) $\int f(ax+b) dx = \dfrac{1}{a}\int f(ax+b) d(ax+b) (a\neq 0)$,令 $u=ax+b$;

(2) $\int f(x^\mu) x^{\mu-1} dx = \dfrac{1}{\mu}\int f(x^\mu) d(x^\mu) (\mu\neq 0)$,令 $u=x^\mu$;

(3) $\int f(\ln x) \cdot \dfrac{1}{x} dx = \int f(\ln x) d(\ln x)$,令 $u=\ln x$;

(4) $\int f(e^x) \cdot e^x dx = \int f(e^x) d(e^x)$,令 $u=e^x$;

(5) $\int f(a^x) \cdot a^x \mathrm{d}x = \dfrac{1}{\ln a} \int f(a^x) \mathrm{d}(a^x)$,令 $u = a^x$;

(6) $\int f(\sin x) \cdot \cos x \mathrm{d}x = \int f(\sin x) \mathrm{d}(\sin x)$,令 $u = \sin x$;

(7) $\int f(\cos x) \cdot \sin x \mathrm{d}x = -\int f(\cos x) \mathrm{d}(\cos x)$,令 $u = \cos x$;

(8) $\int f(\tan x) \cdot \sec^2 x \mathrm{d}x = \int f(\tan x) \mathrm{d}(\tan x)$,令 $u = \tan x$;

(9) $\int f(\cot x) \cdot \csc^2 x \mathrm{d}x = -\int f(\cot x) \mathrm{d}(\cot x)$,令 $u = \cot x$;

(10) $\int f(\arcsin x) \cdot \dfrac{1}{\sqrt{1-x^2}} \mathrm{d}x = \int f(\arcsin x) \mathrm{d}(\arcsin x)$,令 $u = \arcsin x$;

(11) $\int f(\arctan x) \cdot \dfrac{1}{1+x^2} \mathrm{d}x = \int f(\arctan x) \mathrm{d} \arctan x$,令 $u = \arctan x$.

4.2.2 第二类换元法

下面介绍另一种换元法,它是通过引入新积分变量 t,将 x 表示为 t 的连续函数 $x = \varphi(t)$,从而把积分化成下面的形式:

$$\int f(x) \mathrm{d}x = \int f[\varphi(t)] \varphi'(t) \mathrm{d}t.$$

求出上式右端的积分后,再用 $x = \varphi(t)$ 的反函数 $t = \psi(x)$ 代回到原来的积分变量 x,这就是**第二类换元法**.

定理 4.2.2 设 $x = \varphi(t)$ 是单调可导函数,且 $\varphi'(t) \neq 0$,如果 $f[\varphi(t)] \varphi'(t)$ 有原函数 $\Phi(t)$,即 $\int f[\varphi(t)] \varphi'(t) \mathrm{d}t = \Phi(t) + C$,则

$$\int f(x) \mathrm{d}x = \int f[\varphi(t)] \varphi'(t) \mathrm{d}t = \Phi(t) + C = \Phi[\psi(x)] + C, \quad (4.2.2)$$

其中,$t = \psi(x)$ 是 $x = \varphi(t)$ 的反函数.

证 因为 $\Phi(t)$ 是 $f[\varphi(t)] \varphi'(t)$ 的原函数,则有

$$\dfrac{\mathrm{d}\Phi(t)}{\mathrm{d}t} = f[\varphi(t)] \varphi'(t).$$

由于 $t = \psi(x)$ 是 $x = \varphi(t)$ 的反函数,根据复合函数与反函数求导法则,可得

$$\dfrac{\mathrm{d}\Phi[\psi(x)]}{\mathrm{d}x} = \dfrac{\mathrm{d}\Phi}{\mathrm{d}t} \dfrac{\mathrm{d}t}{\mathrm{d}x} = f[\varphi(t)] \varphi'(t) \dfrac{1}{\varphi'(t)} = f[\varphi(t)] = f(x),$$

所以 $\Phi[\psi(x)]$ 是 $f(x)$ 的原函数,则式(4.2.2)成立.

例 4.2.21 求 $\int \sqrt{a^2 - x^2} \mathrm{d}x (a > 0)$.

解 令 $x=a\sin t, t\in\left(-\dfrac{\pi}{2}, \dfrac{\pi}{2}\right)$，则 $\mathrm{d}x=a\cos t\mathrm{d}t$，于是，

$$\int\sqrt{a^2-x^2}\,\mathrm{d}x=\int a\cos t\cdot a\cos t\mathrm{d}t=a^2\int\cos^2 t\mathrm{d}t=a^2\int\dfrac{1+\cos 2t}{2}\mathrm{d}t$$

$$=\dfrac{a^2}{2}\left(t+\dfrac{\sin 2x}{2}\right)+C=\dfrac{a^2}{2}(t+\sin t\cos t)+C.$$

由于 $x=a\sin t, t\in\left(-\dfrac{\pi}{2}, \dfrac{\pi}{2}\right)$，所以，

$$t=\arcsin\dfrac{x}{a},\quad \cos t=\sqrt{1-\sin^2 t}=\sqrt{1-\left(\dfrac{x}{a}\right)^2}=\dfrac{\sqrt{a^2-x^2}}{a}.$$

于是 $\displaystyle\int\sqrt{a^2-x^2}\,\mathrm{d}x=\dfrac{a^2}{2}\arcsin\dfrac{x}{a}+\dfrac{1}{2}x\sqrt{a^2-x^2}+C.$

例 4.2.22 求 $\displaystyle\int\dfrac{1}{\sqrt{x^2+a^2}}\mathrm{d}x(a>0).$

解 令 $x=a\tan t, t\in\left(-\dfrac{\pi}{2}, \dfrac{\pi}{2}\right)$，则 $\mathrm{d}x=a\sec^2 t\mathrm{d}t$，于是，

$$\int\dfrac{1}{\sqrt{x^2+a^2}}\mathrm{d}x=\int\dfrac{1}{a\sec t}\cdot a\sec^2 t\mathrm{d}t=\int\sec t\mathrm{d}t$$

$$=\ln|\sec t+\tan t|+C_1.$$

为了把 $\sec t$ 及 $\tan t$ 换成 x 的函数，也可以根据 $\tan t=\dfrac{x}{a}$ 作辅助直角三角形（图 4.2.1），便有

$$\sec t=\dfrac{\sqrt{x^2+a^2}}{a},\quad \sec t+\tan t>0.$$

因此 $\displaystyle\int\dfrac{1}{\sqrt{x^2+a^2}}\mathrm{d}x=\ln\left(\dfrac{x}{a}+\dfrac{\sqrt{x^2+a^2}}{a}\right)+C_1$

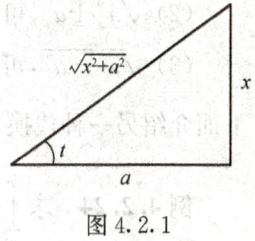

图 4.2.1

$$=\ln(x+\sqrt{x^2+a^2})+C,\quad C=C_1-\ln a.$$

例 4.2.23 求 $\displaystyle\int\dfrac{1}{\sqrt{x^2-a^2}}\mathrm{d}x(a>0).$

解 当 $x>a$ 时，令 $x=a\sec t, t\in\left(0, \dfrac{\pi}{2}\right)$，则 $\mathrm{d}x=a\sec t\tan t\mathrm{d}t$，于是，

$$\int\dfrac{1}{\sqrt{x^2-a^2}}\mathrm{d}x=\int\dfrac{1}{a\tan t}\cdot a\sec t\tan t\mathrm{d}t$$

$$=\int\sec t\mathrm{d}t=\ln(\sec t+\tan t)+C_1.$$

为了把 $\sec t$ 及 $\tan t$ 换成 x 的函数，可根据 $\sec t=\dfrac{x}{a}$ 作辅助直角三角形（图 4.2.2），便有 $\tan t=$

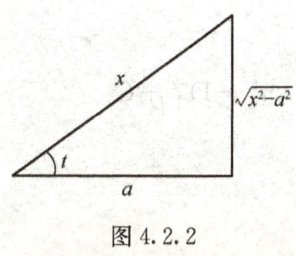

图 4.2.2

$\frac{\sqrt{x^2-a^2}}{a}$,因此,

$$\int \frac{1}{\sqrt{x^2-a^2}} dx = \ln\left(\frac{x}{a} + \frac{\sqrt{x^2-a^2}}{a}\right) + C_1$$
$$= \ln(x + \sqrt{x^2-a^2}) + C, \quad C = C_1 - \ln a.$$

当 $x<-a$ 时,令 $x=-u$,那么 $u>a$,利用前半部分的结果,得

$$\int \frac{1}{\sqrt{x^2-a^2}} dx = -\int \frac{1}{\sqrt{u^2-a^2}} du = -\ln(u + \sqrt{u^2-a^2}) + C_1$$
$$= -\ln(-x + \sqrt{x^2-a^2}) + C_1 = \ln\left(\frac{-x - \sqrt{x^2-a^2}}{a^2}\right) + C_1$$
$$= \ln(-x - \sqrt{x^2-a^2}) + C, \quad C = C_1 - 2\ln a.$$

综合 $x>a$ 及 $x<-a$,可得

$$\int \frac{1}{\sqrt{x^2-a^2}} dx = \ln|x + \sqrt{x^2-a^2}| + C.$$

上面的三个例题均采用了**三角代换**,三角代换的目的是化掉根式,其一般规律如下:如果被积函数中含有

(1) $\sqrt{a^2-x^2}$,可令 $x=a\sin t$ 或 $x=a\cos t$;

(2) $\sqrt{x^2+a^2}$,可令 $x=a\tan t$;

(3) $\sqrt{x^2-a^2}$,可令 $x=a\sec t$ 或 $x=a\csc t$.

下面介绍另一种代换,称为**倒代换**,即令 $x=\frac{1}{t}$.

例 4.2.24 求 $\int \frac{\sqrt{a^2-x^2}}{x^4} dx$.

解 令 $x=\frac{1}{t}$,则 $dx=-\frac{1}{t^2} dt$. 于是,

$$\int \frac{\sqrt{a^2-x^2}}{x^4} dx = \int \frac{\sqrt{a^2-\frac{1}{t^2}}}{\frac{1}{t^4}}\left(-\frac{1}{t^2}\right) dt = -\int |t| \sqrt{a^2 t^2 - 1} dt.$$

当 $x>0$ 时,$t>0$,有

$$\int \frac{\sqrt{a^2-x^2}}{x^4} dx = -\int t\sqrt{a^2 t^2 - 1} dt = -\frac{1}{3a^2}(a^2 t^2 - 1)^{\frac{3}{2}} + C$$
$$= -\frac{(a^2-x^2)^{\frac{3}{2}}}{3a^2 x^3} + C.$$

当 $x<0$ 时,$t<0$,有相同的结果.

4.2 换元积分法

注意 如果被积函数的分子与分母关于积分变量 x 的最高次幂分别为 m 和 n,当 $n-m>1$ 时,用倒代换常可以消去被积函数的分母的变量因子 x.

本节的例题中,有几个积分以后会经常遇到,它们通常被当作公式使用,因此除了基本积分公式外,再补充几个常用的积分公式(其中常数 $a>0$).

(1) $\int \tan x \, \mathrm{d}x = -\ln|\cos x| + C$;

(2) $\int \cot x \, \mathrm{d}x = \ln|\sin x| + C$;

(3) $\int \sec x \, \mathrm{d}x = \ln|\sec x + \tan x| + C$;

(4) $\int \csc x \, \mathrm{d}x = \ln|\csc x - \cot x| + C$;

(5) $\int \dfrac{1}{a^2 + x^2} \mathrm{d}x = \dfrac{1}{a} \arctan \dfrac{x}{a} + C$;

(6) $\int \dfrac{1}{x^2 - a^2} \mathrm{d}x = \dfrac{1}{2a} \ln\left|\dfrac{x-a}{x+a}\right| + C$;

(7) $\int \dfrac{1}{\sqrt{a^2 - x^2}} \mathrm{d}x = \arcsin \dfrac{x}{a} + C$;

(8) $\int \sqrt{a^2 - x^2} \, \mathrm{d}x = \dfrac{a^2}{2} \arcsin \dfrac{x}{a} + \dfrac{1}{2} x \sqrt{a^2 - x^2} + C$;

(9) $\int \dfrac{1}{\sqrt{x^2 + a^2}} \mathrm{d}x = \ln(x + \sqrt{x^2 + a^2}) + C$;

(10) $\int \dfrac{1}{\sqrt{x^2 - a^2}} \mathrm{d}x = \ln|x + \sqrt{x^2 - a^2}| + C$.

例 4.2.25 求 $\int \dfrac{1}{\sqrt{4x^2 + 4x + 5}} \mathrm{d}x$.

解 $\int \dfrac{1}{\sqrt{4x^2 + 4x + 5}} \mathrm{d}x = \dfrac{1}{2} \int \dfrac{1}{\sqrt{(2x+1)^2 + 4}} \mathrm{d}(2x+1)$,

利用公式(9)得

$$\int \dfrac{1}{\sqrt{4x^2 + 4x + 5}} \mathrm{d}x = \dfrac{1}{2} \ln[2x + 1 + \sqrt{(2x+1)^2 + 4}] + C$$
$$= \dfrac{1}{2} \ln(2x + 1 + \sqrt{4x^2 + 4x + 5}) + C.$$

习 题 4.2

1. 填空使下列等式成立:

(1) $x \mathrm{d}x = \underline{\qquad} \mathrm{d}(x^2)$;

(2) $\mathrm{d}x = \underline{\qquad} \mathrm{d}(3x-2)$;

(3) $x\mathrm{d}x=$ _____ $\mathrm{d}(1-x^2)$;   (4) $x^3\mathrm{d}x=$ _____ $\mathrm{d}(3x^4+2)$;

(5) $x\mathrm{d}x=$ _____ $\mathrm{d}(5x^2)$;   (6) $\mathrm{e}^{\lambda x}\mathrm{d}x=$ _____ $\mathrm{d}(\mathrm{e}^{\lambda x})$;

(7) $\sin\dfrac{3x}{2}\mathrm{d}x=$ _____ $\mathrm{d}\left(\cos\dfrac{3x}{2}\right)$;   (8) $\dfrac{1}{1+4x^2}\mathrm{d}x=$ _____ $\mathrm{d}(\arctan 2x)$;

(9) $\dfrac{x}{\sqrt{x^2+a^2}}\mathrm{d}x=$ _____ $\mathrm{d}(\sqrt{x^2+a^2})$;   (10) $\dfrac{1}{x}\mathrm{d}x=$ _____ $\mathrm{d}(5\ln|x|)$;

(11) $\dfrac{1}{\sqrt{x}}\mathrm{d}x=$ _____ $\mathrm{d}(\sqrt{x})$;   (12) $\dfrac{1}{\cos^2 2x}\mathrm{d}x=$ _____ $\mathrm{d}(\tan 2x)$.

2. 求下列不定积分：

(1) $\displaystyle\int(1-x)^5\mathrm{d}x$;   (2) $\displaystyle\int\sqrt{2+3x}\,\mathrm{d}x$;

(3) $\displaystyle\int\dfrac{1}{ax+b}\mathrm{d}x\ (a\neq 0)$;   (4) $\displaystyle\int\dfrac{\sin\sqrt{x}}{\sqrt{x}}\mathrm{d}x$;

(5) $\displaystyle\int\tan^{10}x\cdot\sec^2 x\mathrm{d}x$;   (6) $\displaystyle\int\dfrac{1}{x\ln x\ln\ln x}\mathrm{d}x$;

(7) $\displaystyle\int\dfrac{1}{\mathrm{e}^x+\mathrm{e}^{-x}}\mathrm{d}x$;   (8) $\displaystyle\int\dfrac{x^3}{9+x^2}\mathrm{d}x$;

(9) $\displaystyle\int\dfrac{1}{(x+1)(x-2)}\mathrm{d}x$;   (10) $\displaystyle\int\dfrac{1}{4x^2+4x+5}\mathrm{d}x$;

(11) $\displaystyle\int\dfrac{x}{\sqrt{2-3x^2}}\mathrm{d}x$;   (12) $\displaystyle\int\dfrac{\sin x+\cos x}{(\sin x-\cos x)^3}\mathrm{d}x$;

(13) $\displaystyle\int\cos^2(\omega t)\sin(\omega t)\mathrm{d}t$;   (14) $\displaystyle\int\cos^3 x\mathrm{d}x$;

(15) $\displaystyle\int\mathrm{e}^{\sin x}\cos x\mathrm{d}x$;   (16) $\displaystyle\int\sin 2x\cos 3x\mathrm{d}x$;

(17) $\displaystyle\int\dfrac{\mathrm{d}x}{\sin x\cos x}$;   (18) $\displaystyle\int\dfrac{10^{\arcsin x}}{\sqrt{1-x^2}}\mathrm{d}x$;

(19) $\displaystyle\int\tan\sqrt{1+x^2}\cdot\dfrac{x\mathrm{d}x}{\sqrt{1+x^2}}$;   (20) $\displaystyle\int\dfrac{\arctan\sqrt{x}}{\sqrt{x}(1+x)}\mathrm{d}x$;

(21) $\displaystyle\int\dfrac{\ln(x+\sqrt{1+x^2})}{\sqrt{x^2+1}}\mathrm{d}x$;   (22) $\displaystyle\int(x\ln x)^p(\ln x+1)\mathrm{d}x$;

(23) $\displaystyle\int\dfrac{1}{x(x^4+2)}\mathrm{d}x$;   (24) $\displaystyle\int\dfrac{1-x}{\sqrt{9-4x^2}}\mathrm{d}x$;

(25) $\displaystyle\int\dfrac{\sqrt{x^2-9}}{x}\mathrm{d}x$;   (26) $\displaystyle\int\dfrac{x^2}{\sqrt{a^2-x^2}}\mathrm{d}x\ (a>0)$;

(27) $\displaystyle\int\dfrac{1}{1+\sqrt{2x}}\mathrm{d}x$;   (28) $\displaystyle\int\dfrac{x^2}{(1+x^2)^2}\mathrm{d}x$;

(29) $\displaystyle\int\dfrac{1}{x\sqrt{4-x^2}}\mathrm{d}x$;   (30) $\displaystyle\int\dfrac{1}{x\sqrt{x^2-1}}\mathrm{d}x$;

(31) $\displaystyle\int\dfrac{1}{(1+x^2)\sqrt{1-x^2}}\mathrm{d}x$;   (32) $\displaystyle\int\dfrac{\ln\tan x}{\cos x\sin x}\mathrm{d}x$;

(33) $\int \tan^3 x \sec x \, dx$;　　　　(34) $\int \dfrac{1}{x+\sqrt{1-x^2}} dx$;

(35) $\int \dfrac{1}{x^2 \sqrt{a^2+x^2}} dx (a>0)$;　　(36) $\int \dfrac{1}{\sqrt{1+e^x}} dx$;

(37) $\int \dfrac{1}{\sqrt{9x^2-4}} dx$;　　　　(38) $\int \sqrt{1-4x-x^2} \, dx$.

3. 已知函数 $f(x)$ 满足 $f'(x) = \dfrac{1}{\sqrt{1+x}}$，且 $f(0)=1$，求函数 $f(x)$.

4. 设 $\int f(x) dx = x^2 + C$，求 $\int x f(1-x^2) dx$.

4.3 分部积分法

前面已经利用复合函数求导法则推导出两类换元积分法，现在利用两个函数乘积求导法则来推导另一种基本积分法——**分部积分法**.

定理 4.3.1　设函数 $u=u(x)$ 和 $v=v(x)$ 具有连续导数，则

$$\int u(x) v'(x) dx = u(x) v(x) - \int v(x) u'(x) dx. \qquad (4.3.1)$$

证　由函数乘积求导法则，得

$$(u(x) v(x))' = v(x) u'(x) + u(x) v'(x),$$

或

$$u(x) v'(x) = (u(x) v(x))' - v(x) u'(x).$$

两边积分得

$$\int u(x) v'(x) dx = u(x) v(x) - \int v(x) u'(x) dx.$$

式(4.3.1)称为**分部积分公式**，常简写为

$$\int u v' dx = uv - \int v u' dx \quad (\text{或} \int u \, dv = uv - \int v \, du). \qquad (4.3.2)$$

例 4.3.1　求 $\int x e^x dx$.

解　设 $u=x, dv=e^x dx = de^x$，则 $du=dx, v=e^x$. 由式(4.3.2)得

$$\int x e^x dx = x e^x - \int e^x dx = x e^x - e^x + C = e^x (x-1) + C.$$

求这个积分时，如果设 $u=e^x, dv=x dx$，则 $du=e^x dx, v=\dfrac{1}{2} x^2$. 则

$$\int x e^x dx = \dfrac{1}{2} x^2 e^x - \dfrac{1}{2} \int x^2 e^x dx.$$

上式右端积分比原来的积分更不易求.

由此可见，利用分部积分法求不定积分，恰当地选择 u 和 dv 是关键，选择 u 和

dv 时一般要考虑两点：① v 要容易求出；② $\int v du$ 要比 $\int u dv$ 容易积出，这样分部积分式(4.3.2)就起到了化难为易的作用.

例 4.3.2 求 $\int x\cos x dx$.

解 设 $u=x, dv=\cos x dx=d\sin x$，则 $du=dx, v=\sin x$. 由式(4.3.2)得

$$\int x\cos x dx = x\sin x - \int \sin x dx = x\sin x + \cos x + C.$$

在分部积分法运用比较熟悉后，就可以不写出哪一部分是 u，哪一部分是 dv，只要把被积表达式凑成 $u(x)dv(x)$ 的形式，直接使用分部积分公式即可.

例 4.3.3 求 $\int x^2 \cos x dx$.

解
$$\int x^2 \cos x dx = \int x^2 d\sin x = x^2 \sin x - \int \sin x dx^2$$
$$= x^2 \sin x - 2\int x\sin x dx.$$

对 $\int x\sin x dx$ 再次使用分部积分公式，得

$$\int x^2 \cos x dx = x^2 \sin x + 2\int x d\cos x$$
$$= x^2 \sin x + 2\left(x\cos x - \int \cos x dx\right)$$
$$= x^2 \sin x + 2(x\cos x - \sin x) + C$$
$$= x^2 \sin x + 2x\cos x - 2\sin x + C.$$

注意 如果被积函数是幂函数和正(余)弦函数或幂函数和指数函数的乘积，可考虑用分部积分法，并设幂函数为 u. 而将其余部分凑微分进入微分号，这样用一次分部积分法就可以使幂函数的幂次降低一次. 这里假设幂函数的指数为正整数.

例 4.3.4 求 $\int x^2 \ln x dx$.

解
$$\int x^2 \ln x dx = \frac{1}{3}\int \ln x dx^3 = \frac{1}{3}x^3 \ln x - \frac{1}{3}\int x^3 \cdot \frac{1}{x}dx$$
$$= \frac{1}{3}x^3 \ln x - \frac{1}{9}x^3 + C.$$

例 4.3.5 求 $\int x\arctan x dx$.

解
$$\int x\arctan x dx = \int \arctan x d\frac{x^2}{2} = \frac{x^2}{2}\arctan x - \int \frac{x^2}{2}d(\arctan x)$$
$$= \frac{x^2}{2}\arctan x - \int \frac{x^2}{2}\cdot\frac{1}{1+x^2}dx$$

4.3 分部积分法

$$= \frac{x^2}{2}\arctan x - \frac{1}{2}\int\left(1 - \frac{1}{1+x^2}\right)\mathrm{d}x$$

$$= \frac{x^2}{2}\arctan x - \frac{1}{2}(x - \arctan x) + C.$$

例 4.3.6 求 $\int \arccos x \mathrm{d}x$.

解
$$\int \arccos x \mathrm{d}x = x\arccos x - \int x\mathrm{d}(\arccos x)$$

$$= x\arccos x + \int \frac{x}{\sqrt{1-x^2}}\mathrm{d}x$$

$$= x\arccos x - \sqrt{1-x^2} + C.$$

注意 如果被积函数是幂函数和对数函数或反三角函数的乘积,可考虑用分部积分法,并设对数函数或反三角函数为 u. 而将幂函数凑微分进入微分号,这样使用分部积分法,可使对数函数或反三角函数消失.

下面两个例子所用方法比较典型.

例 4.3.7 求 $\int \mathrm{e}^x \cos x \mathrm{d}x$.

解
$$\int \mathrm{e}^x \cos x \mathrm{d}x = \int \cos x \mathrm{d}\mathrm{e}^x = \mathrm{e}^x \cos x + \int \mathrm{e}^x \sin x \mathrm{d}x.$$

等式右端的积分与等式左端的积分是同一类型的,对等式右端的积分再使用一次分部积分法,得

$$\int \mathrm{e}^x \cos x \mathrm{d}x = \mathrm{e}^x \cos x + \int \sin x \mathrm{d}\mathrm{e}^x$$

$$= \mathrm{e}^x \cos x + \mathrm{e}^x \sin x - \int \mathrm{e}^x \cos x \mathrm{d}x.$$

移项,再两端除以 2,得

$$\int \mathrm{e}^x \cos x \mathrm{d}x = \frac{1}{2}\mathrm{e}^x (\cos x + \sin x) + C.$$

例 4.3.8 求 $\int \sec^3 x \mathrm{d}x$.

解
$$\int \sec^3 x \mathrm{d}x = \int \sec x \cdot \sec^2 x \mathrm{d}x = \int \sec x \mathrm{d}\tan x$$

$$= \sec x \tan x - \int \sec x \tan^2 x \mathrm{d}x$$

$$= \sec x \tan x - \int \sec x (\sec^2 x - 1) \mathrm{d}x$$

$$= \sec x \tan x - \int \sec^3 x \mathrm{d}x + \int \sec x \mathrm{d}x$$

$$= \sec x \tan x + \ln|\sec x + \tan x| - \int \sec^3 x \mathrm{d}x.$$

移项,再两端除以 2,得
$$\int \sec^3 x \mathrm{d}x = \frac{1}{2}(\sec x \tan x + \ln|\sec x + \tan x|) + C.$$

例 4.3.9 求 $I_n = \int \dfrac{\mathrm{d}x}{(x^2+a^2)^n}$,其中 n 为正整数.

解 当 $n=1$ 时,有
$$I_1 = \int \frac{\mathrm{d}x}{x^2+a^2} = \frac{1}{a}\arctan\frac{x}{a} + C.$$

当 $n>1$ 时,利用分部积分法,得
$$\int \frac{\mathrm{d}x}{(x^2+a^2)^{n-1}} = \frac{x}{(x^2+a^2)^{n-1}} + 2(n-1)\int \frac{x^2}{(x^2+a^2)^n}\mathrm{d}x$$
$$= \frac{x}{(x^2+a^2)^{n-1}} + 2(n-1)\int\left[\frac{1}{(x^2+a^2)^{n-1}} - \frac{a^2}{(x^2+a^2)^n}\right]\mathrm{d}x,$$

即
$$I_{n-1} = \frac{x}{(x^2+a^2)^{n-1}} + 2(n-1)(I_{n-1}-a^2 I_n).$$

于是
$$I_n = \frac{1}{2a^2(n-1)}\left[\frac{x}{(x^2+a^2)^{n-1}} + (2n-3)I_{n-1}\right].$$

并以此作递推公式,由 $I_1 = \int \dfrac{\mathrm{d}x}{x^2+a^2} = \dfrac{1}{a}\arctan\dfrac{x}{a} + C$,便可得 I_n.

在积分过程中有时要将换元法与分部积分法结合使用.

例 4.3.10 求 $\int e^{-\sqrt{x}}\mathrm{d}x$.

解 设 $\sqrt{x}=t, \mathrm{d}x=2t\mathrm{d}t$,则
$$\int e^{-\sqrt{x}}\mathrm{d}x = 2\int e^{-t}t\mathrm{d}t = -2\int t\mathrm{d}e^{-t} = -2te^{-t} + 2\int e^{-t}\mathrm{d}t$$
$$= -2te^{-t} - 2e^{-t} + C = -2e^{-\sqrt{x}}(\sqrt{x}+1) + C.$$

习 题 4.3

1. 求下列不定积分:

(1) $\int \arctan x \mathrm{d}x$; (2) $\int x\sin x\mathrm{d}x$;

(3) $\int \ln x\mathrm{d}x$; (4) $\int x\ln(x-1)\mathrm{d}x$;

(5) $\int x\tan^2 x\mathrm{d}x$; (6) $\int xe^{-x}\mathrm{d}x$;

(7) $\int e^{-x}\cos x\mathrm{d}x$; (8) $\int x^2\sin x\mathrm{d}x$;

(9) $\int x\cos x\sin x\mathrm{d}x$; (10) $\int e^x\left(\dfrac{1}{x}+\ln x\right)\mathrm{d}x$;

(11) $\int \sin(\ln x) \mathrm{d}x$;　　　　(12) $\int (x^2-1)\sin 2x \mathrm{d}x$;

(13) $\int \mathrm{e}^{\sqrt{x}} \mathrm{d}x$;　　　　(14) $\int x\cos\dfrac{x}{2} \mathrm{d}x$;

(15) $\int \mathrm{e}^x \sin^2 x \mathrm{d}x$;　　　　(16) $\int \dfrac{\ln^3 x}{x^2} \mathrm{d}x$;

(17) $\int \dfrac{\ln(\mathrm{e}^x+1)}{\mathrm{e}^x} \mathrm{d}x$;　　　　(18) $\int \dfrac{x^2}{1+x^2}\arctan x \mathrm{d}x$;

(19) $\int x\ln\dfrac{1+x}{1-x} \mathrm{d}x$;　　　　(20) $\int \left(\cos x \cdot \ln x + \dfrac{\sin x}{x}\right) \mathrm{d}x$.

2. 设 $f(x)$ 的原函数为 e^{-x^2},求 $\int x f'(x) \mathrm{d}x$.

3. 建立 $I_n = \int \tan^n x \mathrm{d}x$ 的递推公式.

4.4　有理函数的积分

本节讨论有理函数的积分及可化为有理函数的积分,如三角函数有理式、简单无理函数的积分等.

4.4.1　有理函数的积分

所谓**有理函数**是指两个多项式的商所表示的函数,即具有如下形式的函数:

$$\frac{P(x)}{Q(x)} = \frac{a_0 x^n + a_1 x^{n-1} + \cdots + a_{n-1} x + a_n}{b_0 x^m + b_1 x^{m-1} + \cdots + b_{m-1} x + b_m}, \tag{4.4.1}$$

其中 m,n 都是非负整数;$a_0, a_1, \cdots, a_n$ 及 $b_0, b_1, \cdots, b_m$ 都是实数,并且 $a_0 \neq 0, b_0 \neq 0$.

假定在式(4.4.1)中分子多项式 $P(x)$ 与分母多项式 $Q(x)$ 之间没有公因式的. 在有理函数中,当 $n<m$ 时,称这有理函数是**真分式**;而当 $n \geqslant m$ 时,称这有理函数是**假分式**.

利用多项式除法,总可以将一个假分式化成一个多项式与一个真分式之和的形式. 例如,

$$\frac{x^4+x^2+1}{x^2+1} = x^2 + \frac{1}{x^2+1}.$$

而多项式的积分容易求得,下面只要考虑有理真分式的积分问题.

如果多项式 $Q(x)$ 在实数范围内能分解成一次因式和二次质因式的乘积

$$Q(x) = b_0 (x-a)^\alpha \cdots (x-b)^\beta (x^2+px+q)^\lambda \cdots (x^2+rx+s)^\mu,$$

其中 $p^2-4q<0, \cdots, r^2-4s<0$,那么根据代数理论,真分式 $\dfrac{P(x)}{Q(x)}$ 总可以分解成如下部分分式之和:

$$\frac{P(x)}{Q(x)} = \frac{A_1}{(x-a)^\alpha} + \frac{A_2}{(x-a)^{\alpha-1}} + \cdots + \frac{A_\alpha}{(x-a)} + \cdots$$

$$+ \frac{B_1}{(x-b)^\beta} + \frac{B_2}{(x-b)^{\beta-1}} + \cdots + \frac{B_\beta}{(x-b)}$$

$$+ \frac{M_1 x + N_1}{(x^2+px+q)^\lambda} + \frac{M_2 x + N_2}{(x^2+px+q)^{\lambda-1}} + \cdots + \frac{M_\lambda x + N_\lambda}{(x^2+px+q)} + \cdots$$

$$+ \frac{R_1 x + S_1}{(x^2+rx+s)^\mu} + \frac{R_2 x + S_2}{(x^2+rx+s)^{\mu-1}} + \cdots + \frac{R_\mu x + S_\mu}{(x^2+rx+s)}, \tag{4.4.2}$$

其中 $A_i, \cdots, B_i, \cdots, M_i, N_i, \cdots, R_i$ 及 S_i 等都是常数.

在上述有理分式(4.4.2)的分解中,应注意以下两点:

(1) 分母 $Q(x)$ 中如果含有因式 $(x-a)^k$,那么分解后含有下列 k 个部分分式之和:

$$\frac{A_1}{(x-a)^k} + \frac{A_2}{(x-a)^{k-1}} + \cdots + \frac{A_k}{(x-a)},$$

其中 $A_1, A_2, \cdots, A_k$ 都是实数.特别地,当 $k=1$ 时,则分解后有 $\frac{A}{x-a}$.

(2) 分母 $Q(x)$ 中如果含有因式 $(x^2+px+q)^k$,其中 $p^2-4q<0$,那么分解后含有下列 k 个部分分式之和:

$$\frac{M_1 x + N_1}{(x^2+px+q)^k} + \frac{M_2 x + N_2}{(x^2+px+q)^{k-1}} + \cdots + \frac{M_k x + N_k}{(x^2+px+q)},$$

其中 M_i, N_i 都是常数.特别地,当 $k=1$ 时,则分解后有 $\frac{Mx+N}{x^2+px+q}$.

例 4.4.1 分解有理式 $\dfrac{x+3}{x^2-5x+6}$.

解 因为 $\dfrac{x+3}{x^2-5x+6} = \dfrac{x+3}{(x-2)(x-3)}$,所以,此真分式可分解成

$$\frac{x+3}{x^2-5x+6} = \frac{A}{x-2} + \frac{B}{x-3},$$

其中 A,B 为待定常数,两端消去分母得

$$x+3 = A(x-3) + B(x-2). \tag{4.4.3}$$

有两种方法求出待定系数:

第一种(比较系数法) 对式(4.4.3)去括号合并同类项,得

$$x+3 = (A+B)x - (3A+2B).$$

恒等式两端的 x 的系数和常数项必须分别相等,从而有

$$\begin{cases} A+B = 1, \\ -(3A+2B) = 3. \end{cases}$$

解得
$$A = -5, \quad B = 6.$$

第二种(特殊值法) 通过在式(4.4.3)中代入特殊值求得待定常数.
例如,令 $x=2$,得 $A=-5$,令 $x=3$ 得 $B=6$.两种方法同样得到
$$\frac{x+3}{x^2-5x+6} = \frac{-5}{x-2} + \frac{6}{x-3}.$$

例 4.4.2 分解有理式 $\dfrac{1}{x(x-1)^2}$.

解 有理式 $\dfrac{1}{x(x-1)^2}$ 可分解成
$$\frac{1}{x(x-1)^2} = \frac{A}{x} + \frac{B}{(x-1)^2} + \frac{C}{x-1},$$
其中 A,B,C 为待定常数,两端消去分母得
$$1 = A(x-1)^2 + Bx + Cx(x-1). \tag{4.4.4}$$
在式(4.4.4)中,令 $x=0$,得 $A=1$;令 $x=1$ 得 $B=1$;令 $x=2$ 得 $C=-1$.所以,
$$\frac{1}{x(x-1)^2} = \frac{1}{x} + \frac{1}{(x-1)^2} - \frac{1}{x-1}.$$

例 4.4.3 分解有理式 $\dfrac{2x+2}{(x-1)(x^2+1)^2}$.

解 因为 $\dfrac{2x+2}{(x-1)(x^2+1)^2} = \dfrac{A}{x-1} + \dfrac{Bx+C}{(x^2+1)^2} + \dfrac{Dx+E}{x^2+1}$,两端去分母得
$$\begin{aligned}2x+2 &= A(x^2+1)^2 + (Bx+C)(x-1) + (Dx+E)(x-1)(x^2+1)\\ &= (A+D)x^4 + (E-D)x^3 + (2A+D-E+B)x^2 \\ &\quad + (-D+E-B+C)x + (A-E-C).\end{aligned}$$

两端比较系数,得
$$\begin{cases} A+D = 0, \\ E-D = 0, \\ 2A+D-E+B = 0, \\ -D+E-B+C = 2, \\ A-E-C = 2. \end{cases}$$

解方程组,得 $A=1, B=-2, C=0, D=-1, E=-1$,所以,
$$\frac{2x+2}{(x-1)(x^2+1)^2} = \frac{1}{x-1} - \frac{2x}{(x^2+1)^2} - \frac{x+1}{x^2+1}.$$

例 4.4.4 求 $\displaystyle\int \frac{x+3}{x^2-5x+6} \mathrm{d}x$.

解 因为 $\dfrac{x+3}{x^2-5x+6} = \dfrac{-5}{x-2} + \dfrac{6}{x-3}$,所以,

$$\int \frac{x+3}{x^2-5x+6}dx = \int \left(\frac{-5}{x-2}+\frac{6}{x-3}\right)dx = -5\int\frac{1}{x-2}dx+6\int\frac{1}{x-3}dx$$
$$= -5\ln|x-2|+6\ln|x-3|+C.$$

例 4.4.5 求 $\int \frac{1}{x(x-1)^2}dx$.

解 因为 $\frac{1}{x(x-1)^2}=\frac{1}{x}+\frac{1}{(x-1)^2}-\frac{1}{x-1}$，所以，

$$\int \frac{1}{x(x-1)^2}dx = \int\left(\frac{1}{x}+\frac{1}{(x-1)^2}-\frac{1}{x-1}\right)dx$$
$$= \int\frac{1}{x}dx + \int\frac{1}{(x-1)^2}dx - \int\frac{1}{x-1}dx$$
$$= \ln|x| - \frac{1}{x-1} - \ln|x-1| + C.$$

例 4.4.6 求 $\int \frac{2x+2}{(x-1)(x^2+1)^2}dx$.

解 因为 $\frac{2x+2}{(x-1)(x^2+1)^2}=\frac{1}{x-1}-\frac{2x}{(x^2+1)^2}-\frac{x+1}{x^2+1}$，所以，

$$\int \frac{2x+2}{(x-1)(x^2+1)^2}dx = \int\left(\frac{1}{x-1}-\frac{2x}{(x^2+1)^2}-\frac{x+1}{x^2+1}\right)dx$$
$$= \int\frac{1}{x-1}dx - \int\frac{2x}{(x^2+1)^2}dx - \int\frac{x+1}{x^2+1}dx$$
$$= \ln|x-1| + \frac{1}{x^2+1} - \frac{1}{2}\ln(x^2+1) - \arctan x + C$$
$$= \ln\frac{|x-1|}{\sqrt{x^2+1}} + \frac{1}{x^2+1} - \arctan x + C.$$

由代数学知道，从理论上说，多项式 $Q(x)$ 总可以在实数范围内分解成一次因式和二次质因式的乘积，从而把有理函数 $\frac{P(x)}{Q(x)}$ 分解为多项式与部分分式之和，且各个部分都能积出，所以，任何有理函数的原函数都是初等函数.

例 4.4.7 求 $\int \frac{x^2+x+2}{x^3+x^2+x+1}dx$.

解 $\int \frac{x^2+x+2}{x^3+x^2+x+1}dx = \int \frac{(x^2+1)+(x+1)}{(x^2+1)(x+1)}dx = \int\frac{1}{x+1}dx + \int\frac{1}{x^2+1}dx$
$$= \ln|x+1| + \arctan x + C.$$

例 4.4.8 求 $\int \frac{1}{(x^2+2x+1)(x^2+2x+2)}dx$.

解 原式 $= \int\frac{1}{x^2+2x+1}dx - \int\frac{1}{x^2+2x+2}dx$

4.4 有理函数的积分

$$= \int \frac{1}{(x+1)^2} d(x+1) - \int \frac{1}{(x+1)^2+1} d(x+1)$$

$$= -\frac{1}{x+1} - \arctan(x+1) + C.$$

例 4.4.7 和例 4.4.8 表明，求有理函数的不定积分时，应先注意观察被积函数的特征，看是否有比较简单的方法将有理分式化简，否则，就会使计算繁琐.

4.4.2 可化为有理函数的积分

1. 三角函数有理式的积分

由三角函数和常数经过有限次四则运算所构成的函数称为**三角有理函数**. 因为所有三角函数都可以表示为 $\sin x$ 和 $\cos x$ 的有理函数，所以，本节只讨论 $R(\sin x, \cos x)$ 型函数的不定积分，其基本思想是通过适当的变换，将三角有理函数转化为有理函数的积分.

由于 $\sin x$ 和 $\cos x$ 都可以用 $\tan \frac{x}{2}$ 的有理式来表示

$$\sin x = \frac{2\tan \frac{x}{2}}{1+\tan^2 \frac{x}{2}}, \quad \cos x = \frac{1-\tan^2 \frac{x}{2}}{1+\tan^2 \frac{x}{2}}.$$

因此，作变量代换 $u = \tan \frac{x}{2}$，则 $x = 2\arctan u$，于是

$$\sin x = \frac{2u}{1+u^2}, \quad \cos x = \frac{1-u^2}{1+u^2}, \quad dx = \frac{2}{1+u^2} du.$$

由此可见，通过作变量代换 $u = \tan \frac{x}{2}$，三角函数有理式的积分总可以化为有理函数的积分，即

$$\int R(\sin x, \cos x) dx = \int R\left(\frac{2u}{1+u^2}, \frac{1-u^2}{1+u^2}\right) \cdot \frac{2}{1+u^2} du.$$

称变换 $u = \tan \frac{x}{2}$ 为**万能代换**.

例 4.4.9 求不定积分 $\int \frac{1}{1+\sin x + \cos x} dx$.

解 设 $u = \tan \frac{x}{2}$，则

$$\int \frac{1}{1+\sin x + \cos x} dx = \int \frac{1}{1+\frac{2u}{1+u^2}+\frac{1-u^2}{1+u^2}} \cdot \frac{2}{1+u^2} du = \int \frac{1}{1+u} du$$

$$= \ln|1+u| + C = \ln\left|1+\tan \frac{x}{2}\right| + C.$$

虽然利用变量代换 $u = \tan \frac{x}{2}$，可以将三角函数有理式的积分化为有理函数的

积分,但有时经代换得出的有理函数的积分比较麻烦.因此,使用这种代换不一定是最简捷的方法.

例 4.4.10 求 $\int \dfrac{\sin x}{1+\sin x}\mathrm{d}x$.

解
$$\int \dfrac{\sin x}{1+\sin x}\mathrm{d}x = \int \dfrac{\sin x(1-\sin x)}{1-\sin^2 x}\mathrm{d}x = \int \dfrac{\sin x - \sin^2 x}{\cos^2 x}\mathrm{d}x$$
$$= \int \dfrac{\sin x}{\cos^2 x}\mathrm{d}x - \int \dfrac{1-\cos^2 x}{\cos^2 x}\mathrm{d}x$$
$$= -\int \dfrac{1}{\cos^2 x}\mathrm{d}\cos x - \int \dfrac{1}{\cos^2 x}\mathrm{d}x + \int \mathrm{d}x$$
$$= \dfrac{1}{\cos x} - \tan x + x + C.$$

2. 简单无理函数的积分

求简单无理函数的积分,其基本思想是通过适当的变换,将其转化为有理函数的积分. 这里主要介绍被积函数是 $R(x, \sqrt[n]{ax+b})$ 型函数和 $R\left(x, \sqrt[n]{\dfrac{ax+b}{cx+d}}\right)$ 型函数的积分.

例 4.4.11 求 $\int \dfrac{1}{1+\sqrt[3]{x+2}}\mathrm{d}x$.

解 令 $\sqrt[3]{x+2}=t$,则 $x=t^3-2, \mathrm{d}x=3t^2\mathrm{d}t$,于是,
$$\int \dfrac{1}{1+\sqrt[3]{x+2}}\mathrm{d}x = \int \dfrac{3t^2}{1+t}\mathrm{d}t = 3\int \dfrac{t^2-1+1}{1+t}\mathrm{d}t$$
$$= 3\int \left(t-1+\dfrac{1}{1+t}\right)\mathrm{d}t = 3\left(\dfrac{t^2}{2}-t+\ln|1+t|\right)+C$$
$$= \dfrac{3}{2}\sqrt[3]{(x+2)^2} - 3\sqrt[3]{x+2} + 3\ln|1+\sqrt[3]{x+2}| + C.$$

例 4.4.12 求 $\int \dfrac{1}{\sqrt{x}+\sqrt[3]{x}}\mathrm{d}x$.

解 被积函数中出现了两个根式 $\sqrt{x}$ 和 $\sqrt[3]{x}$,为了能同时消去这两个根式,可令 $x=t^6(t>0)$,则 $\mathrm{d}x=6t^5\mathrm{d}t$. 于是
$$\int \dfrac{1}{\sqrt{x}+\sqrt[3]{x}}\mathrm{d}x = \int \dfrac{6t^5}{t^3+t^2}\mathrm{d}t = 6\int \left(t^2-t+1-\dfrac{1}{t+1}\right)\mathrm{d}t$$
$$= 6\left[\dfrac{t^3}{3}-\dfrac{t^2}{2}+t-\ln(1+t)\right]+C$$
$$= 2\sqrt{x} - 3\sqrt[3]{x} + 6\sqrt[6]{x} - 6\ln(1+\sqrt[6]{x}) + C.$$

例 4.4.13 求 $\int \dfrac{1}{x}\sqrt{\dfrac{1+x}{x}}\mathrm{d}x$.

解 令 $\sqrt{\dfrac{1+x}{x}}=t$, 则 $x=\dfrac{1}{t^2-1}$, $dx=-\dfrac{2t}{(t^2-1)^2}dt$. 于是,

$$\int \dfrac{1}{x}\sqrt{\dfrac{1+x}{x}}dx = -\int (t^2-1)t \cdot \dfrac{2t}{(t^2-1)^2}dt$$

$$= -2\int \dfrac{t^2}{t^2-1}dt = -2\int \dfrac{t^2-1+1}{t^2-1}dt$$

$$= -2\int\left(1+\dfrac{1}{t^2-1}\right)dt = -2t-\ln\left|\dfrac{t-1}{t+1}\right|+C$$

$$= -2t+2\ln(t+1)-\ln|t^2-1|+C$$

$$= -2\sqrt{\dfrac{1+x}{x}}+2\ln\left(\sqrt{\dfrac{1+x}{x}}+1\right)+\ln|x|+C.$$

习 题 4.4

求下列不定积分:

(1) $\displaystyle\int \dfrac{x^2}{(x-1)^{10}}dx$;

(2) $\displaystyle\int \dfrac{x}{(x+2)(x+3)^2}dx$;

(3) $\displaystyle\int \dfrac{x^5+x^4-8}{x^3-x}dx$;

(4) $\displaystyle\int \dfrac{1}{(x^2+1)(x^2+x+1)}dx$;

(5) $\displaystyle\int \dfrac{1}{(x^2+1)(2x+1)}dx$;

(6) $\displaystyle\int \dfrac{x^2-5x+9}{x^2-5x+6}dx$;

(7) $\displaystyle\int \dfrac{1}{(x^2-4x+4)(x^2-4x+5)}dx$;

(8) $\displaystyle\int \dfrac{1}{3+\cos x}dx$;

(9) $\displaystyle\int \dfrac{1}{2+\sin x}dx$;

(10) $\displaystyle\int \dfrac{1}{1+2\cos^2 x}dx$;

(11) $\displaystyle\int \dfrac{1}{2\sin x-\cos x+5}dx$;

(12) $\displaystyle\int \dfrac{1+\sin x}{\sin x(1+\cos x)}dx$;

(13) $\displaystyle\int \dfrac{1}{(1+\sqrt[3]{x})\sqrt{x}}dx$;

(14) $\displaystyle\int \sqrt{\dfrac{a+x}{a-x}}dx\,(a>0)$;

(15) $\displaystyle\int \left(\sqrt{\dfrac{x+3}{x-1}}-\sqrt{\dfrac{x-1}{x+3}}\right)dx$;

(16) $\displaystyle\int \dfrac{1}{x}\sqrt{\dfrac{1-x}{1+x}}dx$;

(17) $\displaystyle\int \dfrac{\sqrt{x-1}}{x}dx$;

(18) $\displaystyle\int \dfrac{1}{\sqrt[3]{(x+1)^2(x-1)^4}}dx$.

*4.5 积分表的使用

为了实用的方便,把常用的积分公式汇集成表,称为**积分表**(本书末附录三). 积分表是按照被积函数的类型来排列的. 求积分时,可根据被积函数的类型直接地或经过简单的变形,在表内查得所需的结果.

下面先看一个可以直接在积分表中查得结果的求积分例子.

例 4.5.1 求 $\int \dfrac{x}{(3x+4)^2}\,\mathrm{d}x$.

解 被积函数含有 $ax+b$，在积分表（一）中查得公式 7：

$$\int \dfrac{x}{(ax+b)^2}\,\mathrm{d}x = \dfrac{1}{a^2}\left(\ln|ax+b| + \dfrac{b}{ax+b}\right) + C.$$

现在 $a=3, b=4$，于是，

$$\int \dfrac{x}{(3x+4)^2}\,\mathrm{d}x = \dfrac{1}{9}\left(\ln|3x+4| + \dfrac{4}{3x+4}\right) + C.$$

下面再举一个需要先进行变量代换，然后再查表的求积分的例子.

例 4.5.2 求 $\int \dfrac{1}{x\sqrt{4x^2+9}}\,\mathrm{d}x$.

解 这个积分不能在表中直接查到，需要先作变量代换.

令 $2x=u, \sqrt{4x^2+9}=\sqrt{u^2+9}, x=\dfrac{u}{2}, \mathrm{d}x=\dfrac{1}{2}\mathrm{d}u$. 于是，

$$\int \dfrac{1}{x\sqrt{4x^2+9}}\,\mathrm{d}x = \int \dfrac{\dfrac{1}{2}\mathrm{d}u}{\dfrac{u}{2}\sqrt{u^2+3^2}} = \int \dfrac{1}{u\sqrt{u^2+3^2}}\,\mathrm{d}u.$$

被积函数含有 $\sqrt{u^2+a^2}$，在积分表（六）中查得公式 37

$$\int \dfrac{\mathrm{d}x}{x\sqrt{x^2+a^2}} = \dfrac{1}{a}\ln \dfrac{\sqrt{x^2+a^2}-a}{|x|} + C.$$

现在 $a=3, x$ 相当于 u，于是，

$$\int \dfrac{1}{u\sqrt{u^2+3^2}}\,\mathrm{d}x = \dfrac{1}{3}\ln \dfrac{\sqrt{u^2+3^2}-3}{|u|} + C.$$

再把 $u=2x$ 代入，则

$$\int \dfrac{1}{x\sqrt{4x^2+9}}\,\mathrm{d}x = \int \dfrac{1}{u\sqrt{u^2+3^2}}\,\mathrm{d}u = \dfrac{1}{3}\ln \dfrac{\sqrt{4x^2+9}-3}{|2x|} + C.$$

一般地，查积分表可以节省计算积分的时间，但是，只有掌握了前面学过的基本的积分方法才能灵活地使用积分表，而且对一些比较简单的积分，应用基本的积分方法来计算比查表更快些，所以求积分时究竟是直接计算，还是查表，或是两者结合使用，应作具体分析，不能一概而论. 此外，有些数学软件（如 Mathemetica, Matlab 等）也都具有求不定积分的实用功能. 但对于初学者来说，首先应该掌握各种基本的积分方法.

最后，还要指出，有些初等函数在其定义区间上连续，原函数存在，但原函数却不能用初等函数表示，如 $\int \dfrac{\sin x}{x}\,\mathrm{d}x, \int \mathrm{e}^{\pm x^2}\,\mathrm{d}x, \int \sin x^2\,\mathrm{d}x, \int \dfrac{1}{\ln x}\,\mathrm{d}x, \int \dfrac{1}{\sqrt{1+x^4}}\,\mathrm{d}x$

等,称这类不定积分"积不出".

习 题 4.5

利用积分表计算下列不定积分:

(1) $\int \dfrac{1}{\sqrt{4x^2-9}} dx$;

(2) $\int \dfrac{1}{\sqrt{5-4x+x^2}} dx$;

(3) $\int \sqrt{3x^2-2}\, dx$;

(4) $\int x\arcsin\dfrac{x}{2} dx$;

(5) $\int \dfrac{1}{\sin^3 x} dx$;

(6) $\int \sin 3x \sin 5x\, dx$;

(7) $\int \dfrac{1}{x^2(x-1)} dx$;

(8) $\int \dfrac{1}{(1+x^2)^2} dx$;

(9) $\int \dfrac{x}{(2+3x)^2} dx$;

(10) $\int x^2\sqrt{x^2-2}\, dx$;

(11) $\int \dfrac{1}{x^2\sqrt{2x-1}} dx$;

(12) $\int \dfrac{x^4}{25+4x^2} dx$;

(13) $\int \dfrac{1}{2+5\cos x} dx$;

(14) $\int \ln^3 x\, dx$;

(15) $\int e^{2x}\cos x\, dx$;

(16) $\int \sqrt{2x^2+9}\, dx$.

第 4 章总习题

1. 填空题:

(1) $\int e^{e^x + x} dx = $ _____ ;

(2) $\int \dfrac{x}{4-x^2+\sqrt{4-x^2}} dx = $ _____ ;

(3) 设 $f(x) = \dfrac{x+2}{\sqrt{2x+1}}(x>0)$,则 $\int f(x-1) dx = $ _____ ;

(4) 设 $f(x) = e^{-x}$,则 $\int \dfrac{f'(\ln x)}{x} dx = $ _____ ;

(5) 设 $f'(x^2) = \dfrac{1}{x}(x>0)$,则 $f(x) = $ _____ .

2. 单项选择题:

(1) 下列命题中,正确的是(　　)

(A) 有界连续函数的原函数必为有界函数;

(B) 无界连续函数的原函数必为无界函数;

(C) 奇函数的原函数都是偶函数;

(D) 偶函数的原函数都是奇函数.

(2) 若 $f(x)$ 的导函数是 $\sin x$,则 $f(x)$ 有一个原函数为( )
  (A) $1+\sin x$;   (B) $1-\sin x$;   (C) $1+\cos x$;   (D) $1-\cos x$.

(3) 设 $f(x)$ 有一个原函数是 e^{-2x},则 $\int x f(x) dx =$ ( )
  (A) $e^{-2x}\left(x+\dfrac{1}{2}\right)$;   (B) $e^{-2x}\left(x+\dfrac{1}{2}\right)+C$;
  (C) $e^{-2x}\left(x-\dfrac{1}{2}\right)+C$;   (D) $e^{-2x}x+C$.

(4) 设某三次函数的导数为 x^2-2x-8,则该函数的极大值与极小值的差是( )
  (A) -36;   (B) 12;   (C) 36;   (D) 10.

(5) 设 $f'(\cos x+2)=\sin^2 x+\tan^2 x$,则 $f(x)=$ ( )
  (A) $-\dfrac{1}{3}(x-2)^3-\dfrac{1}{x-2}+C$;   (B) $-\dfrac{1}{3}\sin x^3-\dfrac{1}{3}\tan^3 x+C$;
  (C) $\dfrac{1}{3}(x-2)^3-\dfrac{1}{x-2}+C$;   (D) $-\dfrac{1}{3}(x-2)^3+\dfrac{1}{x-2}+C$.

3. 计算下列各题:

(1) 设 $f(x)=\begin{cases}1, & x<0,\\ x+1, & 0\leqslant x\leqslant 1, \\ 2x, & x>1.\end{cases}$ 求 $\int f(x)dx$.

(2) 设 $f'(x)=\dfrac{\cos x}{1+\sin^2 x}$,$f(0)=0$,求 $\int \dfrac{f'(x)}{1+f^2(x)}dx$.

4. 求下列不定积分:

(1) $\int \ln(1+x^2)dx$;   (2) $\int \dfrac{xe^x}{(1+x)^2}dx$;

(3) $\int \dfrac{x+\sin x}{1+\cos x}dx$;   (4) $\int \sqrt{e^x-1}dx$;

(5) $\int \dfrac{1}{\sin^3 x \cos x}dx$;   (6) $\int \dfrac{\sin x \cos x}{\sin x+\cos x}dx$;

(7) $\int \dfrac{e^{3x}+e^x}{e^{4x}-e^{2x}+1}dx$;   (8) $\int \dfrac{1}{x^4\sqrt{1+x^2}}dx$;

(9) $\int e^{\sin x}\dfrac{x\cos^3 x-\sin x}{\cos^2 x}dx$;   (10) $\int \dfrac{x^3\arccos x}{\sqrt{1-x^2}}dx$;

(11) $\int \dfrac{x}{1+\sqrt{1-x^2}}dx$;   (12) $\int \ln^2(x+\sqrt{1+x^2})dx$;

(13) $\int \dfrac{1}{\sin 2x \cos x}dx$;   (14) $\int \dfrac{\ln x}{(1+x^2)^{\frac{3}{2}}}dx$.

5. 设 $F(x)$ 为 $f(x)$ 的原函数,当 $x\geqslant 0$ 时,有 $f(x)F(x)=\sin^2 2x$,且 $F(0)=1$,$F(x)\geqslant 0$. 试求 $f(x)$.

6. 设 $f(\ln x)=\dfrac{\ln(1+x)}{x}$,求 $\int f(x)dx$.

7. 设 $f(x)$ 的一个原函数为 $\dfrac{\sin x}{x}$,求 $\int xf'(2x)dx$.

第 5 章 定积分及其应用

不定积分是微分法逆运算的一个侧面,定积分是它的另一个侧面. 本章先从几何和力学两个问题引入定积分的定义,然后讨论定积分的性质、计算、推广以及在几何学、经济学和生物学等相关领域的应用.

5.1 定积分的概念与性质

下面先通过两个典型问题,看看定积分的概念是怎样从现实原型抽象出来的.

5.1.1 引例

1. 曲边梯形的面积

设 $y=f(x)$ 在闭区间 $[a,b]$ 上非负、连续. 由曲线 $y=f(x)$,直线 $x=a,x=b$ 以及 x 轴所围成的几何图形(图 5.1.1),称为 $f(x)$ 在 $[a,b]$ 上的**曲边梯形**. 其中曲线 $y=f(x)$ 称为**曲边**. 那么,如何求此曲边梯形的面积呢?

已经知道,矩形的高是不变的,它的面积公式是

$$矩形面积 = 底 \times 高.$$

而曲边梯形底边上各点对应的高 $f(x)$ 在 $[a,b]$ 上是变化的,故它的面积不能直接按上述公式求. 然而,由于 $f(x)$ 在 $[a,b]$ 上连续,当自变量有微小变化时,函数相应的变化也非常微小. 因此,可把区间 $[a,b]$ 分成许多个很小的区间,在每个小区间上用定高代替变高,那么每个窄曲边梯形就可近似看成是窄矩形,当把 $[a,b]$ 无限细分,使得每个小区间的长度都趋于零,则所有窄矩形面积之和的极限就是曲边梯形面积的精确值.

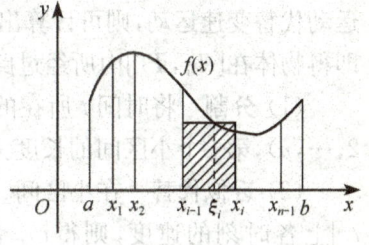

图 5.1.1

求曲边梯形面积的具体过程可概括如下:

(1) **分割** 在区间 $[a,b]$ 内插入 $n-1$ 个分点 $a=x_0<x_1<x_2<\cdots<x_{n-1}<x_n=b$,把 $[a,b]$ 分割成 n 个小区间:$[x_0,x_1],[x_1,x_2],\cdots,[x_{n-1},x_n]$,各小区间的长度依次为 $\Delta x_1=x_1-x_0,\Delta x_2=x_2-x_1,\cdots,\Delta x_n=x_n-x_{n-1}$. 过每个分点作 x 轴的垂线,把曲边梯形分成了 n 个窄曲边梯形.

(2) **近似代替** 记第 i 个窄曲边梯形的面积为 ΔA_i. 在每个小区间 $[x_{i-1}, x_i]$ 上任取一点 ξ_i，以 $[x_{i-1}, x_i]$ 为底，$f(\xi_i)$ 为高的窄矩形的面积可近似代替第 i 个窄曲边梯形的面积，即

$$\Delta A_i \approx f(\xi_i)\Delta x_i, \quad i=1,2,\cdots,n.$$

(3) **求和** 把得到 n 个窄矩形面积之和作为所求曲边梯形面积 A 的近似值，即

$$A \approx \sum_{i=1}^{n} f(\xi_i)\Delta x_i.$$

(4) **取极限** 令 $\lambda = \max\limits_{1\leqslant i\leqslant n}\{\Delta x_i\}$ 表示所有小区间长度的最大值，则当 $\lambda \to 0$ 时，对上述和式取极限 得曲边梯形的面积 A 的精确值，即

$$A = \lim_{\lambda \to 0}\sum_{i=1}^{n} f(\xi_i)\Delta x_i.$$

2. 变速直线运动的路程

设某物体做变速直线运动，其速度 $v(t)$ 是时间间隔 $[T_1, T_2]$ 上的连续函数，且 $v(t)\geqslant 0$，求在 $[T_1, T_2]$ 内物体所经过的路程 s.

把时间间隔 $[T_1, T_2]$ 分割为许多个小的时间段，在每个小的时间段内，以匀速运动代替变速运动，则可计算出每个小的时间段内路程的近似值，再求和，取极限，即得物体在 $[T_1, T_2]$ 内所经过路程 s 的精确值，具体为：

(1) **分割** 将时间 t 所在的区间 $[T_1, T_2]$ 分割为 n 个小区间段 $[t_{i-1}, t_i]$ ($i=1, 2,\cdots,n$)，第 i 个小区间的长度为 $\Delta t_i = t_i - t_{i-1}$，对应的路程为 Δs_i.

(2) **近似代替** 在小区间 $[t_{i-1}, t_i]$ 上任取一个时刻 τ_i，以 $v(\tau_i)$ 近似代替 $[t_{i-1}, t_i]$ 上各时刻的速度，则得 $[t_{i-1}, t_i]$ 内物体经过的路程 Δs_i 的近似值，即 $\Delta s_i \approx v(\tau_i)\Delta t_i$ ($i=1,2,\cdots,n$).

(3) **求和** 这样得到 n 个小区间段上路程的近似值之和，就可作为路程 s 的近似值，即

$$s \approx \sum_{i=1}^{n} v(\tau_i)\Delta t_i.$$

(4) **取极限** 令 $\lambda = \max\limits_{1\leqslant i\leqslant n}\{\Delta t_i\}$ 表示所有小区间长度的最大值，则当 $\lambda \to 0$ 时，对上述和式取极限，即得所求路程

$$s = \lim_{\lambda \to 0}\sum_{i=1}^{n} v(\tau_i)\Delta t_i.$$

5.1.2 定积分的定义

上面两个引例的实际意义虽然不同，但它们都是通过"分割、近似代替、求和、

取极限"而转化为形如 $\sum_{i=1}^{n} f(\xi_i)\Delta x_i$ 的和式的极限问题. 由此可抽象出如下定积分的定义.

定义 5.1.1 设函数 $f(x)$ 在 $[a,b]$ 上有界, 用分点 $a=x_0<x_1<x_2<\cdots<x_{n-1}<x_n=b$ 将区间 $[a,b]$ 任意分成 n 个小区间: $[x_0,x_1],[x_1,x_2],\cdots,[x_{n-1},x_n]$, 第 i 个小区间 $[x_{i-1},x_i]$ 的长度为 $\Delta x_i=x_i-x_{i-1}$, 在其上任取一点 ξ_i, 作乘积 $f(\xi_i)\Delta x_i$ ($i=1,2,\cdots,n$), 并作和 $\sum_{i=1}^{n} f(\xi_i)\Delta x_i$. 记 $\lambda = \max_{1\leqslant i\leqslant n}\{\Delta x_i\}$, 如果不论对 $[a,b]$ 怎样分法, 也不论 $\xi_i \in [x_{i-1},x_i]$ 怎样取法, 极限 $\lim_{\lambda\to 0}\sum_{i=1}^{n} f(\xi_i)\Delta x_i$ 总存在且唯一, 则称此极限为 $f(x)$ 在 $[a,b]$ 上的**定积分**(简称**积分**), 记作 $\int_a^b f(x)\mathrm{d}x$, 即

$$\int_a^b f(x)\mathrm{d}x = \lim_{\lambda\to 0}\sum_{i=1}^{n} f(\xi_i)\Delta x_i,$$

其中 "$\int$" 称为**积分号**, $f(x)$ 称为**被积函数**, $f(x)\mathrm{d}x$ 称为**被积表达式**, x 称为**积分变量**, $[a,b]$ 称为**积分区间**, a 和 b 称为**积分下限**和**积分上限**, $\sum_{i=1}^{n} f(\xi_i)\Delta x_i$ 称为**积分和**.

定积分的定义包含了"分割、近似代替、求和、取极限"这样一个过程, 其思想是化整体为对局部进行累积, 在局部将变量近似为常量, 再计算极限将近似转化为精确, 其过程充分体现了整体与局部、变量和常量、近似与精确、量变与质变等矛盾对立统一的辩证法. 由定积分的定义, 前面两个实际问题可以表述为 $f(x)$ 在 $[a,b]$ 上的曲边梯形面积 A 等于函数 $f(x)$ 在区间 $[a,b]$ 上的定积分, 即 $A=\int_a^b f(x)\mathrm{d}x$; 以变速 $v(t)$ 做直线运动的物体在 $[T_1,T_2]$ 内的路程 s 等于函数 $v(t)$ 在区间 $[T_1,T_2]$ 上的定积分, 即 $s=\int_{T_1}^{T_2} v(t)\mathrm{d}t$.

注意 定积分 $\int_a^b f(x)\mathrm{d}x$ 是一个确定的数值, 只与被积函数 $f(x)$ 和积分区间 $[a,b]$ 有关, 与积分变量的记号无关, 即有 $\int_a^b f(x)\mathrm{d}x = \int_a^b f(t)\mathrm{d}t$.

如果 $f(x)$ 在 $[a,b]$ 上的定积分存在, 则称 $f(x)$ 在 $[a,b]$ 上**可积**. 那么 $f(x)$ 在 $[a,b]$ 上满足什么条件, $f(x)$ 在 $[a,b]$ 上可积呢? 这个问题在此不作深入的讨论, 而只给出下面两个充分条件.

定理 5.1.1 设 $f(x)$ 在 $[a,b]$ 上连续, 则 $f(x)$ 在 $[a,b]$ 上可积.

定理 5.1.2 设 $f(x)$ 在 $[a,b]$ 上有界, 且只有有限个间断点, 则 $f(x)$ 在 $[a,b]$

上可积.

由定积分的定义可知,定积分与积分区间$[a,b]$的分法及点ξ_i的取法无关,故为方便计算,通常n等分区间,则$\Delta x_i = \dfrac{b-a}{n}(i=1,2,\cdots,n)$,并取区间的左端点$x_{i-1}$或右端点$x_i$为$\xi_i$,于是$\int_a^b f(x)\mathrm{d}x = \lim\limits_{n\to\infty}\dfrac{b-a}{n}\sum\limits_{i=1}^n f(x_{i-1})$或$\int_a^b f(x)\mathrm{d}x = \lim\limits_{n\to\infty}\dfrac{b-a}{n}\sum\limits_{i=1}^n f(x_i)$.

例 5.1.1 试用定积分的定义计算$\int_0^1 \mathrm{e}^x \mathrm{d}x$.

解 因为$f(x)=\mathrm{e}^x$在$[0,1]$上连续,所以可积. 现把区间$[0,1]$分成n等分,第i个小区间为$\left[\dfrac{i-1}{n},\dfrac{i}{n}\right]$,并取$\xi_i = \dfrac{i}{n}(i=1,2,\cdots,n)$,这时$\Delta x_i = \dfrac{1}{n}(i=1,2,\cdots,n)$,于是有和式

$$\sum_{i=1}^n f(\xi_i)\Delta x_i = \sum_{i=1}^n \mathrm{e}^{\frac{i}{n}} \cdot \dfrac{1}{n} = \dfrac{1}{n}\sum_{i=1}^n (\mathrm{e}^{\frac{1}{n}})^i = \dfrac{1}{n} \cdot \dfrac{\mathrm{e}^{\frac{1}{n}}(1-\mathrm{e}^{\frac{n}{n}})}{1-\mathrm{e}^{\frac{1}{n}}}.$$

当$\lambda \to 0$时,即$n\to\infty$,对上式取极限,利用函数极限与数列极限的关系,可得

$$\int_0^1 \mathrm{e}^x \mathrm{d}x = \lim_{n\to\infty} \dfrac{1}{n} \cdot \dfrac{\mathrm{e}^{\frac{1}{n}}(1-\mathrm{e})}{1-\mathrm{e}^{\frac{1}{n}}} = (1-\mathrm{e})\lim_{n\to\infty}\dfrac{\dfrac{1}{n}}{1-\mathrm{e}^{\frac{1}{n}}}$$

$$= (1-\mathrm{e})\lim_{x\to 0}\dfrac{x}{1-\mathrm{e}^x} = \mathrm{e}-1.$$

例 5.1.2 将下列和式的极限写成定积分

$$I = \lim_{n\to\infty}\left(\dfrac{1}{n}\cos\dfrac{1}{n} + \dfrac{1}{n}\cos\dfrac{2}{n} + \dfrac{1}{n}\cos\dfrac{3}{n} + \cdots + \dfrac{1}{n}\cos\dfrac{n}{n}\right).$$

解 设$f(x)=\cos x$,则$I = \lim\limits_{n\to\infty}\sum\limits_{i=1}^n \dfrac{1}{n}\cos\dfrac{i}{n} = \lim\limits_{n\to\infty}\sum\limits_{i=1}^n f\left(\dfrac{i}{n}\right)\dfrac{1}{n}$,可看作将区间$[0,1]$分成$n$等分,即第$i$个小区间为$\left[\dfrac{i-1}{n},\dfrac{i}{n}\right]$,并取$\xi_i = \dfrac{i}{n}$,$\Delta x_i = \dfrac{1}{n}(i=1,2,\cdots,n)$.

由于$f(x)=\cos x$在$[0,1]$上可积,则由定积分的定义,得

$$\lim_{n\to\infty}\sum_{i=1}^n f\left(\dfrac{i}{n}\right)\dfrac{1}{n} = \int_0^1 f(x)\mathrm{d}x.$$

即

$$I = \int_0^1 \cos x \mathrm{d}x.$$

定积分的几何意义:①若$f(x) \geqslant 0, x\in[a,b]$,定积分$\int_a^b f(x)\mathrm{d}x$表示由$y=$

$f(x), x=a, x=b$ 和 x 轴所围成的曲边梯形的面积；② 若 $f(x)\leqslant 0, x\in[a,b]$，定积分 $\int_a^b f(x)\mathrm{d}x$ 表示由 $y=f(x), x=a, x=b$ 和 x 轴所围成的曲边梯形的面积的负值；③ 若 $f(x)$ 在 $[a,b]$ 上有正有负，则 $\int_a^b f(x)\mathrm{d}x$ 表示带正负号的曲边梯形面积的代数和，即 $\int_a^b f(x)\mathrm{d}x=S_1-S_2+S_3$（图 5.1.2）.

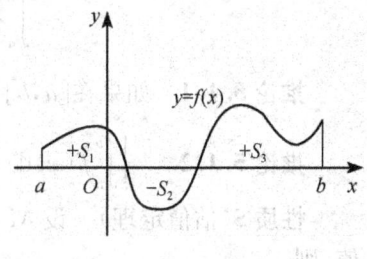

图 5.1.2

5.1.3 定积分的性质

为计算及应用方便，先对定积分作两点补充规定：

(1) 当 $a=b$ 时，$\int_a^b f(x)\mathrm{d}x=0$；

(2) 当 $a>b$ 时，$\int_a^b f(x)\mathrm{d}x=-\int_b^a f(x)\mathrm{d}x$.

可见，交换定积分的上下限，定积分变号. 以下讨论定积分的性质，并假定所涉及的定积分存在.

性质 1（线性运算性） 设 k_1 和 k_2 为两个任意常数，则

$$\int_a^b [k_1 f_1(x)+k_2 f_2(x)]\mathrm{d}x = k_1\int_a^b f_1(x)\mathrm{d}x + k_2\int_a^b f_2(x)\mathrm{d}x.$$

性质 2（积分可加性） $\int_a^b f(x)\mathrm{d}x = \int_a^c f(x)\mathrm{d}x + \int_c^b f(x)\mathrm{d}x.$

不论 a,b,c 的相对位置如何，上述等式总成立. 当点 c 位于 a 与 b 之间时，这个性质的几何意义是明显的；当点 c 位于 a 与 b 所成区间之外. 例如，当 $a<b<c$ 时，由于

$$\int_a^c f(x)\mathrm{d}x = \int_a^b f(x)\mathrm{d}x + \int_b^c f(x)\mathrm{d}x,$$

于是得

$$\int_a^b f(x)\mathrm{d}x = \int_a^c f(x)\mathrm{d}x - \int_b^c f(x)\mathrm{d}x = \int_a^c f(x)\mathrm{d}x + \int_c^b f(x)\mathrm{d}x.$$

性质 3 $\int_a^b 1\mathrm{d}x = \int_a^b \mathrm{d}x = b-a.$

性质 4（比较定理） 若在 $[a,b]$ 上，$f(x)\geqslant g(x)$，则 $\int_a^b f(x)\mathrm{d}x \geqslant \int_a^b g(x)\mathrm{d}x$.

性质 1、性质 3 与性质 4 的证明请读者自己完成.

注意 若 $f(x), g(x)$ 在 $[a,b]$ 上连续，$f(x)\geqslant g(x)$，且 $f(x)\not\equiv g(x)$，则可以证明：

$$\int_a^b f(x)\mathrm{d}x > \int_a^b g(x)\mathrm{d}x.$$

推论 5.1.1 如果在 $[a,b]$ 上,$f(x) \geqslant 0$,则 $\int_a^b f(x)\mathrm{d}x \geqslant 0$.

推论 5.1.2 $\left|\int_a^b f(x)\mathrm{d}x\right| \leqslant \int_a^b |f(x)|\mathrm{d}x \quad (a<b).$

性质 5(估值定理) 设 M 及 m 分别是函数 $f(x)$ 在 $[a,b]$ 上的最大值与最小值,则

$$m(b-a) \leqslant \int_a^b f(x)\mathrm{d}x \leqslant M(b-a).$$

证 因 $m \leqslant f(x) \leqslant M$,由性质 4 知

$$\int_a^b m\,\mathrm{d}x \leqslant \int_a^b f(x)\mathrm{d}x \leqslant \int_a^b M\,\mathrm{d}x,$$

再由性质 1 及性质 3 即得所要证的不等式.

注意 估值定理中,若 $m<M$,则有

$$m(b-a) < \int_a^b f(x)\mathrm{d}x < M(b-a).$$

性质 6(积分中值定理) 若 $f(x)$ 在 $[a,b]$ 上连续,则在 $[a,b]$ 上至少存在一点 ξ,使得

$$\int_a^b f(x)\mathrm{d}x = f(\xi)(b-a), \quad a \leqslant \xi \leqslant b.$$

这个公式称为**积分中值公式**.

证 由于 $f(x)$ 在 $[a,b]$ 上连续,存在最大值 M 与最小值 m,由性质 5 知

$$m \leqslant \frac{1}{b-a}\int_a^b f(x)\mathrm{d}x \leqslant M,$$

可见,数值 $\frac{1}{b-a}\int_a^b f(x)\mathrm{d}x$ 介于 $f(x)$ 的最大值 M 与最小值 m 之间,根据闭区间上连续函数的介值定理,在 $[a,b]$ 上至少存在一点 ξ,使得

$$\frac{1}{b-a}\int_a^b f(x)\mathrm{d}x = f(\xi),$$

两端各乘以 $(b-a)$ 即得所要证的等式.

注意 积分中值公式不论 $a<b$ 还是 $a>b$ 都成立,这时 ξ 介于 a 与 b 之间.

积分中值定理的几何意义是:在 $[a,b]$ 上至少存在一点 ξ,使得以区间 $[a,b]$ 为底边,以 $f(x)$ 为曲边的曲边梯形的面积等于同一底边而高为 $f(\xi)$ 的一个矩形的面积(图 5.1.3).

数值 $\frac{1}{b-a}\int_a^b f(x)\mathrm{d}x$ 表示连续曲线 $f(x)$ 在

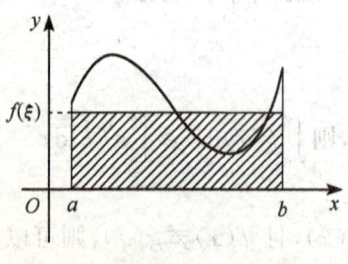

图 5.1.3

5.1 定积分的概念与性质

区间 $[a,b]$ 上的平均高度,故称其为函数 $f(x)$ **在区间** $[a,b]$ **上的平均值**. 这一概念是对有限个数的平均值概念的拓展.

例 5.1.3 比较积分 $\int_0^{-1} e^x dx$ 和 $\int_0^{-1} x dx$.

解 由于在 $[-1,0]$ 上,$e^x > x$,由积分比较定理得,$\int_{-1}^0 e^x dx > \int_{-1}^0 x dx$,交换上下限,即得

$$\int_0^{-1} e^x dx < \int_0^{-1} x dx.$$

例 5.1.4 估计积分值 $\int_0^2 e^{x^2-x} dx$.

解 由于 $f(x) = e^u$ 单调增加,所以只要求 $u = x^2 - x$ 在 $[0,2]$ 上的最大值与最小值. 令 $u' = 2x - 1 = 0$,得驻点 $x = \frac{1}{2}$. 因 $u(0) = 0, u\left(\frac{1}{2}\right) = -\frac{1}{4}, u(2) = 2$,故 $f(x) = e^{x^2-x}$ 有最小值 $m = e^{-\frac{1}{4}}$ 及最大值 $M = e^2$,于是由积分估值定理得

$$2e^{-\frac{1}{4}} \leqslant \int_0^2 e^{x^2-x} dx \leqslant 2e^2.$$

例 5.1.5 证明 $\lim\limits_{x \to +\infty} \int_x^{x+2} \frac{\sin t}{t} dt = 0$.

解 当 $x > 0$ 时,函数 $f(t) = \frac{\sin t}{t}$ 在区间 $[x, x+2]$ 上连续,由定积分的中值定理知,至少存在一点 $\xi \in [x, x+2]$,使得 $\int_x^{x+2} \frac{\sin t}{t} dt = 2 \cdot \frac{\sin \xi}{\xi}$. 当 $x \to +\infty$ 时,$\xi \to +\infty$,所以,

$$\lim\limits_{x \to +\infty} \int_x^{x+2} \frac{\sin t}{t} dt = 2 \lim\limits_{\xi \to +\infty} \frac{\sin \xi}{\xi} = 0.$$

习 题 5.1

1. 设放射性物体分解的速率 v 是时间 t 的函数 $v(t)$,试用定积分表示放射性物体由时间 T_0 到 T_1 所分解的质量 m.

2. 用定积分的定义计算 $\int_0^1 x dx$.

3. 利用定积分的几何意义证明下列定积分:

   (1) $\int_{-\pi}^{\pi} \sin x dx = 0$;   (2) $\int_{-2}^{2} (4+x)\sqrt{4-x^2} dx = 8\pi$.

4. 利用定积分表达曲线 $y = x(x-1)(2-x)$ $(0 \leqslant x \leqslant 2)$ 与 x 轴所围成图形的面积.

5. 将和式的极限 $\lim\limits_{n \to \infty} \left(\frac{1}{n^{p+1}} + \frac{2^p}{n^{p+1}} + \cdots + \frac{n^p}{n^{p+1}}\right)$ $(p > 0)$ 写成定积分.

6. 利用定积分的性质,比较下列各组积分值的大小:

(1) $\int_1^2 x\mathrm{d}x$ 与 $\int_1^2 x^2 \mathrm{d}x$; (2) $\int_0^1 x\mathrm{d}x$ 与 $\int_0^1 \ln(1+x)\mathrm{d}x$.

7. 利用定积分的性质,估计下列定积分的值:

(1) $\int_1^2 (x^2+1)\mathrm{d}x$; (2) $\int_1^0 \mathrm{e}^{x^2-x}\mathrm{d}x$.

8. 利用积分中值定理求极限 $\lim\limits_{n\to\infty}\int_0^{\frac{\pi}{5}} \sin^n x \mathrm{d}x$.

5.2 微积分基本公式

前面看到,按定积分的定义计算定积分是比较困难的. 本节我们将在可变上限定积分的基础上讨论微积分基本定理,并由此得到求定积分的新途径——牛顿-莱布尼茨公式,从而使积分和微分联系起来,为微积分的发展奠定了坚实的基础.

5.2.1 可变上限定积分及其导数

1. 可变上限定积分

设函数 $y=f(x)$ 在 $[a,b]$ 上连续,x 为 $[a,b]$ 上任意一点,则积分 $\int_a^x f(t)\mathrm{d}t$ 存在且为 x 的函数,则称 $\int_a^x f(t)\mathrm{d}t$ 为**可变上限定积分**,或称为**积分上限的函数**,记作 $\Phi(x)$,即

$$\Phi(x) = \int_a^x f(t)\mathrm{d}t, \quad a \leqslant x \leqslant b. \tag{5.2.1}$$

注意 在式(5.2.1)中,x 表示积分上限变量,在区间 $[a,b]$ 上变化;t 表示积分变量,在区间 $[a,x]$ 上变化. 有时积分上限和积分变量都用 x 表示,但其含义不同,要注意区分.

$\Phi(x) = \int_a^x f(t)\mathrm{d}t$ 在几何上表示右侧直线可移动的曲边梯形的面积(图 5.2.1),曲边梯形的面积随 x 的位置变动而改变,当 x 给定后,面积 $\Phi(x)$ 就随之确定. 这是可变上限定积分 $\Phi(x)$ 的几何意义.

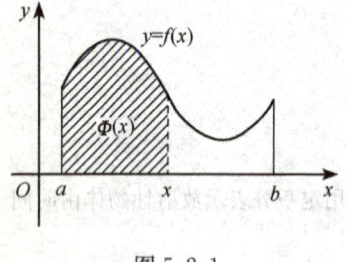

图 5.2.1

2. 可变上限定积分的导数

关于函数 $\Phi(x)$ 的可导性,有以下结论.

定理 5.2.1 若函数 $f(x)$ 在区间 $[a,b]$ 上连续,则可变上限定积分 $\Phi(x) = \int_a^x f(t)\mathrm{d}t$ 在 $[a,b]$ 上可导,且

5.2 微积分基本公式

$$\Phi'(x) = \frac{d}{dx}\int_a^x f(t)dt = f(x), \quad a \leqslant x \leqslant b.$$

证 任取 $x \in (a,b)$，并给 x 以增量 $\Delta x \neq 0$，且使 $x+\Delta x \in (a,b)$，则

$$\Delta\Phi(x) = \Phi(x+\Delta x) - \Phi(x) = \int_a^{x+\Delta x}f(t)dt - \int_a^x f(t)dt = \int_x^{x+\Delta x}f(t)dt.$$

根据积分中值定理，有 $\Delta\Phi = f(\xi)\Delta x$，其中 ξ 介于 x 与 $x+\Delta x$ 之间。

由于 $f(x)$ 在 $[a,b]$ 上连续，当 $\Delta x \to 0$ 时，$\xi \to x$，因此

$$\Phi'(x) = \lim_{\Delta x \to 0}\frac{\Delta\Phi}{\Delta x} = \lim_{\Delta x \to 0}\frac{f(\xi)\Delta x}{\Delta x} = \lim_{\xi \to x}f(\xi) = f(x).$$

若 $x=a$，可取 $\Delta x > 0$，同理可证 $\Phi'_+(a) = f(a)$；若 $x=b$，可取 $\Delta x < 0$，同理可证 $\Phi'_-(b) = f(b)$。

综上，对任意 $x \in [a,b]$，$\Phi(x)$ 的导数总存在，且 $\Phi'(x) = f(x)$。

由上述定理及原函数的定义，$\Phi(x)$ 是连续函数 $f(x)$ 的一个原函数，即有以下定理。

定理 5.2.2（原函数存在定理） 设函数 $f(x)$ 在区间 $[a,b]$ 上连续，则它的原函数一定存在，且函数 $\Phi(x) = \int_a^x f(t)dt$ 就是 $f(x)$ 在区间 $[a,b]$ 上的一个原函数。

上述定理既肯定了连续函数必存在原函数，而且揭示了积分学中的定积分与原函数之间的联系：连续函数 $f(x)$ 取变上限 x 的定积分，就是 $f(x)$ 的一个原函数。

例 5.2.1 求 $\dfrac{d}{dx}\left(\int_x^2 \cos t^2 dt\right)$.

解 $$\frac{d}{dx}\left(\int_x^2 \cos t^2 dt\right) = -\frac{d}{dx}\left(\int_2^x \cos t^2 dt\right) = -\cos x^2.$$

例 5.2.2 求 $\dfrac{d}{dx}\left(\int_0^{x^2} e^{4t}dt\right)$.

解 设 $y = \int_0^{x^2} e^{4t}dt$，则 y 可看成是由 $y = \int_0^u e^{4t}dt$，$u = x^2$ 复合而得的复合函数，根据复合函数的求导法则，有

$$\frac{dy}{dx} = \frac{dy}{du} \cdot \frac{du}{dx} = e^{4u} \cdot 2x = 2xe^{4x^2},$$

于是

$$\frac{d}{dx}\left(\int_0^{x^2} e^{4t}dt\right) = 2xe^{4x^2}.$$

采用与例 5.2.2 类似的方法，即应用定理 5.2.1 和复合函数的求导法则，可得以下变限积分的求导公式：

设 $f(x)$ 在区间 $[a,b]$ 上连续，$\varphi_1(x), \varphi_2(x)$ 都是可微函数，则有

$$\frac{\mathrm{d}}{\mathrm{d}x}\left(\int_{\varphi_1(x)}^{\varphi_2(x)} f(t)\mathrm{d}t\right) = f[\varphi_2(x)] \cdot \varphi_2'(x) - f[\varphi_1(x)] \cdot \varphi_1'(x).$$

特别地,有

$$\frac{\mathrm{d}}{\mathrm{d}x}\left(\int_a^{\varphi_2(x)} f(t)\mathrm{d}t\right) = f[\varphi_2(x)] \cdot \varphi_2'(x),$$

$$\frac{\mathrm{d}}{\mathrm{d}x}\left(\int_{\varphi_1(x)}^b f(t)\mathrm{d}t\right) = -f[\varphi_1(x)] \cdot \varphi_1'(x).$$

例 5.2.3 求 $\lim\limits_{x\to 0}\dfrac{\int_0^x \mathrm{e}^{-5t^2}\mathrm{d}t}{\sin x}$.

解 这是一个"$\dfrac{0}{0}$"型的未定式,根据洛必达法则得

$$\lim_{x\to 0}\frac{\int_0^x \mathrm{e}^{-5t^2}\mathrm{d}t}{\sin x} = \lim_{x\to 0}\frac{\mathrm{e}^{-5x^2}}{\cos x} = 1.$$

例 5.2.4 当 x 为何值时,函数 $I(x) = \int_0^x t\mathrm{e}^{-t^2}\mathrm{d}t$ 有极值?

解 由于被积函数 $f(t) = t\mathrm{e}^{-t^2}$ 在 $(-\infty, +\infty)$ 上连续,故由定理 5.2.1 知 $I(x)$ 在 $(-\infty, +\infty)$ 上可导. 令 $I'(x) = x\mathrm{e}^{-x^2} = 0$,得唯一驻点 $x = 0$. 又 $I''(x) = (1-2x^2)\mathrm{e}^{-x^2}$,从而 $I''(0) = 1 > 0$. 由极值的第二充分条件知,$I(x)$ 在点 $x = 0$ 处取得极小值 $I(0) = 0$.

例 5.2.5 已知 $f(x) = \int_0^x (x^2+1)\mathrm{e}^{t^2}\mathrm{d}t$,求 $f'(x)$.

解 因为 $f(x) = \int_0^x (x^2+1)\mathrm{e}^{t^2}\mathrm{d}t = (x^2+1)\int_0^x \mathrm{e}^{t^2}\mathrm{d}t$,所以,

$$f'(x) = 2x\int_0^x \mathrm{e}^{t^2}\mathrm{d}t + (x^2+1)\mathrm{e}^{x^2}.$$

5.2.2 牛顿-莱布尼茨公式

现在来用定理 5.2.1 证明一个重要定理,它给出了通过原函数计算定积分的公式.

定理 5.2.3 设 $f(x)$ 是区间 $[a,b]$ 上的连续函数,$F(x)$ 是 $f(x)$ 的一个原函数,即 $F'(x) = f(x)$,则

$$\int_a^b f(x)\mathrm{d}x = F(b) - F(a). \tag{5.2.2}$$

证 已知 $F(x)$ 是 $f(x)$ 的一个原函数,由定理 5.2.1 知,$\Phi(x) = \int_a^x f(t)\mathrm{d}t$ 也是 $f(x)$ 的一个原函数,因此,这两个原函数相差一个常数,即

$$\Phi(x) = F(x) + C,$$

在上式中，令 $x=a$，得 $F(a)+C=\Phi(a)=\int_a^a f(t)\mathrm{d}t=0$，所以 $C=-F(a)$. 于是
$$\int_a^x f(t)\mathrm{d}t=F(x)-F(a).$$
再令 $x=b$，即得式(5.2.2).

为了方便起见，式(5.2.2)又常写为
$$\int_a^b f(x)\mathrm{d}x=F(x)\Big|_a^b \quad \text{或} \int_a^b f(x)\mathrm{d}x=[F(x)]_a^b.$$

式(5.2.2)称为**牛顿-莱布尼茨公式**或**微积分基本公式**. 这公式巧妙地把定积分的计算问题和不定积分联系起来，即把定积分的计算转化为求被积函数的一个原函数在区间端点的增量问题. 这就给定积分提供了一个有效而简便的计算方法，大大简化了定积分的计算.

例 5.2.6 求 $\int_0^{\frac{\pi}{2}} \cos x \mathrm{d}x$.

解
$$\int_0^{\frac{\pi}{2}} \cos x \mathrm{d}x = \sin x \Big|_0^{\frac{\pi}{2}} = \sin\frac{\pi}{2}-\sin 0 = 1.$$

例 5.2.7 求 $\int_{-2}^{-1} \frac{1}{x} \mathrm{d}x$.

解
$$\int_{-2}^{-1} \frac{1}{x} \mathrm{d}x = \ln|x|\Big|_{-2}^{-1} = \ln 1 - \ln 2 = -\ln 2.$$

例 5.2.8 求 $\int_0^{\frac{\pi}{4}} \tan^2\theta \mathrm{d}\theta$.

解
$$\int_0^{\frac{\pi}{4}} \tan^2\theta \mathrm{d}\theta = \int_0^{\frac{\pi}{4}} (\sec^2\theta-1)\mathrm{d}\theta = \int_0^{\frac{\pi}{4}} \sec^2\theta \mathrm{d}\theta - \int_0^{\frac{\pi}{4}} \mathrm{d}\theta$$
$$= \tan\theta\Big|_0^{\frac{\pi}{4}} - \theta\Big|_0^{\frac{\pi}{4}} = (1-0) - \left(\frac{\pi}{4}-0\right) = 1-\frac{\pi}{4}.$$

注意 (1) 牛顿-莱布尼茨公式，不论 $a<b$ 还是 $a>b$ 都成立；(2) 如果 $f(x)$ 不满足定理的某个条件，则牛顿-莱布尼茨公式不能使用. 例如，$\int_{-1}^1 \frac{1}{x^2}\mathrm{d}x = -\frac{1}{x}\Big|_{-1}^1 = -2$，但这个结果是错误的(见例 5.4.5)，导致这一错误的原因是 $f(x)=\frac{1}{x^2}$ 在区间 $[-1,1]$ 上点 $x=0$ 处不连续，故不能使用牛顿-莱布尼茨公式进行计算.

例 5.2.9 已知 $f(x)=\begin{cases} x+1, & x<1, \\ 3x^2, & x\geqslant 1, \end{cases}$ 求 $\int_0^2 f(x)\mathrm{d}x$.

解 由于被积函数 $f(x)$ 是分段函数，因此须分区间进行积分.
$$\int_0^2 f(x)\mathrm{d}x = \int_0^1 (x+1)\mathrm{d}x + \int_1^2 3x^2\mathrm{d}x = \left[\frac{x^2}{2}+x\right]_0^1 + x^3\Big|_1^2 = \frac{17}{2}.$$

当被积函数是分段函数时，应根据分段函数的表达式将积分区间划分后，再利

用积分的可加性分别积分后取和. 例如, 含绝对值符号的函数和含有最值符号 max 或 min 函数是特殊的分段函数, 也需类似地分区间进行积分. 分段函数的积分是一类重要的积分, 正确地认识和掌握这类积分对于学好概率论和其他的后续课程具有重要的作用.

例 5.2.10 求 $\int_0^\pi \sqrt{1+\cos 2x}\,dx$.

解
$$\int_0^\pi \sqrt{1+\cos 2x}\,dx = \sqrt{2}\int_0^\pi |\cos x|\,dx$$
$$= \sqrt{2}\left(\int_0^{\frac{\pi}{2}} \cos x\,dx - \int_{\frac{\pi}{2}}^\pi \cos x\,dx\right)$$
$$= \sqrt{2}\left(\sin x\Big|_0^{\frac{\pi}{2}} - \sin x\Big|_{\frac{\pi}{2}}^\pi\right) = 2\sqrt{2}.$$

例 5.2.11 设 $f(x)=\begin{cases}3x^2, & x\in[0,1],\\ 2x, & x\in(1,2].\end{cases}$ 求 $F(x)=\int_0^x f(t)\,dt$ 在 $[0,2]$ 上的表达式.

解 (1) 当 $x\in[0,1]$ 时, $F(x)=\int_0^x 3t^2\,dt = x^3$.

(2) 当 $x\in(1,2]$ 时,
$$F(x)=\int_0^x f(t)\,dt = \int_0^1 3t^2\,dt + \int_1^x 2t\,dt = 1 + x^2 - 1 = x^2.$$

综上可知
$$F(x)=\begin{cases} x^3, & x\in[0,1],\\ x^2, & x\in(1,2].\end{cases}$$

例 5.2.12 设 $f(x)=x+2\int_0^1 f(x)\,dx$, 求 $\int_1^2 f(x)\,dx$.

解 设 $\int_0^1 f(x)\,dx = A$, 在题设等式两边取 $[0,1]$ 的定积分, 得
$$A = \int_0^1 x\,dx + 2A\int_0^1 dx,$$

解得 $A=-\dfrac{1}{2}$. 所以 $f(x)=x-1$. 于是,
$$\int_1^2 f(x)\,dx = \int_1^2 (x-1)\,dx = \left[\frac{x^2}{2}-x\right]_1^2 = \frac{1}{2}.$$

习 题 5.2

1. 求函数 $y=\int_x^0 \cos x\,dx$ 当 $x=0$ 时的导数.

2. 求参数方程 $x = \int_0^t \cos u \, du, y = \int_0^{2t} \sin u \, du$ 所确定的函数 y 对 x 的二阶导数 $\dfrac{d^2 y}{dx^2}$.

3. 求由 $\int_0^y e^t \, dt - \int_{x^2}^{x^3} \cos t \, dt = 0$ 所确定的隐函数 y 对 x 的导数 $\dfrac{dy}{dx}$.

4. 求下列极限：

   (1) $\lim\limits_{x \to 0} \dfrac{\int_0^x \arctan t \, dt}{x^2}$;

   (2) $\lim\limits_{x \to 0} \dfrac{\left(\int_0^x e^{t^2} \, dt\right)^2}{\int_0^x t e^{2t^2} \, dt}$.

5. 设 $f(x)$ 是 $[a,b]$ 上单调增加可导的函数，$F(x) = \dfrac{1}{x-a}\int_a^x f(t) \, dt$，证明 $F(x)$ 在 $(a,b]$ 上单调增加.

6. 设 $f(x)$ 在 $(-\infty, +\infty)$ 上连续，且 $\int_0^{x^3} f(t) \, dt = x^3(1+3x)$，求 $f(8)$.

7. 已知 $f(x) = \int_0^x 3^{x+t} \, dt$，求 $f'(x)$.

8. 计算下列定积分：

   (1) $\int_1^2 \left(x^2 + \dfrac{1}{x^4}\right) dx$;

   (2) $\int_4^9 \sqrt{x}(1+\sqrt{x}) \, dx$;

   (3) $\int_{\frac{1}{\sqrt{3}}}^{\sqrt{3}} \dfrac{dx}{1+x^2}$;

   (4) $\int_{-1}^1 \dfrac{dx}{\sqrt{4-x^2}}$;

   (5) $\int_{-1}^0 \dfrac{3x^4 + 3x^2 + 1}{x^2 + 1} dx$;

   (6) $\int_{-e-1}^{-2} \dfrac{dx}{1+x}$;

   (7) $\int_1^{\sqrt{3}} \dfrac{dx}{x^2(1+x^2)}$;

   (8) $\int_0^{2\pi} |\sin x| \, dx$.

9. 求函数 $\Phi(x) = \int_0^x t(t-1) \, dt$ 在 $[-1,1]$ 上的最大值与最小值.

10. 用定积分求和式的极限 $\lim\limits_{n \to \infty} \dfrac{1}{n^2}(\sqrt{n} + \sqrt{2n} + \cdots + \sqrt{n^2})$.

11. 设 $f(x) = \begin{cases} \dfrac{1}{2}\sin x, & 0 \leqslant x \leqslant \pi, \\ 0, & \text{其他}. \end{cases}$ 求 $\Phi(x) = \int_0^x f(t) \, dt$ 在 $(-\infty, +\infty)$ 内的表达式.

12. 已知 $f(x) = x^2 - x\int_0^1 f(x) \, dx + 2\int_0^1 f(x) \, dx$，求 $f(x)$.

5.3 定积分的换元积分法和分部积分法

5.2 节的牛顿-莱布尼茨公式将定积分的计算转化为求被积函数的一个原函数在区间端点的增量问题，而不定积分的换元积分法和分部积分法对求原函数起了重要作用，因此这两种方法同样可适用于定积分. 本节介绍定积分的换元积分法和分部积分法.

5.3.1 定积分的换元积分法

定理 5.3.1 设函数 $f(x)$ 在 $[a,b]$ 上连续,且函数 $x=\varphi(t)$ 满足条件:
(1) $x=\varphi(t)$ 在 $[\alpha,\beta]$(或 $[\beta,\alpha]$)上单调且有连续的导数 $\varphi'(t)$;
(2) $\varphi(\alpha)=a, \varphi(\beta)=b$,
则有

$$\int_a^b f(x)\mathrm{d}x = \int_\alpha^\beta f[\varphi(t)]\varphi'(t)\mathrm{d}t. \tag{5.3.1}$$

式(5.3.1)称为定积分的**换元公式**.

证 假设 $F(x)$ 是 $f(x)$ 的一个原函数,由牛顿-莱布尼茨公式,则

$$\int_a^b f(x)\mathrm{d}x = F(b) - F(a).$$

令 $\Phi(t) = F[\varphi(t)]$,它可看作由 $F(x)$ 与 $x=\varphi(t)$ 复合而得,根据复合函数求导法则,有

$$\Phi'(t) = \frac{\mathrm{d}F}{\mathrm{d}x} \cdot \frac{\mathrm{d}x}{\mathrm{d}t} = f(x)\varphi'(t) = f[\varphi(t)]\varphi'(t),$$

这表明 $\Phi(t)=F[\varphi(t)]$ 是 $f[\varphi(t)]\varphi'(t)$ 的一个原函数,因此有

$$\int_\alpha^\beta f[\varphi(t)]\varphi'(t)\mathrm{d}t = F[\varphi(\beta)] - F[\varphi(\alpha)] = F(b) - F(a).$$

这就证明了换元公式(5.3.1)成立.

例 5.3.1 求 $\int_0^a \sqrt{a^2-x^2}\,\mathrm{d}x\ (a>0)$.

解 令 $x=a\sin t\ \left(0 \leqslant t \leqslant \dfrac{\pi}{2}\right)$,则 $\mathrm{d}x = a\cos t\,\mathrm{d}t$,当 $x=0$ 时,$t=0$;当 $x=a$ 时,$t=\dfrac{\pi}{2}$. 于是

$$\int_0^a \sqrt{a^2-x^2}\,\mathrm{d}x = a^2 \int_0^{\frac{\pi}{2}} \cos t \cdot \cos t\,\mathrm{d}t$$

$$= a^2 \int_0^{\frac{\pi}{2}} \frac{1+\cos 2t}{2}\mathrm{d}t = \frac{a^2}{2}\left(t + \frac{\sin 2t}{2}\right)\bigg|_0^{\frac{\pi}{2}} = \frac{\pi}{4}a^2.$$

注意 在作变量替换的同时,一定要把积分限换成相应于新变量 t 的积分限,且上下限要注意对应.

例 5.3.2 求 $\int_0^4 \dfrac{x+2}{\sqrt{2x+1}}\mathrm{d}x$.

解 令 $\sqrt{2x+1}=t$,则 $x=\dfrac{1}{2}(t^2-1)$,$\mathrm{d}x = t\,\mathrm{d}t$,当 $x=0$ 时,$t=1$;当 $x=4$ 时,$t=3$. 从而

$$\int_0^4 \frac{x+2}{\sqrt{2x+1}}dx = \int_1^3 \frac{\frac{1}{2}(t^2-1)+2}{t}t\,dt$$
$$= \frac{1}{2}\int_1^3 (t^2+3)dt = \frac{1}{2}\left(\frac{t^3}{3}+3t\right)\Big|_1^3 = \frac{22}{3}.$$

例 5.3.3 求 $\int_0^{\frac{\pi}{2}} \cos^3 x \sin x dx$.

解 令 $t=\cos x$, 则 $dt=-\sin x dx$, 当 $x=0$ 时, $t=1$; 当 $x=\frac{\pi}{2}$ 时, $t=0$. 于是,

$$\int_0^{\frac{\pi}{2}} \cos^3 x \sin x dx = -\int_1^0 t^3 dt = -\frac{1}{4}t^4\Big|_1^0 = \frac{1}{4}.$$

注意 在本例题中, 可以不引进新变量, 而利用"凑微分法"积分, 这时积分上下限不要改动. 重新计算如下:

$$\int_0^{\frac{\pi}{2}} \cos^3 x \sin x dx = -\int_0^{\frac{\pi}{2}} \cos^3 x d\cos x = -\frac{1}{4}\cos^4 x\Big|_0^{\frac{\pi}{2}} = \frac{1}{4}.$$

此外, 使用换元公式时还要注意 $x=\varphi(t)$ 是否满足有关条件, 如计算 $\int_{-1}^1 \frac{1}{1+x^2}dx$, 若令 $x=\frac{1}{t}$, 则原式 $=-\int_{-1}^1 \frac{1}{1+t^2}dt$, 从而原式 $=0$, 显然结果错误!

这是因为 $x=\frac{1}{t}$ 在 $[-1,1]$ 不连续, 从而在 $[-1,1]$ 上不具有连续的导数, 不能使用换元公式.

当被积函数是奇函数、偶函数、周期函数等特殊函数时, 充分利用其性质可简化定积分的计算.

定理 5.3.2 设函数 $y=f(x)$ 在 $[-a,a]$ 上连续, 则

(1) 若 $f(x)$ 为偶函数, 则 $\int_{-a}^a f(x)dx = 2\int_0^a f(x)dx$;

(2) 若 $f(x)$ 为奇函数, 则 $\int_{-a}^a f(x)dx = 0$.

证 (1) 根据积分的可加性, 有

$$\int_{-a}^a f(x)dx = \int_{-a}^0 f(x)dx + \int_0^a f(x)dx.$$

在 $\int_{-a}^0 f(x)dx$ 中作变量代换 $x=-t$, 则

$$\int_{-a}^0 f(x)dx = \int_a^0 f(-t)d(-t) = -\int_a^0 f(t)dt = \int_0^a f(t)dt = \int_0^a f(x)dx,$$

所以
$$\int_{-a}^a f(x)dx = 2\int_0^a f(x)dx.$$

(2) 类似可证.

例 5.3.4 求 $\int_{-\frac{1}{2}}^{\frac{1}{2}} \dfrac{2x^3+5x+1}{\sqrt{1-x^2}} dx$.

解 因为 $\dfrac{2x^3+5x}{\sqrt{1-x^2}}$ 是奇函数,而 $\dfrac{1}{\sqrt{1-x^2}}$ 是偶函数,故由定理 5.3.2,有

$$\int_{-\frac{1}{2}}^{\frac{1}{2}} \dfrac{2x^3+5x+1}{\sqrt{1-x^2}} dx = \int_{-\frac{1}{2}}^{\frac{1}{2}} \dfrac{2x^3+5x}{\sqrt{1-x^2}} dx + \int_{-\frac{1}{2}}^{\frac{1}{2}} \dfrac{dx}{\sqrt{1-x^2}}$$

$$= 2\int_0^{\frac{1}{2}} \dfrac{dx}{\sqrt{1-x^2}} = 2\arcsin x \Big|_0^{\frac{1}{2}} = \dfrac{\pi}{3}.$$

定理 5.3.3 设 $f(x)$ 是以 T 为周期的连续函数,则

(1) $\int_a^{a+T} f(x) dx = \int_0^T f(x) dx$;

(2) $\int_a^{a+nT} f(x) dx = n \int_0^T f(x) dx$ (n 为正整数).

证法与定理 5.3.2 类似,请读者自己完成.

例 5.3.5 求 $\int_{\frac{\pi}{4}}^{\frac{\pi}{4}+15\pi} |\sin 2x| dx$.

解 由于 $|\sin 2x|$ 的周期为 $\dfrac{\pi}{2}$,故由定理 5.3.3 结论(2),有

原式 $= \int_{\frac{\pi}{4}}^{\frac{\pi}{4}+30\cdot\frac{\pi}{2}} |\sin 2x| dx = 30 \int_0^{\frac{\pi}{2}} \sin 2x dx = 30.$

例 5.3.6 设 $f(x)$ 在 $[0,1]$ 上连续,证明:

(1) $\int_0^{\frac{\pi}{2}} f(\sin x) dx = \int_0^{\frac{\pi}{2}} f(\cos x) dx$;

(2) $\int_0^{\pi} xf(\sin x) dx = \dfrac{\pi}{2} \int_0^{\pi} f(\sin x) dx$,并求 $\int_0^{\pi} \dfrac{x\sin x}{1+\cos^2 x} dx.$

证 (1) 令 $x = \dfrac{\pi}{2} - t$,则

$$\int_0^{\frac{\pi}{2}} f(\sin x) dx = -\int_{\frac{\pi}{2}}^0 f\left[\sin\left(\dfrac{\pi}{2}-t\right)\right] dt = \int_0^{\frac{\pi}{2}} f(\cos t) dt = \int_0^{\frac{\pi}{2}} f(\cos x) dx.$$

在上述证明中所作的变换是对调变换. 一般地,设 $f(x)$ 在区间 $[a,b]$ 上连续,则变换 $x = (a+b)-t$ 称为**对调变换**. 对调变换是一类常用的变换.

(2) 令 $x = \pi - t$,则

$$\int_0^{\pi} xf(\sin x) dx = -\int_{\pi}^0 (\pi-t)f(\sin t) dt = \pi\int_0^{\pi} f(\sin t) dt - \int_0^{\pi} tf(\sin t) dt,$$

所以 $\int_0^{\pi} xf(\sin x) dx = \dfrac{\pi}{2} \int_0^{\pi} f(\sin x) dx.$

利用上述结论,得

$$\int_0^\pi \frac{x\sin x}{1+\cos^2 x}dx = \frac{\pi}{2}\int_0^\pi \frac{\sin x}{1+\cos^2 x}dx = -\frac{\pi}{2}\arctan\cos x\Big|_0^\pi = \frac{\pi^2}{4}.$$

例 5.3.7 设 $f(x)=\begin{cases} x, & x\leqslant 0, \\ xe^{-x^2}, & x>0. \end{cases}$ 求 $\int_1^4 f(x-2)dx$.

解 令 $t=x-2$,则

$$\int_1^4 f(x-2)dx = \int_{-1}^2 f(t)dt = \int_{-1}^0 t\,dt + \int_0^2 te^{-t^2}dt$$

$$= \frac{1}{2}t^2\Big|_{-1}^0 - \frac{1}{2}e^{-t^2}\Big|_0^2 = -\frac{1}{2} - \frac{1}{2}e^{-4} + \frac{1}{2} = -\frac{1}{2}e^{-4}.$$

5.3.2 定积分的分部积分法

定理 5.3.4 设 $u(x), v(x)$ 在 $[a,b]$ 上有连续导数,则

$$\int_a^b u(x)v'(x)dx = u(x)v(x)\Big|_a^b - \int_a^b u'(x)v(x)dx, \tag{5.3.2}$$

简记为

$$\int_a^b uv'dx = uv\Big|_a^b - \int_a^b u'v\,dx,$$

或

$$\int_a^b u\,dv = uv\Big|_a^b - \int_a^b v\,du.$$

式(5.3.2)称为定积分的**分部积分公式**.

定理的证明类似不定积分的分部积分公式,请读者自己完成.

例 5.3.8 求 $\int_0^1 xe^x dx$.

解
$$\int_0^1 xe^x dx = \int_0^1 x\,de^x = xe^x\Big|_0^1 - \int_0^1 e^x dx = e - e^x\Big|_0^1 = 1.$$

例 5.3.9 求 $\int_0^{\frac{\pi}{2}} x\sin x\,dx$.

解
$$\int_0^{\frac{\pi}{2}} x\sin x\,dx = -\int_0^{\frac{\pi}{2}} x\,d\cos x$$

$$= -x\cos x\Big|_0^{\frac{\pi}{2}} + \int_0^{\frac{\pi}{2}} \cos x\,dx = 0 + \sin x\Big|_0^{\frac{\pi}{2}} = 1.$$

例 5.3.10 求 $\int_1^4 \frac{\ln x}{\sqrt{x}}dx$.

解 先用换元积分法,再用分部积分法. 令 $t=\sqrt{x}$,则

$$\int_1^4 \frac{\ln x}{\sqrt{x}}dx = \int_1^2 \frac{\ln t^2}{t}\cdot 2t\,dt = 4\int_1^2 \ln t\,dt$$

$$= 4\left(t\ln t\Big|_1^2 - \int_1^2 t\cdot\frac{1}{t}dt\right) = 4(2\ln 2 - 1).$$

例 5.3.11 设 $f(x)=\int_1^{x^2}e^{-t^2}dt$，求 $\int_0^1 xf(x)dx$.

解
$$\int_0^1 xf(x)dx=\frac{1}{2}\int_0^1 f(x)dx^2=\frac{x^2}{2}f(x)\Big|_0^1-\frac{1}{2}\int_0^1 x^2 f'(x)dx$$
$$=\frac{1}{2}f(1)-\frac{1}{2}\int_0^1 x^2\cdot 2xe^{-x^4}dx=-\int_0^1 x^3 e^{-x^4}dx$$
$$=\frac{1}{4}e^{-x^4}\Big|_0^1=\frac{1}{4}(e^{-1}-1).$$

注意 凡被积函数以变限积分的形式给出，求定积分时常用分部积分法.

例 5.3.12 求 $I_n=\int_0^{\frac{\pi}{2}}\sin^n x dx$（$n$ 为自然数）.

解 $I_0=\int_0^{\frac{\pi}{2}}dx=\frac{\pi}{2}$，$I_1=\int_0^{\frac{\pi}{2}}\sin x dx=1$.

当 $n\geqslant 2$ 时，应用分部积分法. 设 $u=\sin^{n-1}x$，$dv=\sin x dx$，则

$$I_n=\left[-\cos x\sin^{n-1}x\right]_0^{\frac{\pi}{2}}+(n-1)\int_0^{\frac{\pi}{2}}\sin^{n-2}x\cos^2 x dx$$
$$=(n-1)\int_0^{\frac{\pi}{2}}\sin^{n-2}x dx-(n-1)\int_0^{\frac{\pi}{2}}\sin^n x dx$$
$$=(n-1)I_{n-2}-(n-1)I_n,$$

由此得 I_n 的递推公式 $$I_n=\frac{n-1}{n}I_{n-2}.$$

如果把 n 换成 $n-2$，则得

$$I_{n-2}=\frac{n-3}{n-2}I_{n-4}.$$

同样地依次进行下去，直到出现 I_1 或 I_0 为止. 于是，

$$I_n=\int_0^{\frac{\pi}{2}}\sin^n x dx=\begin{cases}\dfrac{n-1}{n}\cdot\dfrac{n-3}{n-2}\cdot\cdots\cdot\dfrac{4}{5}\cdot\dfrac{2}{3}\cdot 1, & n\text{ 为奇数},\\ \dfrac{n-1}{n}\cdot\dfrac{n-3}{n-2}\cdot\cdots\cdot\dfrac{5}{6}\cdot\dfrac{3}{4}\cdot\dfrac{1}{2}\cdot\dfrac{\pi}{2}, & n\text{ 为偶数}.\end{cases}$$

由例 5.3.6 的结论知，$I_n=\int_0^{\frac{\pi}{2}}\sin^n x dx=\int_0^{\frac{\pi}{2}}\cos^n x dx$. 此结果可以直接使用. 例如，

$$\int_0^{\frac{\pi}{2}}\sin^5 x dx=\int_0^{\frac{\pi}{2}}\cos^5 x dx=\frac{4}{5}\cdot\frac{2}{3}=\frac{8}{15},$$

$$\int_0^{\frac{\pi}{2}}\sin^6 x dx=\int_0^{\frac{\pi}{2}}\cos^6 x dx=\frac{5}{6}\cdot\frac{3}{4}\cdot\frac{1}{2}\cdot\frac{\pi}{2}=\frac{15\pi}{96}.$$

习 题 5.3

1. 用换元法计算下列定积分：

(1) $\int_{\frac{\pi}{6}}^{\frac{\pi}{2}} \cos^2 u \, du$；

(2) $\int_0^{\pi} (1 - \sin^3 \theta) \, d\theta$；

(3) $\int_{\frac{1}{2}}^{1} e^{\sqrt{2x-1}} \, dx$；

(4) $\int_0^4 \frac{\sqrt{x}}{1+\sqrt{x}} \, dx$；

(5) $\int_{-2}^{0} \frac{dx}{x^2+2x+2}$；

(6) $\int_1^{e^2} \frac{dx}{x\sqrt{1+\ln x}}$；

(7) $\int_0^1 \frac{dx}{e^x+e^{-x}}$；

(8) $\int_{-\frac{\pi}{2}}^{\frac{\pi}{2}} \cos x \cos 2x \, dx$；

(9) $\int_0^1 x(1-x)^{29} \, dx$；

(10) $\int_1^{\sqrt{3}} \frac{1}{x^2\sqrt{1+x^2}} \, dx$；

(11) $\int_0^a x^2 \sqrt{a^2-x^2} \, dx \, (a > 0)$；

(12) $\int_0^1 \sqrt{2x-x^2} \, dx$.

2. 用换元法或分部积分法计算下列定积分：

(1) $\int_0^1 x e^{-x} \, dx$；

(2) $\int_1^e x \ln x \, dx$；

(3) $\int_0^1 \arctan x \, dx$；

(4) $\int_0^{\frac{\pi}{2}} e^{2x} \cos x \, dx$；

(5) $\int_1^e \sin(\ln x) \, dx$；

(6) $\int_{\frac{1}{e}}^{e} |\ln x| \, dx$.

3. 计算定积分 $J_n = \int_0^{\pi} x \sin^n x \, dx$（$n$ 为自然数）.

4. 利用函数的奇偶性计算下列定积分：

(1) $\int_{-\frac{\pi}{2}}^{\frac{\pi}{2}} 4\cos^4 x \, dx$；

(2) $\int_{-7}^{7} \frac{x^3 \sin^2 x}{x^4+3x^2+1} \, dx$；

(3) $\int_{-\frac{1}{2}}^{\frac{1}{2}} \frac{(\arcsin x)^2}{\sqrt{1-x^2}} \, dx$；

(4) $\int_{-2}^{2} \frac{x+|x|}{2+x^2} \, dx$.

5. 设 $f(x)$ 在 $[a,b]$ 上连续，证明 $\int_a^b f(x) \, dx = \int_a^b f(a+b-x) \, dx$.

6. 证明 $\int_0^1 x^m (1-x)^n \, dx = \int_0^1 x^n (1-x)^m \, dx$.

7. 求定积分 $\int_a^{a+\pi} \sin^2 x \, dx$.

8. 设 $f(x) = \int_0^x \frac{\sin t}{\pi-t} \, dt$，求 $\int_0^{\pi} f(x) \, dx$.

9. 设 $f(x) = \begin{cases} x^2, & x \leq 0, \\ x\cos x, & x > 0. \end{cases}$ 求 $\int_0^2 f(x-1) \, dx$.

10. 设 $f(x)$ 连续，证明

(1) 若 $f(x)$ 为奇函数,则 $\int_0^x f(t)dt$ 是偶函数;

(2) 若 $f(x)$ 为偶函数,则 $\int_0^x f(t)dt$ 是奇函数.

5.4 广义积分与 Γ 函数

前面所讨论的定积分都是在积分区间有限且被积函数有界的条件下进行的,但在实际问题中常常需要处理积分区间为无限,或者被积函数无界的积分,这些已经不属于前面所讲的定积分了. 因此,需对定积分进行推广,推广后的这两类积分统称为**广义积分**或**反常积分**. 相对而言,一般积分也称作**常义积分**.

5.4.1 积分区间为无限的广义积分

定义 5.4.1 设函数 $f(x)$ 在 $[a, +\infty)$ 上连续,任取 $b > a$,如果极限 $\lim\limits_{b \to +\infty} \int_a^b f(x)dx$ 存在,则称此极限为 $f(x)$ **在** $[a, +\infty)$ **上的广义积分**,记为 $\int_a^{+\infty} f(x)dx$,即

$$\int_a^{+\infty} f(x)dx = \lim_{b \to +\infty} \int_a^b f(x)dx.$$

这时也称**广义积分** $\int_a^{+\infty} f(x)dx$ **存在**或**收敛**. 若该极限不存在,则称**广义积分** $\int_a^{+\infty} f(x)dx$ **发散**.

类似可定义广义积分 $\int_{-\infty}^b f(x)dx = \lim\limits_{a \to -\infty} \int_a^b f(x)dx,$

以及广义积分 $\int_{-\infty}^{+\infty} f(x)dx = \int_{-\infty}^c f(x)dx + \int_c^{+\infty} f(x)dx$ (c 为任意常数).

这里广义积分 $\int_{-\infty}^{+\infty} f(x)dx$ 收敛是当且仅当广义积分 $\int_{-\infty}^c f(x)dx$ 和 $\int_c^{+\infty} f(x)dx$ 都收敛.

例 5.4.1 求 $\int_0^{+\infty} \frac{dx}{1+x^2}$.

解 按定义,有

$$\int_0^{+\infty} \frac{dx}{1+x^2} = \lim_{b \to +\infty} \int_0^b \frac{dx}{1+x^2} = \lim_{b \to +\infty} [\arctan x]_0^b = \lim_{b \to +\infty} [\arctan b - \arctan 0] = \frac{\pi}{2}.$$

为方便,本例中的极限式 $\lim\limits_{b \to +\infty} [\arctan x]_0^b$ 也常写为 $\arctan x \big|_0^{+\infty}$. 于是本例解可简写为

$$\int_0^{+\infty} \frac{dx}{1+x^2} = \arctan x \bigg|_0^{+\infty} = \frac{\pi}{2}.$$

类似可求 $\int_{-\infty}^{0}\dfrac{\mathrm{d}x}{1+x^2}=\dfrac{\pi}{2}$,于是,

$$\int_{-\infty}^{+\infty}\dfrac{\mathrm{d}x}{1+x^2}=\int_{-\infty}^{0}\dfrac{\mathrm{d}x}{1+x^2}+\int_{0}^{+\infty}\dfrac{\mathrm{d}x}{1+x^2}=\dfrac{\pi}{2}+\dfrac{\pi}{2}=\pi.$$

例 5.4.2 求 $\int_{0}^{+\infty}x\mathrm{e}^{-x}\mathrm{d}x$.

解 $\int_{0}^{+\infty}x\mathrm{e}^{-x}\mathrm{d}x=-\int_{0}^{+\infty}x\mathrm{d}\mathrm{e}^{-x}=-x\mathrm{e}^{-x}\Big|_{0}^{+\infty}+\int_{0}^{+\infty}\mathrm{e}^{-x}\mathrm{d}x=0-\mathrm{e}^{-x}\Big|_{0}^{+\infty}=1.$

例 5.4.3 讨论 p-积分 $\int_{1}^{+\infty}\dfrac{\mathrm{d}x}{x^p}(p>0)$ 的敛散性.

解 (1) 当 $p=1$ 时,$\int_{1}^{+\infty}\dfrac{\mathrm{d}x}{x}=\ln x\Big|_{1}^{+\infty}=+\infty.$

(2) 当 $p\neq 1$ 时,$\int_{1}^{+\infty}\dfrac{\mathrm{d}x}{x^p}=\dfrac{1}{1-p}x^{1-p}\Big|_{1}^{+\infty}=\dfrac{1}{1-p}(\lim\limits_{x\to +\infty}x^{1-p}-1),$

当 $p>1$ 时,$\int_{1}^{+\infty}\dfrac{\mathrm{d}x}{x^p}=\dfrac{1}{1-p}\left(\lim\limits_{x\to +\infty}\dfrac{1}{x^{p-1}}-1\right)=\dfrac{1}{p-1},$

当 $p<1$ 时,$\int_{1}^{+\infty}\dfrac{\mathrm{d}x}{x^p}=\dfrac{1}{1-p}(\lim\limits_{x\to +\infty}x^{1-p}-1)=+\infty.$

综上可知,反常积分 $\int_{1}^{+\infty}\dfrac{\mathrm{d}x}{x^p}$ 当 $p>1$ 时收敛,当 $p\leqslant 1$ 时发散.

5.4.2 被积函数为无界的广义积分

定义 5.4.2 设函数 $f(x)$ 在 $(a,b]$ 上连续,且 $\lim\limits_{x\to a^+}f(x)=\infty$,如果极限 $\lim\limits_{t\to a^+}\int_{t}^{b}f(x)\mathrm{d}x$ 存在,则称此极限为 $f(x)$ **在 $(a,b]$ 上的广义积分**,记为 $\int_{a}^{b}f(x)\mathrm{d}x$,即

$$\int_{a}^{b}f(x)\mathrm{d}x=\lim\limits_{t\to a^+}\int_{t}^{b}f(x)\mathrm{d}x.$$

这时也称 $f(x)$ 在 $(a,b]$ 上的**广义积分** $\int_{a}^{b}f(x)\mathrm{d}x$ **收敛**,如果该极限不存在,则称**广义积分** $\int_{a}^{b}f(x)\mathrm{d}x$ **发散**. 点 a 称为这个积分的**瑕点**,因此无界函数的广义积分也叫做**瑕积分**.

类似地,若 $f(x)$ 在 $[a,b)$ 上连续,且 $\lim\limits_{x\to b^-}f(x)=\infty$,即端点 b 为瑕点,则定义

$$\int_{a}^{b}f(x)\mathrm{d}x=\lim\limits_{t\to b^-}\int_{a}^{t}f(x)\mathrm{d}x.$$

若 $f(x)$ 在 $[a,b]$ 上除点 $c(a<c<b)$ 外连续,$\lim\limits_{x\to c}f(x)=\infty$,即内点 c 为瑕点,则定义

$$\int_{a}^{b}f(x)\mathrm{d}x=\int_{a}^{c}f(x)\mathrm{d}x+\int_{c}^{b}f(x)\mathrm{d}x.$$

这里以内点 c 为瑕点的瑕积分 $\int_a^b f(x)\mathrm{d}x$ 收敛是当且仅当瑕积分 $\int_a^c f(x)\mathrm{d}x$ 和 $\int_c^b f(x)\mathrm{d}x$ 都收敛.

注意 被积函数无界的反常积分与常义积分表示形式一样,但由于含有瑕点,与常义积分有本质的区别,计算时要注意判别.

例 5.4.4 求 $\int_0^1 \dfrac{\mathrm{d}x}{\sqrt{1-x^2}}$.

解 当 $x \to 1^-$ 时,$\dfrac{1}{\sqrt{1-x^2}}$ 无界,即 $x=1$ 为瑕点,故

$$\int_0^1 \frac{\mathrm{d}x}{\sqrt{1-x^2}} = \lim_{t \to 1^-}\int_0^t \frac{\mathrm{d}x}{\sqrt{1-x^2}} = \lim_{t \to 1^-}\arcsin x \Big|_0^t = \lim_{t \to 1^-}\arcsin t = \frac{\pi}{2}.$$

例 5.4.5 讨论广义积分 $\int_{-1}^1 \dfrac{1}{x^2}\mathrm{d}x$ 的敛散性.

解 由于 $x=0$ 为瑕点,按定义,有 $\int_{-1}^1 \dfrac{1}{x^2}\mathrm{d}x = \int_{-1}^0 \dfrac{1}{x^2}\mathrm{d}x + \int_0^1 \dfrac{1}{x^2}\mathrm{d}x$,而

$$\int_{-1}^0 \frac{1}{x^2}\mathrm{d}x = \lim_{t \to 0^-}\int_{-1}^0 \frac{1}{x^2}\mathrm{d}x = \lim_{t \to 0^-} -\frac{1}{x}\Big|_{-1}^t = +\infty,$$

故瑕积分 $\int_{-1}^0 \dfrac{1}{x^2}\mathrm{d}x$ 发散,从而原积分发散.

例 5.4.6 讨论积分 $\int_0^1 \dfrac{1}{x^q}\mathrm{d}x$ 的敛散性.

解 当 $q \leqslant 0$ 时,$\int_0^1 \dfrac{1}{x^q}\mathrm{d}x$ 为常义积分,显然收敛. 当 $q > 0$ 时,$x=0$ 为瑕点,$\int_0^1 \dfrac{1}{x^q}\mathrm{d}x$ 为瑕积分,以下分情况讨论:

(1) 当 $q=1$ 时,$\int_0^1 \dfrac{1}{x}\mathrm{d}x = \lim_{t \to 0^+}\int_t^1 \dfrac{\mathrm{d}x}{x} = \lim_{t \to 0^+}[\ln x]_t^1 = -\lim_{t \to 0^+}\ln t = +\infty$.

(2) 当 $q \neq 1$ 时,$\int_0^1 \dfrac{1}{x^q}\mathrm{d}x = \lim_{t \to 0^+}\int_t^1 \dfrac{\mathrm{d}x}{x^q} = \lim_{t \to 0^+}\left[\dfrac{1}{1-q}x^{1-q}\right]_t^1 = \dfrac{1}{1-q}(1 - \lim_{t \to 0^+}t^{1-q})$.

当 $q < 1$ 时,$\int_0^1 \dfrac{1}{x^q}\mathrm{d}x = \dfrac{1}{1-q}(1 - \lim_{t \to 0^+}t^{1-q}) = \dfrac{1}{1-q}$;

当 $q > 1$ 时,$\int_0^1 \dfrac{1}{x^q}\mathrm{d}x = \dfrac{1}{1-q}\left(1 - \lim_{t \to 0^+}\dfrac{1}{t^{q-1}}\right) = +\infty$.

综上可得,积分 $\int_0^1 \dfrac{\mathrm{d}x}{x^q}$ 当 $q < 1$ 时收敛,当 $q \geqslant 1$ 时发散.

当广义积分的积分区间为无穷,同时被积函数又无界时,可以把它拆成几个积分,使每一个积分只是无限区间的广义积分或只是瑕积分,然后再分别计算即可.

5.4 广义积分与Γ函数

例 5.4.7 求 $\int_0^{+\infty} \ln x \, dx$.

解 $\int_0^{+\infty} \ln x \, dx = \int_0^1 \ln x \, dx + \int_1^{+\infty} \ln x \, dx$. 因为瑕积分 $\int_0^1 \ln x \, dx = \lim\limits_{t \to 0^+} \int_t^1 \ln x \, dx = -1 - \lim\limits_{t \to 0^+}(t\ln t - t) = -1$(收敛).

而无限区间的广义积分 $\int_1^{+\infty} \ln x \, dx = \lim\limits_{t \to +\infty} \int_1^t \ln x \, dx = \lim\limits_{t \to +\infty}(t\ln t - t + 1) = +\infty$(发散).

所以广义积分 $\int_0^{+\infty} \ln x \, dx$ 发散.

5.4.3 Γ函数

可以证明,广义积分 $\int_0^{+\infty} x^{s-1} e^{-x} dx$ 当 $s>0$ 时收敛. 故对任一确定的 $s \in (0, +\infty)$, 总有唯一的广义积分值与之对应,这种对应关系所确定的函数称为Γ函数(图 5.4.1),通常记为 $\Gamma(s)$,即

$$\Gamma(s) = \int_0^{+\infty} x^{s-1} e^{-x} dx, \quad s > 0.$$

Γ函数在理论和应用上都有重要意义.

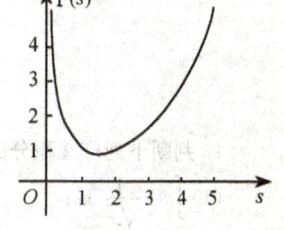

图 5.4.1

Γ函数具有以下重要性质:

(1) 递推公式 $\Gamma(s+1) = s\Gamma(s), s > 0$.

证 $\Gamma(s+1) = \int_0^{+\infty} x^s e^{-x} dx = -\int_0^{+\infty} x^s de^{-x}$

$= -x^s e^{-x} \big|_0^{+\infty} + s \int_0^{+\infty} x^{s-1} e^{-x} dx = s \int_0^{+\infty} x^{s-1} e^{-x} dx = s\Gamma(s)$

由于 $\Gamma(1) = \int_0^{+\infty} e^{-x} dx = 1$,反复运用递推公式,可得

$$\Gamma(n+1) = n!, \quad n \text{ 为正整数}.$$

(2) 余元公式 $\Gamma(s)\Gamma(1-s) = \dfrac{\pi}{\sin \pi s}$ ($0 < s < 1$)(证明从略).

令 $s = \dfrac{1}{2}$,由余元公式可得 $\Gamma\left(\dfrac{1}{2}\right) = \sqrt{\pi}$.

(3) 在 $\Gamma(s) = \int_0^{+\infty} x^{s-1} e^{-x} dx$ 中,作代换 $x = u^2$,可得Γ函数的另一种形式:

$$\Gamma(s) = 2 \int_0^{+\infty} u^{2s-1} e^{-u^2} du.$$

在上式中若令 $s = \dfrac{1}{2}$,可得重要的概率积分:

$$\int_0^{+\infty} e^{-u^2} du = \dfrac{1}{2} \Gamma\left(\dfrac{1}{2}\right) = \dfrac{\sqrt{\pi}}{2}.$$

例 5.4.8 求 $\int_0^{+\infty} x^5 \mathrm{e}^{-x} \mathrm{d}x$ 的值.

解 $\int_0^{+\infty} x^5 \mathrm{e}^{-x} \mathrm{d}x = \int_0^{+\infty} x^{6-1} \mathrm{e}^{-x} \mathrm{d}x = \Gamma(6) = 5! = 120.$

例 5.4.9 求 $\Gamma\left(\dfrac{5}{2}\right)$ 的值.

解 $\Gamma\left(\dfrac{5}{2}\right) = \dfrac{3}{2}\Gamma\left(\dfrac{3}{2}\right) = \dfrac{3}{2} \cdot \dfrac{1}{2}\Gamma\left(\dfrac{1}{2}\right) = \dfrac{3}{4}\sqrt{\pi}.$

最后举一例说明广义积分也像定积分一样可使用换元积分法.

例 5.4.10 求 $\int_0^{+\infty} x^3 \mathrm{e}^{-\sqrt{2x}} \mathrm{d}x$.

解 令 $\sqrt{2x}=t$，即 $x=\dfrac{t^2}{2}$，则 $\mathrm{d}x = t\,\mathrm{d}t$，且当 $x=0$ 时，$t=0$；当 $x \to +\infty$ 时，$t \to +\infty$.

则 $\int_0^{+\infty} x^3 \mathrm{e}^{-\sqrt{2x}} \mathrm{d}x = \int_0^{+\infty} \dfrac{t^6}{8} \mathrm{e}^{-t} t\,\mathrm{d}t = \dfrac{1}{8}\int_0^{+\infty} t^7 \mathrm{e}^{-t} \mathrm{d}t = \dfrac{1}{8}\Gamma(8) = \dfrac{7!}{8} = 630.$

习 题 5.4

1. 判断下列广义积分的敛散性，若收敛求其值：

(1) $\int_1^{+\infty} \dfrac{1}{\sqrt{x}} \mathrm{d}x$；

(2) $\int_{-\infty}^{+\infty} \dfrac{2x}{x^2+1} \mathrm{d}x$；

(3) $\int_0^{+\infty} \mathrm{e}^{-x} \sin x\,\mathrm{d}x$；

(4) $\int_a^{+\infty} \dfrac{1}{x \ln^2 x} \mathrm{d}x\,(a>1)$；

(5) $\int_0^2 \dfrac{1}{\sqrt{4-x^2}} \mathrm{d}x$；

(6) $\int_0^2 \dfrac{\mathrm{d}x}{1-x^2}$；

(7) $\int_0^{+\infty} x^2 \mathrm{e}^{-x} \mathrm{d}x$；

(8) $\int_{-\infty}^{+\infty} \dfrac{1}{x^2+2x+2} \mathrm{d}x$；

(9) $\int_0^1 \dfrac{1}{\sqrt{1-x}} \mathrm{d}x$；

(10) $\int_1^{\mathrm{e}} \dfrac{1}{x\sqrt{1-\ln^2 x}} \mathrm{d}x$；

(11) $\int_0^{+\infty} x^3 \mathrm{e}^{-4x} \mathrm{d}x$；

(12) $\int_0^{+\infty} x^2 \mathrm{e}^{-\sqrt{x}} \mathrm{d}x$.

2. 当 k 为何值时，广义积分 $\int_2^{+\infty} \dfrac{\mathrm{d}x}{x(\ln x)^k}$ 收敛？当 k 为何值时，该广义积分发散？

3. 计算 $\int_0^{+\infty} x^{\frac{7}{2}} \mathrm{e}^{-x} \mathrm{d}x$ 的值.

4. 计算 $\int_{-\infty}^{+\infty} \mathrm{e}^{-\frac{x^2}{2}} \mathrm{d}x$ 的值.

5.5 定积分的应用

定积分在实际中有着广泛的应用，本节将应用定积分理论来分析和解决一些几何、经济和生物等方面的问题,其目的不仅在于建立计算这些实际问题的公式,而且更重要的是深刻领会用定积分解决实际问题的基本思想和方法——**元素法**.

5.5.1 定积分的元素法

在本节的开始,我们用"分割、近似代替、求和、取极限"方法把求曲边梯形的面积问题转化为定积分的问题,其实质是化整体为对局部进行累积,在局部将变量近似为常量,再计算极限将近似转化为精确. 因此,我们计算求曲边梯形的面积时,可以在整体所在区间 $[a,b]$ 上任意取定一个点,譬如说 x,然后在该点附近取一个微小区间 $[x,x+\mathrm{d}x]$,首先计算区间 $[x,x+\mathrm{d}x]$ 上的窄曲边梯形面积 ΔA. 取 $[x,x+\mathrm{d}x]$ 的左端点 x 为 ξ,以点 x 处的函数值 $f(x)$ 为高,$\mathrm{d}x$ 为底的矩形面积 $f(x)\mathrm{d}x$ 就可作为 ΔA 的近似值,即 $\Delta A \approx f(x)\mathrm{d}x$,这里 ΔA 与 $f(x)\mathrm{d}x$ 相差一个比 $\mathrm{d}x$ 高阶的无穷小. $f(x)\mathrm{d}x$ 称为**面积元素**,记为 $\mathrm{d}A = f(x)\mathrm{d}x$. 两边取 $[a,b]$ 上的定积分,便有 $A = \int_a^b f(x)\mathrm{d}x$.

由上述分析,我们可以抽象出在应用科学中广泛采用的将所求量 U(**总量**)表示为定积分的方法——**元素法**或**微元法**.

一般地,如果所求量 U 符合下列条件:

(1) U 是与一个变量 x 的变化区间 $[a,b]$ 有关的量;

(2) U 对于区间 $[a,b]$ 具有可加性,即把区间 $[a,b]$ 分成许多部分区间,U 相应地分成许多部分量,而 U 等于这些部分量的和;

(3) 部分量 ΔU_i 的近似值可表示为 $f(\xi_i)\Delta x_i$.

那么就可以考虑用定积分来表示这个量 U,其主要步骤概括为:

1) 确定积分变量 x 和积分区间 $[a,b]$;

2) 在 $[a,b]$ 上任取小区间 $[x,x+\mathrm{d}x]$,求出相应于这个小区间的部分量 ΔU 的近似值,如果 $\Delta U \approx f(x)\mathrm{d}x$,这里 ΔU 与 $f(x)\mathrm{d}x$ 相差一个比 $\mathrm{d}x$ 高阶的无穷小,函数 $f(x)$ 在 $[a,b]$ 上连续,则 U 的元素是 $\mathrm{d}U = f(x)\mathrm{d}x$;

3) 以 $\mathrm{d}U = f(x)\mathrm{d}x$ 为被积表达式,在 $[a,b]$ 上作定积分,得 $U = \int_a^b f(x)\mathrm{d}x$.

下面就采用元素法来讨论定积分在几何、经济和生物等方面的一些应用.

5.5.2 平面图形的面积

1. 直角坐标情形

已知,由曲线 $y = f(x)$($f(x) \geqslant 0$),直线 $x = a$,$x = b$ 及 x 轴所围成的曲边梯形的面积为 $A = \int_a^b f(x)\mathrm{d}x$.

现在来讨论一般情形:求由连续曲线 $y = f_1(x)$,$y = f_2(x)$($f_1(x) \leqslant f_2(x)$) 及

直线 $x=a, x=b$ 所围成的平面图形(图 5.5.1)的面积.

采用元素法. 选取 x 为积分变量,其变化区间是 $[a,b]$,在 $[a,b]$ 上任取一微小区间 $[x, x+\mathrm{d}x]$,相应于这个微小区间上的窄条图形面积近似于以 $(f_2(x)-f_1(x))$ 为高, $\mathrm{d}x$ 为底的窄矩形面积,故面积元素 $\mathrm{d}A=(f_2(x)-f_1(x))\mathrm{d}x$,在 $[a,b]$ 上求定积分,即得所求面积为

$$A = \int_a^b (f_2(x) - f_1(x))\mathrm{d}x.$$

类似地,求由连续曲线 $x=g_1(y), x=g_2(y)\,(g_1(y) \leqslant g_2(y))$ 及直线 $y=c, y=d$ 所围成的平面图形(图 5.5.2)的面积,可选取 y 为积分变量,其面积元素为

$$\mathrm{d}A = (g_2(y) - g_1(y))\mathrm{d}y,$$

从而面积为 $A = \int_c^d (g_2(y) - g_1(y))\mathrm{d}y.$

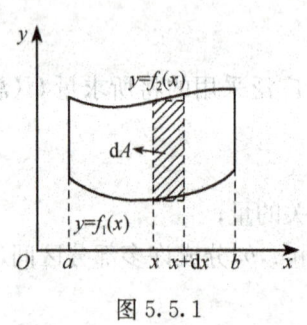

图 5.5.1　　　　　　　　　　图 5.5.2

例 5.5.1　求由两条抛物线 $y^2=x, y=x^2$ 所围成图形的面积为_____.

解　两曲线所围图形如图 5.5.3 所示. 两曲线交点为 $(0,0)$ 及 $(1,1)$,取横坐标 x 为积分变量,其变化区间为 $[0,1]$,面积元素 $\mathrm{d}A=(\sqrt{x}-x^2)\mathrm{d}x$,故所求图形面积为

$$A = \int_0^1 (\sqrt{x} - x^2)\mathrm{d}x = \left(\frac{2}{3}x^{\frac{3}{2}} - \frac{1}{3}x^3\right)\Big|_0^1 = \frac{1}{3}.$$

取 y 为积分变量,同样可求得其面积.

例 5.5.2　求由抛物线 $y^2=2x$ 及直线 $x-y=4$ 所围成的图形的面积.

解　两曲线所围图形如图 5.5.4 所示. 由方程组 $\begin{cases} y^2=2x, \\ y=x-4, \end{cases}$ 得两曲线交点 $A(2,-2)$ 及 $B(8,4)$,取 y 为积分变量,其变化区间为 $[-2,4]$,面积元素 $\mathrm{d}A = \left(y+4-\dfrac{y^2}{2}\right)\mathrm{d}y$,于是所求面积为

$$A = \int_{-2}^4 \left(y+4-\frac{y^2}{2}\right)\mathrm{d}y = \left(\frac{y^2}{2} + 4y - \frac{y^3}{6}\right)\Big|_{-2}^4 = 18.$$

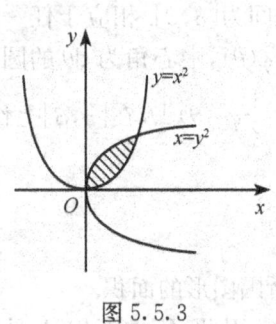
图 5.5.3

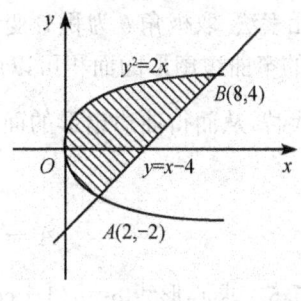
图 5.5.4

若取 x 为积分变量,则计算过程会相对复杂一些. 因此,在实际应用中还需根据图形的特征选择合适的积分变量,以简化计算.

若曲边梯形的曲边 $y=f(x)(f(x)\geqslant 0, x\in[a,b])$ 由参数方程 $\begin{cases}x=\varphi(t)\\y=\psi(t)\end{cases}$ 给出,且①$\varphi(\alpha)=a, \varphi(\beta)=b, x=\varphi(t)$ 在 $[\alpha,\beta]$(或 $[\beta,\alpha]$)上具有连续导数;②$y=\psi(t)$ 连续,则由曲边梯形的面积公式及定积分的换元公式,可得

$$A=\int_a^b f(x)\mathrm{d}x=\int_\alpha^\beta \psi(t)\varphi'(t)\mathrm{d}t.$$

例 5.5.3 求由椭圆 $x=a\cos t, y=b\sin t$ 所围图形的面积.

解 图略,由图形对称性知,所求面积 A 是它在第一象限部分面积的 4 倍,即

$$A=4\int_{\frac{\pi}{2}}^0 b\sin t(a\cos t)'\mathrm{d}t=-4ab\int_{\frac{\pi}{2}}^0 \sin t\sin t\,\mathrm{d}t=4ab\int_0^{\frac{\pi}{2}}\frac{1-\cos 2t}{2}\mathrm{d}t=ab\pi.$$

当 $a=b$ 时,得圆的面积公式 $A=a^2\pi$.

例 5.5.4 求由摆线 $x=a(t-\sin t), y=a(1-\cos t)$ 的一拱($0\leqslant t\leqslant 2\pi$)与横轴所围图形的面积(图 1.1.11).

解 由参数方程面积公式,所求面积为

$$A=\int_0^{2\pi}a(1-\cos t)a(t-\sin t)'\mathrm{d}t=a^2\int_0^{2\pi}(1-2\cos t+\cos^2 t)\mathrm{d}t$$

$$=a^2(t-2\sin t)\Big|_0^{2\pi}+a^2\int_0^{2\pi}\frac{1+\cos 2t}{2}\mathrm{d}t=3\pi a^2.$$

2. 极坐标情形

在极坐标系中,求由曲线 $\rho=\varphi(\theta)$ 及射线 $\theta=\alpha$,$\theta=\beta$ 所围成的曲边扇形(图 5.5.5)的面积.

由于当 θ 在 $[\alpha,\beta]$ 上变动时,极径 $\rho=\varphi(\theta)$ 也随之变动,因此所求图形的面积不能直接利用圆扇形的面积公式 $A=\frac{1}{2}R^2\theta$ 来计算.

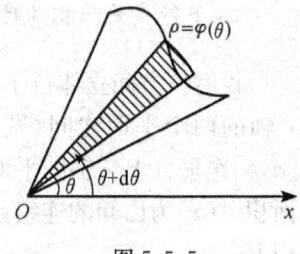
图 5.5.5

采用元素法. 取极角 θ 为积分变量, 其变化区间为 $[\alpha,\beta]$. 相应于任一微小区间 $[\theta,\theta+d\theta]$ 的窄曲边扇形的面积可以用半径为 $\rho=\varphi(\theta)$, 中心角为 $d\theta$ 的圆扇形的面积来近似代替, 从而得曲边扇形的面积元素 $dA=\dfrac{1}{2}\varphi^2(\theta)d\theta$, 在 $[\alpha,\beta]$ 上作定积分, 即得

$$A=\int_\alpha^\beta \frac{1}{2}\varphi^2(\theta)d\theta.$$

例 5.5.5 求心形线 $\rho=a(1+\cos\theta)\,(a>0)$ 所围图形的面积.

解 因为其图形(见图 5.5.6)关于极轴对称, 因此, 所求面积 A 是它在极轴以上部分面积 A_1 的 2 倍. 以下先求 A_1. 取 θ 为积分变量, 其变化区间为 $[0,\pi]$, 由极坐标系下的面积公式, 得

$$A_1=\int_0^\pi \frac{1}{2}a^2(1+\cos\theta)^2 d\theta=\frac{a^2}{2}\int_0^\pi\left(\frac{3}{2}+2\cos\theta+\frac{1}{2}\cos2\theta\right)d\theta$$
$$=\frac{a^2}{2}\left(\frac{3}{2}\theta+2\sin\theta+\frac{1}{4}\sin2\theta\right)\Big|_0^\pi=\frac{3}{4}\pi a^2.$$

因而所求面积为 $A=2A_1=\dfrac{3}{2}\pi a^2.$

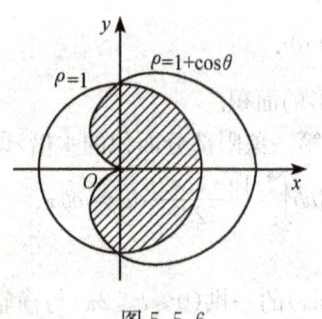

图 5.5.6

例 5.5.6 求心形线 $\rho=1+\cos\theta$ 与圆 $\rho=1$ 所围成的公共部分的面积.

解 因为图形(图 5.5.6)关于极轴对称, 因此所求面积 A 是它在极轴以上部分面积的 2 倍. 又在极轴上方两曲线的交点为 $\theta=\dfrac{\pi}{2},\rho=1$, 故所求面积为

$$A=2\left[\frac{\pi}{4}\cdot 1^2+\int_{\frac{\pi}{2}}^\pi \frac{1}{2}(1+\cos\theta)^2 d\theta\right]$$
$$=2\left[\frac{\pi}{4}+\frac{1}{2}\int_{\frac{\pi}{2}}^\pi\left(\frac{3}{2}+2\cos\theta+\frac{1}{2}\cos2\theta\right)d\theta\right]=\frac{5}{4}\pi-2.$$

5.5.3 体积

1. 平行截面面积为已知的立体的体积

设有一空间立体位于过点 $x=a,x=b$ 垂直于 x 轴的两个平面之间(图 5.5.7). 过任一点 $x\in[a,b]$ 作垂直于 x 轴的平面, 截得空间立体的截面面积 $A(x)$ 为已知的连续函数, 求该空间立体的体积 V.

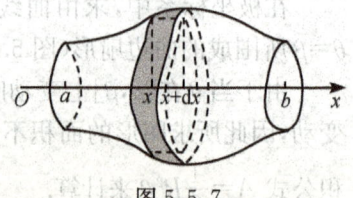

图 5.5.7

利用元素法. 以 x 为积分变量,其变化区间为 $[a,b]$,相应于 $[a,b]$ 上任一微小区间 $[x,x+\mathrm{d}x]$ 的薄片的体积,近似于底面积为 $A(x)$,高为 $\mathrm{d}x$ 的扁柱体的体积,从而得体积元素 $\mathrm{d}V=A(x)\mathrm{d}x$,在 $[a,b]$ 上作定积分,即得所求立体体积为

$$V = \int_a^b \mathrm{d}V = \int_a^b A(x)\mathrm{d}x. \tag{5.5.1}$$

例 5.5.7 一平面经过半径为 R 的圆柱体的底圆中心,并与底面交成角 α(图 5.5.8),求该平面截圆柱体所得立体的体积.

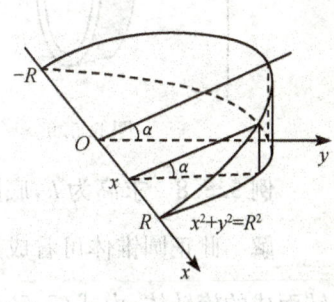

图 5.5.8

解 取该平面与圆柱体底面交线为 x 轴,底面上过圆中心且垂直于 x 轴的直线为 y 轴,则底圆方程为 $x^2+y^2=R^2$. 立体中过点 x 且垂直于 x 轴的截面是一个直角三角形,其两条直角边的长分别为 y 与 $y\tan\alpha$,即 $\sqrt{R^2-x^2}$ 与 $\sqrt{R^2-x^2}\tan\alpha$,故截面面积为

$$A(x) = \frac{1}{2}(R^2-x^2)\tan\alpha.$$

于是所求立体体积为

$$V = \frac{1}{2}\int_{-R}^R (R^2-x^2)\tan\alpha\,\mathrm{d}x = \frac{2}{3}R^3\tan\alpha.$$

注意 利用平行截面面积为已知的立体的体积公式计算体积,关键是找出过点 x 且垂直于 x 轴的截面面积函数 $A(x)$.

2. 旋转体的体积

旋转体是平行截面面积为已知的立体的一个特例. 所谓**旋转体**,就是由一个平面图形绕该平面内一条直线旋转一周而成的立体,所绕直线叫做**旋转轴**. 圆柱、圆锥、圆台、球体等都可看作旋转体.

设有一旋转体,由 xOy 平面内曲线 $y=f(x)$,直线 $x=a,x=b(a<b)$ 及 x 轴所围成的曲边梯形绕 x 轴旋转得到,求该旋转体的体积.

过 $[a,b]$ 内任一点 x 且垂直于 x 轴的截面是以 $|f(x)|$ 为半径的圆,故截面面积 $A(x)=\pi y^2=\pi f^2(x)$(图 5.5.9),于是由式(5.5.1),可得旋转体体积为

$$V_x = \pi\int_a^b y^2\mathrm{d}x = \pi\int_a^b f^2(x)\mathrm{d}x. \tag{5.5.2}$$

类似可得,由 xOy 平面内曲线 $x=\varphi(y)$,直线 $y=c,y=d(c<d)$ 和 y 轴所围成的曲边梯形绕 y 轴旋转所得旋转体(图 5.5.10)的体积为

$$V_y = \pi\int_c^d x^2\mathrm{d}y = \pi\int_c^d \varphi^2(y)\mathrm{d}y. \tag{5.5.3}$$

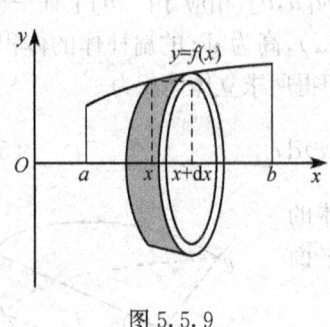
图 5.5.9

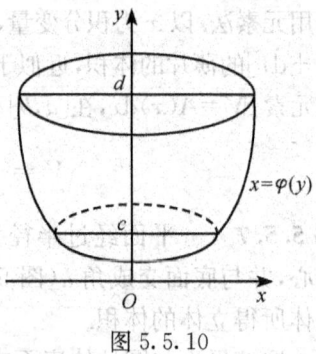
图 5.5.10

例 5.5.8 求高为 h,底圆半径为 r 的正圆锥体的体积.

解 此正圆锥体可看成是由直线 $y=\dfrac{r}{h}x$,$y=0$ 和 $x=h$ 所围成图形绕 x 轴旋转而成的旋转体. 由式(5.5.2)得其体积为

$$V_x = \pi\int_0^h \left(\frac{r}{h}x\right)^2 dx = \frac{\pi h r^2}{3}.$$

例 5.5.9 求椭圆 $\dfrac{x^2}{a^2}+\dfrac{y^2}{b^2}=1$ 绕 y 轴旋转而成的旋转体(称为**旋转椭球体**)的体积.

解 这个旋转椭球体可看成是由半个椭圆 $x=\dfrac{a}{b}\sqrt{b^2-y^2}$ 及 y 轴所围成图形绕 y 轴旋转而成的立体. 由式(5.5.3)得其体积为

$$V_y = \pi\int_{-b}^{b}\frac{a^2}{b^2}(b^2-y^2)dy = \pi\cdot\frac{a^2}{b^2}\left(b^2 y-\frac{y^3}{3}\right)\Big|_{-b}^{b} = \frac{4}{3}\pi a^2 b.$$

当 $a=b$ 时,得球体的体积公式 $V=\dfrac{4}{3}\pi a^3$.

5.5.4 经济学、生物学等方面的应用实例

在经济问题中,充分应用微积分知识及各变量之间的函数关系,可以考察一些常见的经济变量(如需求量、成本、收入、利润等). 如果某经济函数 $E(x)$ 的边际函数 $E'(x)$ 已知,则求定积分可得原经济函数,即

$$E(x) = \int_0^x E'(x)dx + E(0).$$

并可求出原经济函数从 a 到 b 的**改变量**(或增量):

$$\Delta E = E(b) - E(a) = \int_a^b E'(x)dx.$$

例 5.5.10 已知某产品的边际成本 $C'(x)=2x-80$,其中 x 为产量,固定成本 $C(0)=20$,边际收入 $R'(x)=10$,求

(1) 总成本函数和总收入函数;
(2) 产量为多少时,总利润最大?
(3) 在总利润最大的基础上,再生产 5 个单位的产品,利润会发生什么变化?

解 (1) 总成本函数为

$$C(x) = \int_0^x C'(x)\mathrm{d}x + C(0) = \int_0^x (2x-80)\mathrm{d}x + 20 = x^2 - 80x + 20.$$

总收入函数为

$$R(x) = \int_0^x R'(x)\mathrm{d}x = \int_0^x 10\mathrm{d}x = 10x.$$

(2) 边际利润 $L'(x) = R'(x) - C'(x) = 10 - (2x-80) = 90 - 2x$,令 $L'(x) = 0$,得 $x = 45$. 又 $L''(x) = -2 < 0$,所以产量为 45 个单位时总利润最大.

(3) 当产量由 45 增加到 50 个单位时,利润的改变量为

$$\Delta L = L(50) - L(45) = \int_{45}^{50} L'(x)\mathrm{d}x = \int_{45}^{50} (90-2x)\mathrm{d}x = -25,$$

即在总利润最大的基础上,再生产 5 个单位的产品,利润不但没有增加,反而减少了.

例 5.5.11 已知某商品的需求函数为 $Q = 100 - 5P$,其中 Q 为需求量,P 为单价(万元/单位),又设工厂生产此种商品的边际成本为 $C'(Q) = 15 - 0.2Q$,且已知 $C(0) = 12.5$ 万元,试问当销售单价为多少时,可使工厂总利润达到最大,并求出最大利润.

解 由条件知,总成本为

$$C = \int_0^Q C'(Q)\mathrm{d}Q + C(0) = \int_0^Q (15 - 0.2Q)\mathrm{d}Q + 12.5$$
$$= 12.5 + 15Q - 0.1Q^2 = 12.5 + 15(100 - 5P) - 0.1 \cdot (100 - 5P)^2$$
$$= 512.5 + 25P - 2.5P^2.$$

总收入为 $R = Q \cdot P = (100 - 5P)P = 100P - 5P^2.$

因此,总利润为

$$L = R - C = (100P - 5P^2) - (512.5 + 25P - 2.5P^2)$$
$$= -2.5P^2 + 75P - 512.5.$$

令 $L' = -5P + 75 = 0$,得 $P = 15$,又 $L'' = -5 < 0$,所以,当 $P = 15$(万元/单位)时总利润最大,且最大利润 $L = -2.5 \cdot 15^2 + 75 \times 15 - 512.5 = 50$(万元).

在生物学方面,定积分也有许多应用.下面介绍一个简单的实例.

例 5.5.12 设某动物个体在时刻 t 时的重量是 $W = W(t)$,且 $W(0) = W_0$. 在理想的环境中动物重量的增长率与当时的动物重量成正比.求在理想的环境中该动物个体重量的生长模型 $W(t)$.

解 依题设,可得

$$\frac{\mathrm{d}W(t)}{\mathrm{d}t} = kW(t) \quad \left(\text{或} \frac{\mathrm{d}W(t)}{W(t)} = k\mathrm{d}t\right),$$

其中 k 是常数. 两边取 $[0,t]$ 上的定积分, 得

$$\int_0^t \frac{\mathrm{d}W(t)}{W(t)} = \int_0^t k\mathrm{d}t,$$

即
$$\ln W(t) - \ln W(0) = kt.$$

所以理想环境中该动物个体重量的生长模型为

$$W(t) = W_0 \mathrm{e}^{kt}.$$

例题中出现的 $\frac{\mathrm{d}W}{\mathrm{d}t} = W'(t)$ 为动物的绝对生长率, 它反映动物个体在某瞬间 t 时的体重生长速度; $k = \frac{W'(t)}{W}$ 为相对生长率, 它反映动物各部分的综合生长性能.

习 题 5.5

1. 求由下列曲线所围成图形的面积:

   (1) $y = x(x-1)(2-x)$ $(0 \leqslant x \leqslant 2)$ 与 x 轴;　　(2) $y = \frac{1}{x}, y = x, x = 2$;

   (3) $y = \mathrm{e}^x, y = \mathrm{e}^{-x}, x = 1$;　　(4) $y = \ln x, x = \mathrm{e}, y = 0$;

   (5) $y = x^2, y = 2x + 3$;　　(6) $y = \frac{x^2}{2}, y = \frac{1}{1+x^2}$.

2. 求抛物线 $y = -x^2 + 4x - 3$ 及其在点 $(0, -3)$ 和 $(3, 0)$ 处的切线所围成的图形的面积.

3. 求由下列各曲线所围成图形的面积:

   (1) $x = a\cos^3 t, y = a\sin^3 t$ (图 1.1.10);　　(2) $\rho = 2a\cos\theta$;

   (3) $\rho^2 = a^2 \cos 2\theta$ (图 1.1.9(b)).

4. 求曲线 $\rho = 3\cos\theta$ 与 $\rho = 1 + \cos\theta$ 所围成图形的公共部分的面积.

5. 计算底面是半径为 R 的圆, 而垂直于底面上一条固定直径的所有截面都是等边三角形的立体体积.

6. 求由下列各曲线所围成的图形分别绕 x 轴和 y 轴旋转所得的旋转体的体积:

   (1) $y = x^3, x = 2, y = 0$;　　(2) $y = x^2, y = 2 - x^2$.

7. 求曲线 $y = \mathrm{e}^{-x}$ $(x \geqslant 0)$ 及其渐近线、y 轴所围成的图形绕 x 轴旋转所得旋转体的体积.

8. 已知某商品的需求量是价格 P 的函数, 且边际需求 $Q'(P) = \frac{-20}{P+1}$, 该商品的最大需求量为 1000 (单位), 求需求量与价格的函数关系.

9. 设储蓄边际倾向 (即储蓄额 S 的变化率) 是收入 y 的函数 $s'(y) = 0.3 - \frac{1}{10\sqrt{y}}$, 求收入从 $y = 100$ 元增加到 $y = 900$ 元时储蓄的增加额.

10. 设一个物种的增长依赖主要食物的供应量为 σ, σ_0 表示生存所需的最低量, 则种群增长方程可表示为 $\frac{\mathrm{d}N(t)}{\mathrm{d}t} = k(\sigma - \sigma_0)N(t)$, 其中 $k > 0$, $N(t)$ 表示时刻 t 时的种群数量, 并设 $N(0) = $

N_0,试求该种群的增长函数 $N(t)$.

11. 已知某商品每周生产 x 个单位时,总成本变化率为 $C'(x)=0.4x-12$(元/单位),固定成本 500,求总成本函数 $C(x)$. 如果这种商品的销售单价是 20 元,求总利润函数 $L(x)$,并求每周生产多少单位时才能获得最大利润?

*5.6 定积分的近似计算

利用牛顿-莱布尼茨公式计算定积分,需求出被积函数的原函数. 但有些被积函数的原函数很难算出或根本不能用初等函数表示. 另外,有些被积函数本身也难于用公式表示,而是借助于图形或表格给出,这时就不能由牛顿-莱布尼茨公式计算定积分了,再说在实际工作中并不总需要求精确值,往往只需要达到一定精确度的近似值. 因此,有必要研究定积分的近似计算问题.

由定积分的几何意义,定积分 $\int_a^b f(x)dx(f(x) \geqslant 0, x \in [a,b])$ 在数值上等于曲线 $y=f(x)$,直线 $x=a,x=b$ 和 x 轴围成的曲边梯形的面积. 因此,不管 $f(x)$ 以什么形式给出,只要近似求出相应曲边梯形的面积,就得到所给定积分的近似值. 这是定积分近似计算的基本思想.

本节以定积分 $\int_a^b f(x)dx(f(x) \geqslant 0)$ 为例介绍两种常用而简便的定积分近似计算方法,所导出的全部公式对于 $f(x)$ 在 $[a,b]$ 取负值的情形同样适用.

5.6.1 矩形法

矩形法是把曲边梯形分成若干个窄曲边梯形,然后用窄矩形近似代替窄曲边梯形,从而求得定积分的近似值. 即用分点 $a=x_0<x_1<x_2<\cdots<x_{n-1}<x_n=b$ 将 $[a,b]$ 区间 n 等分,则每个小区间的长度 $\Delta x = \frac{b-a}{n}$,再设各分点对应的函数值为 $y_i = f(x_i)(i=0,1,\cdots,n-1,n)$.

如图 5.6.1 所示,若取小区间左端点的函数值作为窄矩形的高,则有近似公式

$$\int_a^b f(x)dx \approx \frac{b-a}{n}(y_0 + y_1 + \cdots + y_{n-1}).$$

(5.6.1)

若取小区间右端点的函数值作为窄矩形的高,则有近似公式

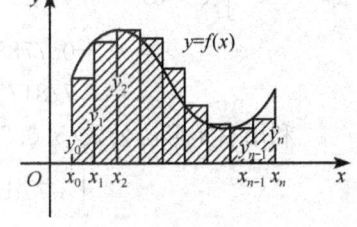

图 5.6.1

$$\int_a^b f(x)dx \approx \frac{b-a}{n}(y_1 + y_2 + \cdots + y_n).$$

(5.6.2)

式(5.6.1)和式(5.6.2)分别称为**左矩形法公式**和**右矩形法公式**.

5.6.2 梯形法

与矩形法类似,如图 5.6.2 所示,若在每个小区间上,以窄梯形近似代替窄曲边梯形,可得定积分的近似公式

$$\int_a^b f(x)\mathrm{d}x \approx \frac{b-a}{n}\left[\frac{1}{2}(y_0+y_n)+y_1+y_2+\cdots+y_{n-1}\right]. \quad (5.6.3)$$

式(5.6.3)称为**梯形法公式**. 它也是式(5.6.1)和式(5.6.2)所得近似值的平均值.

用以上两种方法求定积分的近似值时,一般 n 取得越大,近似程度越好.

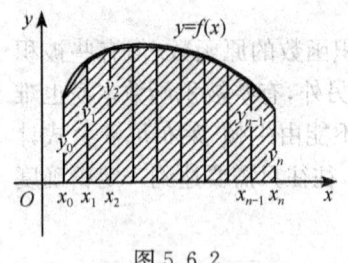

图 5.6.2

例 5.6.1 分别用矩形法和梯形法计算定积分 $\int_0^1 \mathrm{e}^{-x^2}\mathrm{d}x$ 的近似值(取 $n=10$).

解 取 $n=10$,即将区间 $[0,1]$ 十等分,设分点为 $0=x_0<x_1<x_2<\cdots<x_9<x_{10}=1$,相应的函数值为 $y_i=\mathrm{e}^{-x_i^2}$ $(i=0,1,2,\cdots,10)$,列表如下表 5.6.1 所示:

表 5.6.1

i	0	1	2	3	4	5
x_i	0	0.1	0.2	0.3	0.4	0.5
y_i	1.00000	0.99005	0.96079	0.91393	0.85214	0.77880
i	6	7	8	9	10	
x_i	0.6	0.7	0.8	0.9	1	
y_i	0.69768	0.61263	0.52729	0.44486	0.36788	

利用左矩形法公式(5.6.1),得

$$\int_0^1 \mathrm{e}^{-x^2}\mathrm{d}x \approx \frac{1}{10}(y_0+y_1+\cdots+y_9).$$

即 $\int_0^1 \mathrm{e}^{-x^2}\mathrm{d}x \approx 0.1\cdot(1+0.99005+0.96079+0.91393+0.85214$
$+0.77880+0.69768+0.61263+0.52729+0.44486)$
$=7.77817\times 0.1 \approx 0.77782.$

利用右矩形法公式(5.6.2),得

$$\int_0^1 \mathrm{e}^{-x^2}\mathrm{d}x \approx \frac{1}{10}(y_1+y_2+\cdots+y_{10}).$$

即 $\int_0^1 \mathrm{e}^{-x^2}\mathrm{d}x \approx 0.1\cdot(0.99005+0.96079+0.91393+0.85214+0.77880$
$+0.69768+0.61263+0.52729+0.44486+0.36788)$
$=7.14605\times 0.1 \approx 0.71461.$

利用梯形法公式(5.6.3),实际是利用式(5.6.1)和式(5.6.2)所得近似值的平

均值,即
$$\int_0^1 e^{-x^2} dx \approx \frac{1}{2}(0.77782+0.71461) \approx 0.74621.$$

例 5.6.2 某河床的横断面如图 5.6.3 所示. 为了计算最大排洪量,需要计算它的断面积. 试根据图示的测量数据(单位为 m)用梯形法计算其断面积.

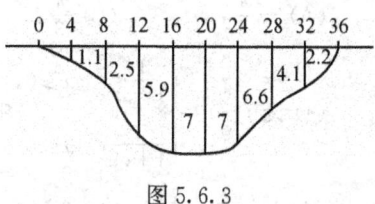

图 5.6.3

解 利用梯形法公式(5.6.3),得所求横断面积为

$$S \approx \frac{36-0}{9}\left[\frac{1}{2}(0+0)+1.1+2.5+5.9+7+7+6.6+4.1+2.2\right]$$
$$= 145.6(m^2).$$

习 题 5.6

1. 用梯形法计算定积分 $\frac{1}{\sqrt{2\pi}}\int_0^3 e^{-\frac{1}{2}x^2} dx$ 的近似值(取 $n=6$,被积函数值取三位小数).

2. 用两种定积分近似计算法计算 $\int_1^2 \frac{dx}{x}$,以求 ln2 的近似值.(取 $n=10$,被积函数值取四位小数)

第 5 章总习题

1. 填空题:

(1) $\int_{-\pi}^{\pi}\left(\frac{\sin x}{1+x^2}+\cos^2 x\right) dx = $ _____;

(2) $\lim\limits_{n\to\infty} \frac{1}{n} \sum\limits_{i=1}^n \sqrt{1+\frac{i}{n}} = $ _____;

(3) $\lim\limits_{t\to 0^-} \frac{\int_0^{t^2} \sin\sqrt{x}\, dx}{t^3} = $ _____;

(4) $\int_0^{\frac{\pi}{2}} \frac{\sin x}{\cos x + \sin x} dx = $ _____;

(5) $\int_{-2}^2 \max\{x, x^2\} dx = $ _____.

2. 选择题:

(1) 已知 $f(0)=1, f(2)=3, f'(2)=5$,则 $\int_0^2 x f''(x) dx = ($ 　 $)$

(A) 12;　　　　(B) 8;　　　　(C) 7;　　　　(D) 6.

(2) 若连续函数 $f(x)$ 满足 $f(x) = \int_0^{2x} f\left(\frac{t}{2}\right) dt + \ln 2$,则 $f(x) = ($ 　 $)$

(A) $e^x \ln 2$;   (B) $e^{2x} \ln 2$;   (C) $e^x + \ln 2$;   (D) $e^{2x} + \ln 2$.

(3) $\int_{-2}^{2} \dfrac{dx}{(1+x)^2} = ($ $)$

(A) $-\dfrac{4}{3}$;   (B) $\dfrac{4}{3}$;   (C) $-\dfrac{2}{3}$;   (D) 不存在.

(4) 设 $f(x) = \begin{cases} \dfrac{1}{1+x}, & x \geqslant 0, \\ \dfrac{1}{1+e^x}, & x < 0. \end{cases}$ 则 $\int_{0}^{2} f(x-1) dx = ($ $)$

(A) $\ln\left(1 + \dfrac{1}{e}\right)$;   (B) $\ln(1+e)$;   (C) $\ln 2 + \ln(1+e)$;   (D) $\ln 2 - \ln(1+e)$.

(5) 设 $f(x)$ 为连续函数，则 $\dfrac{d}{dx} \int_{0}^{x} tf(x^2 - t^2) dt = ($ $)$

(A) $xf(x^2)$;   (B) $-xf(x^2)$;   (C) $2xf(x^2)$;   (D) $-2xf(x^2)$.

3. 计算下列积分：

(1) $\int_{0}^{\frac{\pi}{2}} \dfrac{x + \sin x}{1 + \cos x} dx$;   (2) $\int_{0}^{\frac{\pi}{4}} \ln(1 + \tan x) dx$;

(3) $\int_{0}^{a} \dfrac{dx}{x + \sqrt{a^2 - x^2}} (a > 0)$;   (4) $\int_{0}^{\frac{\pi}{2}} \sqrt{1 - \sin 2x} \, dx$;

(5) $\int_{0}^{\frac{\pi}{2}} \dfrac{dx}{1 + \cos^2 x}$;   (6) $\int_{0}^{2} \dfrac{dx}{x^2 - 4x + 3}$.

4. 设 $f(x) = \lim\limits_{n \to \infty} \dfrac{x - x^{2n}}{1 + x^{2n}}$，求 $\int_{-2}^{2} f(x) dx$.

5. 设 $f(x), g(x)$ 在区间 $[a,b]$ 上连续，证明柯西-施瓦茨不等式：
$$\left(\int_{a}^{b} f(x) \cdot g(x) dx\right)^2 \leqslant \int_{a}^{b} f^2(x) dx \cdot \int_{a}^{b} g^2(x) dx.$$

6. 设 $f(x)$ 在区间 $[a,b]$ 上连续，且 $f(x) > 0$，$F(x) = \int_{a}^{x} f(t) dt + \int_{b}^{x} \dfrac{dt}{f(t)}$，$x \in [a,b]$. 证明：

(1) $F'(x) \geqslant 2$;

(2) 方程 $F(x) = 0$ 在区间 (a,b) 内有且仅有一个根.

7. 求位于曲线 $y = e^x$ 下方，该曲线过原点的切线的左方以及 x 轴上方之间的图形的面积.

8. 某公司每月的销售额为 100 万元，公司的平均利润是销售额的 10%. 据预测，公司在一年内做广告，则月销售额为 $100 e^{0.02t}$（t 的单位为月），广告总费用 11 万元，试确定公司的广告利润.

9. 设立体由 $x = 0, x = 1, y = 0, y = e^{-x}$ 围成的平面图形绕 x 轴旋转而成，立体体密度为 $\rho = x$，求立体的质量.

10. 在椭圆 $x^2 + \dfrac{y^2}{4} = 1$ 绕其长轴旋转而成的椭球体上，以其长轴为中心沿长轴方向穿心打圆孔，使其剩下部分的体积恰好等于椭球体体积的一半，试求该圆孔的半径.

11. 证明积分中值定理中 ξ 必能在 (a,b) 内取到. 并证明 $\lim\limits_{n \to \infty} \int_{0}^{\frac{\pi}{2}} \sin^n x \, dx = 0$.

12. 设 $f(x)$ 在 $[0,1]$ 上可导，且 $3\int_{\frac{2}{3}}^{1} f(x) dx = f(0)$，证明至少存在一点 $c \in (0,1)$，使 $f'(c) = 0$.

第6章 多元函数微积分

前面各章所讨论的函数都只有一个自变量,称为**一元函数**.但是在很多问题中所遇到的是一个变量依赖多个自变量的情形,这种由两个或两个以上自变量所确定的函数统称为**多元函数**.多元函数是一元函数的推广,本章将在一元函数微积分的基础上,讨论多元函数的微积分法及其应用.为了给多元函数的微积分一个直观的描述,首先介绍空间解析几何的基础知识.

6.1 空间解析几何简介

同平面解析几何一样,空间解析几何是通过建立空间直角坐标系,使空间的点与三元有序数组之间建立起一一对应关系,并将空间图形与三元方程联系在一起,从而达到用代数方法研究空间几何问题的目的.因此,空间解析几何是多元函数微积分的基础.

6.1.1 空间直角坐标系

在空间取一定点 O,过点 O 作三条相互垂直且具有相同单位长度的数轴,分别叫做 x 轴(横轴)、y 轴(纵轴)、z 轴(竖轴),并按**右手规则**确定它们的正方向:即伸出右手,拇指与其余并拢的四指垂直,当右手的四个手指从 x 轴的正向以逆时针方向旋转 $90°$ 转向 y 轴正向时,大拇指的指向就是 z 轴的正向.这样的三条坐标轴就构成了一个**空间直角坐标系**,点 O 称为**坐标原点**.

三条数轴中任意两条确定一个平面,分别为 xOy 面、yOz 面和 zOx 面,统称为**坐标面**.三个坐标面将空间分成八个部分,称为八个**卦限**.以 x 轴、y 轴、z 轴正半轴为棱的卦限为第一卦限,在 xOy 平面上方按逆时针方向依次为第二、三、四卦限.在 xOy 平面下方与第一卦限相对的为第五卦限,然后按逆时针方向依次为第六、七、八卦限,如图 6.1.1 所示.这八个卦限分别用字母 Ⅰ,Ⅱ,Ⅲ,Ⅳ,Ⅴ,Ⅵ,Ⅶ,Ⅷ 表示.

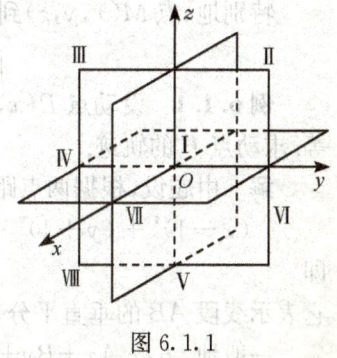

图 6.1.1

空间一点 M 的直角坐标是这样规定的:过点 M 作三个平面分别垂直于 x 轴、y 轴、z 轴,它们与各轴的交点依次为 P,Q,R,这三点在 x 轴、y 轴、z 轴上的坐标依

次为 x,y,z,于是空间一点 M 就唯一地确定了一个有序数组 (x,y,z)(图 6.1.2). 反之,若已知一个有序数组 (x,y,z),依次在 x 轴、y 轴、z 轴上找出坐标是 x,y,z 的三点 P,Q,R,分别过这三点作垂直于三个坐标轴的平面,必然相交于空间一点 M,则有序数组 (x,y,z) 唯一对应空间一点 M. 由此可见,空间任意一点与有序数组 (x,y,z) 之间存在着一一对应关系,这组有序数 (x,y,z) 称为点 M 的**坐标**,x,y,z 分别称为点 M 的**横坐标**、**纵坐标**、**竖坐标**,坐标为 x,y,z 的点通常记为 $M(x,y,z)$.

设 $M_1(x_1,y_1,z_1)$ 与 $M_2(x_2,y_2,z_2)$ 为空间两点,下面讨论点 M_1 与 M_2 之间的距离.

过 M_1 与 M_2 分别作垂直于三条坐标轴的平面,它们围成一个长方体(图 6.1.3),这个长方体以 M_1M_2 为对角线,三条边长分别为 $|y_2-y_1|$,$|x_2-x_1|$,$|z_2-z_1|$,则 M_1 与 M_2 之间的距离为

$$|M_1M_2|=\sqrt{(x_2-x_1)^2+(y_2-y_1)^2+(z_2-z_1)^2}.$$

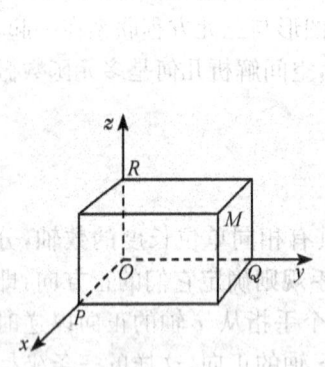

图 6.1.2

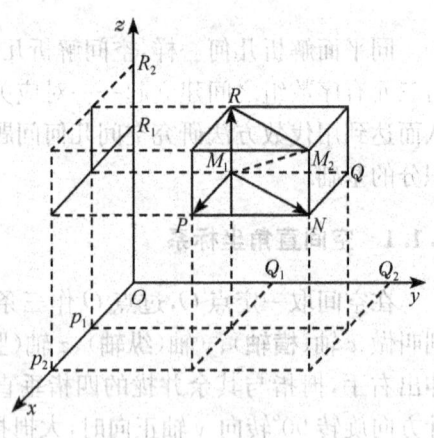

图 6.1.3

特别地,点 $M(x,y,z)$ 到原点 $O(0,0,0)$ 的距离为

$$|OM|=\sqrt{x^2+y^2+z^2}.$$

例 6.1.1 设动点 $P(x,y,z)$ 与两定点 $A(1,-1,0)$ 与 $B(2,0,-2)$ 的距离相等. 求动点 P 的轨迹.

解 由题设,根据两点距离公式,得

$$(x-1)^2+(y+1)^2+(z-0)^2=(x-2)^2+(y-0)^2+(z+2)^2,$$

即 $$x+y-2z-3=0.$$

它表示线段 AB 的垂直平分平面.

一般地,方程 $Ax+By+Cz+D=0$(常数 A,B,C 不全为零)在空间表示平面. 例如,方程 $z=0$ 表示 xOy 平面;方程 $z=z_0$ 表示平行 xOy 平面且与 xOy 平面的距离为 $|z_0|$ 的平面.

6.1.2 空间曲面

在平面解析几何中我们把平面曲线看成是平面上动点的轨迹,同样在空间解析几何中,任何曲面也可以看成是空间中动点的轨迹.

定义 6.1.1 在空间直角坐标系中,如果曲面 S 与三元方程 $F(x,y,z)=0$ 有如下关系:

(1) 曲面 S 上任一点的坐标都满足方程 $F(x,y,z)=0$;

(2) 满足方程 $F(x,y,z)=0$ 的点都在曲面 S 上,则称方程 $F(x,y,z)=0$ 为曲面 S 的方程,而曲面 S 为方程 $F(x,y,z)=0$ 的图形. 如图 6.1.4 所示.

下面介绍几种常见的曲面.

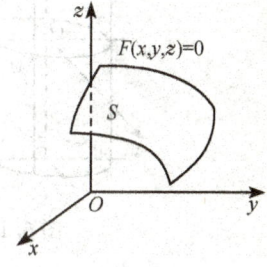

图 6.1.4

1. 球面

$$(x-x_0)^2+(y-y_0)^2+(z-z_0)^2=R^2.$$

容易看出上述方程表示球心在点 $M_0(x_0,y_0,z_0)$,半径为 R 的球面.

特别地,球心位于原点的球面方程为 $x^2+y^2+z^2=R^2$.

例 6.1.2 方程 $x^2+y^2+z^2-2x+4y=0$ 表示怎样的曲面?

解 通过配方,原方程可化为

$$(x-1)^2+(y+2)^2+z^2=5,$$

则此方程表示球心在点 $M_0(1,-2,0)$、半径为 $R=\sqrt{5}$ 的球面.

2. 柱面

定义 6.1.2 平行于定直线且沿定曲线 C 移动的直线 L 所形成的曲面叫**柱面**,定曲线 C 叫做柱面的**准线**,动直线 L 叫做柱面的**母线**.

例如,方程 $x^2+y^2=R^2$ 表示母线平行于 z 轴的**圆柱面**(图 6.1.5);方程 $y^2=2x$ 表示母线平行于 z 轴的**抛物柱面**(图 6.1.6).

一般地,不含 z 的方程 $F(x,y)=0$ 在空间表示母线平行于 z 轴的柱面. 其他情况类似.

3. 旋转曲面

定义 6.1.3 设有一条平面曲线 C,绕着同一平面的一条直线 L 旋转一周所形成的曲面称为**旋转曲面**,曲线 C 称为旋转曲面的**母线**,直线 L 称为旋转曲面的**轴**.

设在 yOz 坐标面上有一已知曲线 C,其方程为 $f(y,z)=0$,把曲线 C 绕 z 轴旋

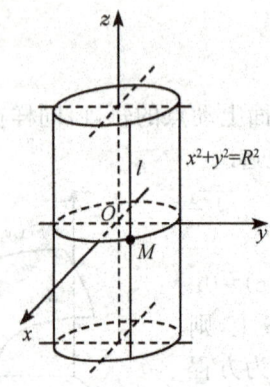
图 6.1.5

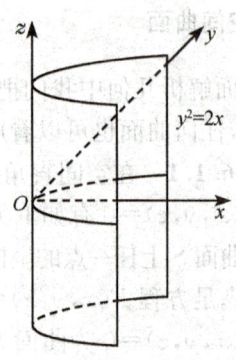
图 6.1.6

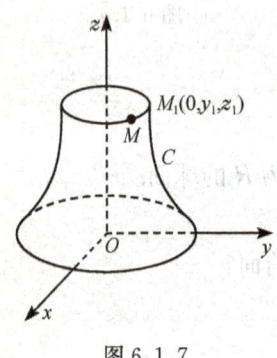
图 6.1.7

转一周,就得到一个以 z 轴为轴的旋转曲面(图 6.1.7),下面来建立这个旋转曲面的方程.

在旋转曲面上任取一点 $M(x,y,z)$,过点 M 作垂直于 z 轴的平面,则此平面与旋转曲面的交线为一个圆,与曲线 C 的交点为 M_1,其坐标为 $M_1(0,y_1,z_1)$,显然有 $f(y_1,z_1)=0$,又因为点 M_1 和 M 在垂直于 z 轴的平面上的同一个圆上,故有

$$\begin{cases} z_1 = z, \\ y_1 = \pm\sqrt{x^2+y^2}, \end{cases}$$

所以,点 M 的坐标满足 $f(\pm\sqrt{x^2+y^2},z)=0$,即为所求旋转曲面的方程.

类似可得,曲线 C 绕 y 轴旋转的旋转曲面方程为 $f(y,\pm\sqrt{x^2+z^2})=0$.

例 6.1.3 求 xOy 平面上椭圆 $\dfrac{x^2}{a^2}+\dfrac{y^2}{b^2}=1$ 绕 y 轴旋转所得旋转曲面的方程.

解 在椭圆方程中把 x 换成 $\pm\sqrt{x^2+z^2}$,得

$$\frac{x^2+z^2}{a^2}+\frac{y^2}{b^2}=1,$$

即为所求旋转曲面的方程,这种曲面称为**旋转椭球面**.

同样可得 yOz 面上抛物线 $y^2=2pz$ 绕 z 轴旋转所得**旋转抛物面**(图 6.1.8)的方程为

$$x^2+y^2=2pz, \quad p>0.$$

又同样可得 yOz 面上直线 $z=ky$ 绕 z 轴旋转所得的**圆锥面**(图 6.1.9)的方程为

$$z^2=k^2(x^2+y^2), \quad k=\cot\alpha.$$

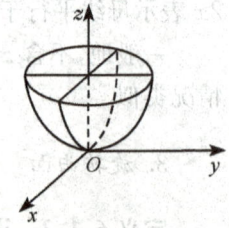
图 6.1.8

4. 椭球面

$$\frac{x^2}{a^2}+\frac{y^2}{b^2}+\frac{z^2}{c^2}=1.$$

如图 6.1.10 所示. 当 $a=b=c$ 时即为球面.

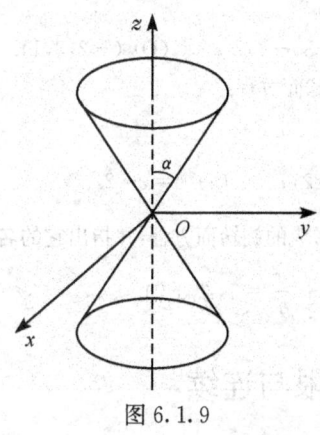

图 6.1.9

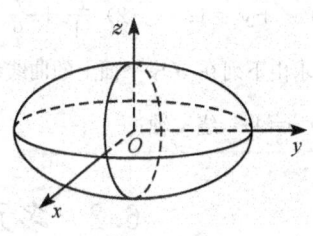

图 6.1.10

5. 椭圆抛物面

$$\frac{x^2}{2p}+\frac{y^2}{2q}=z, \quad p 与 q 同号.$$

当 $p>0, q>0$ 时如图 6.1.11 所示. 当 $p=q$ 时即为旋转抛物面.

6. 双曲抛物面

$$z=\frac{x^2}{a^2}-\frac{y^2}{b^2},$$

如图 6.1.12,其图像的形状像马鞍,故双曲抛物面又称为**马鞍面**.

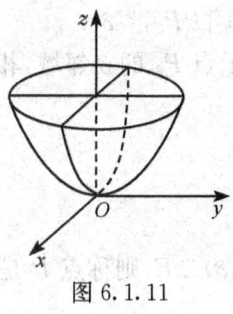

图 6.1.11

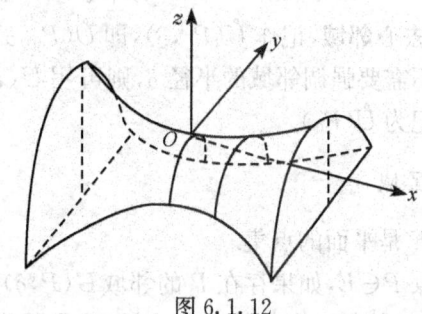

图 6.1.12

习 题 6.1

1. 填空题:

(1) 球面 $x^2+y^2+z^2-4x+2y+6z-11=0$ 的球心为_____,半径为_____;

(2) 设 $M_1(4,-7,1)$ 与 $M_2(6,2,z)$ 的距离为 11,则 $z=$ _____.

2. 选择题:

(1) 将 xOy 面上的抛物线 $y^2=4x$ 绕 x 轴旋转一周,所得旋转曲面方程为(　　)

(A) $x^2+y^2=4x$;　　(B) $y^2+z^2=4x$;　　(C) $y^2=4\sqrt{x^2+z^2}$;　　(D) $y^2=4(x^2+z^2)$.

(2) 点 $M(2,-3,1)$ 关于坐标原点的对称点为(　　)

(A) $(-2,3,-1)$;　　(B) $(-2,-3,-1)$;(C) $(2,-3,-1)$;　　(D) $(-2,3,1)$.

3. 建立以点 $M(1,3,-2)$ 为球心且通过坐标原点的球面方程.

4. 指出下列方程在平面和空间分别表示什么图形:

(1) $x^2+y^2=1$;　　(2) $\dfrac{x^2}{4}+\dfrac{y^2}{9}=1$;　　(3) $z^2=2x$;　　(4) $y=x-2$.

5. 求由下列在 xOy 平面上的曲线绕指定轴旋转所形成的旋转面方程,并指出它的名称:

(1) $y=4x^2$,绕 y 轴;　　　　　　(2) $\dfrac{x^2}{a^2}+\dfrac{y^2}{b^2}=1$,绕 x 轴.

6.2　多元函数的极限与连续

对于多元函数,下面将着重讨论二元函数,在掌握了二元函数的有关理论与研究方法之后,不难把它推广到二元以上的多元函数.

6.2.1　区域

1. 邻域

设 $P_0(x_0,y_0)$ 是 xOy 平面上的一点,δ 是一个正数,与点 $P_0(x_0,y_0)$ 距离小于 δ 的点 $P(x,y)$ 的全体,称为**点 P_0 的 δ 邻域**,记作 $U(P_0,\delta)$,即

$$U(P_0,\delta)=\{(x,y)\mid \sqrt{(x-x_0)^2+(y-y_0)^2}<\delta\}.$$

P_0 的 δ **去心邻域**,记作 $\mathring{U}(P_0,\delta)$,即 $\mathring{U}(P_0,\delta)=\{P\mid 0<|PP_0|<\delta\}$.

若不需要强调邻域的半径 δ,则可用 $U(P_0)$ 来表示点 P_0 的 δ 邻域,相应的去心邻域记为 $\mathring{U}(P_0)$.

2. 区域

设 E 是平面的点集.

若点 $P\in E$,如果存在 P 的邻域 $U(P,\delta)$,使 $U(P,\delta)\subset E$,则称点 P 是 E 的**内点**. 如果 E 的每一点都是内点,则称 E 是**开集**.

若点 $P\in E$,或 $P\notin E$,如果点 P 的任意邻域既有 E 中的点,又有不属于 E 中的点,则称点 P 为 E 的**边界点**. E 的边界点全体叫做 E 的**边界**.

若点 $P\in E$,或 $P\notin E$,如果点 P 的任意去心邻域都有 E 中的点,则称点 P 为 E 的**聚点**.

如果 E 中的任意两点,都可以用折线连起来,且折线上的点都属于 E,则称 E 是**连通的**. 连通的开集称为**开区域**或**区域**. 含边界的区域称为**闭区域**.

如果区域含在某个定圆内,则称该区域是**有界区域**,否则称为**无界区域**.

例如,$D_1=\{(x,y)\mid x^2+y^2<1\}$ 是有界开区域;$D_2=\{(x,y)\mid x^2+y^2\leqslant 1\}$ 是有界闭区域;$D_3=\{(x,y)\mid x+y<1\}$ 是无界开区域.

6.2.2 多元函数概念

定义 6.2.1 设 D 是平面上一个非空点集,若对于每个点 $P(x,y)\in D$,按照一定的对应法则 f,总有确定的唯一实数 z 与之对应,则称 f 是定义在 D 上的**二元函数**,记为

$$z=f(x,y) \quad (\text{或 } z=f(P)),$$

其中点集 D 称为函数 $z=f(x,y)$ 的**定义域**,x,y 称为**自变量**,z 称为**因变量**,与 (x,y) 相对应的值 $z=f(x,y)$,也称为 f 在点 (x,y) 处的函数值,数集 $\{z\mid z=f(x,y),(x,y)\in D\}$ 称为该函数的**值域**.

类似地,可定义三元及三元以上函数. 当 $n\geqslant 2$ 时,n 元函数统称为**多元函数**.

例 6.2.1 求函数 $z=\ln(x^2+y^2-1)+\sqrt{4-x^2-y^2}$ 的定义域.

解 函数的定义域 D 为满足

$$\begin{cases} x^2+y^2-1>0, \\ 4-x^2-y^2\geqslant 0 \end{cases}$$

的点的集合,即 $D=\{(x,y)\mid 1<\sqrt{x^2+y^2}\leqslant 2\}$.

设函数 $z=f(x,y)$ 的定义域为区域 D,在 D 内任取一点 $P(x,y)$,函数就有确定的值 z 与之对应,这样在空间就有一点 $M(x,y,z)$ 与 $P(x,y)$ 对应. 当 $P(x,y)$ 在区域 D 内变化时,点 M 也在空间内变化,点 M 的轨迹称为**二元函数 $z=f(x,y)$ 的图形**. 一般来说,它是空间中的一张曲面. 例如,函数 $z=\sqrt{R^2-x^2-y^2}$ 的图形是以原点为球心的球面的上半部分(图 6.2.1);函数 $z=\sqrt{x^2+y^2}$ 的图形是顶点在原点的上半圆锥面(图 6.2.2).

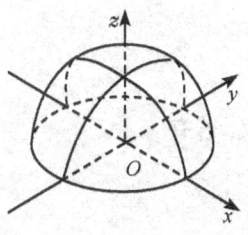

图 6.2.1

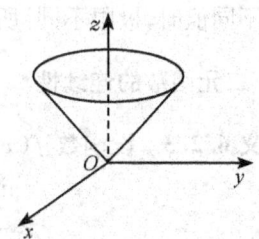

图 6.2.2

6.2.3 二元函数的极限

与一元函数的极限概念类似,若点 $P(x,y) \to P_0(x_0,y_0)$ 的过程中,对应的函数值 $f(x,y)$ 无限地接近某一个确定的常数 A,则称当 $P(x,y) \to P_0(x_0,y_0)$ 时,函数 $z=f(x,y)$ 的极限存在且为 A. 下面用"ε-δ"语言描述二元函数的极限.

定义 6.2.2 设函数 $f(x,y)$ 在 $\mathring{U}(P_0,\delta)$ 内有定义. 若对于任意给定的正数 ε,总存在正数 δ,使得对于适合不等式

$$0 < \rho = |PP_0| = \sqrt{(x-x_0)^2 + (y-y_0)^2} < \delta$$

的一切点 $P(x,y) \in \mathring{U}(P_0,\delta)$ 都有

$$|f(x,y) - A| < \varepsilon$$

成立,则称当 $P(x,y) \to P_0(x_0,y_0)$ 时,函数 $f(x,y)$ 的极限为 A,记作

$$\lim_{\substack{x \to x_0 \\ y \to y_0}} f(x,y) = A \quad (\text{或} \lim_{(x,y) \to (x_0,y_0)} f(x,y) = A),$$

或 $f(x,y) \to A (\rho \to 0)$.

把二元函数的极限称为**二重极限**.

注意 对于二元函数的极限,是指当点 $P(x,y)$ 以任何方式趋于点 $P_0(x_0,y_0)$ 时,函数值 $f(x,y)$ 都无限接近于数 A. 因此,可以通过点 $P(x,y)$ 以不同方式趋于点 $P_0(x_0,y_0)$ 时,函数 $f(x,y)$ 趋于不同的值来判断该函数极限不存在.

例 6.2.2 求 $\lim\limits_{\substack{x \to 0 \\ y \to 0}} \dfrac{1-\cos(x^2+y^2)}{(x^2+y^2)^2}$.

解 令 $u = x^2 + y^2$,则

$$\lim_{\substack{x \to 0 \\ y \to 0}} \frac{1-\cos(x^2+y^2)}{(x^2+y^2)^2} = \lim_{u \to 0} \frac{1-\cos u}{u^2} = \lim_{u \to 0} \frac{\sin u}{2u} = \frac{1}{2}.$$

例 6.2.3 证明当 $(x,y) \to (0,0)$ 时,函数 $f(x,y) = \dfrac{xy}{x^2+y^2}$ 极限不存在.

证 当点 (x,y) 沿直线 $y = kx$ 趋于 $(0,0)$ 时,

$$\lim_{(x,y) \to (0,0)} f(x,y) = \lim_{(x,y) \to (0,0)} \frac{xy}{x^2+y^2} = \lim_{x \to 0} \frac{kx^2}{x^2+k^2x^2} = \frac{k}{1+k^2},$$

则 k 取不同值时,极限不同,所以该函数极限不存在.

6.2.4 二元函数的连续性

定义 6.2.3 设函数 $f(x,y)$ 在 $U(P_0,\delta)$ 内有定义. 若有

$$\lim_{\substack{x \to x_0 \\ y \to y_0}} f(x,y) = f(x_0,y_0),$$

则称函数 $f(x,y)$ **在点** $P_0(x_0,y_0)$ **连续**.

若函数 $f(x,y)$ 在区域 D 内的每一点都连续,则称函数 $f(x,y)$ **在区域 D 内连续**. 如果函数 $f(x,y)$ 在点 $P_0(x_0,y_0)$ 不连续,则称 $P_0(x_0,y_0)$ 为函数 $f(x,y)$ 的**间断点**.

例如,函数 $f(x,y)=\begin{cases}\dfrac{xy}{x^2+y^2}, & x^2+y^2\neq 0,\\ 0, & x^2+y^2=0,\end{cases}$ 由于当 $(x,y)\to(0,0)$ 时,函数 $f(x,y)=\dfrac{xy}{x^2+y^2}$ 极限不存在,所以函数 $f(x,y)$ 在点 $(0,0)$ 不连续,即点 $(0,0)$ 是 $f(x,y)$ 的间断点. 又如函数 $f(x,y)=\dfrac{1-xy}{y^2-2x}$ 在曲线 $y^2=2x$ 上没有定义,所以该曲线上所有的点都是间断点.

多元连续函数具有和一元连续函数类似的性质,这里不一一赘述. 例如,

一切二元初等函数在其定义区域内连续.

定理 6.2.1(有界性和最大最小值定理) 设二元函数 $f(x,y)$ 在有界闭区域 D 上连续,则 $f(x,y)$ 在 D 上有界,且一定能取到最大值 M 和最小值 m.

定理 6.2.2(介值定理) 设二元函数 $f(x,y)$ 在有界闭区域 D 上连续,若 P_1, P_2 是 D 上两点,且 $f(P_1)<f(P_2)$,则对于任意满足不等式 $f(P_1)\leqslant \mu \leqslant f(P_2)$ 的实数 μ,至少存在一点 $Q\in D$,使得 $f(Q)=\mu$.

特别地,有界闭区域 D 上的二元连续函数 $f(x,y)$,在 D 上可以取到其最大值 M 和最小值 m 之间的任意值至少一次.

利用多元初等函数的连续性,可以求多元函数的极限. 即若多元函数 $f(P)$ 在点 P_0 连续,则

$$\lim_{P\to P_0}f(P)=f(P_0).$$

例 6.2.4 求极限 $\lim\limits_{(x,y)\to(0,1)}\dfrac{2-xy}{x^2+y^2}$.

解 因为函数 $f(x,y)=\dfrac{2-xy}{x^2+y^2}$ 是一个初等函数,$(0,1)$ 是其定义区域内的点,所以在点 $(0,1)$ 处连续,则

$$\lim_{(x,y)\to(0,1)}\frac{2-xy}{x^2+y^2}=f(0,1)=2.$$

习 题 6.2

1. 设 $f(x,y)=x^2+y^2-xy\tan\dfrac{x}{y}$,求 $f(tx,ty)$.
2. 求下列函数的定义域并画出定义域的图形:

(1) $f(x,y)=\sqrt{9-x^2-y^2}+\dfrac{1}{\sqrt{x^2+y^2-1}}$;　　(2) $f(x,y)=\sqrt{x-\sqrt{y}}$.

3. 设 $f(x,y)=\ln x \cdot \ln y$，证明若 $u>0, v>0$，则
$$f(xy,uv) = f(x,u) + f(x,v) + f(y,u) + f(y,v).$$

4. 求下列函数的极限：

(1) $\lim\limits_{(x,y)\to(0,0)} \dfrac{\sin(x^2+y^2)}{x^2+y^2}$;　　(2) $\lim\limits_{(x,y)\to(0,0)} \dfrac{2-\sqrt{xy+4}}{xy}$;

(3) $\lim\limits_{(x,y)\to(0,0)} \dfrac{e^{2(x+y)}-1}{x+y}$;　　(4) $\lim\limits_{(x,y)\to(2,0)} \dfrac{\sin xy}{y}$;

(5) $\lim\limits_{(x,y)\to(0,1)} \dfrac{1-xy}{x^2+y^2}$;　　(6) $\lim\limits_{(x,y)\to(0,0)} (x+y)\sin\dfrac{xy}{x+y}$.

5. 证明：函数 $f(x,y)=\dfrac{x+y}{x-y}$ 在点 $(0,0)$ 的极限不存在.

6. 确定下列函数的间断点：

(1) $z=\dfrac{y^2+2x}{y^2-2x}$;　　(2) $z=\sin\dfrac{1}{x^2+y^2}$.

6.3　偏　导　数

在一元函数中，由函数的变化率引入了导数的概念. 对于多元函数同样需要讨论其变化率. 由于多元函数的自变量有多个，自变量与因变量之间的关系比一元函数相对要复杂得多. 本节将首先考虑多元函数对其中一个自变量的变化率问题，从而有下面偏导数的概念.

6.3.1　偏导数的概念

定义 6.3.1　设函数 $z=f(x,y)$ 在点 $P_0(x_0,y_0)$ 的某一邻域内有定义，若 x 在点 x_0 处有增量 Δx，而 y 固定为 y_0，则相应的函数 $z=f(x,y)$ 在点 P_0 处的增量称为函数在该点**对于自变量 x 的偏增量**，记作
$$\Delta_x z = f(x_0+\Delta x, y_0) - f(x_0, y_0).$$
类似可定义函数 $z=f(x,y)$ 在点 P_0 处**对于自变量 y 的偏增量**，记作
$$\Delta_y z = f(x_0, y_0+\Delta y) - f(x_0, y_0).$$
相应地，$\Delta z = f(x_0+\Delta x, y_0+\Delta y) - f(x_0, y_0)$ 称为函数 $f(x,y)$ 在点 P_0 处的**全增量**.

定义 6.3.2　设函数 $z=f(x,y)$ 在点 $P_0(x_0,y_0)$ 的某一邻域内有定义，若极限
$$\lim_{\Delta x\to 0} \dfrac{\Delta_x z}{\Delta x} = \lim_{\Delta x\to 0} \dfrac{f(x_0+\Delta x, y_0) - f(x_0, y_0)}{\Delta x}$$
存在，则称此极限为函数 $z=f(x,y)$ 在点 P_0 处**对于自变量 x 的偏导数**. 记作

6.3 偏导数

$$z'_x\Big|_{\substack{x=x_0\\y=y_0}} \quad (\text{或 } z_x\Big|_{\substack{x=x_0\\y=y_0}}), \quad \frac{\partial z}{\partial x}\Big|_{\substack{x=x_0\\y=y_0}}, \quad \frac{\partial f}{\partial x}\Big|_{\substack{x=x_0\\y=y_0}}, \quad f'_x(x_0,y_0) \quad (\text{或 } f_x(x_0,y_0)),$$

即

$$f'_x(x_0,y_0) = \lim_{\Delta x \to 0} \frac{f(x_0+\Delta x, y_0) - f(x_0, y_0)}{\Delta x}.$$

类似地可定义函数 $z=f(x,y)$ 在点 P_0 处对于自变量 y 的偏导数,记作

$$z'_y\Big|_{\substack{x=x_0\\y=y_0}} \quad (\text{或 } z_y\Big|_{\substack{x=x_0\\y=y_0}}), \quad \frac{\partial z}{\partial y}\Big|_{\substack{x=x_0\\y=y_0}}, \quad \frac{\partial f}{\partial y}\Big|_{\substack{x=x_0\\y=y_0}}, \quad f'_y(x_0,y_0) \quad (\text{或 } f_y(x_0,y_0)),$$

即

$$f'_y(x_0,y_0) = \lim_{\Delta y \to 0} \frac{f(x_0, y_0+\Delta y) - f(x_0, y_0)}{\Delta y}.$$

例 6.3.1 求函数 $f(x,y) = \begin{cases} \dfrac{xy}{x^2+y^2}, & x^2+y^2 \neq 0 \\ 0, & x^2+y^2 = 0 \end{cases}$ 在点 $(0,0)$ 的偏导数.

解 因为

$$\lim_{\Delta x \to 0} \frac{f(0+\Delta x, 0) - f(0,0)}{\Delta x} = \lim_{\Delta x \to 0} \frac{0}{\Delta x} = 0,$$

所以 $f'_x(0,0)=0$. 同理可求得

$$f'_y(0,0) = \lim_{\Delta y \to 0} \frac{f(0, 0+\Delta y) - f(0,0)}{\Delta y} = \lim_{\Delta y \to 0} \frac{0}{\Delta y} = 0.$$

这说明函数 $z=f(x,y)$ 在点 $(0,0)$ 处的两个偏导数都存在.但在 6.2 节中已经知道这函数在点 $(0,0)$ 并不连续.

如果函数 $z=f(x,y)$ 在平面区域 D 内任意一点 (x,y) 处偏导数都存在,则偏导数仍是 x,y 的函数,称为**偏导函数**,也简称偏导数,分别记作

$$\frac{\partial z}{\partial x}, \quad \frac{\partial f}{\partial x}, \quad z'_x \quad (\text{或 } f'_x(x,y)),$$

$$\frac{\partial z}{\partial y}, \quad \frac{\partial f}{\partial y}, \quad z'_y \quad (\text{或 } f'_y(x,y)).$$

二元以上的多元函数的偏导数可类似定义.

注意 由偏导数的定义可知,求多元函数对一个自变量的偏导数时,只要将其他自变量看作常数,然后利用一元函数的求导法则求偏导数.

例 6.3.2 求函数 $f(x,y)=x^y \, (x>0)$ 的偏导数.

解 把自变量 y 看作常数,得

$$\frac{\partial f}{\partial x} = y x^{y-1}.$$

把自变量 x 看作常数,得

$$\frac{\partial f}{\partial y} = x^y \ln x.$$

例 6.3.3 求 $z = x^3 y - x y^3$ 在点 $(1, 2)$ 的偏导数.

解 $\dfrac{\partial z}{\partial x} = 3 y x^2 - y^3, \quad \dfrac{\partial z}{\partial y} = x^3 - 3 y^2 x,$

将 $x = 1, y = 2$ 代入上面的结果得

$$\dfrac{\partial z}{\partial x}\bigg|_{\substack{x=1 \\ y=2}} = -2, \quad \dfrac{\partial z}{\partial y}\bigg|_{\substack{x=1 \\ y=2}} = -11.$$

例 6.3.4 求函数 $u = f(x, y, z) = \sin(x + y^2 - e^z)$ 的偏导数.

解 把自变量 y 与 z 看作常数,得

$$\dfrac{\partial u}{\partial x} = \cos(x + y^2 - e^z),$$

类似可得

$$\dfrac{\partial u}{\partial y} = 2y\cos(x + y^2 - e^z), \quad \dfrac{\partial u}{\partial z} = -e^z \cos(x + y^2 - e^z).$$

二元函数在某一点的偏导数有如下几何意义:设 $M_0(x_0, y_0, f(x_0, y_0))$ 为曲面 $z = f(x, y)$ 上的一点,且函数 $z = f(x, y)$ 在点 (x_0, y_0) 处偏导数都存在. 过 M_0 点作平面 $y = y_0$,它与曲面 $z = f(x, y)$ 相交于一条曲线,此曲线在平面 $y = y_0$ 上的方程为 $z = f(x, y_0)$,则 $\dfrac{d}{dx} f(x, y_0) \bigg|_{x = x_0}$ 就是函数 $z = f(x, y)$ 在点 (x_0, y_0) 处关于 x 的偏导数 $f'_x(x_0, y_0)$. 这说明 $f'_x(x_0, y_0)$ 就是曲面 $z = f(x, y)$ 被平面 $y = y_0$ 所截得的曲线 $z = f(x, y_0)$ 在 M_0 处的切线 l_x 对于 x 轴的斜率. 类似地,$f'_y(x_0, y_0)$ 就是曲面 $z = f(x, y)$ 被平面 $x = x_0$ 所截得的曲线 $z = f(x_0, y)$ 在 M_0 处的切线 l_y 对于 y 轴的斜率(图 6.3.1).

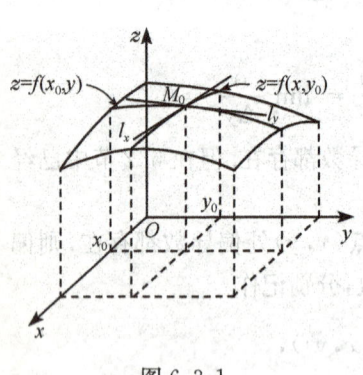

图 6.3.1

6.3.2 高阶偏导数

定义 6.3.3 如果函数 $z = f(x, y)$ 在区域 D 内偏导数 $f'_x(x, y), f'_y(x, y)$ 仍存在偏导数,则称它们为函数 $z = f(x, y)$ 的**二阶偏导数**.

由于对于自变量 x, y 所求偏导数的顺序不同,因此二元函数 $z = f(x, y)$ 在区域 D 内的二阶偏导数有下列四个种情况:

$$\dfrac{\partial}{\partial x}\left(\dfrac{\partial z}{\partial x}\right) = \dfrac{\partial^2 z}{\partial x^2} = f''_{xx}(x, y), \quad \dfrac{\partial}{\partial y}\left(\dfrac{\partial z}{\partial y}\right) = \dfrac{\partial^2 z}{\partial y^2} = f''_{yy}(x, y),$$

$$\dfrac{\partial}{\partial y}\left(\dfrac{\partial z}{\partial x}\right) = \dfrac{\partial^2 z}{\partial x \partial y} = f''_{xy}(x, y), \quad \dfrac{\partial}{\partial x}\left(\dfrac{\partial z}{\partial y}\right) = \dfrac{\partial^2 z}{\partial y \partial x} = f''_{yx}(x, y),$$

其中记号 $\dfrac{\partial^2 z}{\partial x \partial y}$ 表示先对自变量 x 求偏导数,再对自变量 y 求偏导数;$\dfrac{\partial^2 z}{\partial y \partial x}$ 表示

先对自变量 y 求偏导数,再对自变量 x 求偏导数. 两者统称为**二阶混合偏导数**.

类似可得三阶、四阶以及 n 阶偏导数. 二阶及二阶以上的偏导数统称为**高阶偏导数**.

例 6.3.5 设函数 $z = x^3 y^2 + y^3 x^2$,求 $\dfrac{\partial^2 z}{\partial x \partial y}$,$\dfrac{\partial^2 z}{\partial y \partial x}$,$\dfrac{\partial^3 z}{\partial x^2 \partial y}$.

解 $\dfrac{\partial z}{\partial x} = 3x^2 y^2 + 2xy^3$, $\dfrac{\partial z}{\partial y} = 3y^2 x^2 + 2yx^3$,

$$\dfrac{\partial^2 z}{\partial x^2} = 6xy^2 + 2y^3, \quad \dfrac{\partial^2 z}{\partial y^2} = 6yx^2 + 2x^3,$$

$$\dfrac{\partial^2 z}{\partial x \partial y} = 6x^2 y + 6xy^2, \quad \dfrac{\partial^2 z}{\partial y \partial x} = 6x^2 y + 6xy^2, \quad \dfrac{\partial^3 z}{\partial x^2 \partial y} = 12xy + 6y^2.$$

例 6.3.5 中两个二阶混合偏导数相等. 是否所有函数的两个二阶混合偏导数都相等呢? 答案是否定的. 对此有如下定理.

定理 6.3.1 如果函数 $z = f(x,y)$ 在区域 D 内的两个二阶混合偏导数 $\dfrac{\partial^2 z}{\partial x \partial y}$ 及 $\dfrac{\partial^2 z}{\partial y \partial x}$ 连续,那么在该区域内这两个二阶混合偏导数相等,即 $\dfrac{\partial^2 z}{\partial x \partial y} = \dfrac{\partial^2 z}{\partial y \partial x}$.

定理 6.3.1 说明,二阶混合偏导数在连续的条件下与求导次序无关. 定理证明从略.

习 题 6.3

1. 求下列函数的偏导数:

(1) $z = \dfrac{x + y^2}{xy}$; (2) $z = \ln\tan\dfrac{x}{y}$;

(3) $z = (1 + xy)^y$; (4) $z = \sin(xy) + \cos^2(xy)$;

(5) $u = \dfrac{y}{x} + \dfrac{z}{y} - \dfrac{x}{z}$; (6) $u = \ln\sqrt{x^2 + y^2 + z^2}$.

2. 求下列函数的二阶偏导数:

(1) $z = x^4 + y^4 - 4x^2 y^2$; (2) $z = y^x$.

3. 设 $z = x\ln(xy)$,求 $\dfrac{\partial^3 z}{\partial x^2 \partial y}$ 及 $\dfrac{\partial^3 z}{\partial x \partial y^2}$.

4. 曲面 $z = f(x,y) = \dfrac{x^2 + y^2}{4}$ 被平面 $y = 4$ 所截得的曲线在 $M_0(2,4,5)$ 处的切线 l_x 对于 x 轴的倾角是多少?

5. 设函数 $p(u)$ 可微,$z = \dfrac{y^2}{x} + p(xy)$,试验证 $x^2 \dfrac{\partial z}{\partial x} - xy \dfrac{\partial z}{\partial y} + 3y^2 = 0$.

6. 设 $z = e^{-\left(\frac{1}{x} + \frac{1}{y}\right)}$,证明 $x^2 \dfrac{\partial z}{\partial x} + y^2 \dfrac{\partial z}{\partial y} = 2z$.

7. 设 $u=\sqrt{x^2+y^2+z^2}$. 证明 $\dfrac{\partial^2 u}{\partial x^2}+\dfrac{\partial^2 u}{\partial y^2}+\dfrac{\partial^2 u}{\partial z^2}=\dfrac{2}{u}$.

8. 验证函数 $f(x,y)=\sqrt{x^2+y^2}$ 在点 $(0,0)$ 处连续,但两个偏导数不存在.

6.4 全 微 分

6.4.1 全微分的定义

在一元函数 $y=f(x)$ 中,函数的微分 dy 是自变量的改变量 Δx 的线性函数,且当 $\Delta x\to 0$ 时,dy 与函数改变量 Δy 的差是 Δx 的高阶无穷小量. 类似地可以给出二元函数全微分的定义.

定义 6.4.1 设函数 $z=f(x,y)$ 在点 $P(x,y)$ 的某一邻域内有定义,若函数 $z=f(x,y)$ 在点 (x,y) 的全增量可以表示为

$$\Delta z = f(x+\Delta x,y+\Delta y)-f(x,y)=A\Delta x+B\Delta y+o(\rho), \quad (6.4.1)$$

其中 A,B 与 $\Delta x,\Delta y$ 无关,$\rho=\sqrt{(\Delta x)^2+(\Delta y)^2}$,则称函数 $z=f(x,y)$ **在点** (x,y) **处可微**,并且称 $A\Delta x+B\Delta y$ 为函数 $z=f(x,y)$ 在点 (x,y) 处的**全微分**,记作 dz,即

$$dz = A\Delta x+B\Delta y. \quad (6.4.2)$$

若函数在区域 D 内每一点都可微,则称该函数**在区域 D 内可微**.

注意 在 6.3 节已经指出,二元函数在某点偏导数存在,但在该点不一定连续. 然而,由全微分定义知,二元函数在点 (x,y) 可微,则在该点一定连续. 事实上,从式 (6.4.1) 可见,当 $\rho\to 0$ 时,$\Delta z\to 0$,即 $\lim\limits_{\substack{\Delta x\to 0\\ \Delta y\to 0}} f(x+\Delta x,y+\Delta y)=f(x,y)$,所以 $f(x,y)$ 在点 (x,y) 处连续.

在一元函数中,可微与可导是等价的,那么多元函数的可微与偏导数存在之间的关系是怎样呢? 下面的两个定理回答了这个问题.

定理 6.4.1(必要条件) 如果二元函数 $z=f(x,y)$ 在点 (x,y) 处可微,则函数在该点的偏导数 $\dfrac{\partial z}{\partial x},\dfrac{\partial z}{\partial y}$ 必存在,且函数 $z=f(x,y)$ 在点 (x,y) 处的全微分为

$$dz=\dfrac{\partial z}{\partial x}\Delta x+\dfrac{\partial z}{\partial y}\Delta y. \quad (6.4.3)$$

证 设函数 $z=f(x,y)$ 在点 (x,y) 处可微,于是式 (6.4.1) 成立,特别地,当 $\Delta y=0$ 时也成立,即 $\Delta_x z=A\Delta x+o(|\Delta x|)$,

于是 $\lim\limits_{\Delta x\to 0}\dfrac{\Delta_x z}{\Delta x}=\lim\limits_{\Delta x\to 0}\left[A+\dfrac{o(|\Delta x|)}{\Delta x}\right]=A,$

即 $\dfrac{\partial z}{\partial x}=A,$

同理可证 $\dfrac{\partial z}{\partial y}=B.$

6.4 全微分

这就说明函数 $z=f(x,y)$ 在点 (x,y) 偏导数存在,且式(6.4.3)成立.

注意 二元函数偏导数存在是可微的必要条件,而非充分条件,即当函数的偏导数存在时,函数在某点不一定可微.

例如,函数 $f(x,y)=\begin{cases} \dfrac{xy}{x^2+y^2}, & x^2+y^2\neq 0, \\ 0, & x^2+y^2=0 \end{cases}$ 在点 $(0,0)$ 处,$f'_x(0,0)=f'_y(0,0)=0$,由于在点 $(0,0)$ 不连续,因此不可微.

定理 6.4.2(充分条件) 如果函数 $z=f(x,y)$ 在点 (x,y) 处偏导数连续,则函数在该点可微.

证明 从略.

习惯上,将 $\Delta x,\Delta y$ 分别记为 $\mathrm{d}x,\mathrm{d}y$,因此,全微分又可表示为

$$\mathrm{d}z=\frac{\partial z}{\partial x}\mathrm{d}x+\frac{\partial z}{\partial y}\mathrm{d}y. \tag{6.4.4}$$

如果称 $\dfrac{\partial z}{\partial x}\mathrm{d}x,\dfrac{\partial z}{\partial y}\mathrm{d}y$ 分别为 $z=f(x,y)$ 关于 x,y 的**偏微分**,则全微分是两个偏微分的和,这是二元函数的微分**叠加原理**.

以上关于二元函数全微分的定义以及定理都可以推广到二元以上的多元函数上去. 例如,若三元函数 $u=f(x,y,z)$ 可微分,则其全微分为

$$\mathrm{d}u=\frac{\partial u}{\partial x}\mathrm{d}x+\frac{\partial u}{\partial y}\mathrm{d}y+\frac{\partial u}{\partial z}\mathrm{d}z.$$

例 6.4.1 求函数 $z=y\sin(x+y)$ 的全微分.

解 因为 $\dfrac{\partial z}{\partial x}=y\cos(x+y),\quad \dfrac{\partial z}{\partial y}=\sin(x+y)+y\cos(x+y),$

所以, $\mathrm{d}z=y\cos(x+y)\mathrm{d}x+[\sin(x+y)+y\cos(x+y)]\mathrm{d}y.$

例 6.4.2 求函数 $u=x\mathrm{e}^{yz}+\mathrm{e}^{-z}$ 的全微分.

解 因为 $\dfrac{\partial u}{\partial x}=\mathrm{e}^{yz},\quad \dfrac{\partial u}{\partial y}=xz\mathrm{e}^{yz},\quad \dfrac{\partial u}{\partial z}=xy\mathrm{e}^{yz}-\mathrm{e}^{-z},$

所以, $\mathrm{d}u=\mathrm{e}^{yz}\mathrm{d}x+xz\mathrm{e}^{yz}\mathrm{d}y+(xy\mathrm{e}^{yz}-\mathrm{e}^{-z})\mathrm{d}z.$

6.4.2 全微分在近似计算中的应用

与一元函数类似,利用二元函数的全微分可以进行近似计算. 若二元函数 $z=f(x,y)$ 在点 $P(x,y)$ 处可微分,因为 $\Delta z=\mathrm{d}z+o(\rho)$,则当 $|\Delta x|,|\Delta y|$ 很小时,忽略 $o(\rho)$,得

$$\Delta z\approx \mathrm{d}z=f'_x(x,y)\Delta x+f'_y(x,y)\Delta y, \tag{6.4.5}$$

或

$$f(x+\Delta x,y+\Delta y)\approx f(x,y)+f'_x(x,y)\Delta x+f'_y(x,y)\Delta y. \tag{6.4.6}$$

例 6.4.3 计算 $\sqrt{1.02^3+1.97^3}$ 的近似值.

解 令 $f(x,y)=\sqrt{x^3+y^3}$，则问题转化为计算函数值 $f(1.02,1.97)$. 取 $x=1, y=2, \Delta x=0.02, \Delta y=-0.03$. 由于

$$f'_x(x,y)=\frac{3x^2}{2\sqrt{x^3+y^3}}, \quad f'_y(x,y)=\frac{3y^2}{2\sqrt{x^3+y^3}}.$$

所以， $f(1,2)=3, \quad f'_x(1,2)=\frac{1}{2}, \quad f'_y(1,2)=2.$

于是，由式(6.4.6)得 $f(1.02,1.97)\approx 2.95.$

习 题 6.4

1. 求下列函数的全微分：

(1) $z=xy+\dfrac{x}{y}$ ； (2) $z=\dfrac{y}{\sqrt{x^2+y^2}}$ ；

(3) $z=y\sin(x+y)$ ； (4) $u=xe^{yz}+e^{-z}+y$.

2. 求函数 $z=e^{xy}$ 在点 $(1,1)$，且 $\Delta x=0.15, \Delta y=0.1$ 时的全微分.

3. 计算 $(1.04)^{2.02}$ 的近似值.

4. 设圆锥体形变时，高 h 由 60cm 减少到 59.5cm，底面圆半径 r 由 30cm 增加到 30.1cm，求体积变化的近似值.

5. 证明函数 $f(x,y)=\sqrt{x^2+y^2}$ 在点 $(0,0)$ 处虽然连续，但不可微.

6.5 多元复合函数与隐函数的求导法则

6.5.1 多元复合函数的求导法则

定理 6.5.1 设函数 $u=\varphi(x,y), v=\psi(x,y)$ 在点 (x,y) 对 x 及 y 的偏导数存在，函数 $z=f(u,v)$ 在对应点 (u,v) 具有连续偏导数，则复合函数 $z=f[\varphi(x,y),\psi(x,y)]$ 在点 (x,y) 的两个偏导数 $\dfrac{\partial z}{\partial x}, \dfrac{\partial z}{\partial y}$ 存在，且

$$\frac{\partial z}{\partial x}=\frac{\partial z}{\partial u}\cdot\frac{\partial u}{\partial x}+\frac{\partial z}{\partial v}\cdot\frac{\partial v}{\partial x}, \tag{6.5.1}$$

$$\frac{\partial z}{\partial y}=\frac{\partial z}{\partial u}\cdot\frac{\partial u}{\partial y}+\frac{\partial z}{\partial v}\cdot\frac{\partial v}{\partial y}. \tag{6.5.2}$$

证明从略.

上述多元复合函数的求导法则可以推广. 例如，设函数 $u=\varphi(x,y), v=\psi(x,y), w=\omega(x,y)$ 在点 (x,y) 偏导数都存在，函数 $z=f(u,v,w)$ 在对应点 (u,v,w) 具有连续偏导数，则复合函数 $z=f[\varphi(x,y),\psi(x,y),\omega(x,y)]$ 在点 (x,y) 处的两个

6.5 多元复合函数与隐函数的求导法则

偏导数都存在,且

$$\frac{\partial z}{\partial x} = \frac{\partial z}{\partial u} \cdot \frac{\partial u}{\partial x} + \frac{\partial z}{\partial v} \cdot \frac{\partial v}{\partial x} + \frac{\partial z}{\partial w} \cdot \frac{\partial w}{\partial x}, \quad (6.5.3)$$

$$\frac{\partial z}{\partial y} = \frac{\partial z}{\partial u} \cdot \frac{\partial u}{\partial y} + \frac{\partial z}{\partial v} \cdot \frac{\partial v}{\partial y} + \frac{\partial z}{\partial w} \cdot \frac{\partial w}{\partial y}. \quad (6.5.4)$$

特殊地,若函数 $u=\varphi(t), v=\psi(t)$ 在点 t 可导,函数 $z=f(u,v)$ 在对应点 (u,v) 具有连续偏导数,则复合函数 $z=f[\varphi(t),\psi(t)]$ 是 t 的一元函数,在点 t 可导,且

$$\frac{dz}{dt} = \frac{\partial z}{\partial u} \cdot \frac{du}{dt} + \frac{\partial z}{\partial v} \cdot \frac{dv}{dt}. \quad (6.5.5)$$

通常称式(6.5.5)中的导数 $\frac{dz}{dt}$ 为**全导数**.

例 6.5.1 设 $z=u^v$,其中 $u=x+y, v=x-y$,求 $\frac{\partial z}{\partial x}, \frac{\partial z}{\partial y}$.

解 $\frac{\partial z}{\partial u} = vu^{v-1}, \frac{\partial z}{\partial v} = u^v \ln u, \frac{\partial u}{\partial x}=1, \frac{\partial u}{\partial y}=1, \frac{\partial v}{\partial x}=1, \frac{\partial v}{\partial y}=-1$. 代入式(6.5.1)和式(6.5.2),得

$$\frac{\partial z}{\partial x} = (x-y)(x+y)^{x-y-1} + (x+y)^{x-y} \ln(x+y),$$

$$\frac{\partial z}{\partial y} = (x-y)(x+y)^{x-y-1} - (x+y)^{x-y} \ln(x+y).$$

例 6.5.2 设 $z=e^{2u-3v}$,其中 $u=\cos x, v=\sin x$,求全导数 $\frac{dz}{dx}$.

解 $\frac{\partial z}{\partial u} = 2e^{2u-3v}, \frac{\partial z}{\partial v} = -3e^{2u-3v}, \frac{du}{dx} = -\sin x, \frac{dv}{dx} = \cos x$,代入式(6.5.5),得

$$\frac{dz}{dx} = 2e^{2u-3v}(-\sin x) - 3e^{2u-3v}(\cos x)$$
$$= -e^{2\cos x - 3\sin x}(2\sin x + 3\cos x).$$

例 6.5.3 设 $f(u,v)$ 具有二阶连续偏导数,$z=f(x+y, x^2)$,求 $\frac{\partial z}{\partial x}, \frac{\partial z}{\partial y}, \frac{\partial^2 z}{\partial y \partial x}, \frac{\partial^2 z}{\partial y^2}$.

解 令 $u=x+y, v=x^2$,根据多元复合函数的求导法则,得

$$\frac{\partial z}{\partial x} = \frac{\partial f}{\partial u} \cdot 1 + \frac{\partial f}{\partial v} \cdot 2x = f'_u + 2x f'_v,$$

$$\frac{\partial z}{\partial y} = \frac{\partial f}{\partial u} \cdot 1 + \frac{\partial f}{\partial v} \cdot 0 = f'_u.$$

其中 f'_u 仍然是复合函数,再根据多元复合函数的求导法则,得

$$\frac{\partial^2 z}{\partial y \partial x} = \frac{\partial}{\partial x} f'_u = f''_{uu} + 2x f''_{uv},$$

$$\frac{\partial^2 z}{\partial y^2} = \frac{\partial}{\partial y} f'_u = f''_{uu}.$$

注意 为表达简便,记 f'_u 为 f'_1, f'_v 为 f'_2, f''_{uv} 为 f''_{12} 等.其中下标 1 表示对第一个中间变量 u 求导;下标 2 表示对第二个中间变量 v 求导,那么例 6.5.3 中各结果可写为

$$\frac{\partial z}{\partial x} = f'_1 + 2x f'_2, \quad \frac{\partial z}{\partial y} = f'_1, \quad \frac{\partial^2 z}{\partial y \partial x} = f''_{11} + 2x f''_{12}, \quad \frac{\partial^2 z}{\partial y^2} = f''_{11}.$$

6.5.2 多元隐函数的求导法则

在一元函数的微分学中,已经给出了直接由方程 $F(x,y)=0$ 求隐函数的导数 $\dfrac{dy}{dx}$ 的方法.现在将根据多元复合函数的求导法则来导出隐函数的求导公式.

设方程 $F(x,y)=0$ 所确定的函数为 $y=f(x)$,则有恒等式

$$F[x, f(x)] \equiv 0.$$

根据多元复合函数的求导法则,等式两边分别对 x 求导,得

$$\frac{\partial F}{\partial x} + \frac{\partial F}{\partial y} \frac{dy}{dx} = 0.$$

当 $\dfrac{\partial F}{\partial y} \neq 0$ 时,有

$$\frac{dy}{dx} = -\frac{F'_x}{F'_y} \tag{6.5.6}$$

这就是由方程 $F(x,y)=0$ 所确定函数 $y=f(x)$ 的求导公式.

例 6.5.4 设 $\dfrac{x^2}{a^2} + \dfrac{y^2}{b^2} = 1$ 确定函数 $y=f(x)$,求 $\dfrac{dy}{dx}$.

解 令 $F(x,y) = \dfrac{x^2}{a^2} + \dfrac{y^2}{b^2} - 1$,因为

$$\frac{\partial F}{\partial x} = \frac{2x}{a^2}, \quad \frac{\partial F}{\partial y} = \frac{2y}{b^2},$$

所以,由式(6.5.6)得

$$\frac{dy}{dx} = -\frac{F'_x}{F'_y} = -\frac{xb^2}{ya^2}.$$

隐函数的求导法则可以推广到多元函数的情形.

设方程 $F(x,y,z)=0$ 确定的函数为 $z=f(x,y)$,则有恒等式

$$F[x, y, f(x,y)] \equiv 0.$$

根据多元复合函数的求导法则,等式两边分别对 x 和 y 求偏导数,得

$$\frac{\partial F}{\partial x}+\frac{\partial F}{\partial z}\frac{\partial z}{\partial x}=0, \quad \frac{\partial F}{\partial y}+\frac{\partial F}{\partial z}\frac{\partial z}{\partial y}=0.$$

当 $F'_z(x,y)\neq 0$ 时,有

$$\frac{\partial z}{\partial x}=-\frac{F'_x}{F'_z}, \quad \frac{\partial z}{\partial y}=-\frac{F'_y}{F'_z}. \tag{6.5.7}$$

这就是由方程 $F(x,y,z)=0$ 所确定函数 $z=f(x,y)$ 的求偏导公式.

例 6.5.5 设 $x^2+y^2+z^2-4z=0$. 求 $\dfrac{\partial z}{\partial x},\dfrac{\partial z}{\partial y}$ 及 $\dfrac{\partial^2 z}{\partial x^2}$.

解 设 $F(x,y,z)=x^2+y^2+z^2-4z$,因为

$$\frac{\partial F}{\partial x}=2x, \quad \frac{\partial F}{\partial y}=2y, \quad \frac{\partial F}{\partial z}=2z-4,$$

所以,由式(6.5.7),得 $\dfrac{\partial z}{\partial x}=\dfrac{x}{2-z}, \quad \dfrac{\partial z}{\partial y}=\dfrac{y}{2-z}.$

$$\frac{\partial^2 z}{\partial x^2}=\frac{\partial}{\partial x}\left(\frac{x}{2-z}\right)=\frac{2-z-x(-z'_x)}{(2-z)^2}$$
$$=\frac{2-z+x\left(\dfrac{x}{2-z}\right)}{(2-z)^2}=\frac{(2-z)^2+x^2}{(2-z)^3}.$$

注意 求 $\dfrac{\partial z}{\partial x},\dfrac{\partial z}{\partial y}$ 可以不套公式而直接求. 例如,求 $\dfrac{\partial z}{\partial x}$,只需将方程

$$x^2+y^2+z^2-4z=0$$

的两边对 x 求导,同时将变量 y 看作常数,而 z 是 x,y 的函数,得

$$2x+2zz'_x-4z'_x=0,$$

解得 $\dfrac{\partial z}{\partial x}=z'_x=\dfrac{x}{2-z}.$

习 题 6.5

1. 求下列复合函数的偏导数 $\dfrac{\partial z}{\partial x},\dfrac{\partial z}{\partial y}$:

   (1) $z=u^2+v^2, u=x+y, v=x-y$;

   (2) $z=u^2\ln v, u=\dfrac{x}{y}, v=3x-2y$;

   (3) $z=u^2+v^2+w^2, u=x+y, v=x-y, w=xy$.

2. 设 $z=e^{x-2y}, x=\sin t, y=t^3$,求 $\dfrac{dz}{dt}$.

3. 设 $f(u,v)$ 具有连续偏导数,$z=f(x+y,xy)$,求 $\dfrac{\partial z}{\partial x},\dfrac{\partial z}{\partial y}$.

4. 设 $f(u,v)$ 具有二阶连续偏导数,$z=f\left(x,\dfrac{x}{y}\right)$,求 $\dfrac{\partial^2 z}{\partial x^2},\dfrac{\partial^2 z}{\partial y^2},\dfrac{\partial^2 z}{\partial x\partial y}$.

5. 设 $\sin y + e^x - xy^2 = 0$,求 $\dfrac{dy}{dx}$.

6. 设 $\dfrac{x}{z} = \ln \dfrac{z}{y}$,求 $\dfrac{\partial z}{\partial x}, \dfrac{\partial z}{\partial y}$.

7. 设 $x^2 + y^2 + z^2 - 2z = 0$,求 $\dfrac{\partial^2 z}{\partial x^2}, \dfrac{\partial^2 z}{\partial x \partial y}$.

8. 设 $z = xy + f(u)$ 而 $u = \dfrac{y}{x}$,$f(u)$ 可导,证明 $x\dfrac{\partial z}{\partial x} + y\dfrac{\partial z}{\partial y} = 2xy$.

9. 设 $f(u,v)$ 具有连续偏导数,$f(cx-az, cy-bz)=0$,证明 $a\dfrac{\partial z}{\partial x} + b\dfrac{\partial z}{\partial y} = c$.

10. 设 $u = f(xy, yz, zx)$,其中 f 具有二阶连续的偏导数,求 $\dfrac{\partial^2 u}{\partial x^2}, \dfrac{\partial^2 u}{\partial x \partial y}$.

6.6 多元函数的极值及其应用

在实际问题中,常常会遇到求多元函数的最大(小)值问题. 和一元函数相类似,多元函数的最值与其极值密切相关. 下面以二元函数为例,先讨论二元函数的极值问题,所得结论可推广到三元及三元以上的多元函数情形.

6.6.1 多元函数的极值

定义 6.6.1 设函数 $z = f(x,y)$ 在点 (x_0, y_0) 的某邻域内有定义,如果对于在该邻域内异于 (x_0, y_0) 的任何点 (x,y),都有

(1) $f(x,y) < f(x_0, y_0)$,则称函数在点 (x_0, y_0) 有**极大值** $f(x_0, y_0)$;

(2) $f(x,y) > f(x_0, y_0)$,则称函数在点 (x_0, y_0) 有**极小值** $f(x_0, y_0)$.

极大值、极小值统称为**极值**,使函数取得极值的点称为**极值点**.

例如,函数 $z = \sqrt{x^2 + y^2}$ 在点 $(0,0)$ 有极小值 $f(0,0) = 0$;函数 $z = 1 - (x^2 + y^2)$ 在点 $(0,0)$ 有极大值 $f(0,0) = 1$;而函数 $z = xy$ 在点 $(0,0)$ 处既不取得极大值也不取得极小值.

与导数在一元函数极值研究中的作用一样,偏导数也是研究二元函数极值的主要手段.

定理 6.6.1(必要条件) 设函数 $z = f(x,y)$ 在点 (x_0, y_0) 具有偏导数,且在点 (x_0, y_0) 处有极值,则必有

$$f'_x(x_0, y_0) = 0, \quad f'_y(x_0, y_0) = 0.$$

证 不妨设 $z = f(x,y)$ 在点 (x_0, y_0) 处取得极大值. 若固定 $y = y_0$,则一元函数 $z = f(x, y_0)$ 在点 x_0 处取得极大值,并且 $z = f(x, y_0)$ 在点 x_0 可导,于是由一元函数取得极值的必要条件知 $f'_x(x_0, y_0) = 0$.

类似可证 $f'_y(x_0, y_0) = 0$.

仿照一元函数,称使 $f'_x(x_0,y_0)=0$ 与 $f'_y(x_0,y_0)=0$ 的点 (x_0,y_0) 为函数 $z=f(x,y)$ 的**驻点**. 由定理 6.6.1 可知,在一阶偏导数存在的条件下,函数的极值点一定是驻点;但函数的驻点未必是极值点. 例如,函数 $z=xy$ 有驻点 $(0,0)$,但 $(0,0)$ 却不是函数的极值点.

怎样判定一个驻点是否是极值点呢?下面的定理回答了这个问题.

定理 6.6.2(充分条件) 设函数 $z=f(x,y)$ 在点 (x_0,y_0) 的某邻域内连续且具有一阶及二阶连续偏导数,又 $f'_x(x_0,y_0)=0, f'_y(x_0,y_0)=0$,记 $f''_{xx}(x_0,y_0)=A$, $f''_{xy}(x_0,y_0)=B, f''_{yy}(x_0,y_0)=C$,则

(1) $AC-B^2>0$ 时,$z=f(x,y)$ 在点 (x_0,y_0) 有极值,且当 $A<0$ 时,$f(x_0,y_0)$ 为极大值,当 $A>0$ 时,$f(x_0,y_0)$ 为极小值;

(2) $AC-B^2<0$ 时,$z=f(x,y)$ 在点 (x_0,y_0) 没有极值;

(3) $AC-B^2=0$ 时,不能确定在点 (x_0,y_0) 是否有极值,还需另作讨论.

定理证明从略.

利用上面两个定理,可以总结出求具有二阶连续偏导数的函数 $z=f(x,y)$ 的极值的步骤如下:

第一步 解方程组 $f'_x(x_0,y_0)=0, f'_y(x_0,y_0)=0$,求出所有驻点;

第二步 求 $f(x,y)$ 的二阶偏导数,并求出每一个驻点处 A、B、C 的值;

第三步 定出每一个驻点处 $AC-B^2$ 的符号,根据定理 6.6.2 判定 $f(x_0,y_0)$ 是否是极值以及是极大值还是极小值.

例 6.6.1 求函数 $f(x,y)=x^3-y^2-3x^2-9x+2y+3$ 的极值.

解 解方程组 $\begin{cases} f'_x(x,y)=3x^2-6x-9=0, \\ f'_y(x,y)=-2y+2=0, \end{cases}$ 求得两个驻点 $(-1,1),(3,1)$,再求二阶偏导数得

$$f''_{xx}=6x-6, \quad f''_{xy}=0, \quad f''_{yy}=-2.$$

在点 $(-1,1)$ 处,$AC-B^2=-12\times(-2)-0^2=24>0$,又 $A=-12<0$,所以函数取极大值 $f(-1,1)=9$;在点 $(3,1)$ 处,$AC-B^2=12\times(-2)-0^2=-24<0$,所以,函数在该点没有极值.

注意 偏导数 $f'_x(x,y)$ 或 $f'_y(x,y)$ 不存在的点 (x_0,y_0) 也可能是函数 $z=f(x,y)$ 的极值点. 例如,函数 $z=-\sqrt{x^2+y^2}$ 在点 $(0,0)$ 处的偏导数都不存在,但该函数在点 $(0,0)$ 处却具有极大值 $f(0,0)=0$.

6.6.2 条件极值

前面讨论的多元函数极值问题,对于函数的自变量除了要求在定义域内以外,没有附加任何其他限制条件. 然而在实际问题中,函数的自变量的取值还会受到许

多客观条件的限制. 这种对自变量带有附加条件的极值称为**条件极值**. 有时条件极值可化为无条件极值,但在更多情形下,将条件极值化为无条件极值并不简单. 下面介绍一种求条件极值的方法.

拉格朗日乘数法 求函数 $z=f(x,y)$ 在附加条件 $\varphi(x,y)=0$ 下的可能极值点,先作拉格朗日函数

$$L(x,y) = f(x,y) + \lambda\varphi(x,y), \qquad (6.6.1)$$

其中 λ 为一个待定常数. 求 $L(x,y)$ 对 x,y 的一阶偏导数,并令其为零,然后与附加条件 $\varphi(x,y)=0$ 联立,得方程组

$$\begin{cases} f'_x(x,y) + \lambda\varphi'_x(x,y) = 0, \\ f'_y(x,y) + \lambda\varphi'_y(x,y) = 0, \\ \varphi(x,y) = 0. \end{cases} \qquad (6.6.2)$$

从中解出 x,y 及 λ,这样得到的 (x,y) 就是函数 $f(x,y)$ 在附加条件 $\varphi(x,y)=0$ 下的可能极值点. 再由所给问题的实际意义来进一步分析其是否为极值点.

上述拉格朗日乘数法推导从略. 此方法还可以推广到自变量多于两个及约束条件多于一个的情形. 例如,要求函数

$$u = f(x,y,z)$$

在约束条件 $\varphi_1(x,y,z)=0, \varphi_2(x,y,z)=0$ 下的极值,可构造拉格朗日函数

$$L(x,y,z) = f(x,y,z) + \lambda_1\varphi_1(x,y,z) + \lambda_2\varphi_2(x,y,z), \qquad (6.6.3)$$

其中 λ_1, λ_2 均为参数. 然后令拉格朗日函数 L 的所有偏导数等于零,并与约束条件联立,若所得方程组的解为 x,y,z,则 (x,y,z) 就是函数 $u=f(x,y,z)$ 的在约束条件下可能极值点.

注意 对于实际问题,当拉格朗日函数只有唯一驻点,并且实际问题确实存在最大(小)值时,该驻点就是目标函数的最大(小)值点.

例 6.6.2 求证圆内接矩形中面积最大的是正方形.

证 设圆的半径为 r,以圆心为原点建立直角坐标系. 设内接矩形在第一象限的顶点为 $P(x,y)$,则圆内接矩形面积为

$$S = 2x \cdot 2y = 4xy.$$

于是该问题就转化为求目标函数 $S=4xy$ 在条件 $x^2+y^2=r^2$ 下最大值的问题.

作拉格朗日函数

$$L(x,y) = 4xy - \lambda(x^2+y^2-r^2),$$

求偏导数,得 $L'_x=4y-2\lambda x, L'_y=4x-2\lambda y$. 解方程组

$$\begin{cases} 4y - 2\lambda x = 0, \\ 4x - 2\lambda y = 0, \\ x^2 + y^2 = r^2. \end{cases}$$

得 $x=y=\frac{\sqrt{2}}{2}r$. 这是唯一可能的极值点,由于问题本身一定存在最大值,所以最大值就在这个点取得,所以当圆内接矩形为正方形时,其面积最大.

例 6.6.3 假设某企业在两个相互分割的市场上出售同一种产品,两个市场的需求函数分别是 $P_1=18-2Q_1, P_2=12-Q_2$,其中 P_1 和 P_2 分别表示该产品在两个市场的价格(单位:万元・吨$^{-1}$),Q_1 和 Q_2 分别表示该产品在两个市场的销售量(即需求量,单位:吨),并且该企业生产这种产品的总成本函数是 $C=2Q+5$,其中 Q 表示该产品在两市场的销售总量,即 $Q=Q_1+Q_2$.

(1) 如果该企业实行价格差别策略,试确定两个市场上该产品的销售量和价格,使该企业获得的利润最大;

(2) 如果该企业实行价格无差别策略,试确定两个市场上该产品的销售量及其统一的价格,使该企业的总利润最大;并比较这两种价格策略下的总利润大小.

解 该企业实行价格有差别策略进行销售时,问题为无条件极值;而当该企业实行价格无差别策略进行销售时,因为 $P_1=P_2$,于是有 $18-2Q_1=12-Q_2$,即 $2Q_1-Q_2-6=0$,所以,问题为条件极值.

(1) 依题意,总利润函数为
$$L=R-C=P_1Q_1+P_2Q_2-(2Q+5)$$
$$=-2Q_1^2-Q_2^2+16Q_1+10Q_2-5.$$
由
$$\begin{cases} L'_{Q_1}=-4Q_1+16=0, \\ L'_{Q_2}=-2Q_2+10=0. \end{cases}$$
解得 $Q_1=4, Q_2=5$. 这时 $P_1=10$ 万元・吨$^{-1}$,$P_2=7$ 万元・吨$^{-1}$.

由于 $(4,5)$ 为唯一驻点,用极值的充分条件可以判定 $L(4,5)$ 是极大值,故也是最大值. 因此,最大利润为
$$L=-2\times 4^2-5^2+16\times 4+10\times 5-5=52(万元).$$

(2) 作拉格朗日函数:
$$L(Q_1,Q_2)=-2Q_1^2-Q_2^2+16Q_1+10Q_2-5+\lambda(2Q_1-Q_2-6).$$
由
$$\begin{cases} L'_{Q_1}=-4Q_1+16+2\lambda=0, \\ L'_{Q_2}=-2Q_2+10-\lambda=0, \\ 2Q_1-Q_2-6=0. \end{cases}$$
解得 $Q_1=5, Q_2=4, \lambda=2$,这时 $P_1=P_2=8$.

同样用极值的充分条件可以判定 $L(5,4)$ 是极大值,也是最大值. 因此,最大利润为

$$L = -2 \times 5^2 - 4^2 + 16 \times 5 + 10 \times 4 - 5 = 49(万元).$$

比较上述两种计算结果可知,当企业实行差别定价时所得的总利润要大于统一价格时的总利润.

6.6.3 多元函数的最大值与最小值

为了简化问题的讨论,假设函数 $z = f(x,y)$ 在平面区域 D 上可微且只有限个驻点,如果 $f(x,y)$ 在 D 上存在最大、最小值,那么如何去寻找它们呢？通常遇到的有两种情形:

(1) D 是有界闭区域. 由于 $f(x,y)$ 在 D 上连续,故 $f(x,y)$ 在 D 上必定能取得最大值与最小值,并且函数的最值既可能在 D 的内部取得,也可能在 D 的边界上取得. 类似一元函数情形,首先求出 $f(x,y)$ 在 D 的内部所有驻点处的函数值,然后将这些值与 $f(x,y)$ 在 D 的边界上的最值加以比较,其中最大的就是最大值,最小的就是最小值. 但采用这一方法,由于要计算 $f(x,y)$ 在 D 的边界上的最值,所以往往相当复杂.

(2) D 是一个开区域或无界区域,但函数 $f(x,y)$ 具有实际问题的背景,并且根据问题的性质,知道函数一定有最值,且在 D 的内部取得,那么当 $f(x,y)$ 在 D 的内部只有一个驻点时,该驻点处的函数值就是函数 $f(x,y)$ 在 D 上的最值,而可以不用极值的充分条件判定. 以上根据问题的实际意义加以限制,简化函数最值求解过程的思想成为实际推断原理,它是用数学模型解决实际问题的重要手段.

例 6.6.4 某工厂要用铁板做成一个体积为 $2m^3$ 的有盖长方体水箱. 问当长、宽、高各取怎样的尺寸时,才能使用料最省？

解 设水箱的长为 xm,宽为 ym,则其高为 $\dfrac{2}{xy}m$,此水箱所用材料的面积为

$$S = 2\left(xy + y \cdot \frac{2}{xy} + x \cdot \frac{2}{xy}\right)$$

$$= 2\left(xy + \frac{2}{x} + \frac{2}{y}\right), \quad x > 0, y > 0.$$

可见,材料面积 S 是 x 和 y 的二元函数,这就是目标函数,下面求使这函数取得最小值的点 (x,y). 解方程组

$$\begin{cases} S'_x = 2\left(y - \dfrac{2}{x^2}\right) = 0, \\ S'_y = 2\left(x - \dfrac{2}{y^2}\right) = 0. \end{cases}$$

求得唯一驻点为 $x = \sqrt[3]{2}, y = \sqrt[3]{2}$.

根据题意,水箱所用材料面积的最小值一定存在,且一定在 $D = \{(x,y) | x > 0, y > 0\}$ 内部取得,而函数在 D 内只有一个驻点 $(\sqrt[3]{2}, \sqrt[3]{2})$,故可断定当 $x = \sqrt[3]{2}, y = $

$\sqrt[3]{2}$ 时，S 取得最小值，也就是当水箱的长、宽、高同为 $\sqrt[3]{2}$ m 时，水箱所用的材料最省.

当然，上述例子也可用拉格朗日乘数法来求.

习 题 6.6

1. 求函数 $z=x^2+xy+y^2-2x-y$ 的极值.
2. 设函数 $f(x,y)=2x^2+ax+xy^2+2y$ 在点 $(1,-1)$ 处取得极值，试确定常数 a.
3. 求函数 $z=xy$ 在附加条件 $x+y=1$ 下的极大值.
4. 求表面积为 a^2 而体积为最大的长方体的体积.
5. 将周长为 $2p$ 的矩形绕它的一边旋转而成一个圆柱体，问矩形的边长各为多少时，才能使圆柱体的体积最大.
6. 在平面 xOy 求一点，使它到 $x=0, y=0$ 及 $x+2y-16=0$ 三条直线的距离平方和为最小.
7. 求内接于半径为 a 的球且有最大体积的长方体.
8. 某工厂生产两种产品 A 与 B，出售单价分别为 10 元与 9 元，产生 x 件产品 A 和产生 y 件产品 B 的总费用是

$$400+2x+3y+0.01(3x^2+xy+3y^2)(\text{元}).$$

求取得最大利润时，两种产品的产量各是多少？

9. 求函数 $f(x,y)=x+y+2$ 在闭区域 $D: x^2+y^2 \leqslant 4$ 上的最大值与最小值.

6.7 二重积分

已经知道，一元函数定积分是一种特定形式的和式极限，这种和式极限概念推广到定义在平面区域上二元函数的情形，便是二重积分. 本节主要介绍二重积分的定义、性质及其计算方法和简单应用.

6.7.1 二重积分的概念与性质

1. 二重积分的概念

引例 曲顶柱体的体积.

所谓**曲顶柱体**是指在空间直角坐标系中，以 xOy 平面上有界闭区域 D 为底，以 D 的边界曲线为准线而母线平行于 z 轴的柱面为侧面，以 $z=f(x,y)(f(x,y)\geqslant 0)$ 所表示的曲面为顶的立体（图 6.7.1）.

对于曲顶柱体体积问题可以像处理曲边梯形面积那样来解决.

（1）**分割** 用一组曲线网把 D 分成 n 个小闭区域 $\Delta\sigma_1, \Delta\sigma_2, \cdots, \Delta\sigma_n$，相应地可把原来的曲顶柱体分成 n 个小曲顶柱体（图 6.7.2）.

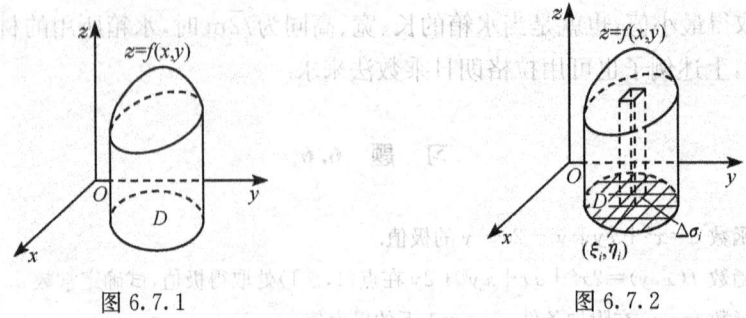

图 6.7.1　　　　　图 6.7.2

(2) **近似代替**　在每个小闭区域 $\Delta\sigma_i$（其面积也记为 $\Delta\sigma_i$）上任取一点 (ξ_i,η_i)，则第 i 个小曲顶柱体（体积记为 ΔV_i）近似看作以 $f(\xi_i,\eta_i)$ 为高以区域 $\Delta\sigma_i$ 为底的平顶柱体，故

$$\Delta V_i \approx f(\xi_i,\eta_i)\Delta\sigma_i, \quad i=1,2,\cdots,n.$$

(3) **求和**　所得的 n 个小平顶柱体体积的和就是所求曲顶柱体的体积 V 的近似值，即

$$V = \sum_{i=1}^{n}\Delta V_i \approx \sum_{i=1}^{n} f(\xi_i,\eta_i)\Delta\sigma_i.$$

(4) **取极限**　闭区域 $\Delta\sigma_i$ 中任意两点间距离的最大值称为该**区域的直径**，记为 d_i，令 $\lambda = \max\limits_{1\leqslant i\leqslant n}\{d_i\}\to 0$，对上述和式取极限，得曲顶柱体体积 V 的精确值，即

$$V = \lim_{\lambda\to 0}\sum_{i=1}^{n} f(\xi_i,\eta_i)\Delta\sigma_i. \tag{6.7.1}$$

还有许多实际问题中的量，如非均匀平面薄片的质量等都可归结为形如式 (6.7.1) 的和式极限，将其共同点加以抽象，就得到二重积分的定义。

定义 6.7.1　设 $f(x,y)$ 是有界闭区域 D 上的有界函数，将 D 任意分成 n 个小闭区域 $\Delta\sigma_1,\Delta\sigma_2,\cdots,\Delta\sigma_n$，其中 $\Delta\sigma_i$ 表示第 i 个小闭区域，也表示其面积。在每个 $\Delta\sigma_i$ 上任取一点 (ξ_i,η_i)，作乘积 $f(\xi_i,\eta_i)\Delta\sigma_i(i=1,2,\cdots,n)$，并作和 $\sum\limits_{i=1}^{n} f(\xi_i,\eta_i)\Delta\sigma_i$。如果当各小闭区域的直径最大值 $\lambda\to 0$ 时，这和式的极限总存在，且与区域 D 的分法及点 (ξ_i,η_i) 的取法无关，则称此极限为函数 $f(x,y)$ 在闭区域 D 上的**二重积分**，记作 $\iint\limits_{D} f(x,y)\mathrm{d}\sigma$，即

$$\iint\limits_{D} f(x,y)\mathrm{d}\sigma = \lim_{\lambda\to 0}\sum_{i=1}^{n} f(\xi_i,\eta_i)\Delta\sigma_i,$$

其中 $f(x,y)$ 叫做被积函数，$\mathrm{d}\sigma$ 叫做**面积元素**，$f(x,y)\mathrm{d}\sigma$ 叫做**被积表达式**，x 与 y 叫做积分变量，D 叫做积分区域，$\sum\limits_{i=1}^{n} f(\xi_i,\eta_i)\Delta\sigma_i$ 叫做积分和。

由二重积分的定义可知,引例中的曲顶柱体的体积是曲顶的函数 $f(x,y)$ 在底 D 上的二重积分,即 $V = \iint\limits_{D} f(x,y)\mathrm{d}\sigma$.

若二重积分 $\iint\limits_{D} f(x,y)\mathrm{d}\sigma$ 存在,则称函数 $f(x,y)$ 在 D 上**可积**. 可以证明,当 $f(x,y)$ 在有界闭区域 D 上连续时, $f(x,y)$ 在 D 上是可积的.

二重积分的几何意义:①如果 $f(x,y) \geqslant 0$,则二重积分表示对应的曲顶柱体的体积;②如果 $f(x,y) \leqslant 0$,则二重积分就表示对应的曲顶柱体体积的负值;③如果 $f(x,y)$ 在 D 的若干部分区域上是正的,而在其他部分区域上是负的,则把 xOy 面上方的柱体体积取成正, xOy 面下方的柱体体积取成负,那么 $f(x,y)$ 在 D 上的二重积分就等于这些部分区域上的柱体体积的代数和.

2. 二重积分的性质

二重积分与定积分有类似的性质(证明从略),以下假定二重积分都存在.

性质 1(线性运算性) 对任意常数 α, β,有
$$\iint\limits_{D} (\alpha f(x,y) + \beta g(x,y))\mathrm{d}\sigma = \alpha \iint\limits_{D} f(x,y)\mathrm{d}\sigma + \beta \iint\limits_{D} g(x,y)\mathrm{d}\sigma.$$

性质 2(积分可加性) 如果 D 可划分为两个闭区域 D_1 和 D_2 (这里 $D = D_1 \cup D_2$,且 D_1 和 D_2 无公共内点),则
$$\iint\limits_{D} f(x,y)\mathrm{d}\sigma = \iint\limits_{D_1} f(x,y)\mathrm{d}\sigma + \iint\limits_{D_2} f(x,y)\mathrm{d}\sigma.$$

性质 3 $\iint\limits_{D} \mathrm{d}\sigma = \sigma$,其中 σ 是 D 的面积.

性质 4(比较定理) 若在 D 上 $f(x,y) \leqslant g(x,y)$,则 $\iint\limits_{D} f(x,y)\mathrm{d}\sigma \leqslant \iint\limits_{D} g(x,y)\mathrm{d}\sigma$.

推论 6.7.1 $\left| \iint\limits_{D} f(x,y)\mathrm{d}\sigma \right| \leqslant \iint\limits_{D} |f(x,y)| \mathrm{d}\sigma$.

推论 6.7.2 若在 D 上 $f(x,y) \geqslant 0$,则 $\iint\limits_{D} f(x,y)\mathrm{d}\sigma \geqslant 0$.

性质 5(估值定理) 设 m, M 分别是 $f(x,y)$ 在 D 上的最小值和最大值, σ 是 D 的面积,则有
$$m\sigma \leqslant \iint\limits_{D} f(x,y)\mathrm{d}\sigma \leqslant M\sigma.$$

性质 6(二重积分中值定理) 设 $f(x,y)$ 在有界闭区域 D 上连续, σ 是 D 的面积,则在 D 上至少存在一点 (ξ, η),使
$$\iint\limits_{D} f(x,y)\mathrm{d}\sigma = f(\xi, \eta)\sigma.$$

积分中值定理的几何意义是:在区域D上,以曲面$f(x,y)\geqslant 0$为顶的曲顶柱体的体积等于以区域D内某一点(ξ,η)的函数值$f(\xi,\eta)$为高的平顶柱体的体积.

例6.7.1 比较积分$\iint\limits_{D}\ln(x+y)\mathrm{d}\sigma$与$\iint\limits_{D}[\ln(x+y)]^2\mathrm{d}\sigma$的大小,其中区域$D$是顶点为$(1,0),(1,1),(2,0)$的三角形闭区域.

解 因为在D内有
$$1\leqslant x+y\leqslant 2<\mathrm{e},$$
所以$0\leqslant\ln(x+y)<1$,于是在D上,
$$\ln(x+y)\geqslant[\ln(x+y)]^2,$$
由性质4,有
$$\iint\limits_{D}\ln(x+y)\mathrm{d}\sigma\geqslant\iint\limits_{D}[\ln(x+y)]^2\mathrm{d}\sigma.$$

6.7.2 二重积分的计算

按照二重积分的定义来计算二重积分往往是很困难的. 通常解决的方法就是把二重积分化为二次积分(即两次定积分)来计算.

1. 利用直角坐标计算二重积分

在二重积分的定义中对闭区域D的划分是任意的,如果在直角坐标系中用平行于坐标轴的直线网格来划分D,那么除了包含边界点的一些小闭区域(这些小闭区域可忽略不计)外,其余的小闭区域都是矩形闭区域(图6.7.3). 设矩形闭区域$\Delta\sigma_i$的边长为Δx_j和Δy_k,则$\Delta\sigma_i=\Delta x_j\Delta y_k$. 因此在直角坐标系中面积元素$\mathrm{d}\sigma=\mathrm{d}x\mathrm{d}y$,故在直角坐标系中
$$\iint\limits_{D}f(x,y)\mathrm{d}\sigma=\iint\limits_{D}f(x,y)\mathrm{d}x\mathrm{d}y.$$

为方便,首先考虑下列两种特殊类型的区域D:

(1) $D=\{(x,y)\mid a\leqslant x\leqslant b,\varphi_1(x)\leqslant y\leqslant\varphi_2(x)\}$,称这类区域为**X型区域**,其特点是:穿过$D$内部且垂直于$x$轴的直线与$D$的边界至多交于两点,如图6.7.4所示;

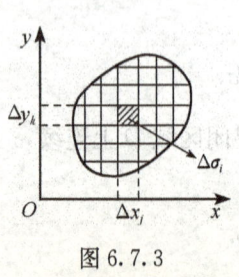

图6.7.3

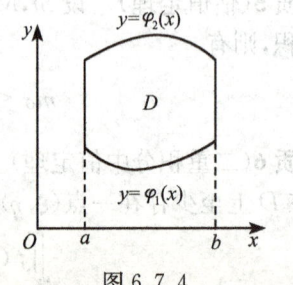

图6.7.4

(2) $D=\{(x,y)\,|\,c\leqslant y\leqslant d, \psi_1(y)\leqslant x\leqslant \psi_2(y)\}$，这类区域称为 **Y 型区域**，其特点是：穿过 D 内部且垂直于 y 轴的直线与 D 的边界至多交于两点，如图 6.7.5 所示.

下面利用二重积分的几何意义讨论二重积分 $\iint\limits_D f(x,y)\mathrm{d}\sigma$（假设存在）的计算问题.

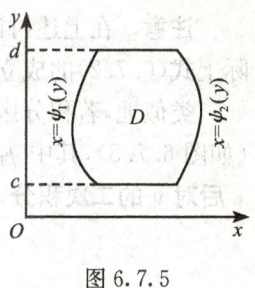

图 6.7.5

先设积分区域 D 为 X 型区域 $D=\{(x,y)\,|\,a\leqslant x\leqslant b, \varphi_1(x)\leqslant y\leqslant \varphi_2(x)\}$（图 6.7.4），其中 $\varphi_1(x),\varphi_2(x)$ 在区间 $[a,b]$ 上连续. 设 $f(x,y)\geqslant 0$，则 $\iint\limits_D f(x,y)\mathrm{d}\sigma$ 表示以 D 为底，以曲面 $z=f(x,y)$ 为顶的曲顶柱体的体积 V（图 6.7.6）. 下面用定积分的应用中计算"平行截面面积为已知的立体的体积"的方法，来计算这个曲顶柱体的体积. 首先，用垂直于 x 轴的任一平面去截柱体，得图 6.7.6 中带阴影部分的截面面积 $A(x)$，而 x 的变化区间是 $a\leqslant x\leqslant b$，故所求曲顶柱体的体积为 $V=\int_a^b A(x)\mathrm{d}x$.

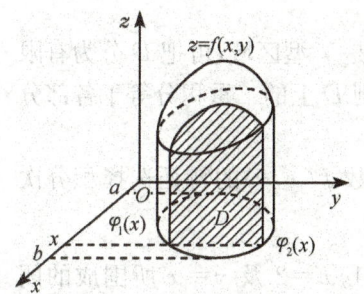

图 6.7.6

其次求 $A(x)$ 的表达式. 由图 6.7.6 可见，当 x 固定为 x_0 时，截面是以交线 $z=f(x_0,y)$ 为曲边，以 $[\varphi_1(x_0),\varphi_2(x_0)]$ 为底（即自变量 y 在 $[\varphi_1(x_0),\varphi_2(x_0)]$ 上取值）的曲边梯形，其面积是

$$A(x_0)=\int_{\varphi_1(x_0)}^{\varphi_2(x_0)} f(x_0,y)\mathrm{d}y.$$

于是，对任一 $x\in[a,b]$，有 $A(x)=\int_{\varphi_1(x)}^{\varphi_2(x)} f(x,y)\mathrm{d}y$. 所以，

$$V=\int_a^b\left(\int_{\varphi_1(x)}^{\varphi_2(x)} f(x,y)\mathrm{d}y\right)\mathrm{d}x,$$

即

$$\iint\limits_D f(x,y)\mathrm{d}\sigma=\int_a^b\left(\int_{\varphi_1(x)}^{\varphi_2(x)} f(x,y)\mathrm{d}y\right)\mathrm{d}x.$$

上式也可简记为

$$\iint\limits_D f(x,y)\mathrm{d}\sigma=\int_a^b\mathrm{d}x\int_{\varphi_1(x)}^{\varphi_2(x)} f(x,y)\mathrm{d}y. \tag{6.7.2}$$

式(6.7.2)右端的积分叫做**先对 y 后对 x 的二次积分**，即先把 x 看作常数，计算定积分 $\int_{\varphi_1(x)}^{\varphi_2(x)} f(x,y)\mathrm{d}y$，然后把计算结果（是 x 的函数）在 $[a,b]$ 上对 x 求定积分.

注意 在上述讨论中,我们假定 $f(x,y) \geqslant 0$,这只是为了几何上说明方便,实际上式(6.7.2)的成立不受此条件限制.

类似地,若积分区域 D 为 Y 型区域 $D = \{(x,y) | c \leqslant y \leqslant d, \psi_1(y) \leqslant x \leqslant \psi_2(y)\}$(如图 6.7.5),其中 $\psi_1(y), \psi_2(y)$ 在区间 $[c,d]$ 上连续,那么可把二重积分化为**先对 x 后对 y 的二次积分**,即

$$\iint_D f(x,y) \mathrm{d}\sigma = \int_c^d \left(\int_{\psi_1(y)}^{\psi_2(y)} f(x,y) \mathrm{d}x \right) \mathrm{d}y,$$

或

$$\iint_D f(x,y) \mathrm{d}\sigma = \int_c^d \mathrm{d}y \int_{\psi_1(y)}^{\psi_2(y)} f(x,y) \mathrm{d}x. \tag{6.7.3}$$

一般地,如果积分区域 D 既不是 X 型区域也不是 Y 型区域,可把 D 分为有限个无公共内点的 X 型区域或 Y 型区域(图 6.7.7),则 D 上的二重积分等于各部分区域上的二重积分的和.

注意 计算二重积分,根据 D 的形状及被积函数 $f(x,y)$ 的特征选择积分次序是关键,下面将结合例题加以说明.

例 6.7.2 计算 $\iint_D xy \mathrm{d}\sigma$,其中 D 是由直线 $y = 1, x = 2$ 及 $y = x$ 所围成的闭区域.

解 首先画出积分区域 D(图 6.7.8). D 既是 X 型,又是 Y 型,若将积分区域看作 X 型,积分限为 $1 \leqslant x \leqslant 2, 1 \leqslant y \leqslant x$,应用式(6.7.2)先对 y 后对 x 积分,得

$$\iint_D xy \mathrm{d}\sigma = \int_1^2 \mathrm{d}x \int_1^x xy \mathrm{d}y = \int_1^2 \left(x \cdot \frac{y^2}{2} \right) \Big|_1^x \mathrm{d}x = \int_1^2 \left(\frac{x^3}{2} - \frac{x}{2} \right) \mathrm{d}x = \frac{9}{8}.$$

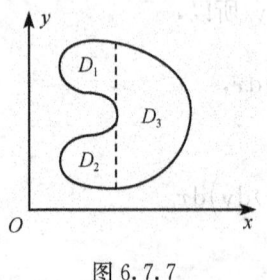

图 6.7.7

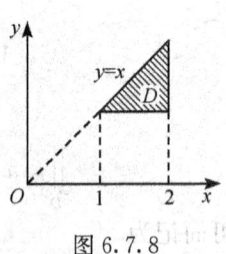

图 6.7.8

例 6.7.3 计算 $\iint_D (12x + 3y) \mathrm{d}\sigma$,其中 D 是由三条直线 $y = x, y = 2x, x = 2$ 所围成的闭区域.

解 积分区域 D 如图 6.7.9(a)所示,D 既是 X 型,又是 Y 型.若看作 X 型,积分限为 $0 \leqslant x \leqslant 2, x \leqslant y \leqslant 2x$,应用式(6.7.2),得

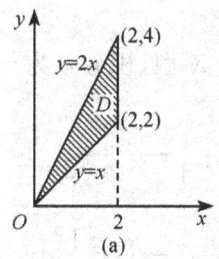
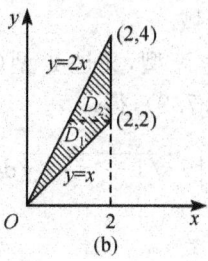

图 6.7.9

$$\iint_D (12x+3y)d\sigma = \int_0^2 dx \int_x^{2x}(12x+3y)dy$$

$$= \int_0^2 \left[12xy + \frac{3}{2}y^2\right]_x^{2x}dx = \frac{33}{2}\int_0^2 x^2 dx = 44.$$

若 D 看作 Y 型，需用直线 $y=2$ 把 D 分成 D_1 与 D_2（图 6.7.9(b)），其中

$$D_1: 0 \leqslant y \leqslant 2, \frac{y}{2} \leqslant x \leqslant y, \quad D_2: 2 \leqslant y \leqslant 4, \frac{y}{2} \leqslant x \leqslant 2.$$

应用式(6.7.3)，根据积分可加性，有

$$\iint_D (12x+3y)d\sigma = \iint_{D_1}(12x+3y)d\sigma + \iint_{D_2}(12x+3y)d\sigma$$

$$= \int_0^2 dy\int_{\frac{y}{2}}^y (12x+3y)dx + \int_2^4 dy\int_{\frac{y}{2}}^2(12x+3y)dx = 44.$$

可见，就例 6.7.3 而言，把 D 看作 X 型区域，即先对 y 后对 x 积分更为简便.

例 6.7.4 计算 $\int_0^1 dx\int_x^{\sqrt{x}} \frac{\sin y}{y}dy$.

解 由于被积函数 $\frac{\sin y}{y}$ 的原函数不能用初等函数来表示，故按照给定的先对 y 后对 x 的二次积分无法计算，需先交换积分次序，即化为先对 x 后对 y 的二次积分. 为此，根据已给积分限 $0 \leqslant x \leqslant 1, x \leqslant y \leqslant \sqrt{x}$，画出积分区域 D（图 6.7.10）. 把 D 看作 Y 型区域，积分限为 $0 \leqslant y \leqslant 1$, $y^2 \leqslant x \leqslant y$，所以，

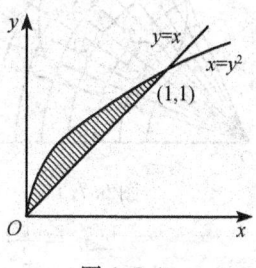

图 6.7.10

$$\int_0^1 dx\int_x^{\sqrt{x}}\frac{\sin y}{y}dy = \int_0^1 dy\int_{y^2}^y \frac{\sin y}{y}dx = \int_0^1 \frac{\sin y}{y}(y-y^2)dy$$

$$= \int_0^1 \sin y dy - \int_0^1 y\sin y dy = 1 - \sin 1.$$

例 6.7.5 计算 $\iint_D y\sqrt{1+x^2-y^2}d\sigma$，其中 D 是由直线 $y=1, x=-1$ 及 $y=$

x 所围成的闭区域.

解 D 既是 X 型,又是 Y 型(图略).若看作 X 型,积分限为 $-1 \leqslant x \leqslant 1, x \leqslant y \leqslant 1$,应用式(6.7.2),得

$$\iint_D y \sqrt{1+x^2-y^2}\,d\sigma = \int_{-1}^1 dx \int_x^1 y \sqrt{1+x^2-y^2}\,dy$$

$$= -\frac{1}{3}\int_{-1}^1 (1+x^2-y^2)^{\frac{3}{2}} \Big|_x^1 dx$$

$$= -\frac{1}{3}\int_{-1}^1 (|x|^3 - 1)dx = \frac{1}{2}.$$

但若 D 看作 Y 型,积分限为 $-1 \leqslant y \leqslant 1, -1 \leqslant x \leqslant y$,应用式(6.7.3),得

$$\iint_D y \sqrt{1+x^2-y^2}\,d\sigma = \int_{-1}^1 dy \int_{-1}^y y \sqrt{1+x^2-y^2}\,dx,$$

其中关于 x 的积分比较麻烦.所以本例用式(6.7.2)较为简便.

2. 利用极坐标计算二重积分

有些二重积分,积分区域 D 的边界曲线或被积函数用极坐标变量表达比较简单,这时可考虑利用极坐标计算二重积分.

根据二重积分的定义 $\iint_D f(x,y)\,d\sigma = \lim_{\lambda \to 0} \sum_{i=1}^n f(\xi_i, \eta_i)\Delta\sigma_i$,下面来讨论这个和的极限在极坐标系中的形式,进而得到二重积分在极坐标系中的计算公式.

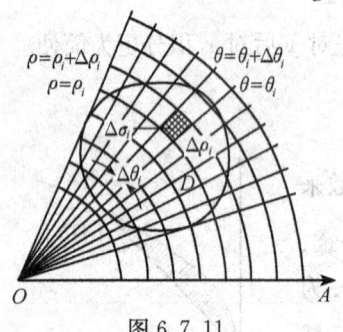

图 6.7.11

假定从极点 O 出发且穿过闭区域 D 内部的射线与 D 的边界曲线相交不多于两点.我们用以极点为中心的一族同心圆:$\rho=$ 常数,及从极点出发的一族射线:$\theta=$ 常数,把 D 分成 n 个小闭区域(图6.7.11),除了包含边界点的一些小闭区域外,由扇形面积公式可得小闭区域的面积 $\Delta\sigma_i$ 为

$$\Delta\sigma_i = \frac{1}{2}(\rho_i+\Delta\rho_i)^2\Delta\theta_i - \frac{1}{2}\rho_i^2\Delta\theta_i = \frac{1}{2}(2\rho_i+\Delta\rho_i)\Delta\rho_i\Delta\theta_i$$

$$= \frac{\rho_i+(\rho_i+\Delta\rho_i)}{2}\Delta\rho_i\Delta\theta_i = \bar{\rho}_i\Delta\rho_i\Delta\theta_i,$$

其中 $\bar{\rho}_i$ 表示相邻两圆弧的半径的平均值.在小闭区域内取圆周 $\rho = \bar{\rho}_i$ 上的一点 $(\bar{\rho}_i, \bar{\theta}_i)$,该点的直角坐标设为 (ξ_i, η_i),则由直角坐标与极坐标之间的关系有

$$\xi_i = \bar{\rho}_i\cos\bar{\theta}_i, \quad \eta_i = \bar{\rho}_i\sin\bar{\theta}_i,$$

于是

6.7 二重积分

$$\lim_{\lambda \to 0} \sum_{i=1}^{n} f(\xi_i, \eta_i) \Delta \sigma_i = \lim_{\lambda \to 0} \sum_{i=1}^{n} f(\bar{\rho}_i \cos\bar{\theta}_i, \bar{\rho}_i \sin\bar{\theta}_i) \bar{\rho}_i \Delta \rho_i \Delta \theta_i.$$

根据二重积分的定义把 ρ, θ 看作积分变量,于是

$$\iint_D f(x,y) d\sigma = \iint_D f(\rho\cos\theta, \rho\sin\theta) \rho d\rho d\theta. \tag{6.7.4}$$

式(6.7.4)就是直角坐标系下二重积分变换到极坐标系下二重积分的计算公式,其中 $d\sigma = \rho d\rho d\theta$ 是极坐标系中的面积元素.

对于极坐标系中的二重积分,通常将其化为先对 ρ 后对 θ 的二次积分进行计算,先确定的 θ 范围,再确定 ρ 的范围.下面分三种情况进行讨论:

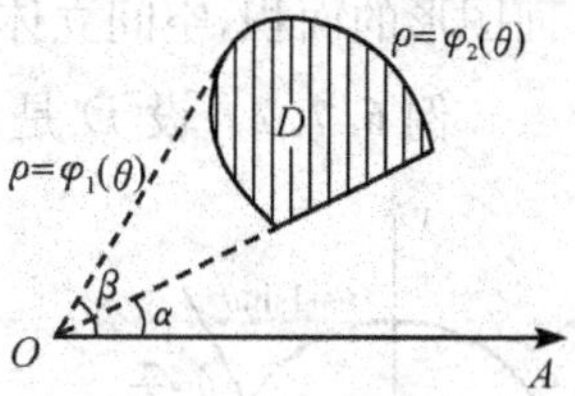

(1) 极点 O 在区域 D 的外部(图 6.7.12),D 表示为 $\alpha \leqslant \theta \leqslant \beta, \varphi_1(\theta) \leqslant \rho \leqslant \varphi_2(\theta)$,于是,

$$\iint_D f(x,y) d\sigma = \int_\alpha^\beta d\theta \int_{\varphi_1(\theta)}^{\varphi_2(\theta)} f(\rho\cos\theta, \rho\sin\theta) \rho d\rho.$$

图 6.7.12

(2) 极点 O 在区域 D 的边界上(图 6.7.13),D 可表示为 $\alpha \leqslant \theta \leqslant \beta, 0 \leqslant \rho \leqslant \varphi(\theta)$,则

$$\iint_D f(x,y) d\sigma = \int_\alpha^\beta d\theta \int_0^{\varphi(\theta)} f(\rho\cos\theta, \rho\sin\theta) \rho d\rho.$$

(3) 极点 O 在区域 D 的内部(图 6.7.14),D 可表示为 $0 \leqslant \theta \leqslant 2\pi, 0 \leqslant \rho \leqslant \varphi(\theta)$,于是,

$$\iint_D f(x,y) d\sigma = \int_0^{2\pi} d\theta \int_0^{\varphi(\theta)} f(\rho\cos\theta, \rho\sin\theta) \rho d\rho.$$

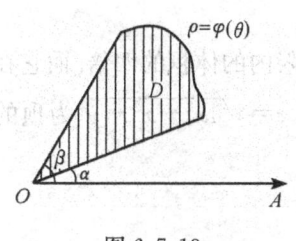

图 6.7.13

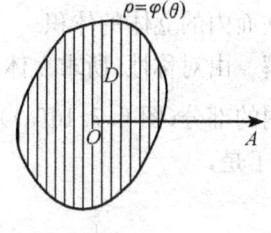

图 6.7.14

由二重积分的性质 3 知,区域 D 的面积 $\sigma = \iint_D \rho d\rho d\theta$. 设 D 如图 6.7.12 所示,则

$$\sigma = \int_\alpha^\beta d\theta \int_{\varphi_1(\theta)}^{\varphi_2(\theta)} \rho d\rho = \frac{1}{2} \int_\alpha^\beta (\varphi_2^2(\theta) - \varphi_1^2(\theta)) d\theta.$$

例 6.7.6 计算 $\iint_D e^{-x^2-y^2} dxdy$,其中 $D: x^2 + y^2 \leqslant a^2$.

解 在极坐标系中,闭区域 D 可表示为 $0 \leqslant \theta \leqslant 2\pi, 0 \leqslant \rho \leqslant a$,则

$$\iint_D e^{-x^2-y^2} dxdy = \iint_D e^{-\rho^2} \rho d\rho d\theta = \int_0^{2\pi} \left(\int_0^a e^{-\rho^2} \rho d\rho \right) d\theta = \pi(1-e^{-a^2}).$$

注意 如果积分区域 D 是圆域或圆域一部分,或者积分区域的边界用极坐标表达较简单,或者被积函数为 $f(x^2+y^2), f\left(\dfrac{y}{x}\right)$ 等形式,一般用极坐标计算二重积分比较简便.

二重积分同一元函数定积分一样有着广泛的应用.例如,利用二重积分可求平面图形的面积,空间立体的体积等.

例 6.7.7 设 D 是由圆 $x^2+y^2=2y, x^2+y^2=4y$ 及直线 $x-\sqrt{3}y=0, y-\sqrt{3}x=0$ 所围成的闭区域,求 D 的面积 σ.

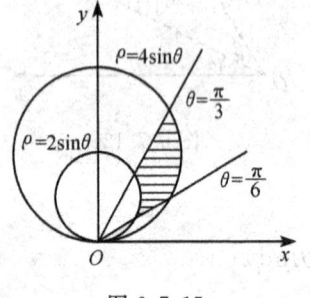

图 6.7.15

解 题中圆及直线对应的极坐标方程依次可表示为

$$\rho = 2\sin\theta, \quad \rho = 4\sin\theta, \quad \theta = \frac{\pi}{6}, \quad \theta = \frac{\pi}{3}.$$

极点在积分区域 D 外部,D(图 6.7.15)表示为 $\dfrac{\pi}{6} \leqslant \theta \leqslant \dfrac{\pi}{3}, 2\sin\theta \leqslant \rho \leqslant 4\sin\theta$,则

$$\sigma = \iint_D \rho d\rho d\theta = \int_{\frac{\pi}{6}}^{\frac{\pi}{3}} d\theta \int_{2\sin\theta}^{4\sin\theta} \rho d\rho = \int_{\frac{\pi}{6}}^{\frac{\pi}{3}} 6\sin^2\theta d\theta = \frac{\pi}{2}.$$

例 6.7.8 求球体 $x^2+y^2+z^2 \leqslant 4a^2 (a>0)$ 被圆柱面 $x^2+y^2=2ax$ 所截且含在圆柱面内的立体的体积.

解 由对称性,所求立体的体积是其在第一卦限内的体积的四倍.而它在第一卦限内的部分(图 6.7.16(a))是以 D 为底,以球面 $z=\sqrt{4a^2-x^2-y^2}$ 为顶的曲顶柱体,于是,

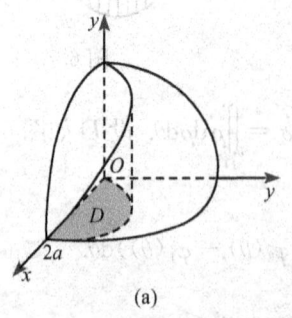
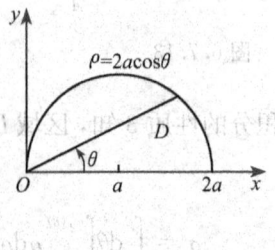

图 6.7.16

$$V = 4\iint_D \sqrt{4a^2 - x^2 - y^2}\,dxdy,$$

其中 D 为圆周 $x^2 + y^2 = 2ax$ 在第一象限部分与 x 轴围成的闭区域(图 6.7.16(b)),极点在 D 的边界上,D 可表示为 $0 \leqslant \theta \leqslant \frac{\pi}{2}$,$0 \leqslant \rho \leqslant 2a\cos\theta$,于是,

$$V = 4\iint_D \sqrt{4a^2 - \rho^2} \cdot \rho\,d\rho d\theta = 4\int_0^{\frac{\pi}{2}} d\theta \int_0^{2a\cos\theta} \sqrt{4a^2 - \rho^2} \cdot \rho\,d\rho$$

$$= \frac{32}{3}a^3 \int_0^{\frac{\pi}{2}} (1 - \sin^3\theta)\,d\theta = \frac{32}{3}a^3 \left(\frac{\pi}{2} - \frac{2}{3}\right).$$

类似定积分,二重积分也可进行两个方面的推广,即无界区域上的二重积分和无界函数的二重积分,这两类二重积分称为**广义二重积分**(或反常二重积分).下面仅就无界区域上的二重积分举一例.

例 6.7.9 计算广义二重积分 $I = \int_{-\infty}^{+\infty} dx \int_{-\infty}^{+\infty} e^{-x^2 - y^2}\,dy$.

解 利用极坐标进行计算:

$$I = \iint_D e^{-x^2 - y^2}\,dxdy,$$

其中 D 为整个 xOy 平面. 设 D_R 为圆域:$x^2 + y^2 \leqslant R^2$,则

$$I = \lim_{R \to +\infty} \iint_{D_R} e^{-x^2 - y^2}\,dxdy = \lim_{R \to +\infty} \int_0^{2\pi} d\theta \int_0^R \rho e^{-\rho^2}\,d\rho$$

$$= \lim_{R \to +\infty} \pi(1 - e^{-R^2}) = \pi.$$

由上例可得概率论中重要积分 $\int_0^{+\infty} e^{-x^2}\,dx = \frac{\sqrt{\pi}}{2}$. 事实上,因为

$$I = \int_{-\infty}^{+\infty} dx \int_{-\infty}^{+\infty} e^{-x^2 - y^2}\,dy = \int_{-\infty}^{+\infty} e^{-x^2} dx \int_{-\infty}^{+\infty} e^{-y^2} dy = \left(\int_{-\infty}^{+\infty} e^{-x^2}\,dx\right)^2,$$

所以 $\int_{-\infty}^{+\infty} e^{-x^2}\,dx = \sqrt{\pi}$,则 $\int_0^{+\infty} e^{-x^2}\,dx = \frac{1}{2}\int_{-\infty}^{+\infty} e^{-x^2}\,dx = \frac{\sqrt{\pi}}{2}$.

习 题 6.7

1. 设 $I = \iint_D (x^2 + y^2)\,d\sigma$, $D: -2 \leqslant x \leqslant 2, -1 \leqslant y \leqslant 1$,

   而 $I_1 = \iint_{D_1} (x^2 + y^2)\,d\sigma$, $D_1: 0 \leqslant x \leqslant 2, 0 \leqslant y \leqslant 1$.

   试用二重积分的几何意义说明 I 和 I_1 之间的关系.

2. 根据二重积分的性质,比较下列积分的大小:

(1) $\iint\limits_D (x+y)^2 d\sigma$ 与 $\iint\limits_D (x+y)^3 d\sigma$，其中积分区域 D 由 x 轴、y 轴与直线 $x+y=1$ 围成；

(2) $\iint\limits_D \sqrt[3]{x^2+y^2} d\sigma$ 与 $\iint\limits_D \sqrt{x^2+y^2} d\sigma$，其中 D 是以 $(1,1),(1,-1),(2,0)$ 为顶点的三角形闭区域.

3. 设积分区域 $D: a \leqslant x \leqslant b, c \leqslant y \leqslant d$，证明
$$\iint\limits_D f_1(x) f_2(y) dx dy = \left(\int_a^b f_1(x) dx\right)\left(\int_c^d f_2(y) dy\right).$$

4. 交换下列二次积分的积分次序：

(1) $\int_0^1 dy \int_0^y f(x,y) dx$； (2) $\int_0^2 dy \int_{y^2}^{2y} f(x,y) dx$；

(3) $\int_1^2 dx \int_{2-x}^{\sqrt{2x-x^2}} f(x,y) dy$； (4) $\int_1^e dx \int_0^{\ln x} f(x,y) dy$.

5. 证明 $\int_a^b dy \int_a^y (y-x)^n f(x) dx = \dfrac{1}{n+1}\int_a^b (b-y)^{n+1} f(y) dy (n>0)$.

6. 画出积分区域，并计算下列二重积分：

(1) $\iint\limits_D \dfrac{x^2}{y^2} dx dy$，其中 D 是由直线 $x=2, y=x$，与曲线 $xy=1$ 围成的闭区域；

(2) $\iint\limits_D e^{-x^2} dx dy$，其中 D 是由直线 $y=x, x=1$ 和 x 轴围成的闭区域；

(3) $\iint\limits_D x\sqrt{y} dx dy$，其中 D 是由曲线 $y=x^2, y=\sqrt{x}$ 围成的闭区域；

(4) $\iint\limits_D xy \cdot \max\{x,y\} dx dy$，其中 $D: 0 \leqslant x \leqslant 1, 0 \leqslant y \leqslant 1$.

7. 计算下列二次积分：

(1) $\int_0^1 dx \int_x^1 \sin y^2 dy$； (2) $\int_0^1 dy \int_y^2 e^{\frac{y}{x}} dx + \int_1^2 dy \int_y^2 e^{\frac{y}{x}} dx$；

(3) $\int_0^1 dx \int_{x^2}^1 \dfrac{xy}{\sqrt{1+y^3}} dy$； (4) $\int_1^5 dy \int_y^5 \dfrac{1}{y \ln x} dx$.

8. 设 $f(x,y)$ 连续，且 $f(x,y) = xy + \iint\limits_D f(u,v) du dv$，其中 D 是由 $y=0, y=x^2, x=1$ 所围成的闭区域，求 $f(x,y)$.

9. 化下列二次积分为极坐标形式，并求其值：

(1) $\int_0^{2a} dx \int_0^{\sqrt{2ax-x^2}} (x^2+y^2) dy$； (2) $\int_0^a dx \int_0^x \sqrt{x^2+y^2} dy$；

(3) $\int_0^1 dx \int_{x^2}^x (x^2+y^2)^{-\frac{1}{2}} dy$； (4) $\int_0^a dy \int_0^{\sqrt{a^2-y^2}} (x^2+y^2) dx$.

10. 采用适当的坐标计算下列二重积分：

(1) $\iint\limits_D (x^2+y^2) dx dy$，其中 D 是由直线 $y=x, y=2x, y=1$ 所围成闭区域；

(2) $\iint\limits_D (x^2+y^2) dx dy$，其中 $D: a^2 \leqslant x^2+y^2 \leqslant b^2$；

(3) $\iint\limits_D e^{x^2+y^2} dxdy$,其中 $D: x^2+y^2 \leqslant 4$;

(4) $\iint\limits_D \ln(1+x^2+y^2) dxdy$,其中 D 是由圆 $x^2+y^2=1$ 及坐标轴所围成的在第一象限内的闭区域;

(5) $\iint\limits_D xy\, dxdy$,其中 $D: x^2+y^2 \leqslant 2x, y \geqslant 0$.

11. 设平面薄片所占的闭区域 D 是由直线 $y+x=2, y=x, y=0$ 所围成,它的面密度为 $\mu = x^2+y^2$,求该薄片的质量.

12. 求由曲面 $z=x^2+y^2, x^2+y^2=1$ 及 xOy 平面所围成的立体的体积.

13. 求下列广义的二重积分:

(1) $\iint\limits_D e^{-x-y} dxdy$,其中 $D = \{(x,y) \mid 0 \leqslant x \leqslant y\}$;

(2) $\iint\limits_D \dfrac{1}{(x^2+y^2)^2} dxdy$,其中 $D: x^2+y^2 \geqslant 1$.

第 6 章总习题

1. 填空题:

(1) 设 $z = \dfrac{1}{x}f(xy) + y\varphi(x+y), f, \varphi$ 二阶可导,则 $\dfrac{\partial^2 z}{\partial x \partial y} = $ _____;

(2) 设 $u = e^x yz^2, z = z(x,y)$ 由 $x+y+z-xyz=0$ 确定,则 $\dfrac{\partial u}{\partial x}\Big|_{(0,1)} = $ _____;

(3) 设积分区域 $D: x^2+y^2 \leqslant a^2$,则 $\lim\limits_{a \to 0} \dfrac{1}{\pi a^2} \iint\limits_D e^{x^2+y^2} d\sigma = $ _____;

(4) 设 $D: x^2+y^2 \leqslant 9$,则二重积分 $\iint\limits_D |x^2+y^2-4| dxdy = $ _____;

(5) 设积分区域 $D = \{(x,y) \mid |x|+|y| \leqslant 1\}$,则二重积分 $\iint\limits_D (|x|+y) dxdy = $ _____.

2. 选择题:

(1) 方程 $z = \sqrt{2(x^2+y^2)}$ 在空间直角坐标系中表示( )
(A) 旋转抛物面; (B) 圆柱面; (C) 圆锥面; (D) 球面.

(2) 设 $f(x)$ 为连续函数,$F(t) = \int_1^t dy \int_y^0 f(x) dx$,则 $F''(2)$ 等于( )
(A) $2f(2)$; (B) $f(2)$; (C) $-f(2)$; (D) 0.

(3) 设 $f(x,y,z)=0$ 确定 $x=x(y,z), y=y(x,z), z=z(x,y)$,则 $\dfrac{\partial x}{\partial y} \dfrac{\partial y}{\partial z} \dfrac{\partial z}{\partial x}$ 等于( )
(A) 1; (B) -1; (C) 3; (D) 0.

(4) 设可微函数 $f(x,y)$ 在点 (x_0, y_0) 取得极小值,则下列结论正确的是( )
(A) $f(x_0, y)$ 在 $y=y_0$ 处的导数等于零; (B) $f(x_0, y)$ 在 $y=y_0$ 处的导数大于零;
(C) $f(x_0, y)$ 在 $y=y_0$ 处的导数小于零; (D) $f(x_0, y)$ 在 $y=y_0$ 处的导数不存在.

3. 求由方程 $e^z - xyz - e = 0$ 确定隐函数 $z = f(x,y)$ 在点 $(0,1)$ 处的全微分 dz.

4. 用拉格朗日乘数法证明：点 $M_0(x_0, y_0, z_0)$ 到平面 $Ax + By + Cz + D = 0$ 的距离是
$$d = \frac{|Ax_0 + By_0 + Cz_0 + D|}{\sqrt{A^2 + B^2 + C^2}}.$$

5. 求平面 $\frac{x}{3} + \frac{y}{4} + \frac{z}{5} = 1$ 和柱面 $x^2 + y^2 = 1$ 的交线上与 xOy 平面距离最短的点坐标.

6. 求下列二重积分：

(1) $\iint\limits_D (x^2 + 2\sin x + 3y + 4)dxdy$，其中 D 是由圆 $x^2 + y^2 = a^2$ 围成的闭区域；

(2) $\iint\limits_D (x + y)dxdy$，其中 D 是由圆 $x^2 + y^2 = 2ax$ 围成的闭区域；

(3) $\iint\limits_D y[1 + xe^{\frac{1}{2}(x^2+y^2)}]dxdy$，其中 D 是由直线 $y = x, y = -1, x = 1$ 所围成闭区域；

(4) $\iint\limits_D |y - x^2| dxdy$，其中 $D: -1 \leqslant x \leqslant 1, 0 \leqslant y \leqslant 2$.

7. 讨论函数 $f(x,y) = \begin{cases} \dfrac{xy}{\sqrt{x^2 + y^2}}, & x^2 + y^2 \neq 0 \\ 0, & x^2 + y^2 = 0 \end{cases}$ 在点 $(0,0)$ 的连续性，偏导数存在性及可微性.

8. 设 $z = f(x,y), f''_{yy}(x,y) = 2, f(x,0) = 1, f'_y(x,0) = x$，求 $f(x,y)$.

9. 求抛物面 $z = 10 - 3x^2 - 3y^2$ 与平面 $z = 4$ 围成的立体体积.

10. 设 $f(x)$ 在 $[0,1]$ 上连续，且 $\int_0^1 f(x)dx = a$，证明
$$\int_0^1 dx \int_0^x f(x)f(y)dy - \int_0^1 dx \int_1^x f(x)f(t)dt = a^2.$$

11. 设 $f(u)$ 二阶可导，$z = f(\sqrt{x^2 + y^2})$ 满足 $\dfrac{\partial^2 z}{\partial x^2} + \dfrac{\partial^2 z}{\partial y^2} = 0$，验证
$$f''(u) + \frac{f'(u)}{u} = 0.$$

12. 求函数 $f(x,y) = x^2 + 2y^2 - x^2 y^2$ 在闭区域 $D = \{(x,y) | x^2 + y^2 \leqslant 4, y \geqslant 0\}$ 上的最大值与最小值.

第 7 章 微分方程与差分方程

函数是高等数学的主要研究对象,但实际问题中往往很难直接写出所研究的变量之间函数关系,却比较容易建立起这些变量与它们的导数(或微分)之间的联系,从而得到一个关于未知函数的导数(或微分)的方程,即**微分方程**.通过求解这种方程,同样可以得到指定未知量之间的函数关系.

现实世界中的许多实际问题都可以抽象为微分方程问题.在物理学、生物学、经济学等自然科学和社会科学各领域可以看到许多描述自然规律与运动机理的微分方程例子.本章主要介绍微分方程的一些基本概念,几种常用的微分方程的求解方法及线性微分方程解的理论.并介绍差分方程的一些基本概念及常用的差分方程的解法.

7.1 微分方程的基本概念

下面通过几何与物理中的两个具体例子来阐明微分方程的基本概念.

例 7.1.1 设一曲线通过点 $(1,1)$,且在该曲线上任一点 (x,y) 处的切线的斜率为 x^2,求这曲线方程.

解 设所求曲线的方程为 $y=f(x)$.根据导数几何意义,可知未知函数 $y=f(x)$ 应满足关系式

$$\frac{dy}{dx}=x^2 \tag{7.1.1}$$

和已知条件

$$y\mid_{x=1}=1. \tag{7.1.2}$$

将式(7.1.1)两边积分,得

$$y=\int x^2 dx=\frac{1}{3}x^3+C, \tag{7.1.3}$$

其中,C 为任意常数.将条件"$x=1,y=1$"代入式(7.1.3),得 $C=\frac{2}{3}$.故所求曲线的方程为

$$y=\frac{1}{3}(x^3+2).$$

例 7.1.2 设质量为 m 的物体,只受重力的作用由静止自由下落,求该物体下落的距离 s 和时间 t 的关系.

解 设物体下落的距离 s 和时间 t 的关系为 $s=s(t)$. 根据牛顿运动定律, 所求未知函数 $s=s(t)$ 应满足方程

$$\frac{d^2 s}{dt^2} = g, \tag{7.1.4}$$

其中, g 是重力加速度. 此外, 未知函数还应满足条件

$$s|_{t=0} = 0, \quad v = \frac{ds}{dt}\bigg|_{t=0} = 0. \tag{7.1.5}$$

将式(7.1.4)两边积分, 得

$$v = \frac{ds}{dt} = \int g\, dt = gt + C_1, \tag{7.1.6}$$

再积分一次, 得

$$s = \int (gt + C_1)\, dt = \frac{1}{2}gt^2 + C_1 t + C_2, \tag{7.1.7}$$

其中, C_1, C_2 都是任意常数.

把条件"$t=0, v=0$"代入式(7.1.6), 得 $C_1 = 0$; 再把条件"$t=0, s=0$"代入式(7.1.7), 得 $C_2 = 0$. 将 C_1, C_2 的值代入式(7.1.7), 得物体下落的距离 s 和时间 t 的关系为

$$s = s(t) = \frac{1}{2}gt^2.$$

上述两个例子中的关系式(7.1.1)与式(7.1.4)都含有未知函数的导数, 它们都是微分方程.

定义 7.1.1 含有未知函数的导数(或微分)的方程, 称为**微分方程**. 微分方程中未知函数的导数的最高阶数称为**微分方程的阶**.

例 7.1.1 中方程(7.1.1)是一阶微分方程; 例 7.1.2 中方程(7.1.4)是二阶微分方程. 再如

$$y''' - xy^2 = 0, \quad y^{(4)} - 2(y')^5 = 2x$$

分别为三阶和四阶微分方程. 一般地, n 阶微分方程的一般形式为

$$F(x, y, y', y'', \cdots, y^{(n)}) = 0, \tag{7.1.8}$$

其中, x 是自变量, $y = y(x)$ 是未知函数. 在方程(7.1.8)中 $y^{(n)}$ 必须出现, 而变量 $x, y, y', \cdots, y^{(n-1)}$ 则可以不出现. 例如, 四阶微分方程 $y^{(4)} + 1 = 0$ 中, 除 $y^{(4)}$ 外, 其他变量都没出现.

把未知函数为一元函数的微分方程称为**常微分方程**. 类似地, 未知函数为多元函数的微分方程称为**偏微分方程**. 本节只讨论常微分方程(简称微分方程).

定义 7.1.2 如果一个函数代入微分方程能使方程成为恒等式, 则称这个函数为该**微分方程的解**. 如果微分方程的解中含有相互独立的任意常数, 且任意常数的个数与微分方程的阶数相等, 则称此解为微分方程的**通解**(**一般解**). 确定了微

方程通解中的任意常数后,所得的微分方程的解称为微分方程的**特解**.

注意 上面所说的相互独立的任意常数,是指它们不能通过合并而使得通解中任意常数的个数减少.

例如,函数 $y=x^2+C$ 是微分方程 $\dfrac{\mathrm{d}y}{\mathrm{d}x}=2x$ 的通解,而 $y=x^2$ 是其特解.

又如函数 $s=\dfrac{1}{2}gt^2+C_1t+C_2$(其中任意常数 C_1,C_2 是相互独立的)是微分方程 $\dfrac{\mathrm{d}^2s}{\mathrm{d}t^2}=g$ 的通解,而 $s=\dfrac{1}{2}gt^2$ 是其特解.

许多实际问题都要求寻找微分方程满足某些附加条件的解,此时,这类附加条件就可以用来确定通解中的任意常数,称这类附加条件为**初始条件**. 例如,条件 (7.1.2) 和 (7.1.5) 分别是微分方程 (7.1.1) 和 (7.1.4) 的初始条件.

求微分方程满足初始条件的特解这样一个问题称为**初值问题**.

一般地,一阶、二阶常微分方程的初值问题分别记作

$$\begin{cases} F(x,y,y')=0, \\ y\mid_{x=x_0}=y_0 \end{cases} \tag{7.1.9}$$

与

$$\begin{cases} F(x,y,y',y'')=0, \\ y\mid_{x=x_0}=y_0, y'\mid_{x=x_0}=y_0', \end{cases} \tag{7.1.10}$$

其中,x_0,y_0,y_0' 都是给定的值.

微分方程的特解的图形是一条曲线,叫做微分方程的**积分曲线**. 初值问题 (7.1.9) 的几何意义是:求微分方程通过点 (x_0,y_0) 的那条积分曲线;初值问题 (7.1.10) 的几何意义是:求微分方程通过点 (x_0,y_0) 且在该点的切线斜率为 y_0' 的那条积分曲线.

例 7.1.3 求曲线族 $x^2+Cy^2=1$ 满足的微分方程,其中 C 为任意常数.

解 所求的微分方程阶数应与曲线族中任意常数的个数相等. 在方程 $x^2+Cy^2=1$ 两端对 x 求导,得

$$2x+2Cyy'=0.$$

再由 $x^2+Cy^2=1$ 得 $C=\dfrac{1-x^2}{y^2}$,代入上式得

$$2x+2\dfrac{1-x^2}{y^2}yy'=0,$$

化简便得所求的微分方程

$$xy+(1-x^2)y'=0.$$

例 7.1.4 验证函数 $x=C_1\cos kt+C_2\sin kt$ 是微分方程 $\dfrac{\mathrm{d}^2x}{\mathrm{d}t^2}+k^2x=0$ 的解,并

求满足初始条件 $x|_{t=0}=A, \dfrac{\mathrm{d}x}{\mathrm{d}t}\Big|_{t=0}=0$ 的特解.

解 求出函数 x 的导数：

$$\dfrac{\mathrm{d}x}{\mathrm{d}t}=-kC_1\sin kt+kC_2\cos kt, \tag{7.1.11}$$

$$\dfrac{\mathrm{d}^2x}{\mathrm{d}t^2}=-k^2C_1\cos kt-k^2C_2\sin kt. \tag{7.1.12}$$

把 $\dfrac{\mathrm{d}^2x}{\mathrm{d}t^2}$ 及 x 的表达式代入原方程左边,得

$$-k^2C_1\cos kt-k^2C_2\sin kt+k^2(C_1\cos kt+C_2\sin kt)\equiv 0.$$

因为方程两边恒等,且函数 x 含两个任意常数,故函数 x 是方程 $\dfrac{\mathrm{d}^2x}{\mathrm{d}t^2}+k^2x=0$ 的通解.

把条件 $x|_{t=0}=A$ 代入 $x=C_1\cos kt+C_2\sin kt$,得 $C_1=A$；再将条件 $\dfrac{\mathrm{d}x}{\mathrm{d}t}\Big|_{t=0}=0$ 代入式(7.1.11),得 $C_2=0$. 将 C_1,C_2 的值代入 x 的表达式,得所求的特解为

$$x=A\cos kt.$$

习 题 7.1

1. 试指出下列微分方程的阶数：
(1) $y'-x^2y'+y=0$；
(2) $y''-4y'+4y=\mathrm{e}^{2x}$；
(3) $xy'''-2(y')^3+5y=0$；
(4) $(x+2y)\mathrm{d}x+(y-x)\mathrm{d}y=0$；
(5) $y^{(5)}-16y'=2x$.

2. 指出下列各题中的函数是否为所给微分方程的解. 如果是,是否为通解.
(1) $xy'=y,y=5x^2$；
(2) $y''+4y=0,y=C_1\cos 2x+C_2\sin 2x$；
(3) $y''-\dfrac{2}{x}y'+\dfrac{2}{x^2}y=0,y=C_1x+C_2x^2$；
(4) $y''-(\lambda_1+\lambda_2)y'+\lambda_1\lambda_2y=0,y=C_1\mathrm{e}^{\lambda_1x}+C_2\mathrm{e}^{\lambda_2x}$；
(5) $(x-2y)y'=2x-y,x^2-xy+y^2=C$；
(6) $yy''-(y')^2=0,y=C\mathrm{e}^{2x}$.

3. 求曲线族 $y=C\mathrm{e}^{\frac{1}{2}x^2}$ 满足的微分方程,其中 C 为任意常数.

4. 验证函数 $y=\dfrac{1}{x}(C-\cos x)$ 是微分方程 $xy'+y=\sin x$ 的通解,并求满足初始条件 $y|_{x=\frac{\pi}{2}}=1$ 的特解.

5. 验证函数 $y=(C_1+C_2x)\mathrm{e}^{-x}$ (C_1,C_2 为任意常数)是微分方程 $y''+2y'+y=0$ 的通解,并求满足初始条件 $y|_{x=0}=4,y'|_{x=0}=-2$ 的特解.

6. 设函数 $y=(1+x)^2 u(x)$ 是方程 $y'-\dfrac{2}{x+1}y=(1+x)^3$ 的通解,求 $u(x)$.

7. 写出由下列条件确定的曲线所满足的微分方程:
(1) 曲线上任一点 $M(x,y)$ 处切线的斜率等于该点横坐标的平方;
(2) 曲线上任一点 $P(x,y)$ 处的法线与 x 轴的交点为 Q,且线段 PQ 被 y 轴平分.

8. 已知某种生物群体在时刻 t 时的增长率与当时群体数 $N=N(t)$ 成正比(比例系数为常数 $k,k>0$),试写出该生物群体数所满足的微分方程.

7.2 可分离变量的微分方程

本节与 7.3 节将讨论一阶微分方程的一些解法. 微分方程的类型是多种多样的,它们的解法也各不相同. 本节将介绍可分离变量的微分方程以及可以化为这类方程的微分方程,如齐次方程等.

7.2.1 可分离变量的微分方程

如果一个一阶微分方程可化为
$$g(y)\mathrm{d}y = f(x)\mathrm{d}x \qquad (7.2.1)$$
的形式,则称原微分方程为**可分离变量的微分方程**. 方程(7.2.1)特点是:一端只含 y 的函数和 $\mathrm{d}y$,另一端只含 x 的函数和 $\mathrm{d}x$.

将方程(7.2.1)两端积分,得
$$\int g(y)\mathrm{d}y = \int f(x)\mathrm{d}x + C. \qquad (7.2.2)$$

上式把积分常数 C 明确写出来了,而 $\int g(y)\mathrm{d}y, \int f(x)\mathrm{d}x$ 分别理解为 $g(y)$ 与 $f(x)$ 的一个原函数. 如无特别声明,以后也作这样的理解. 设 $G(y), F(x)$ 分别为 $g(y)$ 与 $f(x)$ 的原函数,于是有
$$G(y) = F(x) + C. \qquad (7.2.3)$$
因此方程(7.2.1)的解满足关系式(7.2.3),可以验证由方程(7.2.3)所确定的函数(或隐函数)是微分方程(7.2.1)的通解.

例 7.2.1 求微分方程 $\dfrac{\mathrm{d}y}{\mathrm{d}x}=2xy^2$ 的通解.

解 分离变量,得
$$\dfrac{1}{y^2}\mathrm{d}y = 2x\mathrm{d}x.$$
两端积分,得
$$\int \dfrac{1}{y^2}\mathrm{d}y = \int 2x\mathrm{d}x + C,$$
即
$$-\dfrac{1}{y} = x^2 + C,$$

所以原方程的通解为
$$y=-\frac{1}{x^2+C}.$$

以上分离变量是在 $y\neq 0$ 条件下进行的，此外，还有解 $y=0$.

例 7.2.2 求微分方程 $\dfrac{dy}{dx}=2xy$ 的通解.

解 分离变量，得
$$\frac{1}{y}dy=2xdx.$$

两端积分，得
$$\int\frac{1}{y}dy=\int 2xdx+C_1,$$

即
$$\ln|y|=x^2+C_1.$$

从而
$$y=\pm e^{x^2+C_1}=\pm e^{C_1}e^{x^2}.$$

因为 $\pm e^{C_1}$ 仍为任意常数，把它记作 C，便得原方程的通解
$$y=Ce^{x^2}.$$

此外，还有解 $y=0$. 如果允许通解中的 $C=0$，则解 $y=0$ 包含在通解 $y=Ce^{x^2}$ 里.

为运算方便，本题解可采用如下"简化"的写法：

分离变量，得
$$\frac{1}{y}dy=2xdx.$$

两端积分，得
$$\int\frac{1}{y}dy=\int 2xdx+\ln C,$$

即
$$\ln y=x^2+\ln C.$$

从而原方程的通解为
$$y=Ce^{x^2},$$

其中，C 为任意常数.

例 7.2.3（冷却问题） 设物体冷却速度与物质和周围介质的温差成正比（设比例系数为常数 $m, m>0$），具有温度为 $100\,℃$ 的物体放置在保持常温为 $20\,℃$ 的室内. 试求该物体温度 T 随时间 t 的变化规律.

解 设物体的温度 T 与时间 t 的函数关系为 $T=T(t)$，则可建立起函数 $T(t)$ 满足的微分方程
$$\frac{dT}{dt}=-m(T-20).$$

根据题意，$T=T(t)$ 还需满足条件 $T|_{t=0}=100$. 分离变量，得
$$\frac{1}{T-20}dT=-mdt.$$

两端积分，得
$$\int\frac{1}{T-20}dT=-\int mdt+\ln C,$$

即
$$\ln(T-20)=-mt+\ln C.$$

化简得通解
$$T=20+Ce^{-mt}.$$

将条件"$t=0, T=100$"代入上式，得 $C=80$. 故所求物体温度 T 随时间 t 的变化规

律为
$$T = 20 + 80e^{-mt}.$$

例 7.2.4（人口阻滞增长模型） 设人类生存空间及可利用资源等环境因素所能容纳的最大人口数为 K（K 为固定数），人口数量 $N=N(t)$ 是随时间 t 连续变化的，其增长率不仅与现有的人口数量成正比，而且还与尚未实现的部分所占比例 $\dfrac{K-N}{K}$ 成正比，比例系数为固有增长率 r（$r>0$ 为常数）. 设开始（$t=0$）时的人口数量为 N_0. 试求人口数量与时间的函数关系.

解 由题设可建立人口数量与时间的函数 $N(t)$ 满足微分方程
$$\frac{dN}{dt} = rN\left(\frac{K-N}{K}\right), \quad N\big|_{t=0} = N_0.$$

分离变量，得
$$\frac{K dN}{N(K-N)} = r dt.$$

两端积分，得
$$\int\left(\frac{1}{N} + \frac{1}{K-N}\right)dN = \int r dt - \ln C,$$

即
$$\ln N - \ln(K-N) = rt - \ln C.$$

由此便可得
$$N = N(t) = \frac{K}{1 + Ce^{-rt}}.$$

将条件"$t=0, N=N_0$"代入上式，得 $C = \dfrac{K}{N_0} - 1$. 故人口数量与时间的函数关系为
$$N = N(t) = \frac{KN_0}{N_0 + (K-N_0)e^{-rt}}.$$

该方程称为**逻辑斯谛**（logistic）曲线方程，在生物学、经济学等领域中常用到这种模型.

例 7.2.5（价格调整问题） 如果某商品在时刻 t 的售价为 $P=P(t)$，社会对该商品的供给量和需求量分别是 P 的函数 $S(P), Q(P)$. 一般地，商品供不应求时，即 $Q>S$，该商品价格要升；反之，商品供大于求时，即 $Q<S$，该商品价格要降，因此假定在时刻 t 的价格 $P(t)$ 对于时间 t 的变化率可认为与该商品在同时刻的超额需求量 $(Q(P)-S(P))$ 成正比（比例系数为常数 $k>0$）. 为简便起见，设
$$S(P) = a + bP, \quad Q(P) = \alpha - \beta P, \tag{7.2.4}$$
其中，a, b, α, β 均为常数，且 $b>0, \beta>0$. 试确定价格随时间变化的规律.

解 根据题意，则有价格调整模型
$$\frac{dP}{dt} = k(Q(P) - S(P)). \tag{7.2.5}$$

设初始（$t=0$）时的价格为 P_0，供求平衡价格（即供给量与需求量相等时的价格）为 P_e. 则由 $S(P) = a + bP = Q(P) = \alpha - \beta P$，得 $P_e = \dfrac{\alpha - a}{\beta + b}$.

将式(7.2.4)代入式(7.2.5),可得
$$\frac{dP}{dt} = \lambda(P_e - P), \tag{7.2.6}$$
其中,常数 $\lambda = (\beta + b)k > 0$,方程(7.2.6)的通解为
$$P = P(t) = P_e + Ce^{-\lambda t}.$$
将条件"$t=0, P=P_0$"代入上式,得 $C = P_0 - P_e$. 于是上述价格调整模型的解为
$$P(t) = P_e + (P_0 - P_e)e^{-\lambda t}.$$
注意到当 $t \to +\infty$ 时,$P(t) \to P_e$,说明随着时间的推移而无限增大时,此商品价格是趋向于平衡价格 P_e 的.

7.2.2 齐次微分方程

形如
$$\frac{dy}{dx} = f\left(\frac{y}{x}\right) \tag{7.2.7}$$
的一阶微分方程称为**齐次微分方程**,简称**齐次方程**.

齐次方程(7.2.7)通过变量替换,可化为可分离变量的微分方程. 事实上,在方程(7.2.7)中,令 $u = \dfrac{y}{x}$,这里 u 是新的未知函数. 则 $y = ux, \dfrac{dy}{dx} = u + x\dfrac{du}{dx}$. 代入方程(7.2.7),得
$$u + x\frac{du}{dx} = f(u).$$
分离变量,得
$$\frac{du}{f(u) - u} = \frac{dx}{x},$$
两端积分得
$$\int \frac{du}{f(u) - u} = \int \frac{dx}{x} + C,$$
其中,C 是任意常数. 求出积分后,再以 $\dfrac{y}{x}$ 代替 u,便可得齐次方程(7.2.7)的通解.

例 7.2.6 求微分方程 $y^2 + x^2 \dfrac{dy}{dx} = xy \dfrac{dy}{dx}$ 的通解.

解 原方程可写为
$$\frac{dy}{dx} = \frac{y^2}{xy - x^2} = \frac{\left(\dfrac{y}{x}\right)^2}{\dfrac{y}{x} - 1}.$$
因此,原方程是齐次方程. 令 $u = \dfrac{y}{x}$,则 $y = ux, \dfrac{dy}{dx} = u + x\dfrac{du}{dx}$. 于是原方程变为

$$u + x\frac{du}{dx} = \frac{u^2}{u-1}.$$

分离变量,得
$$\left(1 - \frac{1}{u}\right)du = \frac{dx}{x},$$

两端积分,得
$$u - \ln u = \ln x - \ln C,$$

或写为
$$xu = Ce^u.$$

再以 $\frac{y}{x}$ 代替上式中的 u,便得所给方程的通解为

$$y = Ce^{\frac{y}{x}},$$

其中,C 为任意常数.

此外,对具体问题应具体分析,根据所给方程的特点,有时作适当变量代换可将方程化为齐次方程或可分离变量的微分方程.

例 7.2.7 求微分方程 $\frac{dy}{dx} = (x+y)^2$ 的通解.

解 令 $v = x + y$,则 $\frac{dy}{dx} = \frac{dv}{dx} - 1$,代入原方程,得

$$\frac{dv}{dx} = 1 + v^2.$$

分离变量,得
$$\frac{1}{1+v^2}dv = dx.$$

两端积分,得
$$\arctan v = x + C.$$

再以 $x+y$ 代替上式中的 v,可得原方程的通解为

$$y = \tan(x + C) - x.$$

习 题 7.2

1. 求下列微分方程的通解:

(1) $xy' - y\ln y = 0$;

(2) $\sqrt{1-x^2}\, y' = \sqrt{1-y^2}$;

(3) $y' - xy' = a(y^2 + y')$;

(4) $\sec^2 x \tan y\, dx + \sec^2 y \tan x\, dy = 0$;

(5) $\frac{dy}{dx} = 10^{x+y}$;

(6) $(y+1)^2 \frac{dy}{dx} + x^3 = 0$;

(7) $y\,dx + (x^2 - 4x)\,dy = 0$;

(8) $dx + x\,dy = e^y\,dx$.

2. 求下列微分方程的特解:

(1) $y' = e^{2x-y}, y|_{x=0} = 0$;

(2) $\cos x \sin y\, dy - \sin x \cos y\, dx = 0, y|_{x=0} = \frac{\pi}{4}$;

(3) $y'\sin x = y\ln y, y|_{x=\frac{\pi}{2}} = e$;

(4) $\cos y \,dx + (1+e^{-x})\sin y \,dy = 0, y|_{x=0} = \dfrac{\pi}{4}$.

3. 求下列微分方程的解：

(1) $xy' - y - \sqrt{y^2 - x^2} = 0$；

(2) $x\dfrac{dy}{dx} = y\ln\dfrac{y}{x}$；

(3) $(y^2 - 3x^2)dy + 2xy\,dx = 0, y|_{x=0} = 1$；

(4) $y' = \dfrac{x}{y} + \dfrac{y}{x}, y|_{x=1} = 2$.

4. 作适当变量代换，求下列微分方程的解：

(1) $\dfrac{dy}{dx} = \dfrac{1}{x-y} + 1$；

(2) $xy' + y = y(\ln x + \ln y)$；

(3) $(x+y)dx + (3x + 3y - 4)dy = 0$.

5. 一曲线通过点 $(0,1)$，且其上任一点处的切线垂直于此点与原点的连线，求此曲线方程.

6. 放射性元素铀由于不断地有原子放射出微粒子而变成其他元素，铀的含量就不断减少，这种现象叫做衰变. 由原子物理学知道，铀的衰变速度与当时未衰变的铀原子的含量成正比（比例系数为常数 $k, k>0$），设开始（$t=0$）时铀的含量为 M_0. 试求在衰变过程中铀的含量 $M(t)$ 随时间 t 的变化规律.

7. 设一质量为 m 的物体在离地面不太高的地方由静止开始下落，所受空气阻力与速度成正比（比例系数为常数 $k, k>0$），求物体下落速度 $v(t)$ 与时间 t 的函数关系.

8. 设某商品的需求量 x 对价格 p 的弹性为 $\dfrac{Ex}{Ep} = -3p^3$，市场对该商品的最大需求量为 x_0，求需求函数.

9. 某养殖场在一池塘内养鱼，设该池塘最多能养鱼 5000 尾，实践表明，t 时刻的池塘内鱼数 $y = y(t)$ 的变化率与当时的鱼数和池内还能容纳鱼数（$5000 - y$）的乘积成正比，比例系数为常数 $r > 0$. 设开始（$t = 0$）时的池塘内养鱼 400 尾，试求 $y = y(t)$ 的表达式.

10. 如果某商品的价格是时间 t 的函数 $P = P(t)$. 一般地，供给量和需求量不仅仅取决于价格 P, 价格对于时间 t 的变化率也指导着供、需的变化. 为简便起见，设供给量和需求量分别为

$$S(P) = 60 + P + 4\dfrac{dP}{dt}, \quad Q(P) = 100 - P + 3\dfrac{dP}{dt}.$$

设 $P(0) = 8$，试求平衡价格关于时间 t 的函数关系.

7.3 一阶线性微分方程

形如

$$\dfrac{dy}{dx} + P(x)y = Q(x) \tag{7.3.1}$$

的方程，叫做**一阶线性微分方程**. 其中 $P(x), Q(x)$ 是已知的函数. 当 $Q(x) \equiv 0$，方程(7.3.1)变为

$$\dfrac{dy}{dx} + P(x)y = 0. \tag{7.3.2}$$

7.3 一阶线性微分方程

这个方程称为**一阶齐次线性方程**. 相应地,如果 $Q(x) \neq 0$,方程(7.3.1)称为**一阶非齐次线性方程**.

方程(7.3.2)是可分离变量的微分方程,其通解为

$$y = C e^{-\int P(x) dx}, \tag{7.3.3}$$

其中 C 是任意常数.

现在用所谓的**常数变易法**来求非齐次线性微分方程通解,这方法就是在求出对应齐次线性方程的通解后,将通解(7.3.3)中的常数 C 变易为待定函数 $u(x)$,并设非齐次线性方程解为

$$y = u(x) e^{-\int P(x) dx} \quad (\text{或 } y = u e^{-\int P(x) dx}). \tag{7.3.4}$$

求导得

$$\frac{dy}{dx} = u' e^{-\int P(x) dx} - u P(x) e^{-\int P(x) dx}. \tag{7.3.5}$$

将式(7.3.4)与式(7.3.5)代入方程(7.3.1),化简得

$$u' e^{-\int P(x) dx} = Q(x) \quad (\text{或 } u' = Q(x) e^{\int P(x) dx}).$$

两端积分得

$$u = \int Q(x) e^{\int P(x) dx} dx + C.$$

把上式代入式(7.3.4),得非齐次线性方程(7.3.1)的通解为

$$y = e^{-\int P(x) dx} \left(\int Q(x) e^{\int P(x) dx} dx + C \right). \tag{7.3.6}$$

将式(7.3.6)改写为两项之和

$$y = C e^{-\int P(x) dx} + e^{-\int P(x) dx} \int Q(x) e^{\int P(x) dx} dx,$$

上式右端第一项是对应的齐次线性方程(7.3.2)的通解,第二项是非齐次线性方程(7.3.1)的特解(在方程(7.3.1)的通解(7.3.6)中令 $C=0$ 便可得这个特解). 由此可见,一阶非齐次线性方程的通解等于对应的齐次线性方程的通解与其本身的一个特解之和. 以后还可看到,这个结论对高阶非齐次线性方程也成立.

例 7.3.1 求微分方程 $\dfrac{dy}{dx} - \dfrac{2y}{x+1} = (x+1)^{\frac{5}{2}}$ 的通解.

解 这是一个一阶非齐次线性方程,下面用常数变易法来求解.

先求对应齐次线性方程的通解. 由

$$\frac{dy}{dx} - \frac{2y}{x+1} = 0$$

分离变量,得

$$\frac{1}{y} dy = \frac{2 dx}{x+1},$$

两端积分,得对应齐次线性方程的通解

$$y = C(x+1)^2.$$

把上式中的常数 C 变易为待定函数 $u=u(x)$,并设非齐次线性方程解为

$$y = u(x+1)^2. \tag{7.3.7}$$

求导数,得

$$\frac{dy}{dx} = u'(x+1)^2 + 2u(x+1).$$

代入所给非齐次线性方程,得 $u' = (x+1)^{\frac{1}{2}}$,

两端积分,得 $u = \frac{2}{3}(x+1)^{\frac{3}{2}} + C.$

把上式代入式(7.3.7),得原方程的通解为

$$y = (x+1)^2 \left[\frac{2}{3}(x+1)^{\frac{3}{2}} + C \right],$$

其中 C 是任意常数.

例 7.3.2 求方程 $(y^2-6x)dy + 2ydx = 0$ 满足条件 $y|_{x=1}=1$ 的特解.

解 如果将 x 看作 y 的函数,则原方程变为

$$\frac{dx}{dy} - \frac{3}{y}x = -\frac{1}{2}y.$$

这是一个一阶非齐次线性方程,可用常数变易法来求解. 现在直接套用式(7.3.6). 因为 $P(y) = -\frac{3}{y}, Q(y) = -\frac{y}{2}$,所以

$$x = e^{\int \frac{3}{y}dy} \left[\int \left(-\frac{y}{2}\right) e^{-\int \frac{3}{y}dy} dy + C \right] = e^{3\ln y} \left[\int \left(-\frac{y}{2}\right) e^{-3\ln y} dy + C \right]$$

$$= y^3 \left[\int \left(-\frac{1}{2y^2}\right) dy + C \right] = \frac{1}{2}y^2 + Cy^3.$$

将条件"$x=1, y=1$"代入上式,得 $C = \frac{1}{2}$,则

$$x = \frac{1}{2}y^2(1+y)$$

为题设方程的特解.

例 7.3.3 设有一单位质量的质点受两个力的作用由静止开始做直线运动,一个力方向与运动方向一致、大小与时间成正比(比例系数 1);另一个力方向与运动方向相反、大小与速度成正比(比例系数为 $\frac{1}{2}$). 求质点运动速度 $v(t)$ 与时间 t 的函数关系.

解 根据牛顿运动定律,可建立起函数 $v(t)$ 满足的微分方程

$$ma = m\frac{dv}{dt} = t - \frac{1}{2}v,$$

此外,还需满足条件 $v|_{t=0}=0$. 因为 $m=1$,上述方程可改写为

$$\frac{\mathrm{d}v}{\mathrm{d}t}+\frac{1}{2}v=t.$$

这是一个一阶非齐次线性方程,求得其通解为

$$v=2t-4+C\mathrm{e}^{-\frac{1}{2}t}.$$

将条件"$t=0,v=0$"代入上式,得 $C=4$,故所求质点运动速度为

$$v=2t-4+4\mathrm{e}^{-\frac{1}{2}t}.$$

下面介绍伯努利方程,形如

$$\frac{\mathrm{d}y}{\mathrm{d}x}+P(x)y=Q(x)y^a \tag{7.3.8}$$

的方程称为**伯努利方程**,其中 a 为常数,且 $a\neq 0,1$.

伯努利方程是一类非线性方程,但是通过适当的变换,就可以把它化为线性的. 事实上,在方程(7.3.8)两端除以 y^a,得

$$y^{-a}\frac{\mathrm{d}y}{\mathrm{d}x}+P(x)y^{1-a}=Q(x).$$

令 $z=y^{1-a}$,就得到关于变量 z 的一阶线性方程

$$\frac{\mathrm{d}z}{\mathrm{d}x}+(1-a)P(x)z=(1-a)Q(x).$$

利用线性方程的求解方法求出通解后,再以 y^{1-a} 代 z,便可得到伯努利方程(7.3.8)的通解.

例 7.3.4 求微分方程 $\dfrac{\mathrm{d}y}{\mathrm{d}x}+\dfrac{y}{x}=y^2\ln x$ 的通解.

解 以 y^2 除方程两端,得

$$y^{-2}\frac{\mathrm{d}y}{\mathrm{d}x}+\frac{y^{-1}}{x}=\ln x.$$

令 $z=y^{-1}$,则 $\dfrac{\mathrm{d}z}{\mathrm{d}x}=-y^{-2}\dfrac{\mathrm{d}y}{\mathrm{d}x}$,上述方程化为

$$\frac{\mathrm{d}z}{\mathrm{d}x}-\frac{z}{x}=-\ln x.$$

这是一个线性微分方程,求得其通解为

$$z=x\left[C-\frac{1}{2}(\ln x)^2\right].$$

以 y^{-1} 代 z,得到所给方程的通解为

$$xy\left[C-\frac{1}{2}(\ln x)^2\right]=1.$$

习 题 7.3

1. 求下列微分方程的通解：

(1) $\dfrac{dy}{dx}+y=e^{-x}$； (2) $\dfrac{dy}{dx}+2xy-4x=0$；

(3) $y'+y\cos x=e^{-\sin x}$； (4) $y'+y\tan x=\sin 2x$；

(5) $(x^2-1)y'+2xy=\cos x$； (6) $y^4 dx+(2xy^3-1)dy=0$.

2. 求下列微分方程的特解：

(1) $\dfrac{dy}{dx}+\dfrac{y}{x}=\dfrac{\sin x}{x}, y|_{x=\pi}=1$；

(2) $\dfrac{dy}{dx}+y\cot x=5e^{\cos x}, y|_{x=\frac{\pi}{2}}=-4$；

(3) $\dfrac{dy}{dx}-y\tan x=\sec x, y|_{x=0}=0$；

(4) $\dfrac{dy}{dx}+\dfrac{2-3x^2}{x^3}y=1, y|_{x=1}=0$.

3. 求一曲线方程，这曲线通过原点，且其上任一点(x,y)处的切线斜率等于$2x+y$.

4. 设可微函数$f(x)$满足$\int_1^x f(t)dt=2xf(x)-x^3+1$，求$f(x)$的表达式.

5. 求下列伯努利方程的解：

(1) $\dfrac{dy}{dx}-3xy=xy^2$； (2) $\dfrac{dy}{dx}-y=xy^5$，$y|_{x=0}=1$.

6. 静脉输入葡萄糖是一种重要的医疗技术，为了研究这一过程，设$Q(t)$是时刻t的血液中的葡萄糖含量，葡萄糖以$mg \cdot min^{-1}$的固定速率输入到血液中，与此同时，血液中的葡萄糖还会转化为其他物质或转移到其他地方，其转化速率与血液中的葡萄糖含量成正比，比例系数为常数$r>0$. 设开始时($t=0$)时血液中的葡萄糖含量为Q_0，试确定血液中的葡萄糖含量与时间t的关系.

7.4 可降阶的高阶微分方程

从本节与7.5节将讨论二阶及二阶以上的微分方程，即所谓**高阶微分方程**. 对于有些高阶微分方程，可以通过适当的替换将它降为低阶的微分方程来求解. 本节介绍三种容易降阶的高阶微分方程求解方法.

7.4.1 $y^{(n)}=f(x)$型的微分方程

微分方程

$$y^{(n)}=f(x) \tag{7.4.1}$$

的右端是仅含自变量 x 的函数,此类方程可通过逐次积分求得通解.

积分一次,得
$$y^{(n-1)} = \int f(x)\mathrm{d}x + C_1.$$

再积分一次,得
$$y^{(n-2)} = \int \left(\int f(x)\mathrm{d}x + C_1\right)\mathrm{d}x + C_2.$$

如此进行下去,积分 n 次后可得方程(7.4.1)的通解.

例 7.4.1 求微分方程 $y''' = \mathrm{e}^{2x} + \cos 3x$ 的通解.

解 对所给方程接连积分三次,得
$$y'' = \frac{1}{2}\mathrm{e}^{2x} + \frac{1}{3}\sin 3x + C_1,$$
$$y' = \frac{1}{4}\mathrm{e}^{2x} - \frac{1}{9}\cos 3x + C_1 x + C_2,$$
$$y = \frac{1}{8}\mathrm{e}^{2x} - \frac{1}{27}\sin 3x + \frac{1}{2}C_1 x^2 + C_2 x + C_3.$$

这就是所求的通解.

*7.4.2 $y'' = f(x, y')$ 型的微分方程

微分方程
$$y'' = f(x, y') \tag{7.4.2}$$
的特点是不显含未知函数 y. 作变量替换 $y' = p(x)$,则 $y'' = p'(x)$,方程(7.4.2)就变为
$$p' = f(x, p).$$
这是一个关于变量 x、p 的一阶微分方程,设其通解为
$$p = \varphi(x, C_1).$$
而 $p = \dfrac{\mathrm{d}y}{\mathrm{d}x}$. 因此,又得一个一阶微分方程
$$\frac{\mathrm{d}y}{\mathrm{d}x} = \varphi(x, C_1).$$
对它进行积分,便得方程(7.4.2)的通解
$$y = \int \varphi(x, C_1)\mathrm{d}x + C_2.$$

例 7.4.2 求微分方程 $(1 + x^2)y'' = 2xy'$ 满足初始条件 $y|_{x=0} = 1$, $y'|_{x=0} = 3$ 的特解.

解 作变量替换 $y' = p(x)$,则 $y'' = p'(x)$,代入原方程得
$$(1 + x^2)p' = 2xp.$$

分离变量,两端积分得
$$\ln p = \ln(1+x^2) + \ln C_1,$$
或
$$p = y' = C_1(1+x^2).$$
由条件 $y'|_{x=0}=3$,得 $C_1=3$,所以
$$y' = 3(1+x^2).$$
两端积分得
$$y = x^3 + 3x + C_2.$$
又由条件 $y|_{x=0}=1$,得 $C_2=1$. 于是所求特解为
$$y = x^3 + 3x + 1.$$

*7.4.3　$y''=f(y,y')$型的微分方程

微分方程
$$y'' = f(y, y') \tag{7.4.3}$$
的特点是不显含自变量 x. 作变量替换 $y'=p(y)$,利用复合函数求导法则把 y'' 化为对 y 的导数,即
$$y'' = \frac{\mathrm{d}p}{\mathrm{d}x} = \frac{\mathrm{d}p}{\mathrm{d}y}\frac{\mathrm{d}y}{\mathrm{d}x} = p\frac{\mathrm{d}p}{\mathrm{d}y}.$$
这样,方程(7.4.3)就变为
$$p\frac{\mathrm{d}p}{\mathrm{d}y} = f(y, p).$$
这是一个关于变量 y,p 的一阶微分方程,设其通解为
$$y' = p = \varphi(y, C_1).$$
分离变量并积分,便得方程(7.4.3)的通解为
$$\int \frac{\mathrm{d}y}{\varphi(y, C_1)} = x + C_2.$$

例 7.4.3　求微分方程 $yy''-(y')^2=0$ 的通解.

解　所给方程不显含自变量 x,设 $y'=p(y)$,则 $y''=p\dfrac{\mathrm{d}p}{\mathrm{d}y}$,代入原方程得
$$py\frac{\mathrm{d}p}{\mathrm{d}y} - p^2 = 0.$$
在 $y\neq 0$、$p\neq 0$ 时,约去 p 并分离变量,两端积分,得
$$\ln p = \ln y + \ln C_1,$$
或
$$p = y' = C_1 y.$$
分离变量,两端积分,得
$$\ln y = C_1 x + \ln C_2,$$

或
$$y = C_2 e^{C_1 x}.$$
这就是所求的通解.

注意 上述通解中实际上也包含了解 $y=C$.

习 题 7.4

1. 求下列微分方程的通解：
(1) $y'' = x + \sin 2x$;
(2) $y''' = xe^x$;
(3) $y'' = \dfrac{1}{1+x^2}$;
(4) $y'' = 1 + (y')^2$;
(5) $y'' = x + y'$;
(6) $xy'' + y' = 0$;
(7) $yy'' + (1-y)(y')^2 = 0$;
(8) $y'' = y' + (y')^3$.

2. 求下列微分方程的特解：
(1) $y'' = \ln x, y|_{x=1} = 0, y'|_{x=1} = 0$;
(2) $y^3 y'' + 1 = 0, y|_{x=1} = 1, y'|_{x=1} = 0$;
(3) $y'' - a(y')^2 = 0, y|_{x=0} = 0, y'|_{x=0} = -1$;
(4) $y'' = 3\sqrt{y}, y|_{x=0} = 1, y'|_{x=0} = 2$.

3. 试求 $y'' = x$ 的经过点 $M(0,1)$ 且在此点与直线 $y = \dfrac{1}{2} x + 1$ 相切的积分曲线.

4. 设二阶可导函数 $f(x)$ 满足 $\int_0^x \left[\int_0^u f(t) dt \right] du = f(x) - x$，求 $f(x)$ 的表达式.

7.5 高阶线性微分方程

7.5.1 二阶线性微分方程解的结构

二阶线性微分方程的一般形式是
$$y'' + P(x) y' + Q(x) y = f(x), \tag{7.5.1}$$
其中 $P(x), Q(x)$ 及 $f(x)$ 是自变量 x 的已知函数，称函数 $f(x)$ 为方程(7.5.1)的**自由项**. 当 $f(x) \equiv 0$ 时，方程(7.5.1)成为
$$y'' + P(x) y' + Q(x) y = 0, \tag{7.5.2}$$
则称此方程为**二阶齐次线性微分方程**. 相应地，当 $f(x) \neq 0$ 时，称方程(7.5.1)为**二阶非齐次线性微分方程**.

下面来讨论二阶线性微分方程的解的一些性质，这些性质可以推广到 n 阶线性微分方程
$$y^{(n)} + P_1(x) y^{(n-1)} + \cdots + P_{n-1}(x) y' + P_n(x) y = f(x).$$

定理 7.5.1　如果函数 $y_1(x)$ 与 $y_2(x)$ 是方程(7.5.2)的两个解，则
$$y = C_1 y_1(x) + C_2 y_2(x) \tag{7.5.3}$$
也是方程(7.5.2)的解，其中 C_1, C_2 是任意常数.

证　将式(7.5.3)代入方程(7.5.2)的左端，有
$$\begin{aligned}
& y'' + P(x) y' + Q(x) y \\
&= (C_1 y_1 + C_2 y_2)'' + P(x)(C_1 y_1 + C_2 y_2)' + Q(x)(C_1 y_1 + C_2 y_2) \\
&= (C_1 y_1'' + C_2 y_2'') + P(x)(C_1 y_1' + C_2 y_2') + Q(x)(C_1 y_1 + C_2 y_2) \\
&= C_1 [y_1'' + P(x) y_1' + Q(x) y_1] + C_2 [y_2'' + P(x) y_2' + Q(x) y_2] \\
&= C_1 \cdot 0 + C_2 \cdot 0 \equiv 0,
\end{aligned}$$
所以，式(7.5.3)是方程(7.5.2)的解.

齐次线性微分方程(7.5.2)的两个解 $y_1(x)$ 与 $y_2(x)$ 按式(7.5.3)叠加起来虽然仍然是该方程的解，并且形式上也含有 C_1, C_2 两个任意常数，但它不一定是方程(7.5.2)的通解. 例如，$y_1(x)$ 与 $y_2(x)$ 有线性关系 $y_2(x) = 2y_1(x)$，则式(7.5.3)成为 $y = C_1 y_1(x) + 2C_2 y_1(x) = (C_1 + 2C_2) y_1(x) = C y_1(x)$，其中 $C = C_1 + 2C_2$，这显然不是方程(7.5.2)的通解. 那么在什么情况下式(7.5.3)是方程(7.5.2)的通解呢？要解决这个问题，先引入一个新的概念，即所谓函数的**线性相关**与**线性无关**.

定义 7.5.1　设 $y_1(x)$ 与 $y_2(x)$ 是定义在某区间 I 内的两个函数，如果存在两个不全为零的 k_1, k_2 常数，使得在区间 I 内恒有
$$k_1 y_1(x) + k_2 y_2(x) \equiv 0,$$
则称这两个函数在区间 I 内**线性相关**. 否则称为**线性无关**.

根据定义可知，两个函数在区间 I 内是否线性相关，只要看它们的比值是否为常数. 如果比值是为常数，它们是线性相关，否则是线性无关. 例如，$y_1(x) = \sin x$ 与 $y_2(x) = 3\sin x$ 是线性相关；$y_1(x) = e^{2x}$ 与 $y_2(x) = e^{-3x}$ 是线性无关.

有了函数的线性无关的概念后，将有如下关于齐次线性微分方程(7.5.2)通解结构的定理.

定理 7.5.2　如果 $y_1(x)$ 与 $y_2(x)$ 是方程(7.5.2)的两个线性无关的特解，则
$$y = C_1 y_1(x) + C_2 y_2(x)$$
就是方程(7.5.2)的通解，其中 C_1, C_2 是任意常数.

例如，容易验证，$y_1 = \sin x, y_2 = \cos x$ 是二阶齐次线性微分方程 $y'' + y = 0$ 的两个线性无关的特解，因此方程的通解为 $y = C_1 \sin x + C_2 \cos x$.

在一阶线性方程的讨论中，已经看到，一阶非齐次线性方程的通解等于对应的齐次线性方程的通解与其本身的一个特解之和. 实际上，不仅一阶非齐次线性方程的通解具有这样的结构，而且二阶及更高阶非齐次线性方程的通解也具有这样的结构.

定理 7.5.3　设 y^* 是方程(7.5.1)的一个特解，而 Y 是其对应的齐次线性方

程(7.5.2)的通解,则

$$y = Y + y^* \tag{7.5.4}$$

就是二阶非齐次线性微分方程(7.5.1)的通解.

例如,方程 $y'' + y = x^2$ 是二阶非齐次线性方程,已知 $Y = C_1 \sin x + C_2 \cos x$ 是对应的齐次线性方程 $y'' + y = 0$ 的通解;又容易验证,$y^* = x^2 - 2$ 是所给方程的一个特解,因此,

$$y = C_1 \sin x + C_2 \cos x + x^2 - 2$$

是所给方程的通解.

定理 7.5.4 如果函数 $y_1^*(x)$ 与 $y_2^*(x)$ 是二阶非齐次线性方程(7.5.1)的两个解,则

$$y = y_1^*(x) - y_2^*(x)$$

是对应的齐次线性方程(7.5.2)的一个解.

定理 7.5.5 设 y_1^* 与 y_2^* 分别是方程 $y'' + P(x)y' + Q(x)y = f_1(x)$ 与 $y'' + P(x)y' + Q(x)y = f_2(x)$ 的特解,则 $y_1^* + y_2^*$ 是方程

$$y'' + P(x)y' + Q(x)y = f_1(x) + f_2(x) \tag{7.5.5}$$

的特解.

请读者自己完成从定理 7.5.2 到定理 7.5.5 的证明.

例 7.5.1 已知 $y_1^* = 3, y_2^* = 3 + x^2, y_3^* = 3 + x^2 + e^x$ 是二阶线性微分方程

$$(x^2 - 2x)y'' - (x^2 - 2)y' + (2x - 2)y = 6x - 6$$

的三个解,求此方程的通解.

解 由定理 7.5.4 可取对应的齐次线性方程

$$y'' - \frac{x^2 - 2}{x^2 - 2x}y' + \frac{2x - 2}{x^2 - 2x}y = 0$$

的两个解 $y_1 = y_2^* - y_1^* = x^2$ 与 $y_2 = y_3^* - y_2^* = e^x$,且它们线性无关. 由定理 7.5.3 可得所给方程的通解为

$$y = C_1 y_1 + C_2 y_2 + y_1^* = C_1 x^2 + C_2 e^x + 3.$$

7.5.2 二阶常系数齐次线性微分方程

现在讨论二阶线性微分方程的一种特殊类型,即二阶常系数齐次线性微分方程

$$y'' + py' + qy = 0 \tag{7.5.6}$$

的解,其中 p, q 是常数.

由前面讨论可知,要求方程(7.5.6)的通解,可以先求出它的两个线性无关的特解 y_1 与 y_2,便得通解 $y = C_1 y_1 + C_2 y_2$. 下面讨论两个线性无关的特解求法.

方程(7.5.6)的特点是 y', y'' 与 y 各乘常数因子后相加等于零,由于指数函数

$y=\mathrm{e}^{rx}$(r 为常数)和它的各阶导数都只相差一个常数因子,因此,会自然猜想 $y=\mathrm{e}^{rx}$ 可能是方程(7.5.6)的解. 将 $y=\mathrm{e}^{rx}$ 求导,得

$$y' = r\mathrm{e}^{rx}, \quad y'' = r^2\mathrm{e}^{rx}.$$

把 y',y'' 与 y 代入方程(7.5.6),得

$$(r^2 + pr + q)\mathrm{e}^{rx} = 0.$$

由于 $\mathrm{e}^{rx} \neq 0$,所以,

$$r^2 + pr + q = 0. \tag{7.5.7}$$

由此可见,只要 r 满足二次代数方程(7.5.7),函数 $y=\mathrm{e}^{rx}$ 就是方程(7.5.6)的解. 称方程(7.5.7)为方程(7.5.6)的**特征方程**,它的根称为**特征根**. 于是,方程(7.5.6)的求解问题,就转化为求特征方程(7.5.7)根的问题.

(1) 当 $p^2-4q>0$ 时,特征方程(7.5.7)有两个不相等的实根 $r_1 \neq r_2$,这时,$y_1=\mathrm{e}^{r_1 x}$,$y_2=\mathrm{e}^{r_2 x}$ 是方程(7.5.6)的两个解,且 $\dfrac{y_1}{y_2}=\mathrm{e}^{(r_1-r_2)x}$ 不是常数,因此,方程(7.5.6)的通解为

$$y = C_1 \mathrm{e}^{r_1 x} + C_2 \mathrm{e}^{r_2 x}.$$

(2) 当 $p^2-4q=0$ 时,特征方程(7.5.7)有两个相等的实根 $r_1=r_2$,这时,$y_1=\mathrm{e}^{r_1 x}$ 是方程(7.5.6)的一个解. 为了得到通解,还必须找出一个与 y_1 线性无关的特解 y_2. 可以验证,$y_2=x\mathrm{e}^{r_1 x}$ 也是方程(7.5.6)的一个解,且与 $y_1=\mathrm{e}^{r_1 x}$ 线性无关,因此,方程(7.5.6)的通解为

$$y = C_1 \mathrm{e}^{r_1 x} + C_2 x \mathrm{e}^{r_1 x}.$$

(3) 当 $p^2-4q<0$ 时,特征方程(7.5.7)有一对共轭复根 $r_1=\alpha+\mathrm{i}\beta$,$r_2=\alpha-\mathrm{i}\beta$,可以证明:

$$y_1 = \mathrm{e}^{\alpha x}\cos\beta x \quad \text{与} \quad y_2 = \mathrm{e}^{\alpha x}\sin\beta x$$

是方程(7.5.6)两个解,且 $\dfrac{y_1}{y_2}=\cot\beta x$ 不是常数,因此,方程(7.5.6)的通解为

$$y = \mathrm{e}^{\alpha x}(C_1 \cos\beta x + C_2 \sin\beta x).$$

综上所述,可按照表 7.5.1 写出方程(7.5.6)的通解.

表 7.5.1

特征方程 $r^2+pr+q=0$ 的根	微分方程 $y''+py'+qy=0$ 的通解
不相等的两个实根 $r_1 \neq r_2$	$y=C_1\mathrm{e}^{r_1 x}+C_2\mathrm{e}^{r_2 x}$
相等的两个实根 $r_1=r_2$	$y=(C_1+C_2 x)\mathrm{e}^{r_1 x}$
一对共轭复根 $r_{1,2}=\alpha\pm\mathrm{i}\beta$	$y=\mathrm{e}^{\alpha x}(C_1\cos\beta x+C_2\sin\beta x)$

例 7.5.2 求微分方程 $y''-2y'-3y=0$ 的通解.

解 所给微分方程的特征方程为

$$r^2 - 2r - 3 = 0,$$

其根 $r_1=-1, r_2=3$ 是两个不相等的实根，因此，所求通解为
$$y = C_1 e^{-x} + C_2 e^{3x}.$$

例 7.5.3 求微分方程 $y''-2y'+y=0, y|_{x=0}=1, y'|_{x=0}=0$ 的特解.

解 所给微分方程的特征方程为
$$r^2 - 2r + 1 = 0,$$
其根 $r_1=r_2=1$ 是两个相等的实根，因此所给方程通解为
$$y = C_1 e^x + C_2 x e^x.$$
将条件 $y|_{x=0}=1$ 代入通解中，得 $C_1=1$. 从而
$$y = e^x + C_2 x e^x.$$
将上式对 x 求导，得 $y' = e^x + C_2 e^x + C_2 x e^x.$
再把条件 $y'|_{x=0}=0$ 代入上式，得 $C_2=-1$. 于是，所求特解为
$$y = e^x - x e^x.$$

例 7.5.4 求微分方程 $y''-2y'+5y=0$ 的通解.

解 所给微分方程的特征方程为
$$r^2 - 2r + 5 = 0,$$
其根 $r_{1,2}=1\pm 2\mathrm{i}$ 是一对共轭复根. 因此，所求通解为
$$y = e^x(C_1 \cos 2x + C_2 \sin 2x).$$

上面讨论二阶常系数齐次线性微分方程所用方法与通解形式，可推广到 n 阶常系数齐次线性微分方程情形，在此不再详细讨论，只简单叙述如下：

n 阶常系数齐次线性微分方程的一般形式为
$$y^{(n)} + p_1 y^{(n-1)} + \cdots + p_{n-1} y' + p_n y = 0,$$
其中，$p_1, p_2, \cdots, p_n$ 是常数，其特征方程为
$$r^n + p_1 r^{n-1} + \cdots + p_{n-1} r + p_n = 0.$$

根据特征方程的根，可按表 7.5.2 的方式直接写出其对应的微分方程的通解：

表 7.5.2

特征方程的根	通解中对应的项
k 重实根 r	$(C_0 + C_1 x + \cdots + C_{k-1} x^{k-1}) e^{rx}$
k 重共轭复根 $r_{1,2}=\alpha \pm \mathrm{i}\beta$	$[(C_0 + C_1 x + \cdots + C_{k-1} x^{k-1}) \cos \beta x + (D_0 + D_1 x + \cdots + D_{k-1} x^{k-1}) \sin \beta x] e^{\alpha x}$

注意 n 次代数方程有 n 个根（重根按重数计算），而特征方程的每一个根都对应着通解中的一项，且每一项各含一个任意常数. 这样就得到 n 阶常系数齐次线性微分方程的通解为
$$y = C_1 y_1 + C_2 y_2 + \cdots + C_n y_n.$$

例 7.5.5 求微分方程 $y^{(4)} - 2y''' + 5y'' = 0$ 的通解.

解 所给微分方程的特征方程为

$$r^4 - 2r^3 + 5r^2 = 0,$$

其根是 $r_1 = r_2 = 0, r_{3,4} = 1 \pm 2i$,因此,所求通解为

$$y = C_1 + C_2 x + e^x(C_3 \cos 2x + C_4 \sin 2x).$$

例 7.5.6 设一质量为 m 的物体在空中由静止开始下落,所受空气阻力与速度成正比(比例系数为常数 $k>0$),求物体下落运动规律的函数.

解 设物体下落规律的函数为 $s(t)$,开始($t=0$)时,$s=0$. 根据牛顿运动定律,可建立起函数 $s(t)$ 满足的微分方程

$$ma = m\frac{d^2s}{dt^2} = mg - k\frac{ds}{dt},$$

或

$$\frac{d^2s}{dt^2} + \frac{k}{m}\frac{ds}{dt} = g.$$

这是一个二阶常系数非齐次线性方程,可观察 $s^* = \frac{m}{k}gt$ 为其一个特解,易求得其通解为

$$s = C_1 + C_2 e^{-\frac{k}{m}t} + \frac{m}{k}gt.$$

此外,还需满足条件 $v|_{t=0} = \frac{ds}{dt}\Big|_{t=0} = 0.$

将条件 $s|_{t=0} = 0, \frac{ds}{dt}\Big|_{t=0} = 0.$ 代入通解中,得 $C_1 = -\frac{m^2}{k^2}g, C_2 = \frac{m^2}{k^2}g.$ 故所求质点运动规律的函数为

$$s = \frac{m^2 g}{k^2}(e^{-\frac{k}{m}t} - 1) + \frac{mg}{k}t.$$

7.5.3 二阶常系数非齐次线性微分方程

二阶常系数非齐次线性方程的一般形式为

$$y'' + py' + qy = f(x), \tag{7.5.8}$$

其中,p, q 是常数,$f(x)$ 是自变量 x 的已知函数. 根据线性微分方程的解的结构定理可知,要求非齐次线性方程(7.5.8)的通解,只要求出它的一个特解 y^* 和其对应的齐次线性方程的通解 Y,然后取和式 $y = Y + y^*$,即求得方程(7.5.8)的通解. 前面已介绍了求其对应齐次方程通解的方法,因此,现在剩下的问题是如何求得方程(7.5.8)的一个特解 y^*.

例 7.5.7 求微分方程 $y'' - y = -5x$ 的通解.

解 通过观察和直接验证可知 $y^* = 5x$ 是所给方程的一个特解,又可求得其对应齐次方程 $y'' - y = 0$ 通解为 $Y = C_1 e^{-x} + C_2 e^x$,所以原方程的通解为

$$y = Y + y^* = C_1 e^{-x} + C_2 e^x + 5x.$$

用观察法求非齐次线性方程的特解,对比较简单的情形是可行的,但对比较复杂的情形,用观察法求非齐次线性方程的特解是不容易的. 下面介绍一种求非齐次线性方程特解的方法——**常数变易法**.

设对应的齐次线性方程(7.5.6)的通解为
$$Y = C_1 y_1 + C_2 y_2,$$
其中 C_1, C_2 是任意常数. y_1, y_2 是方程(7.5.6)的两个线性无关的特解.

令
$$y = u_1(x) y_1 + u_2(x) y_2, \qquad (7.5.9)$$
要确定未知函数 $u_1(x), u_2(x)$,使式(7.5.9)所表示的函数 y 满足非齐次线性方程(7.5.8),为此,将式(7.5.9)对 x 求导,得
$$y' = u_1' y_1 + u_1 y_1' + u_2' y_2 + u_2 y_2'.$$
由于两个未知函数 $u_1(x), u_2(x)$ 只需满足方程(7.5.8),所以,可以规定它们再满足一个关系式. 为使 y'' 的表达式中不含 u_1'', u_2'',可设
$$u_1' y_1 + u_2' y_2 = 0, \qquad (7.5.10)$$
从而
$$y' = u_1 y_1' + u_2 y_2'.$$
再求导,得
$$y'' = u_1' y_1' + u_1 y_1'' + u_2' y_2' + u_2 y_2''.$$
把 y, y', y'' 代入方程(7.5.8),得
$$u_1' y_1' + u_1 y_1'' + u_2' y_2' + u_2 y_2'' + p(u_1 y_1' + u_2 y_2') + q(u_1 y_1 + u_2 y_2) = f(x),$$
化简得
$$u_1' y_1' + u_2' y_2' + (y_1'' + p y_1' + q y_1) u_1 + (y_2'' + p y_2' + q y_2) u_2 = f(x).$$
注意到 y_1, y_2 是齐次线性方程(7.5.6)的解,故上式即为
$$u_1' y_1' + u_2' y_2' = f(x). \qquad (7.5.11)$$
联立方程(7.5.10)与方程(7.5.11),得
$$\begin{cases} u_1' y_1 + u_2' y_2 = 0, \\ u_1' y_1' + u_2' y_2' = f(x). \end{cases} \qquad (7.5.12)$$
在系数行列式
$$D = \begin{vmatrix} y_1 & y_2 \\ y_1' & y_2' \end{vmatrix} \neq 0,$$
即
$$y_1 y_2' - y_2 y_1' \neq 0$$
时,可解得 u_1', u_2',积分便得 u_1, u_2. 于是,由 $y = u_1 y_1 + u_2 y_2$ 可定出非齐次方程(7.5.8)的一个特解.

因此，可按下面定理求得方程(7.5.8)的一个特解 y^*.

定理 7.5.6 设 y_1, y_2 是齐次方程 $y''+py'+qy=0$ 的两个线性无关的特解，则 $y^* = u_1 y_1 + u_2 y_2$ 是非齐次方程 $y''+py'+qy=f(x)$ 的一个特解，其中待定函数 u_1, u_2 满足式(7.5.12).

例 7.5.8 求微分方程 $y''-3y'+2y=xe^x$ 的通解.

解 不难求得对应齐次线性方程通解为
$$Y = C_1 e^x + C_2 e^{2x}.$$
设所给方程的解为
$$y^* = u_1 e^x + u_2 e^{2x},$$
则 u_1, u_2 应满足
$$\begin{cases} e^x u_1' + e^{2x} u_2' = 0, \\ e^x u_1' + 2e^{2x} u_2' = xe^x. \end{cases}$$
解之，得
$$u_1' = -x, \quad u_2' = xe^{-x}.$$
积分得
$$u_1 = -\frac{1}{2}x^2, \quad u_2 = -(x+1)e^{-x}.$$
于是，所给非齐次线性方程的一个特解为
$$y^* = -\frac{1}{2}x^2 e^x - (x+1)e^x = -\left(\frac{1}{2}x^2 + x + 1\right)e^x,$$
所以原方程的通解为
$$y = Y + y^* = C_1 e^x + C_2 e^{2x} - \left(\frac{1}{2}x^2 + x + 1\right)e^x.$$

习 题 7.5

1. 判断下列各组函数在其定义域内是否线性相关：
(1) $x, 2x$； (2) e^x, xe^x； (3) $\sin 5x, \cos 5x$； (4) $e^{ax}, 4e^{bx}$.

2. 验证 $y_1 = \sin kx, y_2 = \cos kx$ 是微分方程 $y''+k^2 y=0$ 的两个线性无关的解，并写出这个微分方程的通解.

3. 验证：
(1) $y = C_1 e^x + C_2 e^{2x} + \frac{1}{12} e^{5x}$ (C_1, C_2 是任意常数)是微分方程 $y''-3y'+2y=e^{5x}$ 的通解；
(2) $y = C_1 x^2 + C_2 x^2 \ln x$ (C_1, C_2 是任意常数)是微分方程 $x^2 y''-3xy'+4y=0$ 的通解.

4. 已知 $y_1 = x^2, y_2 = e^x + x^2, y_3 = x + x^2$ 是二阶线性微分方程
$$(x-1)y'' - xy' + y = -x^2 + 2x - 2$$
的三个解. 求此方程的通解.

5. 验证 $y_1^* = \frac{1}{2}e^x, y_2^* = -\frac{1}{3}\sin2x$ 分别是方程 $y''+y=e^x$ 与 $y''+y=\sin2x$ 的解，并求方程

$$y''+y=e^x+\sin2x$$

的一个解.

6. 求下列常系数齐次线性微分方程的解：

(1) $y''+5y'+6y=0$；　　　　　(2) $y''+4y'+4y=0$；

(3) $16y''-24y'+9y=0$；　　　 (4) $y''+6y=0$；

(5) $y''+8y'+25y=0$；　　　　 (6) $y'''+5y''-6y'=0$；

(7) $y^{(4)}+4y''=0$；　　　　　　(8) $y'''-y''-4y'+4y=0$；

(9) $y''-4y'+3y=0,\ y|_{x=0}=6, y'|_{x=0}=10$；

(10) $4y''+4y'+y=0,\ y|_{x=0}=2, y'|_{x=0}=0$；

(11) $y''-4y'+13y=0,\ y|_{x=0}=0, y'|_{x=0}=3$.

7. 求下列常系数非齐次线性微分方程的解：

(1) $2y''+y'-y=2e^x$；　　　　　(2) $y''+3y'+2y=3xe^{-x}$；

(3) $y''-2y'+5y=e^x\sin2x$；　　(4) $y''+y=e^x+\cos x$；

(5) $y''-3y'+2y=5, y|_{x=0}=1, y'|_{x=0}=2$；

(6) $y''-y=4xe^x, y|_{x=0}=0, y'|_{x=0}=1$.

8. 已知一个二阶常系数齐次线性微分方程的两个线性无关的特解为

$$y_1=e^x,\quad y_2=xe^x.$$

求这个二阶微分方程及其通解.

9. 设有一单位质量的质点在数轴上做直线运动，开始时质点在原点 O 处且速度为 v_0，在运动过程中，它受到一个力的作用，这个力的大小与质点到原点的距离成正比（比例系数 $k_1>0$），而方向与初速度一致. 又介质的阻力大小与速度成正比（比例系数为 $k_2>0$）. 求反映这质点运动规律的函数.

7.6　差分方程的基本概念

前面所研究的变量基本上是属于连续变化的类型，但在科学技术与经济管理等实际问题中，有许多变量是离散（不连续）变化的. 例如，银行中的定期存款按所设定的时间等间隔计息，国家财政预算按年制定等. 通常称这类变量为**离散型变量**. 描述各离散变量之间关系的数学模型称为**离散型模型**，求解这类模型就可以得到各离散型变量的运行规律. 本节将介绍最常见的一种离散型数学模型——**差分方程**.

7.6.1　差分的概念与性质

一般地，在连续变化的时间范围内，变量 y 关于时间 t 的变化率是用 $\dfrac{dy}{dt}$ 来刻画

的;对离散型的变量 y,常取在规定的时间区间上的差商 $\dfrac{\Delta y}{\Delta t}$ 来刻画变量 y 的变化率. 如果选择 $\Delta t=1$,则

$$\Delta y = y(t+1) - y(t)$$

可以近似表示变量 y 的变化率. 由此给出差分的定义.

定义 7.6.1 设函数 $y_t = y(t)$. 称改变量 $y_{t+1} - y_t$ 为函数 y_t 的**差分**,也称为函数 y_t 的**一阶差分**,记为 Δy_t,即

$$\Delta y_t = y_{t+1} - y_t \quad (\text{或 } \Delta y(t) = y(t+1) - y(t)).$$

一阶差分的差分称为**二阶差分**,记为 $\Delta^2 y_t$,即

$$\Delta^2 y_t = \Delta(\Delta y_t) = \Delta y_{t+1} - \Delta y_t = (y_{t+2} - y_{t+1}) - (y_{t+1} - y_t)$$
$$= y_{t+2} - 2y_{t+1} + y_t.$$

类似可定义**三阶差分,四阶差分**,$\cdots$,即

$$\Delta^3 y_t = \Delta(\Delta^2 y_t), \quad \Delta^4 y_t = \Delta(\Delta^3 y_t), \quad \cdots.$$

一般地,函数 y_t 的 $n-1$ 阶差分的差分称为 n **阶差分**,记为 $\Delta^n y_t$,即

$$\Delta^n y_t = \Delta^{n-1} y_{t+1} - \Delta^{n-1} y_t = \sum_{i=0}^{n} (-1)^i C_n^i y_{t+n-i}.$$

二阶及二阶以上的差分统称为**高阶差分**.

例 7.6.1 设 $y_t = t^2$,求 $\Delta y_t, \Delta^2 y_t, \Delta^3 y_t$.

解 $\Delta y_t = \Delta(t^2) = (t+1)^2 - t^2 = 2t+1.$

$\Delta^2 y_t = \Delta^2(t^2) = \Delta(2t+1) = [2(t+1)+1] - (2t+1) = 2.$

$\Delta^3 y_t = \Delta^3(t^2) = \Delta(2) = 2 - 2 = 0.$

例 7.6.2 设 $y_t = a^t$,求 $\Delta y_t, \Delta^2 y_t, \cdots, \Delta^n y_t$.

解 $\Delta y_t = \Delta(a^t) = a^{t+1} - a^t = a^t(a-1).$

$\Delta^2 y_t = \Delta^2(a^t) = \Delta[a^t(a-1)] = (a-1)\Delta(a^t)$
$= (a-1)(a-1)a^t = (a-1)^2 a^t,$

$\cdots\cdots$

$\Delta^n y_t = \Delta^n(a^t) = \Delta[a^t(a-1)^{n-1}] = (a-1)^n a^t.$

不难证明,差分作为一种运算,具有以下性质:

(1) $\Delta(k) = 0$ (k 为常数);

(2) $\Delta(Cy_t) = C\Delta y_t$ (C 为常数);

(3) $\Delta(y_t \pm z_t) = \Delta y_t \pm \Delta z_t$;

(4) $\Delta(y_t \cdot z_t) = z_t \Delta y_t + y_{t+1} \Delta z_t$;

(5) $\Delta\left(\dfrac{y_t}{z_t}\right) = \dfrac{z_t \Delta y_t - y_t \Delta z_t}{z_{t+1} \cdot z_t}$ ($z_t \neq 0$).

7.6.2 差分方程的概念

定义 7.6.2 含有未知函数 y_t 的差分的方程称为**差分方程**.

差分方程的一般形式：
$$F(t, y_t, \Delta y_t, \Delta^2 y_t, \cdots, \Delta^n y_t) = 0,$$
或
$$G(t, y_t, y_{t+1}, y_{t+2}, \cdots, y_{t+n}) = 0.$$

差分方程中所含未知函数差分的最高阶数（或差分方程中所含未知函数下标的最大值与最小值的差）称为该**差分方程的阶**. 例如，$y_{t+2} - 2y_{t+1} - y_t = 2^t$ 是二阶差分方程；$\Delta^3 y_t - \Delta^2 y_t = 0$ 是三阶差分方程.

差分方程的不同形式可以互相转化. 例如，二阶差分方程 $y_{t+2} - 2y_{t+1} - y_t = 2^t$ 可化为
$$\Delta^2 y_t - 2y_t = 2^t.$$

又如，对于三阶差分方程 $\Delta^3 y_t - \Delta^2 y_t = 0$，因为，
$$\Delta^2 y_t = y_{t+2} - 2y_{t+1} + y_t, \quad \Delta^3 y_t = y_{t+3} - 3y_{t+2} + 3y_{t+1} - y_t,$$
所以，原方程可改写为 $y_{t+3} - 4y_{t+2} + 5y_{t+1} - 2y_t = 0$.

定义 7.6.3 满足差分方程的函数称为该**差分方程的解**.

例如，对于一阶差分方程 $y_{t+1} - y_t = 2$，因为 $y_t = 2t$ 满足差分方程，事实上，
$$y_{t+1} - y_t = 2(t+1) - 2t = 2,$$
因此，$y_t = 2t$ 是该方程的解. 易见对任意常数 C，
$$y_t = 2t + C$$
都是差分方程 $y_{t+1} - y_t = 2$ 的解.

如果差分方程的解中含有相互独立的任意常数的个数恰好等于方程的阶数，则称这个解为该差分方程的**通解**. 例如，容易验证 $y_t = kt + C$ 是一阶差分方程 $y_{t+1} - y_t = k$ 的通解；$y = C_1(-3)^t + C_2 2^t$ 是二阶差分方程 $y_{t+2} + y_{t+1} - 6y_t = 0$ 的通解.

往往要根据系统在初始时刻所处的状态对差分方程附加一定的条件，称这种附加条件为**初始条件**，满足初始条件的解称为**特解**.

习 题 7.6

1. 求下列函数的一阶与二阶差分：

(1) $y = 3t^2 - t + 2$;　　(2) $y = \dfrac{1}{t^2}$;

(3) $y = t^2(2t - 1)$;　　(4) $y = e^{2t}$.

2. 确定下列差分方程的阶:

(1) $\Delta^2 y_t + 3y_t = 3^t$; (2) $y_{t-2} - y_{t-4} = y_{t+2}$;

(3) $y_{t+3} - t^2 y_{t+1} + 3y_t = 2$; (4) $\Delta^3 y_t - t^4 \Delta^2 y_t = 0$.

3. 证明下列各式:

(1) $\Delta(u_t v_t) = u_{t+1} \Delta v_t + v_t \Delta u_t$; (2) $\Delta\left(\dfrac{u_t}{v_t}\right) = \dfrac{v_t \Delta u_t - u_t \Delta v_t}{v_t v_{t+1}}$.

4. 设 Y_t, Z_t, U_t 分别是下列差分方程的解:
$$y_{t+1} + ay_t = f_1(t), \quad y_{t+1} + ay_t = f_2(t), \quad y_{t+1} + ay_t = f_3(t).$$
求证: $X_t = Y_t + Z_t + U_t$ 是差分方程 $y_{t+1} + ay_t = f_1(t) + f_2(t) + f_3(t)$ 的解.

7.7 常系数线性差分方程

7.7.1 一阶常系数线性差分方程

一阶常系数线性差分方程的一般形式为
$$y_{t+1} - py_t = f(t), \tag{7.7.1}$$
其中, p 为非零常数, $f(t)$ 为 t 的已知函数. 如果 $f(t) \equiv 0$, 则方程变为
$$y_{t+1} - py_t = 0. \tag{7.7.2}$$
称方程(7.7.2)为**一阶常系数齐次线性差分方程**. 相应地, $f(t) \not\equiv 0$, 称方程(7.7.1)为**一阶常系数非齐次线性差分方程**.

类似于线性微分方程, 一阶常系数线性差分方程具有以下解性质:

(1) 若 y_t 为方程(7.7.2)的一个解, 则 Cy_t 都是方程(7.7.2)的解(C 是任意常数);

(2) 设 Y_t 为方程(7.7.2)的通解, y_t^* 为方程(7.7.1)的一个特解, 则 $y_t = Y_t + y_t^*$ 为方程(7.7.1)的通解;

(3) 若 $y_t^{(1)}, y_t^{(2)}$ 为方程(7.7.1)的两个解, 则 $y_t = y_t^{(1)} - y_t^{(2)}$ 是方程(7.7.2)的一个解;

(4) 若 $y_t^{*(1)}, y_t^{*(2)}$ 分别为方程 $y_{t+1} - py_t = f_1(t)$ 与 $y_{t+1} - py_t = f_2(t)$ 解, 则 $y_t = y_t^{*(1)} + y_t^{*(2)}$ 是方程 $y_{t+1} - py_t = f_1(t) + f_2(t)$ 的解.

下面讨论方程(7.7.1)的解. 先用"迭代法"求解对应的齐次线性方程(7.7.2).

设 y_0 已知, 将 $t = 0, 1, \cdots$ 代入方程 $y_{t+1} - py_t = 0$, 得
$$y_1 = py_0, \quad y_2 = py_1 = p^2 y_0, \quad \cdots, \quad y_t = py_{t-1} = p^t y_0,$$
则 $y_t = p^t y_0$ 为方程(7.7.2)的解. 由解的性质(1)易知
$$y_t = C \cdot p^t \tag{7.7.3}$$
是方程(7.7.2)的通解, 其中 C 是任意常数.

也可设 $y_t = r^t$ 是方程(7.7.2)的解, 代入方程(7.7.2), 得 $r^{t+1} - pr^t = 0$, 所以

7.7 常系数线性差分方程

$r-p=0$. 称 $r-p=0$ 为方程(7.7.2)的**特征方程**,特征根是 $r=p$,则 $y_t=p^t$ 为方程(7.7.2)的解,故 $y_t=C \cdot p^t$ 是方程(7.7.2)的通解,其中 C 为任意常数.

例 7.7.1 求差分方程 $y_{t+1}-3y_t=0$ 的通解.

解 利用式(7.7.3)得,$y_t=C \cdot 3^t$ 是题设方程的通解.

现在来求方程(7.7.1)的通解. 由解的性质(2)知,非齐次线性方程(7.7.1)的特解 y_t^* 加上对应齐次线性方程(7.7.2)通解 Y_t,便得方程(7.7.1)的通解,故问题转化为方程(7.7.1)的一个特解 y_t^*.

若 $f(t)=b^t h_m(t), b \neq 0$,其中 $h_m(t)$ 是已知 t 的 m 次多项式,可以证明方程(7.7.1)的特解形式是

$$y_t^* = \begin{cases} b^t Q_m(t), & b \text{ 不是特征根}, \\ t b^t Q_m(t), & b \text{ 是特征根}, \end{cases} \tag{7.7.4}$$

其中,$Q_m(t)$ 是 m 次多项式,将 y_t^* 代入方程(7.7.1),用比较系数法可待定出 $Q_m(t)$ 的 $m+1$ 个系数.

例 7.7.2 求差分方程 $y_{t+1}-2y_t=3t^2$ 的通解.

解 利用式(7.7.3)得,$Y_t=C \cdot 2^t$ 是对应齐次线性方程的通解.

特征方程是 $r-2=0$,特征根是 $r=2$. 因为 $f(t)=3t^2=1^t \cdot 3t^2$,所以,$b=1$ 不是特征根,$h_2(t)=3t^2$ 是二次多项式,那么,由式(7.7.4),原方程有特解

$$y_t^* = 1^t \cdot (A_0+A_1t+A_2t^2) = A_0+A_1t+A_2t^2.$$

代入原方程,比较系数,得

$$[A_0+A_1(t+1)+A_2(t+1)^2]-2(A_0+A_1t+A_2t^2)=3t^2,$$

有

$$\begin{cases} -A_0+A_1+A_2=0, \\ -A_1+2A_2=0, \\ -A_2=3. \end{cases}$$

解得

$$\begin{cases} A_0=-9, \\ A_1=-6, \\ A_2=-3, \end{cases}$$

即原方程的特解为 $\qquad y_t^*=-9-6t-3t^2.$

故原方程的通解为 $y_t=Y_t+y_t^*=C \cdot 2^t-9-6t-3t^2$,其中 C 是任意常数.

例 7.7.3 求差分方程 $y_{t+1}-5y_t=t \cdot 5^t, y|_{t=0}=2$ 的特解.

解 特征方程是 $r-5=0$,特征根是 $r=5$. 因为 $f(t)=5^t \cdot t$,所以,$b=5$ 是特征根,$h_1(t)=t$ 是一次多项式. 那么由式(7.7.4),原方程有特解

$$y_t^* = t \cdot 5^t \cdot (A_0+A_1t) = 5^t \cdot (A_0 t+A_1 t^2).$$

代入原方程,比较系数,得

$$5^{t+1} \cdot [A_0(t+1) + A_1(t+1)^2] - 5^{t+1} \cdot (A_0 t + A_1 t^2) = 5^t \cdot t,$$

有
$$\begin{cases} 5A_0 + 5A_1 = 0, \\ 5A_0 + 10A_1 - 5A_0 = 1, \\ 5A_1 - 5A_1 = 0. \end{cases}$$

解得
$$\begin{cases} A_0 = -\dfrac{1}{10}, \\ A_1 = \dfrac{1}{10}, \end{cases}$$

即原方程的一个特解为
$$y_t^* = 5^t \cdot \left(-\frac{1}{10}t + \frac{1}{10}t^2\right).$$

从而原方程的通解为
$$y_t = C \cdot 5^t + 5^t \cdot \left(-\frac{1}{10}t + \frac{1}{10}t^2\right).$$

代入条件 $y|_{t=0} = 2$,得 $C = 2$. 故所求特解为

$$y_t = 2 \cdot 5^t + 5^t \cdot \left(-\frac{1}{10}t + \frac{1}{10}t^2\right).$$

采用与微分方程完全类似方法,可以建立在经济学中的差分方程模型,下面举例说明其应用.

例 7.7.4(筹措教育经费问题) 家庭从现在着手,从每月工资中拿出一部分资金存入银行,用于投资子女的教育,并计算 20 年后开始从投资账户中每月支取 1000 元,直到 10 年后子女大学毕业并用完全部资金. 要实现这个投资目标,20 年内总共要筹措多少资金? 每月要在银行存入多少钱? 假设投资的月利率为 0.5%.

解 设投资 20 年后,第 t 个月投资账户资金为 a_t,于是关于 a_t 的差分方程模型为

$$a_{t+1} = 1.005 a_t - 1000,$$

且 $a_{120} = 0, a_0 = x$,其中 x 是 20 年内总共要筹措的资金. 解上述一阶常系数线性差分方程,得通解为

$$a_t = 1.005^t C_1 + 200000.$$

因为
$$a_{120} = (1.005)^{120} C_1 + 200000 = 0, \quad a_0 = (1.005)^0 C_1 + 200000 = x,$$

所以
$$x = 200000 - \frac{200000}{1.005^{120}} = 90073.45,$$

这就是 20 年内总共要筹措的资金.

又设每月存资金为 b 元,投资开始第 t 个月投资账户资金为 a_t,于是 a_t 满足差分方程

$$a_{t+1} = 1.005 a_t + b,$$

且 $a_0 = 0, a_{240} = x = 90073.45$. 再解上述方程,得通解为

$$a_t = 1.005^t C_2 + \frac{b}{1-1.005} = 1.005^t C_2 - 200b,$$

由 $a_{240} = 1.005^{240} C_2 - 200b = 90073.45, a_0 = 1.005^0 C_2 - 200b = 0$,得

$$b = 194.95.$$

那么要实现投资目标,每月要在银行存入 194.95 元,20 年内总共要筹措资金 90073.45 元.

*7.7.2 二阶常系数线性差分方程

二阶常系数线性差分方程的一般形式

$$y_{t+2} + ay_{t+1} + by_t = f(t), \tag{7.7.5}$$

其中,a,b 均是常数,且 $b \neq 0$,$f(t)$ 是已知函数. 当 $f(t) \equiv 0$ 时,方程(7.7.5)变为

$$y_{t+2} + ay_{t+1} + by_t = 0, \tag{7.7.6}$$

则称方程(7.7.6)为**二阶常系数齐次线性差分方程**. 相应地,$f(t) \neq 0$,称方程 (7.7.5)为**二阶常系数非齐次线性差分方程**.

二阶常系数线性差分方程具有类似于一阶常系数线性差分方程解性质. 例如,若 Y_t 为方程(7.7.6)的通解,y_t^* 为方程(7.7.5)的一个特解,则 $y_t = Y_t + y_t^*$ 为方程(7.7.5)的通解.

先讨论齐次线性差分方程. 设 $y_t = r^t$ 是方程(7.7.6)的解,代入方程(7.7.6),得方程(7.7.6)的特征方程

$$r^2 + ar + b = 0. \tag{7.7.7}$$

与二阶常系数齐次线性微分方程解情况类似,分下列三种情况给出方程(7.7.6)的通解:

(1) 当 $a^2 - 4b > 0$ 时,特征方程(7.7.7)有两个不相等的实根 $r_1 \neq r_2$,方程(7.7.6)的通解为

$$y_t = C_1 r_1^t + C_2 r_2^t \quad (C_1, C_2 \text{ 为任意常数});$$

(2) 当 $a^2 - 4b = 0$ 时,特征方程(7.7.7)有两个相等的实根 $r_1 = r_2 = -\frac{a}{2}$,这时,方程(7.7.6)的通解为

$$y_t = (C_1 + C_2 t)\left(-\frac{a}{2}\right)^t \quad (C_1, C_2 \text{ 为任意常数});$$

(3) 当 $a^2 - 4b < 0$ 时,特征方程(7.7.7)有一对共轭复根 $r_1 = \alpha + i\beta, r_2 = \alpha - i\beta$. 设它们的三角形式为

$$r_1 = r(\cos\theta + i\sin\theta),$$
$$r_2 = r(\cos\theta - i\sin\theta),$$

其中,$r = \sqrt{\alpha^2 + \beta^2}$,$\tan\theta = \frac{\beta}{\alpha}$,则方程(7.7.6)的通解为

$$y_t = r^t(C_1\cos\theta t + C_2\sin\theta t) \quad (C_1, C_2 \text{ 为任意常数}).$$

例 7.7.5 求下列差分方程的通解：

(1) $y_{t+2} - y_{t+1} - 2y_t = 0$；

(2) $y_{t+2} - 4y_{t+1} + 4y_t = 0$；

(3) $y_{t+2} + 2y_{t+1} + 2y_t = 0$.

解 (1) 由特征方程 $r^2 - r - 2 = 0$，解得特征根 $r_1 = -1, r_2 = 2$，故原方程的通解为

$$y_t = C_1(-1)^t + C_2 2^t.$$

(2) 由特征方程 $r^2 - 4r + 4 = 0$，解得特征根 $r_1 = r_2 = 2$，故原方程的通解为

$$y_t = (C_1 + C_2 t)2^t.$$

(3) 由特征方程 $r^2 + 2r + 2 = 0$，解得特征根 $r_{1,2} = -1 \pm i$，它们的三角形式为

$$r_1 = \sqrt{2}\left(\cos\frac{3\pi}{4} + i\sin\frac{3\pi}{4}\right),$$

$$r_2 = \sqrt{2}\left(\cos\frac{3\pi}{4} - i\sin\frac{3\pi}{4}\right).$$

则原方程的通解为

$$y_t = (\sqrt{2})^t\left(C_1\cos\frac{3\pi}{4}t + C_2\sin\frac{3\pi}{4}t\right).$$

下面讨论方程(7.7.5)的解法，关键是求方程(7.7.5)的一个特解 y_t^*.

若 $f(t) = k^t R_m(t), k \neq 0$，其中 $R_m(t)$ 是已知 t 的 m 次多项式，可以证明：方程(7.7.5)的特解形式是

$$y_t^* = \begin{cases} k^t Q_m(t), & k \text{ 不是特征根,} \\ tk^t Q_m(t), & k \text{ 是特征单根,} \\ t^2 k^t Q_m(t), & k \text{ 是特征重根,} \end{cases} \quad (7.7.8)$$

其中，$Q_m(t)$ 是 m 次多项式，将 y_t^* 代入方程(7.7.5)，用比较系数法可待定出 $Q_m(t)$ 的 $m+1$ 个系数.

例 7.7.6 求差分方程 $y_{t+2} - 4y_{t+1} + 4y_t = 3 \cdot 2^t$ 的通解.

解 特征方程是 $r^2 - 4r + 4 = 0$，特征根是 $r_1 = r_2 = 2$，所以对应的齐次方程的通解为

$$Y_t = (C_1 + C_2 t)2^t.$$

因为 $f(t) = 3 \cdot 2^t$，所以 $k = 2$ 是特征重根，$R_0(t) = 3$ 是零次多项式，那么由式(7.7.8)，原方程有特解

$$y_t^* = A_0 t^2 \cdot 2^t.$$

代入原方程，得

$$A_0(t+2)^2 \cdot 2^{t+2} - 4A_0(t+1)^2 \cdot 2^{t+1} + 4A_0 t^2 \cdot 2^t = 3 \cdot 2^t,$$

比较系数,得 $A_0=\dfrac{3}{8}$,即原方程的特解为 $y_t^*=\dfrac{3}{8}t^2\cdot 2^t$,故原方程的通解为

$$y_t=\dfrac{3}{8}t^2\cdot 2^t+(C_1+C_2 t)2^t.$$

习 题 7.7

1. 求下列差分方程的通解与特解:

(1) $y_{t+1}-5y_t=3\left(y_0=\dfrac{7}{3}\right)$;

(2) $y_{t+1}+y_t=2^t(y_0=2)$;

(3) $y_{t+1}+4y_t=2t^2+t-1(y_0=1)$.

2. 求下列二阶齐次线性差分方程的解:

(1) $y_{t+2}=y_t$;   (2) $y_{t+2}+7y_{t+1}+6y_t=0$;

(3) $y_{t+2}+6y_{t+1}+9y_t=0$;   (4) $y_{t+2}-4y_{t+1}+16y_t=0$;

(5) $y_{t+2}-2y_{t+1}+2y_t=0(y_0=2,y_1=2)$.

3. 求下列二阶非齐次线性差分方程的解:

(1) $y_{t+2}+5y_{t+1}+4y_t=t$;

(2) $y_{t+2}+3y_{t+1}-4y_t=t$;

(3) $y_{t+2}+3y_{t+1}-\dfrac{7}{4}y_t=9(y_0=6,y_1=3)$;

(4) $y_{t+2}+2y_{t+1}-3y_t=2^t+1$.

4. 设某产品在时期 t 的价格、总供给与总需要分别为 P_t,S_t 与 D_t,并且设对于 $t=0,1,\cdots$,有

(1) $S_t=2P_t+1$;   (2) $D_t=-4P_{t-1}+5$;   (3) $S_t=D_t$.

求证由式(1),(2),(3)可推出差分方程 $P_{t+1}+2P_t=2$,并求其解,设 P_0 已知.

第 7 章总习题

1. 判断下列命题是否正确:

(1) $y=\dfrac{1}{3}x^3+C$ 是微分方程 $y''=2x$ 的通解;

(2) $xy\mathrm{d}x+(x^2+y^2+2)\mathrm{d}y=0$ 是一阶齐次微分方程;

(3) 如果函数 $y_1(x)$ 与 $y_2(x)$ 是方程 $y''+P(x)y'+Q(x)y=0$ 的两个特解,则其通解 $y=C_1y_1(x)+C_2y_2(x)$;

(4) 有解的微分方程,其解的个数与其阶数相等.

2. 填空题:

(1) 微分方程 $y''+y=0$ 的通解是_____;

(2) 差分方程 $y_t-3y_{t-1}-4y_{t-2}=0$ 的通解是_____;

(3) 微分方程 $y''-4y=0$ 的特征方程是_____;

(4) 微分方程 $y''' + xy^2(y'')^4 = x$ 的阶数是_____.

3. 求解下列微分方程：

(1) $(1+e^x)\sin y \dfrac{dy}{dx} + e^x \cos y = 0$;

(2) $xy^2 dy = (x^3 + y^3) dx, (x=1, y=0)$;

(3) $y' - 2xy = x - x^3$;

(4) $y'' + 2y' + y = \cos x \quad \left(x=0, y=0, y'=\dfrac{3}{2}\right)$;

(5) $y\ln y \, dx + (x - \ln y) dy = 0$;

(6) $2y'' - \sin 2y = 0 \quad \left(x=0, y=\dfrac{\pi}{2}, y'=1\right)$.

4. 已知某曲线经过点 $(1,1)$，且任意点处的切线在纵坐标轴上截距等于切点的横坐标，求它的方程.

5. 设某曲线经过点 $(e,1)$，且在任一点 (x,y) 处的法线的斜率等于 $\dfrac{-x\ln x}{x+y\ln x}$，求该曲线的方程.

6. 设 $y=f(x)$ 可微，且满足 $x\displaystyle\int_0^x f(t)dt = (x+1)\int_0^x tf(t)dt$，求 $f(x)$ 的表达式.

7. 已知某车间的容积为 $30 \times 30 \times 6 m^3$，其中的空气含 0.12% 的 CO_2（以容积计算）. 现以含 CO_2 0.04% 的新鲜空气输入，问每分钟应输入多少，才能在 30min 后使车间空气中 CO_2 的含量不超过 0.06%（假定输入的新鲜空气与原有的空气很快混合均匀后，以相同的流量排出）？

8. 有一盛满了水的圆锥形漏斗，高为 10cm，顶角为 $60°$，漏斗下面有面积为 $0.5 cm^2$ 的孔，求水流出时水面高度随时间变化的规律与流完所需的时间（提示：水从水深处为 h，孔口的横截面面积为 S 的孔口流出的速度为 $0.62S\sqrt{2gh}\,cm^3 \cdot s^{-1}$，即 $\dfrac{dV}{dt} = 0.62S\sqrt{2gh}$，$V$ 是通过孔口流出的水的体积）.

9. 已知 $y(x)$ 在任意点 (x,y) 处的增量为 $\Delta y = \dfrac{y\Delta x}{x^2+x+1} + o(\Delta x)$，且 $y(0)=\pi$，其中 $o(\Delta x)$ 是当 $\Delta x \to 0$ 时比 Δx 更高阶无穷小量. 求 $y(1)$.

10. 求 $y_{t+2} - y_{t+1} - 6y_t = 3^t(2t+1)$ 的通解.

11. 设 $x > -1$ 时，可微函数 $f(x)$ 满足条件
$$f'(x) + f(x) - \dfrac{1}{x+1}\int_0^x f(t)dt = 0, \quad f(0)=1.$$
试证明：当 $x \geq 0$ 时，有 $e^{-x} \leq f(x) \leq 1$.

12. 设函数 $f(x)$ 可微，且对任意实数 a, b 满足 $f(a+b) = e^a f(b) + e^b f(a)$，且 $f'(0) = e$. 试求 $f(x)$.

第 8 章 无 穷 级 数

无穷级数是高等数学的重要组成部分,它是表示函数、研究函数性质以及进行数值计算的一种非常有用的数学工具. 本章先讨论常数项级数的概念、性质及敛散性判别法. 然后介绍幂级数概念、性质. 最后讨论如何将函数展开成幂级数的问题.

8.1 常数项级数

8.1.1 级数敛散性概念

我国古代哲学家庄周所著的《庄子·天下篇》引用过一句话"一尺之棰,日取其半,万世不竭",其含义是:一根长为一尺的木棍,每天截下一半,这样的过程可以一直进行下去. 若把每天截下那一部分的长度加起来有 $\frac{1}{2}+\frac{1}{2^2}+\cdots+\frac{1}{2^n}+\cdots$,这就得到无限个数相加的情况,也可以看成是数列 $\left\{\frac{1}{2^n}\right\}$ 的各项依次相加的表达式. 一般地,需要研究无穷个数依次相加的数学式子,下面将给出常数项级数的定义.

定义 8.1.1 给定一个数列 $\{u_n\}$,把它的各项依次用加号连接起来的表达式

$$u_1+u_2+\cdots+u_n+\cdots \tag{8.1.1}$$

称为**常数项级数**或**无穷级数**,简称**级数**. 记为 $\sum_{n=1}^{\infty} u_n$,即

$$\sum_{n=1}^{\infty} u_n = u_1+u_2+\cdots+u_n+\cdots,$$

其中,第 n 项 u_n 称为级数(8.1.1)的**通项**或**一般项**.

无穷级数 $s=1-1+1-1+1-\cdots$ 到底等于什么? 当时人们认为,一方面,
$$s=(1-1)+(1-1)+\cdots=0,$$
另一方面,
$$s=1-(1-1)-(1-1)-\cdots=1.$$

那么岂非 $0=1$? 这一矛盾曾使傅里叶这样的大数学家困惑不解. 由此可见,无限个数相加不能简单地用有限个数相加的概念,但无限多个数的和也不是孤立的,可以从有限个数的和出发,借助前面所学的极限这个工具来理解无限多个数的和.

作常数项级数(8.1.1)的前 n 项的和

$$s_n = \sum_{k=1}^{n} u_k = u_1+u_2+\cdots+u_n, \tag{8.1.2}$$

称 s_n 为常数项级数(8.1.1)的**前 n 项部分和**. 当 n 依次取 $1,2,3,\cdots$ 时, 式(8.1.2)对应着一个新的数列 $\{s_n\}$, 根据该数列是否收敛, 就得到常数项级数(8.1.1)收敛与发散的定义.

定义 8.1.2 如果常数项级数(8.1.1)的部分和数列 $\{s_n\}$ 收敛于 s, 即 $\lim\limits_{n\to\infty}s_n=s$, 则称**常数项级数**(8.1.1)**收敛**, 称 s 为常数项级数(8.1.1)的**和**, 记为

$$s=\sum_{n=1}^{\infty}u_n=u_1+u_2+\cdots+u_n+\cdots.$$

如果 $\{s_n\}$ 是发散数列, 则称**常数项级数**(8.1.1)**发散**.

当常数项级数(8.1.1)收敛时, 其和与部分和的差

$$r_n=s-s_n=u_{n+1}+u_{n+2}+\cdots$$

称为常数项级数(8.1.1)的**余项**.

例 8.1.1 讨论等比级数(又称几何级数)

$$a+aq+aq^2+\cdots+aq^n+\cdots \tag{8.1.3}$$

的收敛性($a\neq 0$).

解 当 $q\neq 1$ 时, 级数(8.1.3)的前 n 项部分和为

$$s_n=a+aq+aq^2+\cdots+aq^{n-1}=\frac{a-aq^n}{1-q}.$$

当 $|q|<1$ 时, $\lim\limits_{n\to\infty}s_n=\lim\limits_{n\to\infty}\frac{a-aq^n}{1-q}=\frac{a}{1-q}$, 级数(8.1.3)收敛, 其和为 $\frac{a}{1-q}$.

当 $|q|>1$ 时, $\lim\limits_{n\to\infty}s_n=\infty$, 级数(8.1.3)发散.

当 $q=1$ 时, $s_n=na$, $\lim\limits_{n\to\infty}s_n=\infty$, 级数(8.1.3)发散.

当 $q=-1$ 时, n 为偶数时 s_n 为 0; n 为奇数时 s_n 为 a, 则 $\lim\limits_{n\to\infty}s_n$ 不存在, 级数(8.1.3)发散.

总之, 级数(8.1.3), 当 $|q|<1$ 时收敛, 当 $|q|\geq 1$ 时发散.

例 8.1.2 讨论级数

$$\frac{1}{1\cdot 4}+\frac{1}{4\cdot 7}+\frac{1}{7\cdot 10}+\cdots+\frac{1}{(3n-2)(3n+1)}+\cdots$$

的收敛性.

解 因为通项 u_n 可表示为 $u_n=\frac{1}{3}\left(\frac{1}{3n-2}-\frac{1}{3n+1}\right)$, 所以, 级数的前 n 项部分和 s_n 为

$$s_n=\frac{1}{3}\left[\left(1-\frac{1}{4}\right)+\left(\frac{1}{4}-\frac{1}{7}\right)+\cdots+\left(\frac{1}{3n-2}-\frac{1}{3n+1}\right)\right]$$

$$=\frac{1}{3}\left(1-\frac{1}{3n+1}\right).$$

因为 $\lim\limits_{n\to\infty} s_n = \lim\limits_{n\to\infty} \dfrac{1}{3}\left(1-\dfrac{1}{3n+1}\right) = \dfrac{1}{3}$，因此，所给级数收敛，且它的和为 $\dfrac{1}{3}$.

例 8.1.3 讨论级数 $\sum\limits_{n=1}^{\infty} \ln\dfrac{n+1}{n}$ 的收敛性.

解 级数的前 n 项部分和 s_n 为
$$s_n = \ln\dfrac{2}{1} + \ln\dfrac{3}{2} + \cdots + \ln\dfrac{n+1}{n} = \ln\left(\dfrac{2}{1}\cdot\dfrac{3}{2}\cdot\dfrac{4}{3}\cdot\cdots\cdot\dfrac{n+1}{n}\right) = \ln(n+1).$$
由于 $\lim\limits_{n\to\infty} s_n = \lim\ln(n+1) = \infty$，因此，所给级数是发散的.

8.1.2 收敛级数的基本性质

根据无穷级数的收敛、发散以及和的概念，可以得出收敛级数的几个性质.

性质 1 如果级数 $\sum\limits_{n=1}^{\infty} u_n$ 收敛，k 为任何非零常数，则级数 $\sum\limits_{n=1}^{\infty} k u_n$ 也收敛，且有
$$\sum_{n=1}^{\infty} k u_n = k \sum_{n=1}^{\infty} u_n.$$

性质 2 如果级数 $\sum\limits_{n=1}^{\infty} u_n$ 和 $\sum\limits_{n=1}^{\infty} v_n$ 分别收敛于 p 和 q，则级数 $\sum\limits_{n=1}^{\infty} (u_n \pm v_n)$ 也收敛，且有
$$\sum_{n=1}^{\infty} (u_n \pm v_n) = \sum_{n=1}^{\infty} u_n \pm \sum_{n=1}^{\infty} v_n = p \pm q.$$

推论 8.1.1 如果级数 $\sum\limits_{n=1}^{\infty} u_n$ 和 $\sum\limits_{n=1}^{\infty} v_n$ 分别收敛于 p 和 q，c_1 和 c_2 为任何非零常数，则级数 $\sum\limits_{n=1}^{\infty} (c_1 u_n \pm c_2 v_n)$ 也收敛，且有
$$\sum_{n=1}^{\infty} (c_1 u_n \pm c_2 v_n) = c_1 \sum_{n=1}^{\infty} u_n \pm c_2 \sum_{n=1}^{\infty} v_n = c_1 p \pm c_2 q.$$

性质 3 在级数中去掉、增加或改变其有限项，不会改变级数的收敛性.

性质 4 如果级数 $\sum\limits_{n=1}^{\infty} u_n$ 收敛，则对这级数的项任意加括号后所成的级数
$$(u_1 + \cdots + u_{n_1}) + (u_{n_1+1} + \cdots + u_{n_2}) + \cdots + (u_{n_{k-1}+1} + \cdots + u_{n_k}) + \cdots$$
仍收敛，且其和不变.

证 设级数 $\sum\limits_{n=1}^{\infty} u_n$ 的前 n 项部分和为 s_n，加括号后所成的级数的前 k 项部分和为 σ_k，则
$$\sigma_1 = (u_1 + \cdots + u_{n_1}), \quad \sigma_2 = (u_1 + \cdots + u_{n_1}) + (u_{n_1+1} + \cdots + u_{n_2}), \quad \cdots,$$
$$\sigma_k = (u_1 + \cdots + u_{n_1}) + (u_{n_1+1} + \cdots + u_{n_2}) + \cdots + (u_{n_{k-1}+1} + \cdots + u_{n_k}).$$

事实上,数列 $\{\sigma_k\}$ 是数列 $\{s_n\}$ 的一个子数列,由数列 $\{s_n\}$ 的收敛性以及收敛数列与子数列的关系可知,数列 $\{\sigma_k\}$ 必定收敛,且有

$$\lim_{k\to\infty}\sigma_k = \lim_{n\to\infty}s_n,$$

即加括号后所成的级数收敛,且其和不变.

注意 从级数加括号后的收敛,不能推断它在未加括号前也收敛. 例如,级数

$$(1-1)+(1-1)+\cdots+(1-1)+\cdots$$

收敛于零,但级数 $1-1+1-1+\cdots$ 却是发散的.

推论 8.1.2 若加括号后所成的级数发散,则在未加括号前的级数必发散.

性质 5(级数收敛的必要条件) 若级数 $\sum\limits_{n=1}^{\infty}u_n$ 收敛,则 $\lim\limits_{n\to\infty}u_n=0$.

证 设级数部分和为 s_n,且 $s_n\to s(n\to\infty)$,则

$$\lim_{n\to\infty}u_n = \lim_{n\to\infty}(s_n - s_{n-1}) = \lim_{n\to\infty}s_n - \lim_{n\to\infty}s_{n-1} = s - s = 0.$$

性质 5 的等价命题是:若 $\lim\limits_{n\to\infty}u_n\neq 0$,则级数 $\sum\limits_{n=1}^{\infty}u_n$ 发散.

注意 级数的通项趋于零不能判断级数一定收敛. 例如,虽然 $\lim\limits_{n\to\infty}u_n=\lim\limits_{n\to\infty}\ln\dfrac{n+1}{n}=0$,但已知级数 $\sum\limits_{n=1}^{\infty}\ln\dfrac{n+1}{n}$ 是发散的. 性质 5 的等价命题,常用于判别一些级数发散.

例 8.1.4 证明调和级数

$$1+\frac{1}{2}+\frac{1}{3}+\cdots+\frac{1}{n}+\cdots \tag{8.1.4}$$

是发散的.

证 假设级数(8.1.4)收敛,它的前 n 项部分和为 s_n,且 $\lim\limits_{n\to\infty}s_n=s$. 那么,

$$\lim_{n\to\infty}(s_{2n} - s_n) = \lim_{n\to\infty}s_{2n} - \lim_{n\to\infty}s_n = 0,$$

但另一方面,

$$s_{2n} - s_n = \frac{1}{n+1} + \frac{1}{n+2} + \cdots + \frac{1}{n+n}$$

$$\geqslant \frac{1}{n+n} + \frac{1}{n+n} + \cdots + \frac{1}{n+n} = \frac{1}{2}.$$

显然出现矛盾,说明假设级数(8.1.4)收敛不对,则调和级数(8.1.4)是发散的.

习 题 8.1

1. 写出下列级数的一般项:

(1) $1-\dfrac{1}{2}+\dfrac{1}{4}-\dfrac{1}{8}+\cdots$;

(2) $\ln\dfrac{2}{1}+\ln\dfrac{3}{2}+\cdots$;

(3) $\dfrac{1}{1\cdot 3}+\dfrac{1}{3\cdot 5}+\cdots$; (4) $\dfrac{a^2}{3}-\dfrac{a^3}{5}+\dfrac{a^4}{7}-\dfrac{a^5}{9}+\cdots$.

2. 根据级数收敛与发散的定义判别下列级数的收敛性：

(1) $\dfrac{1}{2\cdot 3}+\dfrac{1}{3\cdot 4}+\cdots+\dfrac{1}{(n+1)(n+2)}+\cdots$;

(2) $\sum\limits_{n=1}^{\infty}(\sqrt{n+1}-\sqrt{n})$;

(3) $\sin\dfrac{\pi}{6}+\sin\dfrac{2\pi}{6}+\cdots+\sin\dfrac{n\pi}{6}+\cdots$.

3. 判别下列级数的收敛性：

(1) $\sum\limits_{n=0}^{\infty}\dfrac{3}{2^n}$; (2) $\sum\limits_{n=1}^{\infty}\dfrac{1}{2n}$; (3) $\sum\limits_{n=1}^{\infty}\dfrac{1}{\sqrt[n]{5}}$;

(4) $\sum\limits_{n=1}^{\infty}\dfrac{7^n}{5^n}$; (5) $\sum\limits_{n=1}^{\infty}\left(\dfrac{1}{2^n}-\dfrac{4}{3^n}\right)$; (6) $\sum\limits_{n=1}^{\infty}\dfrac{3n^n}{(1+n)^n}$;

(7) $\sum\limits_{n=1}^{\infty}\dfrac{n^3-2n+5}{(2n-1)(2n+1)(2n+3)}$.

4. 判别下列级数是否收敛，若收敛，求其和：

(1) $\sum\limits_{n=1}^{\infty}\left(\dfrac{1}{n}-\dfrac{1}{2^n}\right)$; (2) $\sum\limits_{n=1}^{\infty}\left(\dfrac{2^n}{3^n}-\dfrac{4^{n+1}}{5^n}\right)$;

(3) $\sum\limits_{n=1}^{\infty}\dfrac{1}{(2n-1)(2n+1)}$; (4) $\sum\limits_{n=1}^{\infty}(\sqrt{n+2}-2\sqrt{n+1}+\sqrt{n})$.

5. 若级数 $\sum\limits_{n=1}^{\infty}u_n$ 收敛，证明 $\sum\limits_{n=1}^{\infty}(u_{n+1}^2-u_n^2)$ 收敛.

8.2 常数项级数敛散性判别方法

8.2.1 正项级数敛散性判别方法

如果各项都是正数或零的级数，称为**正项级数**. 下面讨论正项级数的审敛法. 设正项级数 $\sum\limits_{n=1}^{\infty}u_n$ 的前 n 项部分和为 s_n，由于 $u_n\geqslant 0(n=1,2,\cdots)$，所以，数列 $\{s_n\}$ 是单调增加的. 如果数列 $\{s_n\}$ 有界，根据单调有界数列必有极限，所以，正项级数 $\sum\limits_{n=1}^{\infty}u_n$ 收敛. 反之，如果正项级数收敛于和 s，即 $\lim\limits_{n\to\infty}s_n=s$，根据有极限的数列必有界可知，数列 $\{s_n\}$ 有界. 因此有如下结论.

定理 8.2.1 正项级数 $\sum\limits_{n=1}^{\infty}u_n$ 收敛的充分必要条件是它的部分和数列 $\{s_n\}$ 有界.

根据定理 8.2.1 可得几个关于正项级数敛散性判别方法.

定理 8.2.2（比较判别法） 设 $\sum\limits_{n=1}^{\infty}u_n$ 与 $\sum\limits_{n=1}^{\infty}v_n$ 是两个正项级数，且有 $u_n\leqslant v_n(n=$

$1,2,\cdots$),则

(1) 若级数 $\sum_{n=1}^{\infty} v_n$ 收敛,则级数 $\sum_{n=1}^{\infty} u_n$ 收敛;

(2) 若级数 $\sum_{n=1}^{\infty} u_n$ 发散,则级数 $\sum_{n=1}^{\infty} v_n$ 发散.

证 (1) 因为 $u_n \leqslant v_n, n=1,2,\cdots$,设级数 $\sum_{n=1}^{\infty} u_n$ 与 $\sum_{n=1}^{\infty} v_n$ 的部分和分别为 s_n,σ_n,则

$$s_n \leqslant \sigma_n, \quad n=1,2,\cdots.$$

若级数 $\sum_{n=1}^{\infty} v_n$ 收敛,由定理 8.2.1 知部分和数列 $\{\sigma_n\}$ 有界,从而部分和数列 $\{s_n\}$ 有界,再由定理 8.2.1 知级数 $\sum_{n=1}^{\infty} u_n$ 收敛.

(2) 若级数 $\sum_{n=1}^{\infty} u_n$ 发散,则级数 $\sum_{n=1}^{\infty} v_n$ 发散. 因为若级数 $\sum_{n=1}^{\infty} v_n$ 收敛,由(1)知级数 $\sum_{n=1}^{\infty} u_n$ 也收敛,与假设矛盾,故级数发散.

注意到级数的每一项同乘不为零的常数 k,以及去掉级数前面部分的有限项不会影响级数的收敛性,故可得如下推论.

推论 8.2.1 设 $\sum_{n=1}^{\infty} u_n$ 与 $\sum_{n=1}^{\infty} v_n$ 是两个正项级数,且从级数的某项起恒有

$$u_n \leqslant k v_n \quad (常数\ k>0),$$

则

(1) 若级数 $\sum_{n=1}^{\infty} v_n$ 收敛,则级数 $\sum_{n=1}^{\infty} u_n$ 收敛;

(2) 若级数 $\sum_{n=1}^{\infty} u_n$ 发散,则级数 $\sum_{n=1}^{\infty} v_n$ 发散.

例 8.2.1 讨论 p 级数

$$1+\frac{1}{2^p}+\frac{1}{3^p}+\cdots+\frac{1}{n^p}+\cdots \tag{8.2.1}$$

的收敛性,其中常数 $p>0$.

解 当 $p \leqslant 1$ 时,因为 $\frac{1}{n^p} \geqslant \frac{1}{n}$,由于调和级数发散,根据比较判别法可知:当 $p \leqslant 1$ 时级数 (8.2.1) 发散.

当 $p>1$ 时,因为当 $x>0$,$k-1<x \leqslant k$ 时,有 $\frac{1}{k^p} \leqslant \frac{1}{x^p}$ $(k=2,3,\cdots)$.

所以 $\frac{1}{k^p}=\int_{k-1}^{k} \frac{1}{k^p} \mathrm{d}x \leqslant \int_{k-1}^{k} \frac{1}{x^p} \mathrm{d}x = \frac{1}{p-1}\left[\frac{1}{(k-1)^{p-1}}-\frac{1}{k^{p-1}}\right]$,

8.2 常数项级数敛散性判别方法

于是级数(8.2.1)的前 n 项部分和

$$s_n = \sum_{k=1}^{n} \frac{1}{k^p} \leqslant 1 + \sum_{k=2}^{n} \frac{1}{p-1}\left[\frac{1}{(k-1)^{p-1}} - \frac{1}{k^{p-1}}\right] = 1 + \frac{1}{p-1}\left(1 - \frac{1}{n^{p-1}}\right)$$

$$< 1 + \frac{1}{p-1} = \frac{p}{p-1},$$

这表明级数(8.2.1)的前 n 项部分和有界，因此级数 $\sum_{n=1}^{\infty} \frac{1}{n^p}$ 收敛.

综上可知，p 级数(8.2.1)当 $p > 1$ 时收敛；当 $p \leqslant 1$ 时发散.

例 8.2.2 判别级数 $\sum_{n=1}^{\infty} \frac{n^2 + 3^n}{n^2 \cdot 3^n}$ 的收敛性.

解 由于 $\frac{n^2 + 3^n}{n^2 \cdot 3^n} = \left(\frac{1}{3}\right)^n + \frac{1}{n^2}$. 因为 $q = \frac{1}{3}$，几何级数 $\sum_{n=1}^{\infty}\left(\frac{1}{3}\right)^n$ 收敛；又 $p = 2 > 1$，p 级数 $\sum_{n=1}^{\infty} \frac{1}{n^2}$ 收敛，所以，级数 $\sum_{n=1}^{\infty} \frac{n^2 + 3^n}{n^2 \cdot 3^n}$ 是收敛的.

例 8.2.3 证明级数 $1 + \frac{1}{2!} + \frac{1}{3!} + \cdots + \frac{1}{n!} + \cdots$ 收敛.

证 因为 $u_n = \frac{1}{n!} = \frac{1}{1 \cdot 2 \cdot 3 \cdot \cdots \cdot n}$ 满足 $0 < \frac{1}{n!} < \frac{1}{2^{n-1}}$，而 $\sum_{n=1}^{\infty}\left(\frac{1}{2}\right)^{n-1}$ 是收敛的等比级数 $\left(q = \frac{1}{2}\right)$，根据比较判别法可知，级数 $\sum_{n=1}^{\infty} \frac{1}{n!}$ 收敛.

在实际使用上，比较判别法的下述极限形式更为方便.

定理 8.2.3（比较判别法的极限形式） 设 $\sum_{n=1}^{\infty} u_n$ 与 $\sum_{n=1}^{\infty} v_n$ 是两个正项级数，且 $\lim_{n \to \infty} \frac{u_n}{v_n} = l$.

(1) 当 $0 < l < +\infty$ 时，则它们有相同的敛散性；

(2) 当 $l = 0$ 时，则当 $\sum_{n=1}^{\infty} v_n$ 收敛，$\sum_{n=1}^{\infty} u_n$ 也收敛；

(3) 当 $l = +\infty$ 时，则当 $\sum_{n=1}^{\infty} v_n$ 发散，$\sum_{n=1}^{\infty} u_n$ 也发散.

证 (1) 当 $0 < l < +\infty$ 时，取 $\varepsilon = \frac{l}{2} > 0$，依极限定义，存在正整数 N，当 $n > N$ 时，有 $\left|\frac{u_n}{v_n} - l\right| < \frac{l}{2}$，即 $l - \frac{l}{2} < \frac{u_n}{v_n} < l + \frac{l}{2}$，得 $\frac{l}{2} v_n < u_n < \frac{3l}{2} v_n$，由比较判别法可知 $\sum_{n=1}^{\infty} u_n$ 与 $\sum_{n=1}^{\infty} v_n$ 有相同的敛散性.

(2) 与 (3) 类似可证明.

例 8.2.4 判别下列级数的收敛性：

(1) $\sum_{n=1}^{\infty} \ln\left(1+\frac{1}{n^2}\right)$；　　(2) $\sum_{n=3}^{\infty} \frac{1}{(\ln n)^2}$.

解 (1) 因为

$$\lim_{n\to\infty} \frac{\ln\left(1+\frac{1}{n^2}\right)}{\frac{1}{n^2}} = 1,$$

由于 p 级数 $\sum_{n=1}^{\infty} \frac{1}{n^2}$ 收敛，根据定理 8.2.3(1) 知原级数收敛.

(2) 因为 $\lim_{n\to\infty} \frac{\frac{1}{(\ln n)^2}}{\frac{1}{n}} = \lim_{n\to\infty} \frac{n}{(\ln n)^2}$，利用洛必达法则可求得 $\lim_{x\to+\infty} \frac{x}{(\ln x)^2} = +\infty$，那么由函数极限与数列极限的关系得

$$\lim_{n\to\infty} \frac{\frac{1}{(\ln n)^2}}{\frac{1}{n}} = \lim_{n\to\infty} \frac{n}{(\ln n)^2} = +\infty,$$

由于 p 级数 $\sum_{n=3}^{\infty} \frac{1}{n}$ 发散，根据定理 8.2.3(3) 知原级数发散.

将所给正项级数与等比级数比较，根据比较判别法，能得到在使用上更方便的比值判别法和根值判别法.

定理 8.2.4（达朗贝尔判别法，或称比值判别法）　若正项级数 $\sum_{n=1}^{\infty} u_n$ 满足

$$\lim_{n\to\infty} \frac{u_{n+1}}{u_n} = q.$$

则当①$q<1$ 时级数收敛；②$q>1$ 或 $q=+\infty$ 时级数发散；③$q=1$ 时级数可能收敛，也可能发散.

证明从略.

例 8.2.5 判别下列级数的敛散性：

(1) $\sum_{n=1}^{\infty} n\sin\frac{1}{3^n}$；　　(2) $\sum_{n=1}^{\infty} \frac{n!}{10^n}$；　　(3) $\sum_{n=1}^{\infty} \frac{1}{(2n-1)2n}$.

解 (1) 因为 $\lim_{n\to\infty} \frac{u_{n+1}}{u_n} = \lim_{n\to\infty} \frac{(n+1)\sin\frac{1}{3^{n+1}}}{n\sin\frac{1}{3^n}} = \lim_{n\to\infty} \frac{n+1}{n} \cdot \frac{\frac{1}{3^{n+1}}}{\frac{1}{3^n}}$

$= \frac{1}{3} \lim_{n\to\infty} \frac{n+1}{n} = \frac{1}{3} < 1,$

所以，级数 $\sum_{n=1}^{\infty} n\sin\dfrac{1}{3^n}$ 收敛.

(2) 因为 $\lim\limits_{n\to\infty}\dfrac{u_{n+1}}{u_n}=\lim\limits_{n\to\infty}\dfrac{\frac{(n+1)!}{10^{n+1}}}{\frac{n!}{10^n}}=\lim\limits_{n\to\infty}\dfrac{n+1}{10}=+\infty$，

所以，级数 $\sum_{n=1}^{\infty}\dfrac{n!}{10^n}$ 发散.

(3) 因为 $\lim\limits_{n\to\infty}\dfrac{u_{n+1}}{u_n}=\lim\limits_{n\to\infty}\dfrac{(2n-1)2n}{(2n+1)(2n+2)}=1$，

这时，比值判别法不能判断，只有改用其他判别方法来判断.

因为 $2n>2n-1\geqslant n$，所以，$\dfrac{1}{(2n-1)2n}<\dfrac{1}{n^2}$. 而级数 $\sum_{n=1}^{\infty}\dfrac{1}{n^2}$ 收敛，由比较判别法可知所给级数收敛.

定理 8.2.5（柯西判别法，或称根值判别法） 若正项级数 $\sum_{n=1}^{\infty} u_n$ 满足 $\lim\limits_{n\to\infty}\sqrt[n]{u_n}=q$，则当 ①$q<1$ 时级数收敛；②$q>1$ 或 $q=+\infty$ 时级数发散；③$q=1$ 时级数可能收敛也可能发散.

证明从略.

例 8.2.6 判别级数 $\sum_{n=1}^{\infty}\dfrac{3+(-1)^n}{3^n}$ 的收敛性.

解 由于 $\lim\limits_{n\to\infty}\sqrt[n]{\dfrac{3+(-1)^n}{3^n}}=\dfrac{1}{3}<1$，由定理 8.2.5 可知 $\sum_{n=1}^{\infty}\dfrac{3+(-1)^n}{3^n}$ 收敛.

例 8.2.7 设 $a_n>0, a>0$，且 $\lim\limits_{n\to+\infty}a_n=a$，试判断级数 $\sum_{n=1}^{\infty}\left(\dfrac{x}{a_n}\right)^n (x>0)$ 敛散性.

解 因为 $\left(\dfrac{x}{a_n}\right)^n>0$，$\sqrt[n]{\left(\dfrac{x}{a_n}\right)^n}=\dfrac{x}{a_n}$，而 $\lim\limits_{n\to\infty}\dfrac{x}{a_n}=\dfrac{x}{a}$，所以，根据根值判别法，得①当 $x<a$ 时，级数收敛；②当 $x>a$ 时，级数发散；③当 $x=a$ 时，级数可能收敛也可能发散.

8.2.2 交错项级数敛散性判别方法

若级数的各项符号正负相间，即可以写成下面的形式：

$$u_1-u_2+u_3-u_4+\cdots, \tag{8.2.2}$$

或

$$-u_1+u_2-u_3+u_4+\cdots, \tag{8.2.3}$$

其中，$u_n(n=1,2,3,\cdots)$ 为正数，则称级数(8.2.2)或(8.2.3)为**交错级数**.

下面将按级数(8.2.2)形式给出交错级数的敛散性判别方法.

定理 8.2.6(莱布尼茨判别法) 如果交错级数(8.2.2)满足下述两个条件：
(1) $u_n \geq u_{n+1}(n=1,2,3,\cdots)$；
(2) $\lim\limits_{n \to \infty} u_n = 0$，

则交错级数(8.2.2)收敛，且其和 $s \leq u_1$，其余项 r_n 的绝对值 $|r_n| \leq u_{n+1}$.

证 首先证明交错级数前 $2n$ 项的和 s_{2n} 的极限存在. 因为 s_{2n} 可写成
$$s_{2n} = (u_1 - u_2) + (u_3 - u_4) + \cdots + (u_{2n-1} - u_{2n}),$$
由条件(1)知数列 $\{s_{2n}\}$ 单调递增；又由
$$s_{2n} = u_1 - (u_2 - u_3) - (u_4 - u_5) - \cdots - (u_{2n-2} - u_{2n-1}) - u_{2n},$$
知 $s_{2n} < u_1$. 根据单调有界数列必有极限可得：数列 $\{s_{2n}\}$ 收敛. 设 $\lim\limits_{n \to \infty} s_{2n} = s$，则 $s \leq u_1$.

再证明前 $2n+1$ 项的和 s_{2n+1} 的极限也是 s. 因为有 $s_{2n+1} = s_{2n} + u_{2n+1}$，由条件(2)知 $\lim\limits_{n \to \infty} u_{2n+1} = 0$，因此有
$$\lim\limits_{n \to \infty} s_{2n+1} = \lim\limits_{n \to \infty} s_{2n} + \lim\limits_{n \to \infty} u_{2n+1} = s.$$
于是有 $\lim\limits_{n \to \infty} s_n = s$，所以交错级数(8.2.2)收敛，其和为 s.

最后，不难看出 $r_n = \pm(u_{n+1} - u_{n+2} + \cdots)$，
其绝对值 $|r_n| = u_{n+1} - u_{n+2} + \cdots$，
上式右端是一个交错级数，它也满足收敛的两个条件，所以 $|r_n| \leq u_{n+1}$.
证毕.

例 8.2.8 判别交错级数 $1 - \dfrac{1}{2} + \dfrac{1}{3} - \dfrac{1}{4} + \cdots + (-1)^{n-1}\dfrac{1}{n} + \cdots$ 的收敛性.

解 由于 $u_n = \dfrac{1}{n} > \dfrac{1}{(n+1)} = u_{n+1} > 0 (n=1,2,\cdots)$ 及 $\lim\limits_{n \to \infty} u_n = \lim\limits_{n \to \infty} \dfrac{1}{n} = 0$，
所以，所给级数是收敛的.

例 8.2.9 判断级数 $1 - \dfrac{1}{2!} + \dfrac{1}{3!} - \cdots + (-1)^{n-1}\dfrac{1}{n!} + \cdots$ 的敛散性，并估计用 s_6 代替其和 s 时所产生的误差.

解 由于 $u_n = \dfrac{1}{n!} > \dfrac{1}{(n+1)!} = u_{n+1}(n=1,2,\cdots)$，且 $\lim\limits_{n \to \infty} u_n = \lim\limits_{n \to \infty} \dfrac{1}{n!} = 0$，所以所给级数是收敛的.

因为 $|r_n| \leq u_{n+1}$，所以 $|r_6| \leq u_7 = \dfrac{1}{7!} \approx 0.0002$，也就是说，用 s_6 代替其和 s 时所产生的误差小于 10^{-3}.

8.2.3 任意项级数的绝对收敛与条件收敛

设一般级数
$$u_1 + u_2 + u_3 + \cdots + u_n + \cdots, \tag{8.2.4}$$

8.2 常数项级数敛散性判别方法

其中,u_n 为任意实数,若级数(8.2.4)的各项绝对值所组成的级数

$$|u_1|+|u_2|+\cdots+|u_n|+\cdots \tag{8.2.5}$$

收敛,则称级数(8.2.4)为**绝对收敛**;如果级数(8.2.4)收敛,而级数(8.2.5)发散,则称级数(8.2.4)为**条件收敛**. 容易知道,级数 $\sum_{n=1}^{\infty}(-1)^{n-1}\dfrac{1}{2^n}$ 是绝对收敛的,而级数 $\sum_{n=1}^{\infty}(-1)^{n-1}\dfrac{1}{n}$ 是条件收敛的.

级数绝对收敛与级数收敛有以下重要关系.

定理 8.2.7 若 $\sum_{n=1}^{\infty}|u_n|$ 收敛,则级数 $\sum_{n=1}^{\infty}u_n$ 一定收敛.

证 令

$$b_n=\frac{1}{2}(|u_n|-u_n),\quad c_n=\frac{1}{2}(|u_n|+u_n),\quad n=1,2,\cdots,$$

则 $0\leqslant b_n\leqslant|u_n|$,$0\leqslant c_n\leqslant|u_n|$ $(n=1,2\cdots)$,由于级数 $\sum_{n=1}^{\infty}|u_n|$ 收敛,根据比较判别法知,级数 $\sum_{n=1}^{\infty}b_n$ 与 $\sum_{n=1}^{\infty}c_n$ 均收敛. 而 $u_n=c_n-b_n$,由收敛级数性质知级数 $\sum_{n=1}^{\infty}u_n$ 收敛.

注意 该定理的逆命题不成立. 如级数 $\sum_{n=1}^{\infty}(-1)^{n-1}\dfrac{1}{n}$ 收敛而不绝对收敛. 该定理还说明,对于一般的级数(8.2.4),如果能用正项级数的判别法判定级数(8.2.5)收敛,那么级数(8.2.4)收敛. 因此,很多级数的收敛性判别,可转化为正项级数的收敛性的判别.

一般来说,级数(8.2.5)发散,不能判别级数(8.2.4)也发散,但是如果用比值判别法或根值判别法判定级数(8.2.5)发散,那么就一定能判定级数(8.2.4)发散. 这是因为从 $q>1$ 或 $q=+\infty$ 可推知 $\lim\limits_{n\to\infty}|u_n|\neq 0$,从而 $\lim\limits_{n\to\infty}u_n\neq 0$,所以,级数 $\sum_{n=1}^{\infty}u_n$ 发散.

例 8.2.10 判别级数 $\sum_{n=1}^{\infty}\dfrac{a^n}{n!}$($a$ 为常数) 的收敛性.

解 由于 $|u_n|=\dfrac{|a^n|}{n!}$,$\lim\limits_{n\to\infty}\dfrac{|u_{n+1}|}{|u_n|}=\lim\limits_{n\to\infty}\dfrac{|a|}{n+1}=0$,根据比值判别法知,对任意实数 a 都有,级数 $\sum_{n=1}^{\infty}\dfrac{a^n}{n!}$ 绝对收敛,则级数 $\sum_{n=1}^{\infty}\dfrac{a^n}{n!}$ 收敛.

例 8.2.11 判别级数 $\sum_{n=1}^{\infty}\dfrac{x^n}{n}$ 的敛散性.

解 $\lim\limits_{n\to\infty}\left|\dfrac{u_{n+1}}{u_n}\right|=\lim\limits_{n\to\infty}\dfrac{|x|^{n+1}}{n+1}\cdot\dfrac{n}{|x|^n}=\lim\limits_{n\to\infty}\dfrac{n}{n+1}\cdot|x|=|x|.$

当 $|x|<1$ 时,级数绝对收敛;当 $|x|>1$ 时,级数发散;当 $x=1$ 时,级数为 $\sum_{n=1}^{\infty}\frac{1}{n}$,是调和级数,发散;当 $x=-1$ 时,级数为 $\sum_{n=1}^{\infty}\frac{(-1)^n}{n}$,是交错级数,条件收敛.

绝对收敛级数有许多性质是条件收敛所没有的. 例如,绝对收敛级数经改变项的位置后构成的级数也绝对收敛,且与原级数有相同的和. 在此不一一介绍了.

习 题 8.2

1. 用比较判别法或它的极限形式判别下列级数的收敛性:

(1) $\sum_{n=1}^{\infty}\frac{2}{n^2-n+1}$;
(2) $\sum_{n=1}^{\infty}\frac{1}{\sqrt{n^2+n}}$;

(3) $\sum_{n=1}^{\infty}\frac{1}{\sqrt{(2n-1)(2n+1)}}$;
(4) $\sum_{n=1}^{\infty}\frac{1}{1+a^n}(a>0)$;

(5) $\sum_{n=3}^{\infty}\frac{1}{\ln n}$;
(6) $\sum_{n=1}^{\infty}\left(1-\cos\frac{1}{n}\right)$.

2. 用比值判别法判别下列级数的收敛性:

(1) $\sum_{n=0}^{\infty}\frac{4\cdot 7\cdot\cdots\cdot(3n+4)}{2\cdot 6\cdot\cdots\cdot(4n+2)}$;
(2) $\sum_{n=1}^{\infty}\frac{(n!)^2}{2^{n^2}}$;

(3) $\sum_{n=1}^{\infty}\frac{2^n\cdot n!}{n^n}$;
(4) $\sum_{n=1}^{\infty}\frac{n^{10}}{2^n}$.

3. 用根值判别法判别下列级数的收敛性:

(1) $\sum_{n=1}^{\infty}\frac{x^n}{3^n}(0<x<3)$;
(2) $\sum_{n=1}^{\infty}\frac{2+(-1)^n}{2^n}$;

(3) $\sum_{n=1}^{\infty}3^n x^{3n}\left(0<x<\frac{1}{\sqrt[3]{3}}\right)$;

(4) $\sum\left(\frac{b}{a_n}\right)^n$,其中 $a_n\to a(n\to\infty)$,a_n,b,a 均是正数.

4. 判别下列级数的收敛性. 如果收敛,是绝对收敛还是条件收敛?

(1) $\sum_{n=1}^{\infty}(-1)^{n+1}\frac{1}{2n-1}$;
(2) $\sum_{n=1}^{\infty}(-1)^{\frac{n(n-1)}{2}}\frac{n^{10}}{2^n}$;

(3) $\sum_{n=2}^{\infty}\frac{(-1)^n}{n-\ln n}$;
(4) $\frac{1}{\ln 2}-\frac{1}{\ln 3}+\frac{1}{\ln 4}-\frac{1}{\ln 5}+\cdots$;

(5) $\sum_{n=1}^{\infty}(-1)^{n-1}\frac{2^{n^2}}{n!}$.

8.3 幂 级 数

8.3.1 函数项级数的概念

定义 8.3.1 设有一个定义在区间 I 上的函数列 $u_1(x),u_2(x),\cdots,u_n(x),\cdots$,

则称表达式
$$u_1(x)+u_2(x)+\cdots+u_n(x)+\cdots \quad (8.3.1)$$
为定义在区间 I 上的**函数项级数**，简记为 $\sum_{n=1}^{\infty}u_n(x)$. 称 $s_n(x)=\sum_{k=1}^{n}u_k(x), x\in I$，$n=1,2,\cdots$ 为函数项级数(8.3.1)的**部分和函数列**.

对每一个 $x=x_0\in I$，函数项级数(8.3.1)就成为常数项级数
$$u_1(x_0)+u_2(x_0)+\cdots+u_n(x_0)+\cdots. \quad (8.3.2)$$
如果级数(8.3.2)收敛，则称点 x_0 为函数项级数(8.3.1)的**收敛点**；如果级数(8.3.2)发散，则称点 x_0 为函数项级数(8.3.1)的**发散点**. 函数项级数(8.3.1)的所有收敛点的全体称为它的**收敛域**，所有发散点的全体称为它的**发散域**. 函数项级数(8.3.1)在收敛域 D 上的每一点 x 对应着常数项级数(8.3.2)的和 $s(x)$，它是一个定义在 D 上的函数，称为级数(8.3.1)的**和函数**，并记为
$$s(x)=u_1(x)+u_2(x)+\cdots+u_n(x)+\cdots, \quad x\in D,$$
则意味着
$$\lim_{n\to\infty}s_n(x)=s(x), \quad x\in D.$$

这就是说函数项级数(8.3.1)的收敛性就是指它的部分和函数列 $\{s_n(x)\}$ 的收敛性.

例 8.3.1 讨论定义在 $(-\infty,+\infty)$ 上的函数项级数
$$1+x+x^2+x^3+\cdots+x^n+\cdots \quad (8.3.3)$$
的收敛性.

解 级数(8.3.3)的部分和函数为 $s_n(x)=\dfrac{1-x^n}{1-x}$.

当 $|x|<1$ 时，$s(x)=\lim_{n\to\infty}s_n(x)=\dfrac{1}{1-x}$，

所以，级数(8.3.3)在 $(-1,1)$ 内收敛于和函数 $s(x)=\dfrac{1}{1-x}$，即
$$1+x+x^2+x^3+\cdots+x^n+\cdots=\dfrac{1}{1-x}, \quad -1<x<1.$$
当 $|x|\geqslant 1$ 时，级数(8.3.3)发散.

8.3.2 幂级数及其收敛域

函数项级数中简单而常见的一类级数是各项都是幂函数的函数项级数即所谓**幂级数**.

定义 8.3.2 形如 $a_0+a_1x+a_2x^2+\cdots+a_nx^n+\cdots=\sum_{n=0}^{\infty}a_nx^n$ 的级数称为关于 x 的**幂级数**. 形如 $a_0+a_1(x-x_0)+a_2(x-x_0)^2+\cdots+a_n(x-x_0)^n+\cdots=$

$\sum_{n=0}^{\infty} a_n(x-x_0)^n$ 的级数叫做关于 $(x-x_0)$ 的**幂级数**，$a_0, a_1, \cdots, a_n, \cdots$ 叫做幂级数的**系数**.

下面将着重讨论幂级数 $\sum_{n=0}^{\infty} a_n x^n$ 的情况，因为幂级数 $\sum_{n=0}^{\infty} a_n(x-x_0)^n$ 只要令 $t = x - x_0$ 就得到幂级数 $\sum_{n=0}^{\infty} a_n t^n$.

定理 8.3.1(阿贝尔定理) 如果幂级数 $\sum_{n=0}^{\infty} a_n x^n$ 当 $x = x_0 \neq 0$ 时收敛，则对 $|x| < |x_0|$ 的一切 x，幂级数 $\sum_{n=0}^{\infty} a_n x^n$ 绝对收敛；如果幂级数 $\sum_{n=0}^{\infty} a_n x^n$ 当 $x = x_0$ 时发散，则对 $|x| > |x_0|$ 的一切 x，幂级数 $\sum_{n=0}^{\infty} a_n x^n$ 发散.

证 设当 $x = x_0 \neq 0$ 时幂级数 $\sum_{n=0}^{\infty} a_n x^n$ 收敛，即级数 $\sum_{n=1}^{\infty} a_n x_0^n$ 收敛，由级数收敛的必要条件有 $\lim_{n \to \infty} a_n x_0^n = 0$，于是存在一个正数 M，使得
$$|a_n x_0^n| < M, \quad n = 0, 1, 2, \cdots.$$
又由于
$$|a_n x^n| = \left|a_n x_0^n \cdot \frac{x^n}{x_0^n}\right| = |a_n x_0^n| \left|\frac{x}{x_0}\right|^n \leqslant M \left|\frac{x}{x_0}\right|^n.$$

对满足不等式 $|x| < |x_0|$ 的一切 x，等比级数 $\sum_{n=0}^{\infty} M \left|\frac{x}{x_0}\right|^n$ 收敛，所以，级数 $\sum_{n=0}^{\infty} |a_n x^n|$ 收敛，也就是幂级数 $\sum_{n=0}^{\infty} a_n x^n$ 绝对收敛.

用反证法证明定理的第二部分. 如果存在某一个 x 满足 $|x| > |x_0|$ 且使幂级数 $\sum_{n=0}^{\infty} a_n x^n$ 收敛，则由定理的第一部分知道，幂级数 $\sum_{n=0}^{\infty} a_n x^n$ 在 $x = x_0$ 时绝对收敛，这与定理的条件矛盾，所以，对满足不等式 $|x| > |x_0|$ 的一切 x 使幂级数 $\sum_{n=0}^{\infty} a_n x^n$ 发散.

由定理 8.3.1 可知，如果幂级数当 $x = x_0 \neq 0$ 时收敛，则对于开区间 $(-|x_0|, |x_0|)$ 内的任意 x，幂级数收敛；如果幂级数当 $x = x_0$ 时发散，则对于闭区间 $[-|x_0|, |x_0|]$ 外的任意 x，幂级数发散. 由此可得到重要的推论.

推论 8.3.1 若幂级数 $\sum_{n=0}^{\infty} a_n x^n$ 不是仅在 $x = 0$ 处收敛，也不是在整个数轴上都收敛，则必有一个确定的正数 R 存在，使得

当 $|x| < R$ 时，幂级数绝对收敛；

当 $|x| > R$ 时，幂级数发散；

8.3 幂级数

当 $x=R$ 与 $x=-R$ 时,幂级数可能收敛也可能发散,则称 $(-R,R)$ 为幂级数的**收敛区间**. 正数 R 为幂级数的**收敛半径**.

根据比值判别法,得到下面关于如何求收敛半径的定理,定理的证明留给读者.

定理 8.3.2 对于幂级数 $\sum\limits_{n=0}^{\infty} a_n x^n$,若 $\lim\limits_{n \to \infty} \left| \dfrac{a_{n+1}}{a_n} \right| = \rho$,则收敛半径为

$$R = \begin{cases} \dfrac{1}{\rho}, & \rho \neq 0, \\ +\infty, & \rho = 0, \\ 0, & \rho = +\infty. \end{cases}$$

例 8.3.2 求幂级数 $\sum\limits_{n=1}^{\infty} \dfrac{x^n}{2^n n}$ 的收敛半径与收敛域.

解 因为

$$\rho = \lim_{n \to \infty} \left| \dfrac{a_{n+1}}{a_n} \right| = \lim_{n \to \infty} \dfrac{1}{2^{n+1}(n+1)} \cdot 2^n \cdot n = \lim_{n \to \infty} \dfrac{n}{2(n+1)} = \dfrac{1}{2},$$

所以,收敛半径 $R = \dfrac{1}{\rho} = 2$.

当 $x = -2$ 时,所给级数为交错级数 $\sum\limits_{n=1}^{\infty} \dfrac{(-1)^n}{n}$,由莱布尼茨判别法可知它收敛;

当 $x = 2$ 时,所给级数为调和级数 $\sum\limits_{n=1}^{\infty} \dfrac{1}{n}$,发散.

因此,幂级数收敛域为 $[-2, 2)$.

例 8.3.3 求幂级数 $\sum\limits_{n=1}^{\infty} n^n x^n$ 的收敛半径.

解 因为

$$\rho = \lim_{n \to \infty} \left| \dfrac{a_{n+1}}{a_n} \right| = \lim_{n \to \infty} \dfrac{(n+1)^{n+1}}{n^n} = \lim_{n \to \infty} (n+1) \cdot \left(1 + \dfrac{1}{n} \right)^n = +\infty,$$

所以,收敛半径 $R = 0$,即幂级数仅在点 $x = 0$ 处收敛.

例 8.3.4 求幂级数 $\sum\limits_{n=1}^{\infty} \dfrac{(2x+1)^n}{n}$ 的收敛域.

解 令 $t = 2x + 1$,则原级数变为 $\sum\limits_{n=1}^{\infty} \dfrac{t^n}{n}$. 因为

$$\lim_{n \to \infty} \left| \dfrac{a_{n+1}}{a_n} \right| = \lim_{n \to \infty} \dfrac{\dfrac{1}{n+1}}{\dfrac{1}{n}} = \lim_{n \to \infty} \dfrac{n}{n+1} = 1.$$

所以,收敛半径 $R=1$.

因为当 $t=-1$ 时,交错级数 $\sum_{n=1}^{\infty}\frac{(-1)^n}{n}$ 收敛;当 $t=1$ 时,调和级数 $\sum_{n=1}^{\infty}\frac{1}{n}$ 发散,所以 $\sum_{n=1}^{\infty}\frac{t^n}{n}$ 的收敛域为 $-1 \leqslant t < 1$. 由 $-1 \leqslant 2x+1 < 1$,解得 $-1 \leqslant x < 0$. 因此原级数的收敛域为 $[-1,0)$.

例 8.3.5 求幂级数 $\sum_{n=1}^{\infty}(-1)^{n-1}2^n x^{2n-1}$ 的收敛域.

解 级数缺少偶次幂的项,定理 8.3.2 不能直接应用. 根据比值判别法有
$$\lim_{n \to \infty}\frac{|u_{n+1}|}{|u_n|} = \lim_{n \to \infty}\frac{2^{n+1}}{2^n}\frac{|x|^{2n+1}}{|x|^{2n-1}} = 2|x|^2.$$

当 $2|x|^2 < 1$ 即 $|x| < \frac{\sqrt{2}}{2}$ 时,级数绝对收敛;当 $2|x|^2 > 1$ 即 $|x| > \frac{\sqrt{2}}{2}$ 时,级数发散,所以收敛半径为 $R=\frac{\sqrt{2}}{2}$.

当 $x=\frac{\sqrt{2}}{2}$ 和 $x=-\frac{\sqrt{2}}{2}$ 时,幂级数的一般项不趋于零,都是发散. 因此,幂级数收敛域为 $\left(-\frac{\sqrt{2}}{2},\frac{\sqrt{2}}{2}\right)$.

8.3.3 幂级数的运算

设级数 $\sum_{n=0}^{\infty}a_n x^n$,$\sum_{n=0}^{\infty}b_n x^n$ 的收敛区间分别为 D_1,D_2,且其和函数分别为 $s_1(x)$ 与 $s_2(x)$,当 $x \in D_1 \cap D_2$ 时有如下运算:

加减法
$$\sum_{n=0}^{\infty}a_n x^n \pm \sum_{n=0}^{\infty}b_n x^n = \sum_{n=0}^{\infty}(a_n \pm b_n)x^n = s_1(x) \pm s_2(x).$$

乘法
$$\sum_{n=0}^{\infty}a_n x^n \cdot \sum_{n=0}^{\infty}b_n x^n = a_0 b_0 + (a_0 b_1 + a_1 b_0)x + \cdots + \left(\sum_{k=0}^{n}a_k b_{n-k}\right)x^n + \cdots$$
$$= s_1(x) \cdot s_2(x).$$

关于幂级数的和函数有下列重要性质. 略去证明.

性质 1 幂级数 $\sum_{n=0}^{\infty}a_n x^n$ 的和函数 $s(x)$ 在其收敛域 I 上连续.

性质 2 设幂级数 $\sum_{n=0}^{\infty}a_n x^n$ 的收敛半径为 $R > 0$,则它的和函数 $s(x)$ 在区间

8.3 幂级数

$(-R, R)$ 内是可导的，且有逐项求导公式：

$$s'(x) = \left(\sum_{n=0}^{\infty} a_n x^n\right)' = \sum_{n=0}^{\infty} (a_n x^n)' = \sum_{n=0}^{\infty} n a_n x^{n-1},$$

其中，$|x|<R$，逐项求导后所得到的幂级数和原级数有相同的收敛半径.

性质 3 设幂级数 $\sum_{n=0}^{\infty} a_n x^n$ 的收敛半径为 $R>0$，则它的和函数 $s(x)$ 在收敛域 I 上是可积的，且有逐项积分公式：

$$\int_0^x s(x) \mathrm{d}x = \int_0^x \left[\sum_{n=0}^{\infty} a_n x^n\right] \mathrm{d}x = \sum_{n=0}^{\infty} \int_0^x a_n x^n \mathrm{d}x = \sum_{n=0}^{\infty} \frac{a_n}{n+1} x^{n+1},$$

其中，$x \in I$，逐项积分后所得到的幂级数和原级数有相同的收敛半径.

例 8.3.6 在区间 $(-1,1)$ 内求幂级数 $\sum_{n=1}^{\infty} n x^{n-1}$ 的和函数.

解 设所给级数的和函数为 $s(x)$，当 $x \in (-1,1)$，因为 $\sum_{n=0}^{\infty} x^n = \frac{1}{1-x}$，则

$$s(x) = \sum_{n=1}^{\infty} n x^{n-1} = \sum_{n=1}^{\infty} (x^n)' = \left(\sum_{n=1}^{\infty} x^n\right)' = \left(\frac{1}{1-x}\right)' = \frac{1}{(1-x)^2},$$

所以，

$$\sum_{n=1}^{\infty} n x^{n-1} = \frac{1}{(1-x)^2}, \quad x \in (-1,1).$$

例 8.3.7 求幂级数 $\sum_{n=0}^{\infty} \frac{1}{2n+1} x^{2n+1}$ 的和函数，并求 $\sum_{n=0}^{\infty} \frac{1}{2n+1} \left(\frac{1}{2}\right)^{2n}$ 的值.

解 用类似例 8.3.5 方法可以求得所给级数的收敛半径为 $R=1$.

设所给级数的和函数为 $s(x)$，则当 $x \in (-1,1)$，有

$$s'(x) = \left(\sum_{n=0}^{\infty} \frac{1}{2n+1} x^{2n+1}\right)' = \sum_{n=0}^{\infty} \left(\frac{1}{2n+1} x^{2n+1}\right)' = \sum_{n=0}^{\infty} x^{2n} = \frac{1}{1-x^2},$$

所以，$\int_0^x s'(x) \mathrm{d}x = s(x) - s(0) = \int_0^x \frac{1}{1-x^2} \mathrm{d}x = \frac{1}{2} \ln \frac{1+x}{1-x}.$

因为 $x=0, s(0)=0$，所以，$s(x) = \frac{1}{2} \ln \frac{1+x}{1-x}.$

当 $x=1$ 时，级数为 $\sum_{n=0}^{\infty} \frac{1}{2n+1}$，发散；当 $x=-1$ 时，级数为 $\sum_{n=0}^{\infty} \frac{-1}{2n+1}$，也发散.

因为 $x=\frac{1}{2}$ 在收敛区间内，所以，

$$s\left(\frac{1}{2}\right) = \sum_{n=0}^{\infty} \frac{1}{2n+1} \left(\frac{1}{2}\right)^{2n+1} = \frac{1}{2} \ln \frac{1+\frac{1}{2}}{1-\frac{1}{2}} = \frac{1}{2} \ln 3,$$

由于
$$\sum_{n=0}^{\infty} \frac{1}{2n+1}\left(\frac{1}{2}\right)^{2n+1} = \frac{1}{2}\sum_{n=0}^{\infty} \frac{1}{2n+1}\left(\frac{1}{2}\right)^{2n},$$

则
$$\sum_{n=0}^{\infty} \frac{1}{2n+1}\left(\frac{1}{2}\right)^{2n} = \ln 3.$$

习 题 8.3

1. 求下列幂级数的收敛半径与收敛域：

(1) $\sum_{n=0}^{\infty} \frac{x^n}{n!}$； (2) $\sum_{n=1}^{\infty} (-1)^n \frac{x^n}{n}$； (3) $\sum_{n=1}^{\infty} \frac{n!}{2^n} x^n$；

(4) $\sum_{n=1}^{\infty} \frac{x^n}{n \cdot 3^n}$； (5) $\sum_{n=1}^{\infty} (-1)^n \frac{x^{2n+1}}{2n+1}$.

2. 求下列幂级数的收敛域：

(1) $\sum_{n=1}^{\infty} \frac{x^n}{1 \cdot 3 \cdot 5 \cdot \cdots \cdot (2n-1)}$； (2) $\sum_{n=1}^{\infty} \frac{\ln(n+1)}{n+1} (x-1)^n$；

(3) $\sum_{n=1}^{\infty} \frac{2n-1}{2^n} x^{2n-2}$.

3. 求下列幂级数的和函数：

(1) $\sum_{n=0}^{\infty} \frac{x^n}{(n+1)}$； (2) $\sum_{n=1}^{\infty} (-1)^n n x^{2n}$.

4. 求幂级数 $\sum_{n=1}^{\infty} \frac{nx^n}{n!}$ 的和函数，并求 $\sum_{n=1}^{\infty} \frac{2^n}{(n-1)!}$ 的值.

8.4 函数的幂级数展开

8.4.1 泰勒级数

前面讨论了幂级数的收敛域及其和函数的性质. 现在来讨论相反的问题：给定一个函数 $f(x)$，是否有一个幂级数，使该级数在某区间内收敛，并且以 $f(x)$ 为它的和函数. 如果能找到这样的幂级数，则称函数 $f(x)$ 在该区间内能展开成幂级数.

第 3 章里的泰勒定理（或泰勒公式）指出，若函数 $f(x)$ 在点 x_0 的某邻域内有直至 $n+1$ 阶的连续导数，则

$$f(x) = f(x_0) + f'(x_0)(x-x_0) + \frac{f''(x_0)}{2!}(x-x_0)^2 + \cdots$$
$$+ \frac{f^{(n)}(x_0)}{n!}(x-x_0)^n + R_n(x), \tag{8.4.1}$$

其中，$R_n(x)$ 为拉格朗日型余项

$$R_n(x) = \frac{f^{(n+1)}(\xi)}{(n+1)!}(x-x_0)^{n+1}, \tag{8.4.2}$$

而 ξ 在 x 与 x_0 之间,式(8.4.1)为 $f(x)$ 在 x_0 的泰勒公式.

在等式(8.4.1)中,$f(x)$ 可以由右边去掉 $R_n(x)$ 而得到的多项式来近似表示,如果 $f(x)$ 在 $x=x_0$ 处有任意阶的导数,该多项式可扩展为幂级数

$$f(x_0)+f'(x_0)(x-x_0)+\frac{f''(x_0)}{2!}(x-x_0)^2+\cdots+\frac{f^{(n)}(x_0)}{n!}(x-x_0)^n+\cdots.$$

(8.4.3)

幂级数(8.4.3)称为函数 $f(x)$ 在 x_0 的**泰勒级数**. 泰勒级数(8.4.3)中取 $x_0=0$,得

$$f(0)+f'(0)x+\frac{f''(0)}{2!}x^2+\cdots+\frac{f^{(n)}(0)}{n!}x^n+\cdots.$$

(8.4.4)

级数(8.4.4)称为 $f(x)$ 的**麦克劳林级数**. 对于级数(8.4.3)是否能在 x_0 的某邻域内收敛,且以 $f(x)$ 为和函数呢?有下面的定理,将定理的证明留给读者.

定理 8.4.1 设函数 $f(x)$ 在点 x_0 的某邻域 $U(x_0)$ 内具有任意阶导数,则 $f(x)$ 在该邻域内能展开成泰勒级数的充分必要条件是 $f(x)$ 的泰勒公式中的余项 $R_n(x)$,当 $n\to\infty$ 时的极限为零,即 $\lim_{n\to\infty}R_n(x)=0(x\in U(x_0))$.

注意 可以证明如果 $f(x)$ 能展开成 x 的幂级数,那么这种展开式是唯一的,它就是 $f(x)$ 的麦克劳林级数.

8.4.2 函数展开成幂级数

1. **直接展开法**

把函数 $f(x)$ 展开成 x 的幂级数,可以按照以下步骤进行:

第一步 求出 $f(x)$ 的各阶导数,如果在 $x=0$ 的某阶导数不存在,就表明 $f(x)$ 不能展开成 x 的幂级数;

第二步 计算函数及它的导数在 $x=0$ 的值;

第三步 把计算出的值代入级数(8.4.4)中,并求该级数的收敛半径 R;

第四步 计算 $\lim_{n\to\infty}R_n(x)$,其中 $R_n(x)$ 为泰勒公式中的拉格朗日型余项,$x\in(-R,R)$,如果当 $n\to\infty$ 极限为零,即 $\lim_{n\to\infty}R_n(x)=0$,则 $f(x)$ 能展开成第三步得到的幂级数,即

$$f(x)=f(0)+f'(0)x+\frac{f''(0)}{2!}x^2+\cdots+\frac{f^{(n)}(0)}{n!}x^n+\cdots,\quad x\in(-R,R).$$

以上将函数展开成 x 的幂级数的方法叫做**直接展开法**.

例 8.4.1 将函数 $f(x)=e^x$ 展开成 x 的幂级数.

解 由于 $f^{(n)}(x)=e^x(n=0,1,2,\cdots)$,$f^{(n)}(0)=1(n=0,1,2,\cdots)$,于是得级数

$$1+x+\frac{1}{2!}x^2+\cdots+\frac{1}{n!}x^n+\cdots.$$

它的收敛半径为 $R=+\infty$.

由于 $f(x)$ 的拉格朗日余项为 $R_n(x)=\dfrac{e^{\xi}}{(n+1)!}x^{n+1}$,其中 ξ 在 x 与 0 之间.

$$|R_n(x)|=\left|\frac{e^{\xi}}{(n+1)!}x^{n+1}\right|\leqslant e^{|x|}\cdot\frac{|x|^{n+1}}{(n+1)!}.$$

对于固定的 x,因 $e^{|x|}$ 有界,而级数 $\sum\limits_{n=0}^{\infty}\dfrac{|x|^{n+1}}{(n+1)!}$ 收敛,因此 $\lim\limits_{n\to\infty}e^{|x|}\dfrac{|x|^{n+1}}{(n+1)!}=0$,即对任何实数 x 均有 $\lim\limits_{n\to\infty}R_n(x)=0$. 于是得展开式

$$e^x=1+x+\frac{1}{2!}x^2+\cdots+\frac{1}{n!}x^n+\cdots,\quad -\infty<x<+\infty.$$

例 8.4.2 将函数 $f(x)=\sin x$ 展开成 x 的幂级数.

解 由于 $f^{(n)}(x)=\sin\left(x+\dfrac{n\pi}{2}\right)(n=1,2,\cdots)$,$f^{(n)}(0)$ 顺序循环地取 $0,1,0,-1,\cdots(n=0,1,2,\cdots)$,$f(0)=0$. 于是,得级数

$$x-\frac{x^3}{3!}+\frac{x^5}{5!}-\cdots+(-1)^{n-1}\frac{x^{2n-1}}{(2n-1)!}+\cdots.$$

它的收敛半径为 $R=+\infty$. 现考察正弦函数的拉格朗日余项 $R_n(x)=\dfrac{\sin\left[\xi+\dfrac{(n+1)}{2}\pi\right]}{(n+1)!}x^{n+1}$ 当 $n\to\infty$ 时的极限,其中 ξ 在 x 与 0 之间. 由于

$$|R_n(x)|=\left|\frac{\sin\left[\xi+\dfrac{(n+1)}{2}\pi\right]}{(n+1)!}x^{n+1}\right|\leqslant\frac{|x|^{n+1}}{(n+1)!}\to 0,\quad n\to\infty,$$

所以,对任何实数 x 均有 $\lim\limits_{n\to\infty}R_n(x)=0$. 于是得 $\sin x$ 展开式

$$\sin x=x-\frac{x^3}{3!}+\frac{x^5}{5!}-\cdots+(-1)^{n-1}\frac{x^{2n-1}}{(2n-1)!}+\cdots,\quad -\infty<x<+\infty.$$

类似求得 $f(x)=(1+x)^m$ (m 为任意常数)幂级数展开式

$$(1+x)^m=1+mx+\frac{m(m-1)}{2!}x^2+\cdots$$

$$+\frac{m(m-1)\cdots(m-n+1)}{n!}x^n+\cdots,\quad -1<x<1.$$

在区间端点 $x=\pm 1$ 处,展开式是否成立要看 m 的数值而定.

对应于 $m=\dfrac{1}{2},-\dfrac{1}{2}$ 的展开式分别为

$$\sqrt{1+x}=1+\frac{1}{2}x+\frac{\dfrac{1}{2}\left(\dfrac{1}{2}-1\right)}{2!}x^2+\cdots$$

8.4 函数的幂级数展开

$$+\frac{\frac{1}{2}\left(\frac{1}{2}-1\right)\cdot\cdots\cdot\left(\frac{1}{2}-n+1\right)}{n!}x^n+\cdots,\quad -1\leqslant x\leqslant 1,$$

$$\frac{1}{\sqrt{x+1}}=1-\frac{1}{2}x+\frac{-\frac{1}{2}\left(-\frac{1}{2}-1\right)}{2!}x^2+\cdots$$

$$+\frac{-\frac{1}{2}\left(-\frac{1}{2}-1\right)\cdot\cdots\cdot\left(-\frac{1}{2}-n+1\right)}{n!}x^n+\cdots,\quad -1<x\leqslant 1.$$

2. 间接展开法

一般来说，只有少数比较简单的函数，其幂级数展开式能用直接展开法得到，更多的是从已知的展开式出发，通过变量代换、四则运算或逐项求导、逐项求积等方法，间接地求得函数的幂级数展开式，这种方法叫做**间接展开法**。

例 8.4.3 将函数 $f(x)=\cos x$ 展开成 x 的幂级数。

解 因为 $\sin x=x-\frac{x^3}{3!}+\frac{x^5}{5!}-\cdots+(-1)^{n-1}\frac{x^{2n-1}}{(2n-1)!}+\cdots,\quad -\infty<x<+\infty$，逐项求导，得

$$\cos x=1-\frac{x^2}{2!}+\frac{x^4}{4!}-\cdots+(-1)^n\frac{x^{2n}}{(2n)!}+\cdots,\quad x\in(-\infty,+\infty).$$

例 8.4.4 试展开 $\frac{1}{2+x^2}$ 为麦克劳林级数。

解 由于 $\frac{1}{1+t}=\frac{1}{1-(-t)}=\sum_{n=0}^{\infty}(-t)^n,\quad -1<t<1$，则有

$$\frac{1}{2+x^2}=\frac{1}{2}\cdot\frac{1}{1+\frac{1}{2}x^2}=\frac{1}{2}\cdot\frac{1}{1+\left(\frac{1}{\sqrt{2}}x\right)^2}$$

$$=\frac{1}{2}\sum_{n=0}^{\infty}(-1)^n\left(\frac{1}{\sqrt{2}}x\right)^{2n}$$

$$=\sum_{n=0}^{\infty}\frac{(-1)^n}{2^{n+1}}x^{2n},\quad -\sqrt{2}<x<\sqrt{2}.$$

例 8.4.5 将 $\arctan x$ 展开成 x 的幂级数。

解 因为 $(\arctan x)'=\frac{1}{1+x^2}$，而

$$\frac{1}{1+x^2}=\sum_{n=0}^{\infty}(-1)^n x^{2n},\quad -1<x<1.$$

逐项积分，得

$$\arctan x = \int_0^x \frac{1}{1+x^2} dx = \sum_{n=0}^{\infty} (-1)^n \int_0^x t^{2n} dt = \sum_{n=0}^{\infty} (-1)^n \frac{x^{2n+1}}{2n+1}.$$

右端的级数当 $x=\pm 1$ 时,满足莱布尼茨条件,是收敛的,所以,

$$\arctan x = \sum_{n=0}^{\infty} (-1)^n \frac{x^{2n+1}}{2n+1}, \quad -1 \leqslant x \leqslant 1.$$

例 8.4.6 将函数 $\dfrac{1}{x^2+3x-4}$ 展开成 $(x+5)$ 的幂级数.

解 因为

$$\frac{1}{x^2+3x-4} = \frac{1}{(x-1)(x+4)} = \frac{1}{5}\left(\frac{1}{x-1} - \frac{1}{x+4}\right)$$

$$= \frac{1}{5}\left(\frac{1}{-4-x} - \frac{1}{1-x}\right) = \frac{1}{5}\left[\frac{1}{1-(x+5)} - \frac{1}{6-(x+5)}\right]$$

$$= \frac{1}{5}\left[\frac{1}{1-(x+5)} - \frac{1}{6} \cdot \frac{1}{1-\left(\frac{x+5}{6}\right)}\right].$$

而

$$\frac{1}{1-(x+5)} = \sum_{n=0}^{\infty} (x+5)^n, \quad -6 < x < -4,$$

$$\frac{1}{1-\left(\frac{x+5}{6}\right)} = \sum_{n=0}^{\infty} \frac{(x+5)^n}{6^n}, \quad -11 < x < 1,$$

所以,

$$\frac{1}{x^2+3x-4} = \sum_{n=0}^{\infty} \frac{1}{5}\left(1 - \frac{1}{6^{n+1}}\right)(x+5)^n, \quad -6 < x < -4.$$

习 题 8.4

1. 将下列函数展开为 x 的幂级数,并求展开式成立的区间:

(1) a^x;   (2) $\sin^2 x$;   (3) $\ln(3+x)$;   (4) $\dfrac{x}{\sqrt{1+x^2}}$.

2. 将下列函数展开成 $(x-1)$ 的幂级数,并求展开式成立的区间:

(1) e^x;   (2) $\lg x$.

3. 将函数 $f(x) = \dfrac{1}{x(x+3)}$ 展开成 $(x-1)$ 的幂级数.

第 8 章总习题

1. 填空题:

(1) 级数 $\sum\limits_{n=1}^{\infty} \dfrac{1}{(5n-4)(5n+1)}$ 的前 n 项部分和 $s_n = $ _____;

(2) 级数 $\sum_{n=1}^{\infty}\left(\dfrac{1}{5^n}-\dfrac{1}{6^n}\right)$ 的和是_____;

(3) 若级数 $\sum_{n=1}^{\infty}u_n$ 绝对收敛,则级数 $\sum_{n=1}^{\infty}u_n$ 必定_____;若级数 $\sum_{n=1}^{\infty}u_n$ 条件收敛,则级数 $\sum_{n=1}^{\infty}|u_n|$ 必定_____.

2. 选择题:

(1) 设 $\lim\limits_{n\to\infty}u_n=0$,则级数 $\sum_{n=1}^{\infty}u_n$ ( )

(A) 一定收敛且和为 0;　　　　　(B) 一定收敛但和不一定为 0;
(C) 一定发散;　　　　　　　　　(D) 可能收敛,也可能发散.

(2) 下列级数中条件收敛的级数是( )

(A) $\sum_{n=1}^{\infty}(-1)^n\dfrac{n}{n+1}$;　　　　　(B) $\sum_{n=1}^{\infty}(-1)^n\dfrac{1}{\sqrt{n}}$;

(C) $\sum_{n=1}^{\infty}(-1)^n\dfrac{1}{n^2}$;　　　　　　(D) $\sum_{n=1}^{\infty}(-1)^n\dfrac{1}{n^3}$.

(3) 如果级数 $\sum_{n=1}^{\infty}u_n$ 与 $\sum_{n=1}^{\infty}v_n$ 都收敛,则下列级数中收敛的是( )

(A) $\sum_{n=1}^{\infty}(u_n^2+v_n^2)$;　(B) $\sum_{n=1}^{\infty}(u_n+v_n)$;　(C) $\sum_{n=1}^{\infty}(u_n+v_n)^2$;　(D) $\sum_{n=1}^{\infty}(|u_n|+|v_n|)$.

(4) 级数 $\sum_{n=1}^{\infty}\dfrac{1}{a+a^n}(a>0)$ 当( )时收敛.

(A) $a>\dfrac{1}{2}$;　　(B) $a\leqslant 1$;　　(C) $a>1$;　　(D) $a<1$.

(5) 判定级数 $\sum_{n=1}^{\infty}(-1)^n\dfrac{1}{\pi^n}\sin\dfrac{\pi}{n}$ 敛散性,则( )

(A) 级数条件收敛;　(B) 级数发散;　(C) 级数绝对收敛;　(D) 以上均不对.

(6) 级数 $\sum_{n=1}^{\infty}(-1)^{n-1}\dfrac{(x-1)^n}{5n}$ 的收敛区间是( )

(A) $(0,2)$;　　(B) $[0,2]$;　　(C) $[0,2)$;　　(D) $(0,2]$.

3. 判定下列级数的敛散性:

(1) $\sum_{n=1}^{\infty}\dfrac{1}{n\sqrt[n]{n}}$;　　　　　　(2) $\sum_{n=1}^{\infty}\left(1-\dfrac{1}{n}\right)^n$;

(3) $\sum_{n=2}^{\infty}\dfrac{n\cos^2\dfrac{n\pi}{3}}{2^n}$;　　　　(4) $\sum_{n=2}^{\infty}\dfrac{1}{\ln^2 n}$.

4. 讨论下列级数是否收敛,是条件收敛还是绝对收敛:

(1) $\sum_{n=1}^{\infty}(-1)^{n-1}\dfrac{2^n\sin^{2n}x}{n}$;　　(2) $\sum_{n=1}^{\infty}\dfrac{x^n}{2^n n}$.

5. 求下列各级数的收敛区间:

(1) $\sum_{n=1}^{\infty}\dfrac{1}{n}(3x+1)^n$;　　　(2) $\sum_{n=1}^{\infty}\dfrac{n^2}{x^n}$.

6. 求和函数：

(1) $\sum_{n=1}^{\infty} n(n+1)x^n$；

(2) $\sum_{n=1}^{\infty} (-1)^n \frac{x^{2n+1}}{2n+1}$.

7. 求函数 $f(x) = x^2 + 2x + 1$ 在 $x = 1$ 处的幂级数.

8. 设正项数列 $\{a_n\}$ 单调减少，且 $\sum_{n=1}^{\infty} (-1)^n a_n$ 发散，试问级数 $\sum_{n=1}^{\infty} \left(\frac{1}{a_n+1}\right)^n$ 是否收敛，并说明理由.

9. 设有两条抛物线 $y = nx^2 + \frac{1}{n}$，$y = (n+1)x^2 + \frac{1}{n+1}$，记它们交点的横坐标的绝对值为 a_n. 求：

(1) 两条抛物线所围的平面图形的面积 s_n；

(2) 级数 $\sum_{n=1}^{\infty} \frac{s_n}{a_n}$ 的和.

10. 求下列极限：

(1) $\lim_{n\to\infty} \frac{1}{3^n} \left(1 + \frac{1}{n}\right)^{n^2}$；

(2) $\lim_{n\to\infty} \left(\frac{1}{3} + \frac{2}{3^2} + \frac{3}{3^3} + \cdots + \frac{n}{3^n}\right)$.

11. 设 $I_n = \int_0^{\frac{\pi}{4}} \sin^n x \cos x \, dx$，$n = 0, 1, 2, \cdots$，求 $\sum_{n=0}^{\infty} I_n$.

12. 将函数 $f(x) = \frac{x}{2+x-x^2}$ 展开成 x 的幂级数.

*第 9 章 高等数学实验

计算机技术的迅猛发展,加速了数学在各个领域中的广泛应用,在数学教学中引入计算机知识也是必然的趋势.在这种背景下,数学实验应运而生,它是高等数学课程的一部分,以其特殊的形式、手段完成课堂教学中难以实现的任务,弥补课堂教学的不足.数学实验是一种有效学习手段——通过特定例子的计算与观察,帮助我们直观地理解非常抽象的教学内容;数学实验是一种有效的实践方法——对数据进行处理,最直观的是进行可视化,从中发现和归纳出特点与规律.简单地说,数学实验就是通过计算机用数学软件观察结果,数学实验要借助相关数学软件来进行,本书选择世界著名的数学软件 MATLAB. MATLAB 是目前功能强、效率高、适于科学和工程计算的交互式软件,内容包括:矩阵运算、数值分析、控制系统工具箱、财政金融工具箱、模糊逻辑工具箱、高阶谱分析工具箱、图像处理工具箱、神经网络工具箱、优化工具箱、偏微分方程工具箱、鲁棒控制工具箱、信号处理工具箱、样条工具箱、统计工具箱、符号数学工具箱、系统辨识工具箱、小波工具箱等几十个工具箱.因篇幅所限,本章就 MATLAB 7.0 的部分内容作简单的介绍,其他内容请阅读相关参考书或登录有关的学习网站.

9.1 MATLAB操作基础

MATLAB 7.0 安装好之后,只需双击系统桌面的 MATLAB 图标,或在开始菜单的程序选项中选择 MATLAB 快捷方式,即可启动 MATLAB 软件.初次启动 MATLAB 后,将进入 MATLAB 默认的桌面平台,其中包括主窗口、命令窗口、历史窗口、当前目录窗口和工作间管理窗口等.

9.1.1 MATLAB 桌面平台

桌面平台是各桌面组件的展示平台,默认设置情况下的桌面平台包括下面几个窗口,具体如图 9.1.1:

(1) 主窗口

启动 MATLAB 7.0 首先见到一个主窗口.该窗口不能进行任何计算任务的操作,只用来进行一些整体的环境参数的设置.

(2) 命令窗口

命令窗口是操作者与 MATLAB 进行交流的平台,操作者的所有指令可由命

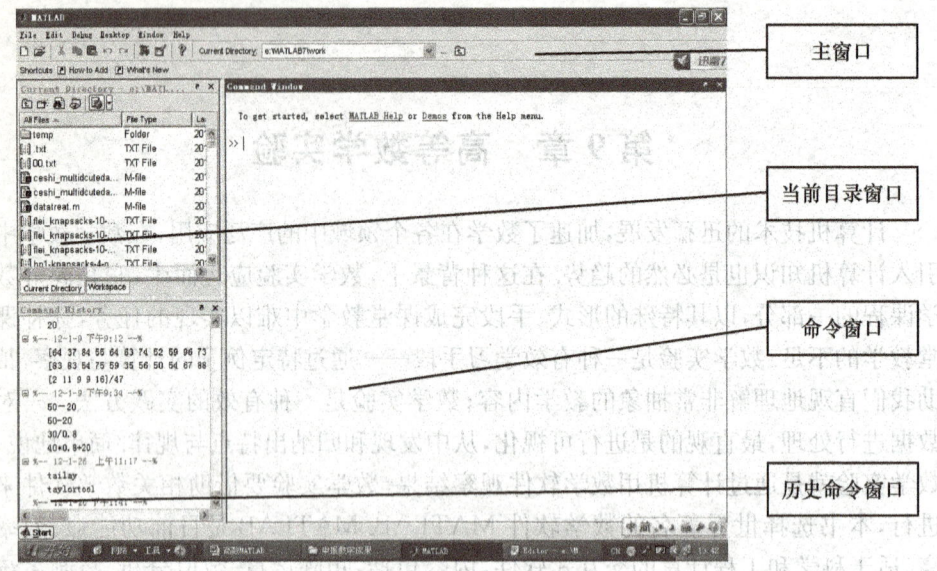

图 9.1.1

令窗口输入,MATLAB 的所有运行结果可输出到命令窗口. 启动 MATLAB 时所打开的命令窗口,如图 9.1.2 所示. 所以,掌握 MALAB 命令行操作是学习 MATLAB 的必由之路,通过对命令行操作,避免了编程的繁琐,体现了 MATLAB 所特有的灵活性.

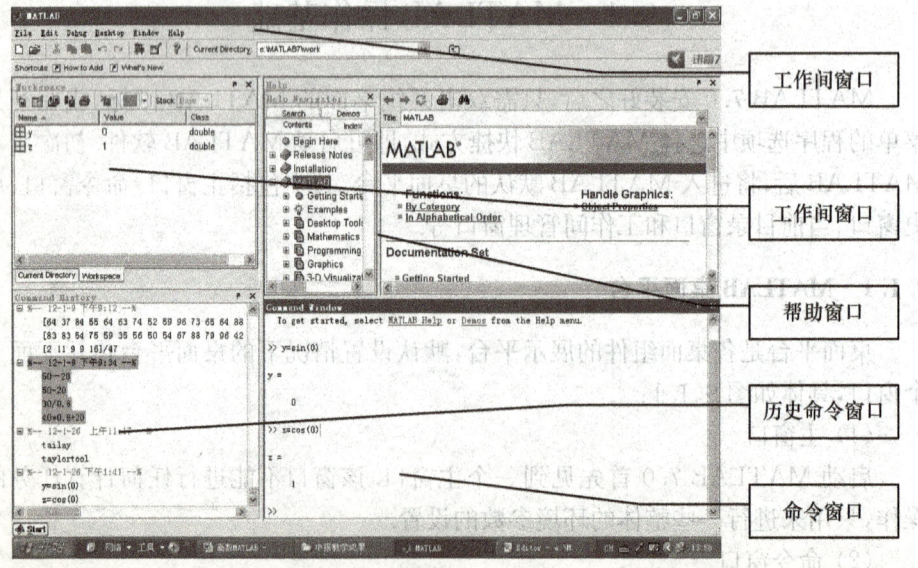

图 9.1.2

9.1 MATLAB操作基础

MATLAB命令窗口中,">>"称为运算提示符,表示MATLAB正等待操作者在此提示符右侧输入运算命令.

例如,若想计算 $\ln(1+\sqrt{3+\pi})$,只需在提示符">>"后输入"log(1+sqrt(3+pi))",然后按 Enter 键(可用"↵"来表示),则在命令窗口马上出现运算结果 1.2465,并出现新的命令提示符,操作者即可输入下一条运算命令(见图9.1.3).

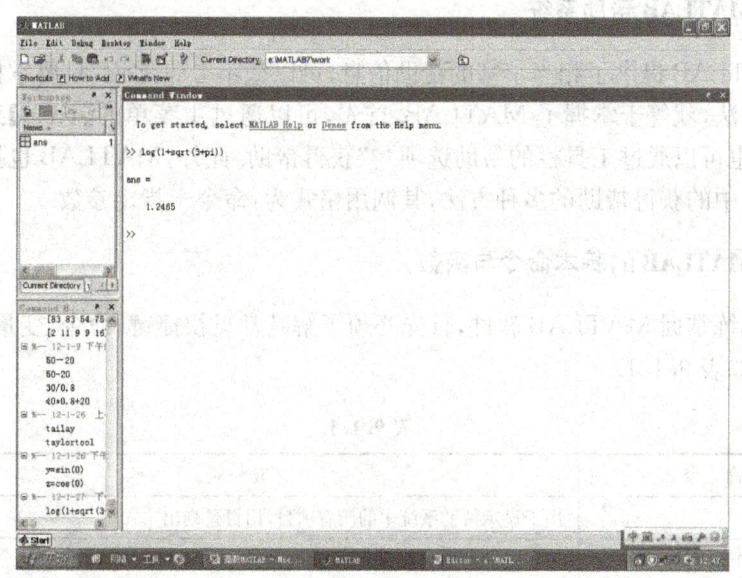

图 9.1.3

(3) 历史命令窗口

历史命令窗口会保留自安装时起所有已执行的命令,并标明执行时间,以便使用者查询. 只需双击某一行命令,即可在命令窗口中执行该命令,无需重新输入.

(4) 当前目录窗口

当前目录窗口显示当前目录下的文件,包括文件名、文件类型、最后修改时间,以及该文件的说明信息等,并提供搜索功能,当前目录是新编MATLAB文件的默认存储位置.

(5) 工作间窗口

在工作间窗口中会显示所有当前保存在内存中的MATLAB变量,含变量名、数据结构、变量取值等,而不同的变量类型分别对应不同的变量名图标.

如果忘记你所命名的变量名,可以使用"who"命令来查询. 若想知道变量的类型,需要使用"whos"命令来查询. 但这两个命令并不给出所有变量的值,它们只是给出变量名或变量类型等信息. 若希望得到变量的值,必须输入该变量的变量名,回车查询.

MATLAB 对变量的命名必须遵守其命名规则：(1)变量名区分大小写；(2)变量名长度最多不超过 31 个字符，若超过，第 31 个字符后的字符将会被忽略；(3)变量名必须以字母开头，之后可以是任意字母、数字或下划线，但不能使用标点，变量之间用空格.

9.1.2 MATLAB 帮助系统

MATLAB 提供了相当丰富的帮助信息，可以毫不夸张地说，只要掌握了获得帮助的方法，就等于掌握了 MATLAB. 首先，可以通过主菜单的【Help】菜单来获得帮助，也可以通过工具栏的帮助选项"?"获得帮助. 此外，MATLAB 也提供了在命令窗口中的获得帮助的多种方法，其调用格式为：命令＋指定参数.

9.1.3 MATLAB 的基本命令与函数

要熟练掌握 MATLAB 软件，首先必须了解其常见快捷键、命令、变量、函数及其功能，如表 9.1.1.

表 9.1.1

命　令	功　能
help	用于显示帮助系统中的所有项目，用目录列出
help＋函数名	用于查询与该函数有关的内容
lookfor＋关键字	根据名称或功能关键查询有关函数
demo	打开演示窗口
info	显示 MATLAB 一般信息
whatsnew	列出 MATLAB 的所有特征
which	查询有关命令路径

(1) 常用快捷键及功能(见表 9.1.2)

表 9.1.2

键盘和快捷键	功　能	键盘和快捷键	功　能
↑(Ctrl＋p)	调用上一行命令	Home(Ctrl＋a)	光标置于当前行开头
↓(Ctrl＋n)	调用下一行命令	End(Ctrl＋e)	光标置于当前行结尾
←(Ctrl＋b)	光标左移一个字符	Esc(Ctrl＋u)	清除当前输入行
→(Ctrl＋f)	光标右移一个字符	Del(Ctrl＋d)	删除光标处字符
Ctrl＋→	光标右移一个单词	Backspace(Ctrl＋n)	删除光标前字符
Ctrl＋←	光标左移一个单词		

9.1 MATLAB 操作基础

(2) MATLAB 系统基本命令(见表 9.1.3)

表 9.1.3

exit/quit	退出 MATLAB	what/dir/ls	列出当前目录中的文件清单
cd	改变当前目录	type/dbtype	显示文件内容
pwd	显示当前目录	load	将文件中数据调入工作间
path	显示并设置当前路径	save	将工作间数据保存到文件中

(3) 工作区间和变量基本命令(见表 9.1.4)

表 9.1.4

命令或符号	功能或意义
clear	清除所有变量,并恢复 eps 除外的所有预定义变量
who	显示当前的内存变量列表,只显示内存变量名
whos	显示内存变量详细信息,包括变量大小,所占二进制位数
size/length	显示矩阵或向量大小命令
pack	重构工作区命令
format	输出格式命令
which	查询所给函数路径

(4) MATLAB 预定义变量(见表 9.1.5)

表 9.1.5

变量名	功能或意义
ans	保存未赋值给变量的表达的值
eps	返回机器精度为 2.2204-.e016;表示与 1 最接近的浮点数之差,不能 clear 清除
realmax	返回计算所能处理的最大浮点数
realmin	返回计算所能处理的最小非零浮点数
pi	π
inf	∞, 1/0,不中断执行而继续运行
nan	Not an number $0/0, \infty/\infty$
i/j	复数单位

(5) 算术表达式(见表 9.1.6)

表 9.1.6

算术符号	功能	算术符号	功能
+	加号	-	减
*	乘号	.*	矩阵点乘除
/	右除	\	左除
^	乘方	<	小于
>	大于	<=	小于或等于
>=	大于或等于	==	等于
~=	不等于		

(6) MATLAB 常用命令与数学函数(见表 9.1.7)

表 9.1.7

命 令	数学函数	命 令	数学函数
abs(x)	$\|x\|$	sec(x)	$\sec x$
sign(x)	求 x 符号	csc(x)	$\csc x$
sqrt(x)	$\sqrt{x}$	asin(x)	$\arcsin x$
exp(x)	e^x	acos(x)	$\arccos x$
log(x)	$\ln x$	atan(x)	$\arctan x$
log10(x)	$\lg x$	acot(x)	$\mathrm{arccot} x$
log2(x)	$\log_2 x$	asec(x)	$\mathrm{arcsec} x$
sin(x)	$\sin x$	acsc(x)	$\mathrm{arccsc} x$
cos(x)	$\cos x$	tan(x)	$\tan x$

(7) 数值的输出格式命令(见表 9.1.8)

表 9.1.8

命令及格式	说 明
format short	以 4 位小数浮点格式输出
format long	以 14 位小数的浮点格式输出
format short e	以 4 位小数加 e+00 的浮点格式输出
format long e	以 15 位小数加 e+000 的浮点格式输出
format hex	以 16 进制格式输出
format +	提取数值符号
format bank	以银行格式输出,只保留两位小数
format rat	以有理数格式输出
More on/of	more on 表示满屏停止,等待键盘输入 more off 表示不考虑窗口一次性输出
more(n)	如果输出多于 n 行只显示 n 行

(8) 取整命令(见表 9.1.9)

表 9.1.9

命令格式	功能说明	命令格式	功能说明
round(x)	求接近 x 的整数	fix(x)	求接近 0 的整数
floor(x)	不超过 x 的最大整数	ceil(x)	不小于 x 的最小整数

9.1.4 MATLAB 的数值计算

MATLAB 的数值计算独具特色,在此对其作一些简单的介绍.

(1) MATLAB 的简单赋值运算(计算器)

```
>>1+2,2*3,2/3,4^3,    %后两式分别表示 2 除以 3,4 的 3 次方.
>>x=1;y=2;z=3;u=x+y,v=x*y,w=y/z,    %这里 x,y,z 的结果不显示,u,
                                      v,w 结果显示.
```

```
>>1+2*3+4/5+2^3,
>>s=1+1/2+1/3+1/4+…↵
1/5+1/6+1/7+1/8    %"…"(续行号)后回车键,表示一行写不下,下一行续写.
```
注意 ① "%"号后面的语句在此处表示对所在行语句的解释或说明,下同.

② 几条语句可在同一行书写,语句与语句之间可由","或";"隔开,用";"指明运行结果不显示.若要查看其中命令的计算结果只需将命令后";"改为","即可,但是"[ ]"内的";"不能改.最后的语句后也可不用",",运行"↵"后,将显示运行结果.

③ 任何情况下,同时按下 Ctrl+c 键,都将终止程序运行.

(2) 矩阵的生成及其运算

矩阵的生成

```
>>a=[1 2 3],b=[1,2,3]    %生成矩阵 a=[1 2 3],b=[1 2 3].
>>c=[1 2 3;3 4 5]    %生成矩阵 c=$\begin{bmatrix} 1 & 2 & 3 \\ 4 & 5 & 6 \end{bmatrix}$.
>>d=[1;2;3]
```

注意 矩阵生成用"[ ]",并用","或空格分列,用";"分行. 其中 1×n 的矩阵或 n×1 的矩阵习惯上称为向量. 矩阵或数组内容删用"[ ]".

利用命令生成特殊矩阵(见表 9.1.10)

表 9.1.10

命令	功能	命令	功能
[ ]	生成空矩阵	zeros	生成 0 矩阵
eye	生成单位矩阵	ones	生成全 1 矩阵
tril	生成上三角矩阵	triu	生成下三角矩阵
diag	生成对角矩阵	hilb	生成希尔伯特矩阵
magic	生成魔方矩阵	compan	生成多项式伴随矩阵
rand	生成[0,1]上均匀分布随机矩阵	randn	生成服从标准正态分布随机矩阵

```
>>a1=1:4,    %冒号":"是一个重要字符,生成首元是 1,末元不超过 4,默认
             步长是 1 的行向量,即 a1=[1 2 3 4].
>>a2=0:0.5:3,    %生成首元是 0,末元不超过 3,步长是 0.5 的行向量,即
                 a2=[0,0.5,1,1.5,2,2.5,3].
>>a3=(0:0.5:3)'    %生成的是列向量,即 a3 是 a2 的转置.
>>a4=2*a2;A=[a2;a4]    %生成的 A 是 2 行 7 列的矩阵.
>>b=linspace(10,50,6)
%起点 10,终点 50,按等差数列生成共 6 个数,即 b=[10,18,26,34,42,50].
>>c=zeros(3)    %生成 3 阶零矩阵(元素全为 0).
```

```
>>d=eye(3)      %生成3阶单位矩阵.
>>f=zeros(3,4)  %生成3行4列零矩阵.
```
(3) 矩阵与常数的四则运算
```
>>A=[1,2;3,4];a=3;
>>a1=A+a;a2=a*A;a3=A/a   %a1是A中的每个元素都加上3.
```
(4) 矩阵之间四则运算
```
>>A=[1,2;3,4];B=[1,0;1,-1];
>>a1=A+B;a2=A-B;a3=A*B;a4=A/B;a5=A\B;
```
%A/B是右除,表示AB^{-1},A\B是左除,表示$A^{-1}B$.

(5) 数组及其寻址
```
>>A=[1,2,3;4,5,6;7,8,9];
>>a1=A(1,2),a2=A(1,:);a3=A(:,2)
```
%a1是表示A中第一行第二列元素,a2是表示A中第一行,a3是表示A中第二列.

(6) 数组的四则运算

　　+　　-　　.*　　./　　.\
```
>>x=[1,2,3,4];y=[1 0;2 4];z1=x+y,z2=x-y,z3=x.*y,z4=x./y,z5=x.\y
```
%z4是x与y的对应元素相除而得的矩阵;z5是y与x的对应元素相除而得矩阵.

(7) 数组乘方 .^
```
>>x=[1,2,3]
>>x1=x.^2,   %x1=[1 4 9].
```
(8) 行(列)向量函数

max　min　sum(和)　mean(平均数)　sort(从小到大排)
median(中位数)　prod(乘积)　length(长度)
```
>>a=[8,2,3,4,5,6,7,1];
>>b=max(a),c=sum(a),e=sort(a)   %b=8,c=36,e=[1,2,3,4,5,6,7,8].
```
(9) 数组的逻辑运算

&　与　　|或　　~非

当逻辑为假时返回0.
```
>>x=1|0;y=1&0;z=~8;
```
则运行结果为 x=1;y=0;z=0.

(10) 求矩阵形状函数(size)
```
>>a=[1 2 3 4 5];x=length(a);[m,n]=size(a);
```
运行结果 x=5,[m,n]=[1,5],　%m=1为矩阵a的行数,n=5为矩阵a的列数.

9.1.5 MATLAB 的程序设计

MATLAB 的程序是后缀名为".m"的 M 文件．其中包括脚本文件（script）和函数文件（function）．

（1）脚本文件

脚本文件不需要输入参数,也不需要输出参数．是一些命令或函数调用的集合,用于执行特定的功能．脚本文件的操作对象是工作空间中的变量．脚本文件中对工作空间变量的一切操作会保存在内存中,直到 MATLAB 关闭或者使用 clear 命令．

下面是一个脚本文件的例子．

```
[X0,Y0,Z0]=sphere(30);   %产生单位球面的三维坐标．
X=2*X0;Y=2*Y0;Z=2*Z0;
%产生半径为 2 的球面的三维坐标．
clf,surf(X0,Y0,Z0);   %画单位球面．
shading interp    %采用插补明暗处理．
hold on,mesh(X,Y,Z),
colormap(hot),hold off   %采用 hot 色图．
hidden off   %产生透视效果．
axis equal,axis off   %不显示坐标轴．
```

该脚本文件的运行结果可产生一个很漂亮的图（见图 9.1.4）．

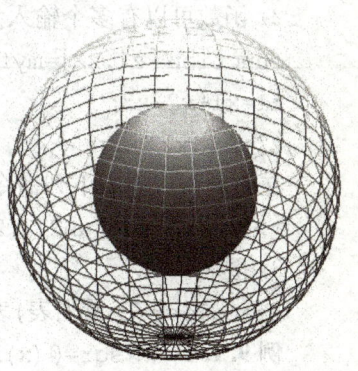

图 9.1.4

（2）函数文件

函数文件比较复杂,可以有任意个输入参数,也可以没有输入参数,可以有任意个输出参数,也可以没有输出参数．操作对象是输入变量或函数空间中的变量．每一个函数文件有自己独立的工作空间,而且与 MATLAB 的工作空间独立．除非以输出变量的形式输出到 MATLAB 的工作空间,否则函数工作空间的任何操作不会改变 MATLAB 工作空间．

例如,编函数文件并保存为 myfun1.m．

```
function   yy=myfun1(x,y)
          y=2*y;x=2*x;
          yy=x+y;
```

然后在命令窗口中输入：

```
>>x=1;y=2;
>>z=myfun1(1,2);
>>x,y,z
%x=1,y=2,z=6.
```

函数文件可以包括：函数声明、H1 行、帮助文本、注释部分、函数体. 例如：
```
function f=fact(n)    %函数定义行.
%compute a factorial value   %H1行.
%FACT(n) returns the factorial of n.   %帮助文本.
%usually denoted by n!
%put simply,FACT(N) is prod(1:n)
f=prod(1:n).   %函数体
```
1) 函数可以没有输入输出参数.
```
function f
x=1,y=2,z=3.
```
2) 函数可以有多个输入参数，也可以有多个输出参数.
```
function [z1,z2]=myfun2(x1,x2,x3);
z1=x1+x2+x3;
z2=x1*x2*x3;
```
在命令窗口输入下列命令并观察结果.
```
>>[z1,z2]=myfun2(1,2,3)
```
3) 匿名函数.
fhandle=@(变量列表)表达式.

例 9.1.1　　
```
>>sqr=@(x)x.^2;
>>sqr(12)
ans=144
```

例 9.1.2　　
```
>>myfun=@(x,y)x*x+y.^2
>>myfun(1,2)    %ans=5.
```

(3) MATLAB 程序的控制语句
1) 顺序语句
这是一个完全由顺序语句构成的 M 文件.
```
x=[-3:0.1:3];
[x,y]=meshgrid(x);
z=x.*y.*exp(-x.^2-y.^2)
surf(z)
title('三维曲面图形')
colorbar('horiz')
view(60,30)
```
以文件名 huatu1.m 保存到"work"中. 并在命令窗口输入
```
>>huatu1
```

即可以画出如图 9.1.5 所示的三维曲面图.

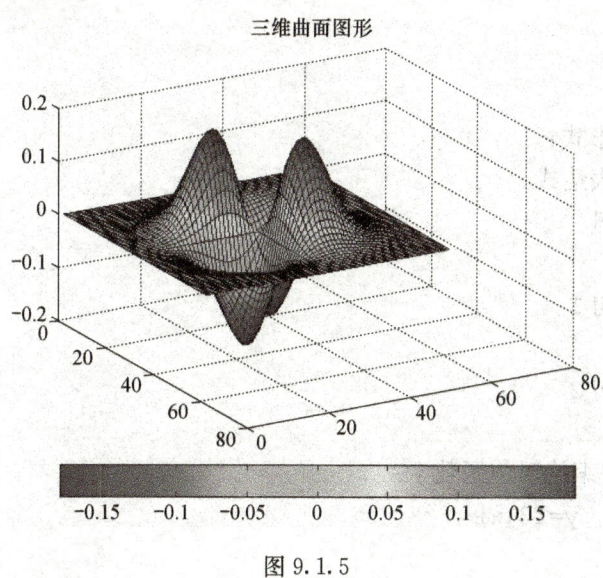

图 9.1.5

2) 条件 if 语句

a. 第一种形式：

if　逻辑表达式

　执行语句

end

例 9.1.3　编函数 $y=|x|$.

```
function y=f1(x)
y=x;
  if  x<0
    y=-x;
  end
```

b. 第二种形式：

if　逻辑表达式

　执行语句

else

　执行语句

end

例 9.1.4　编绝对值函数 $y=|x|$.

```
function  y=f2(x)
```

```
    if  x>0,y=x,
    else
      y=-x;
    end
```
c. 第三种形式：
```
if  逻辑表达式
   执行语句
elseif
   执行语句 1
else
   执行语句 2
end
```
例 9.1.5 编绝对值函数 $y=|x|$.
```
function  y=f3(x)
if  x>0
y=x
elseif  x==0
y=0;
else
  y=-x;
end
```
d. 第四种形式：
```
if  语句嵌套形
if  逻辑表达式
   执行语句 1
   if  逻辑表达式
     执行语句 2
   end
elseif
   执行语句 3
elseif  逻辑表达式
   执行语句 4
else
   执行语句 5
end
```

if 语句只执行遇到的逻辑值为真的第一个执行的语句,其后面逻辑表达不再检查,也不执行.

3) for 循环语句

for 循环语句:用于循环次数确定的情况.

第一种形式:

for　i=表达式 1:表达式 2:表达式 3
　　　循环体
end

第二种形式:嵌套形式

for　i=表达式 1:表达式 2:表达式 3
　　　循环体
　　for　j=表达式 4:表达式 5:表达式 6
　　　　循环体
　　end
end

例 9.1.6　编写.m 文件,求小于自然数 n 能被 7 整除的自然数.
```
function y=beishu7(n)
y=[];
for i=1:n
    if rem(i,7)==0
      y=[y,i];
    end
end              %保存为 beishu7.m.
>>y=beishu7(80)  %输出 y 是小于 80 能被 7 整除的正整数.
```

4) while 循环语句:用于循环次数不能确定的情况下.

第一种形式为

While　逻辑表达式
　　循环体
end

第二种形式:嵌套形式

while　逻辑表达式
　　循环体
　　While　逻辑表达式
　　　　循环体
　　end

end
例 9.1.7 求小于 80 能被 7 整除的数也可用下列程序.
```
function y=beishu7(n)
y=[];n=80;
while i<n
    if rem(i,7)==0
        y=[y,i];
    end
end
```

9.2 基于 MATLAB 的高等数学实验

9.2.1 求极限

MATLAB 求极限首先要定义符号变量,然后再调用 limit 函数求极限.
(1) syms 定义符号变量与符号表达式
```
>>syms a b c x    %定义 a,b,c,x 为符号变量.
>>f=a*x^2+b*x+c   %定义符号表达式 f=ax²+bx+c.
>>A=[a b;c a]     %A 为符号矩阵,注意符号矩阵输出形式与数值矩阵输出形
                    式不同.
```
(2) 求极限
```
limit(F,x,a)   %计算符号表达式 F=F(x)当 x→a 时的极限值.
limit(F,a)     %用命令 findsym(F)确定 F 中的自变量,默认自变量是 x,再
                 计算当 x→a 时 F 的极限值,.
limit(F)       %用命令 findsym(F)确定 F 中的自变量,默认自变量是 x,再计
                 算 F 当 x→0 时的极限.
limit(F,x,a,'right')或 limit(F,x,a,'left')
%计算符号函数 F 的单侧极限:左极限 x→a⁻ 或右极限 x→a⁺.
```

例 9.2.1 计算 $\lim\limits_{x\to 0}\dfrac{\cos x-1}{x^2}$ 与 $\lim\limits_{a\to 1}(ax^2+bx+c)$.
```
>>syms x a b c     %首先定义 x,a,b,c 为符号变量.
>>f=(cos(x)-1)/x^2;   %定义符号表达式 f.
>>g=a*x^2+b*x+c;      %定义符号表达式 g.
>>L1=limit(f)      %求 f 当 x→0 时的极限.
>>L2=limit(g,a,1)  %求 g 当 a→1 时的极限.
```

例 9.2.2 计算 $\lim\limits_{x\to 0^+}\dfrac{1}{1+\mathrm{e}^x}$.

```
>>syms x
>>h=1/(1+exp(x))
>>L3=limit(h,x,0,'right'))    %求 h 当 x→0 时的右极限.
```
也可不定义符号表达式 h,直接输入如下命令:
```
>>L3=limit(1/(1+exp(x)),x,0,'right')
```

例 9.2.3 计算 $\lim\limits_{x\to 0^-}\dfrac{1}{1+\mathrm{e}^x}$.

```
>>syms x
>>L4=limit(1/(1+exp(x)),x,0,'left')
```

例 9.2.4 计算 $\lim\limits_{x\to +\infty}\left(1+\dfrac{1}{x}+\dfrac{1}{x^2}\right)^x$.

```
>>syms x
>>L5=limit((1+1/x+1/x^2)^x,x,inf)
```

9.2.2 求导数

```
diff(S)      %求符号表达式 S 的 1 阶导数,默认自变量是 x.
diff(S,n)    %求符号表达式 S 的 n 阶导数,默认自变量是 x.
diff(S,t,n)  %对符号表达式 S 中指定的符号变量 t 计算 S 的 n 阶导数.
```

例 9.2.5 设 $z=y^2\sin x^2$,求 $\dfrac{\partial^2 z}{\partial x^2}$ 和 $\dfrac{\partial^2 z}{\partial x\partial y}$.

```
>>syms x y    %定义符号变量.
>>z=sin(x^2)*y^2;
>>D1=diff(z,x)或 D1=diff(z)      %求符号表达式 z 的 1 阶导数,默认自变
                                   量是 x.
>>D2=diff(z,x,2),或 D2=diff(D1)  %求符号表达式 z 的 2 阶导数,默认
                                   自变量是 x,即 ∂²z/∂x².
>>D3=diff(D1,y)    %求 D1 关于 y 的偏导数,即 ∂²z/∂x∂y.
```

例 9.2.6 求 $f(t)=\lim\limits_{x\to\infty}t\left(1+\dfrac{1}{x}\right)^{2tx}$ 的导数.

```
>>syms t x
>>f=limit(t*(1+1/x)^(2*t*x),x,inf)    %先求极限.
>>Df=diff(f,t)    %再求导数.
```

9.2.3 泰勒级数逼近计算器

在 MATLAB 中可利用泰勒级数逼近计算器(taylortool)直接将函数 $f(x)$ 展开成泰勒级数,只需在命令窗口输入 taylortool 命令,即可进入交互式泰勒级数逼近计算器界面,例如,$f(x)=x\cos x$ 在 $x_0=0$ 处的 7 阶麦克劳林展开式 $T_N(x)$,见图 9.2.1。要将其他函数展开成需要的泰勒级数只需在交互式界面修改其他参数的取值即可.

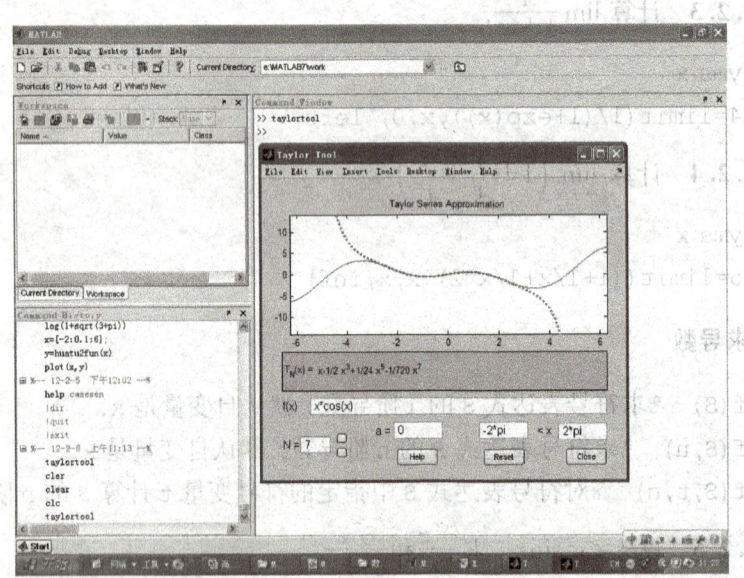

图 9.2.1

9.2.4 二维与三维图像描绘

(1) 二维平面图形描绘相关命令

1) 利用点 (x_i, y_i) $i=1,2,\cdots,n$ 作平面图形.

调用格式:plot(x,y,s),其中,x,y 是同维的向量,s 是设置图形属性的选项.此外,还可以有调用格式:plot(x,y1,x,y2),表示在一个界面画出两条曲线.

或   plot(x,y1,s,x,y2,s,…).

例 9.2.7 画 $y=\sin x$ 在 $[-\pi,\pi]$ 的图形,可用命令:

```
>>x=-pi:pi/10:pi;y=sin(x);    %准备数据
>>plot (x, y, '- - r *', 'linewidth', 2, 'markeredgecolor', 'b',
   'markerfacecolor','g')
```

运行结果(图略).

9.2 基于MATLAB的高等数学实验

表 9.2.1

线 型		数据点形状		颜色控制	
—	实线	.	点	y	黄色
:	虚线	O	小圆圈	m	棕色
—.	点划线	×	叉号	c	青色
	间断线	+	加号	r	红色
		*	星号	g	绿色
		s	方格	b	蓝色
		d	菱形	w	白色
		∧	朝上三角	k	黑色
		∨	朝下三角		
		>	朝右三角		
		<	朝左三角		
		p	五角星		
		h	六角星		

2) 利用函数表达式画函数图形

格式　fplot('函数表达式',$[x_{\min},x_{\max}]$)

例 9.2.8　画 $y=\dfrac{\sin x}{x}$ 在 $[-0.1,0.1]$ 上的图像.

```
>>fplot('sin(x)./x',[-0.1,0.1])    % lim(x→0) sinx/x = 1.
```

运行结果如图 9.2.2.

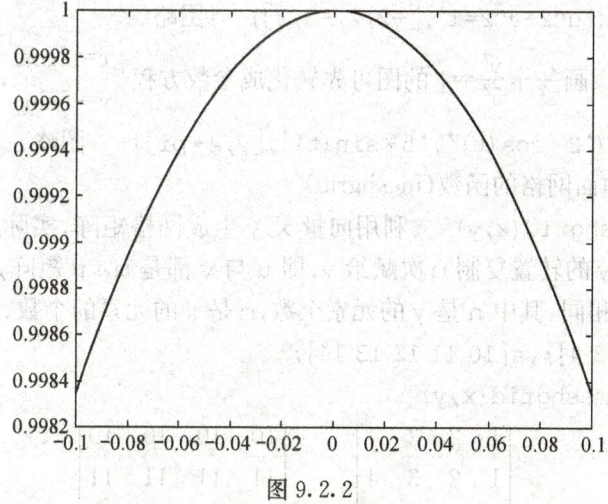

图 9.2.2

例 9.2.9　画 $y=\sin\dfrac{1}{x}$ 在 $[-0.1,0.1]$ 上的图像.

```
>>fplot('sin(1./x)',[-0.1,0.1])    %lim(x→0) sin 1/x 不存在.
```

或输入

```
>>fplot('sin(1/x)',[-0.1,0.1])
```

运行结果如图 9.2.3.

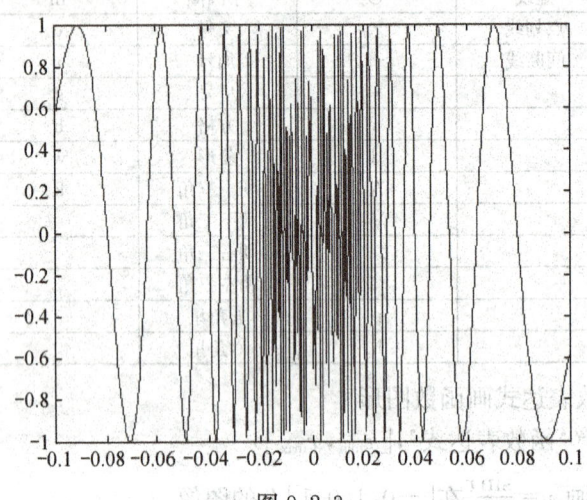

图 9.2.3

3) 要画 $f(x,y)=0$ 在 $[x_{\min},x_{\max}]\times[y_{\min},y_{\max}]$ 上的图形可用下列命令.
ezplot(f,[x$_{\min}$,x$_{\max}$,y$_{\min}$,y$_{\max}$])

例 9.2.10 画曲线 $u^2+v^2=1$.

```
>>ezplot('u^2+v^2=1',[-2,2,-3,3])   %图略.
```

例 9.2.11 画 $\dfrac{x^2}{2^2}+\dfrac{y^2}{5^2}=1$ 的图可先转化成参数方程 $\begin{cases}x=2\cos t\\y=5\sin t\end{cases}$, $t\in[0,2\pi]$.

```
>>ezplot('2*cos(t)','5*sin(t)',[0,2*pi])   %图略.
```

(2) 生成曲面网格的函数(meshgrid)

[u,v]=meshgrid(x,y)   %利用向量 x,y 生成网格矩阵,实际上是将 x 复制 n 次赋给 u,将 y 的转置复制 m 次赋给 v.即 u 与 v 都是 m×n 矩阵,u 每行元素相同,v 每列元素相同.其中 n 是 y 的元素个数,m 是 x 的元素的个数.若输入命令

```
>>x=[1 2 3 4];y=[10 11 12 13 14];
>>[u,v]=meshgrid(x,y)
```

则可得到矩阵 $u=\begin{bmatrix}1&2&3&4\\1&2&3&4\\1&2&3&4\\1&2&3&4\\1&2&3&4\end{bmatrix}$, $v=\begin{bmatrix}10&10&10&10\\11&11&11&11\\12&12&12&12\\13&13&13&13\\14&14&14&14\end{bmatrix}$

绘制三维网格图或曲面图使用的函数如表 9.2.2 所示:

9.2 基于 MATLAB 的高等数学实验

表 9.2.2

函数调用格式	功能说明
mesh(x,y,z,c)	在 x,y 决定网格区域上绘制数据 z 的网格图. 每一点色由矩阵 c 确定, c 缺省时, c=z
mesh(z)	在系统默认的颜色和网格区域下绘制数据 z 的网格图
mesh(x,y,z,'proname','proval',…)	绘制网格曲线图, 并设定属性的值
meshc(x,y,z)	绘制三维网格图, 并在 xoy 平面绘制相应等高线
meshz(x,y,z)	绘制三维网格图, 并在网格图周围绘制垂直水平面的参考平面
surf(z)	在系统默认颜色和网格区域绘制曲面图
surf(x,y,z)	类似
surfc(x,y,z)	类似
surf(x,y,z,c)	类似
ezmesh(f)	绘制 z=f(x,y)$[-2\pi,2\pi]\times[-2\pi,2\pi]$
ezmesh('x(s,t)','y(s,t)','z(s,t)',…[smin,smax,tmin,tmax])	绘制曲面 x=x(s,t)','y=y(s,t)','z=z(s,t)[smin,smax]$\times$[tmin,tmax]
ezmesh(…,'circ')	画曲面图形, 曲面投影为 xoy 面上的圆, 圆心在原点

例 9.2.12 若要绘制 $z=x^2-y^2$ 在矩形区域 $[-3,3]\times[-4,4]$ 上的图形, 可运行下列 m 文件.

```
clf
x=-3:0.1:3;y=-4:0.1:4;
[X,Y]=meshgrid(x,y);Z=X.^2-Y.^2;
mesh(X,Y,Z)
view(35,40)
```

运行结果如图 9.2.4 所示.

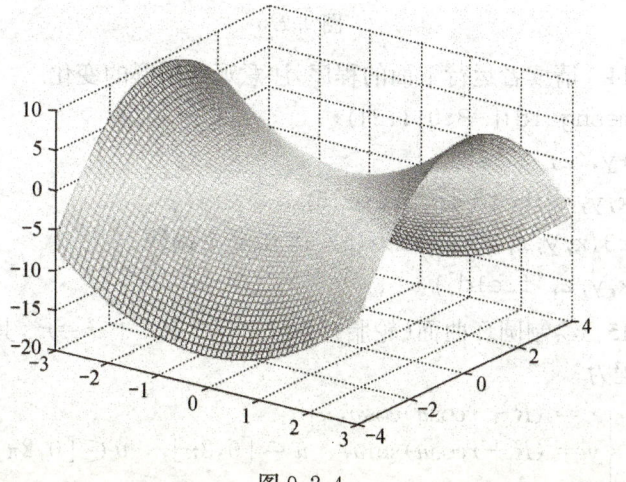

图 9.2.4

例 9.2.13 若要绘制 $z=x^2+y^2$ 在矩形区域 $[-3,3]\times[-4,4]$ 和圆形区域上的图形,可用下列程序:

```
clear,clc
subplot(121)
x=-3:0.1:3;y=-4:0.1:4;
[X,Y]=meshgrid(x,y);Z=X.^2+Y.^2;
mesh(X,Y,Z)
%第一个子图画的是长方形区域上的图形,如图 9.2.5.
subplot(122)
ezmesh('x.^2+y.^2','circ')
%第 2 个子图画的是圆形区域上的图形,如图 9.2.5.
```

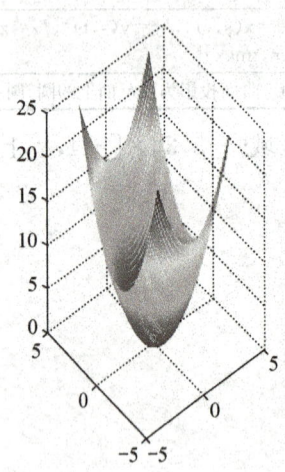
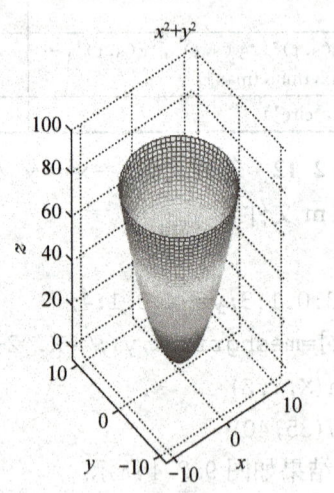

图 9.2.5

例 9.2.14 请读者运行下面的程序,注意观察图形的变化.

```
[x,y]=meshgrid([-3:0.1:3]);
z=x.^2+y.^2;
meshc(x,y,z);hold on,pause(5)
contour3(x,y,z,30),pause(5)    %30 条等高线.
stem3(x,y,z,'field')
```

例 9.2.15 绘制圆环曲面(轮胎)$(\sqrt{x^2+y^2}-R)^2+z^2=r^2$,其中 $R=6, r=2$ 而其参数方程为

$$\begin{cases} x=(R+r\cos u)\cos v, \\ y=(R+r\cos u)\sin v, \quad u\in[0,2\pi], \quad v\in[0,2\pi]. \\ z=r\sin u, \end{cases}$$

具体程序如下：

```
clear,clc
subplot(121)
ezmesh('(8+2*cos(u))*cos(v)','(6+2*cos(u))*sin(v)','2*sin(u)',[0,2*pi,0,pi])
axis equal
subplot(122)
ezsurf('(6+2*cos(u))*cos(v)','(6+2*cos(u))*sin(v)','2*sin(u)',[0,2*pi,0,2*pi])
axis equal
```

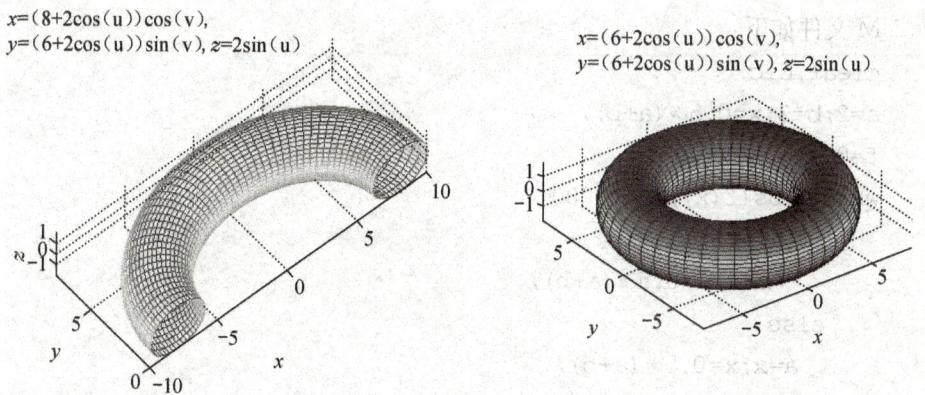

图 9.2.6

其他 MATLAB 图形命令（如表 9.2.3 所示）：

表 9.2.3

命令	功能	命令	功能
tittle	设置图形标题	text	标注数据点
xlabel	x 轴标注	grid on	加上图形网格线
ylabel	y 轴标注	hold on	保持原图像

9.2.5　非线性方程求根

（1）二分法

设 $f(x)$ 在闭区间 $[a,b]$ 上连续，且 $f(a)f(b)<0$，则在 (a,b) 内至少存在一点 ξ，使 $f(\xi)=0$. 用二分法近似计算 ξ 的方法如下.

二分法算法：

1) 令 $k=0, a_0=a, b_0=b$.

2) 令 $x_k = \dfrac{a_k + b_k}{2}$，若 $|f(x_k)| < \varepsilon$，则 x_k 就是 $f(x) = 0$ 的近似根，停止计算，输出结果 $x = x_k$.

3) 若 $f(a_k)f(x_k) < 0$，令 $a_{k+1} = a_k, b_{k+1} = x_k$；否则，令 $b_{k+1} = b_k, a_{k+1} = x_k$；

4) 置 $k = k+1$，返回 2).

当算法结束时，即可得到 ξ 的近似值 x_k，其中精度 ε 是充分小的正数.

因为 $\xi \approx x_n \in [a_n, b_n] \subset [a_{n-1}, b_{n-1}] \subset \cdots \subset [a, b]$，则 $|\xi - x_n| < \dfrac{1}{2^n}(b-a)$.

以及 $2^{10} = 1024$，可知大约对分 10 次，近似根精度可提高三位小数.

例 9.2.16 用二分法求 $f(x) = x^3 - x - 21$ 在 $[2,3]$ 内一个近似根 ξ，并且满足
$$|f(\xi)| < 10^{-6}.$$

M 文件如下：

```
clear,clc
a=2;b=3;x=0.5*(a+b);
f=@(x)x^3-x-21;
while abs(f(x))>0.000001
    if f(a)*f(x)<0
        b=x;x=0.5*(a+b);
    else
        a=x;x=0.5*(a+b);
    end
end
disp('The roots is'),x=x
str1=sprintf('f(x)=%d',f(x));
disp(str1)
```

运行该程序 The roots is x=2.8797;f(x)=5.952256e-007.

(2) 牛顿法(切线法)

解非线性方程 $f(x) = 0$ 的牛顿法，就是将非线性方程线性化的一种方法. 它是解代数方程和超越方程的有效方法之一.

把非线性函数 $f(x)$ 在 x_0 处展开成泰勒级数
$$f(x) = f(x_0) + f'(x_0)(x - x_0) + \dfrac{1}{2!}f''(x_0)(x - x_0)^2 + \cdots$$
$$+ \dfrac{1}{n!}f^{(n)}(x_0)(x - x_0)^n + \cdots.$$

取其线性部分，作为非线性方程 $f(x) = 0$ 的近似方程，则有
$$f(x) = f(x_0) + f'(x_0)(x - x_0) = 0.$$

设 $f'(x_0)\neq 0$,则其解为 $x_1=x_0-\dfrac{f(x_0)}{f'(x_0)}$,再把 $f(x)$ 在 x_1 处展开为泰勒级数,取其线性部分为 $f(x)=0$ 的近似方程,若 $f'(x_1)\neq 0$,则类似可得 $x_2=x_1-\dfrac{f(x_1)}{f'(x_1)}$.如此继续下去,得到牛顿法的迭代公式:$x_{n+1}=x_n-\dfrac{f(x_n)}{f'(x_n)}(n=1,2,\cdots)$.

需要指出的是上述迭代产生的点列$\{x_n\}$未必收敛于方程的根 x^*,如果当 $f(x)$ 在 x^* 的某邻域内具有连续的二阶导数,且 $f(x^*)=0,f'(x^*)\neq 0$ 成立时,对充分靠近 x^* 的初始值 x_0,牛顿迭代法产生的序列$\{x_n\}$收敛于 x^*.

例 9.2.17 用牛顿法求方程 $f(x)=x^3+5x^2-15=0$ 在$[1,2]$内的一个实根,取迭代的初始值 $x_0=1.5$.

MATLAB 计算程序如下:

```
x=1.5;k=0;
f=@(x)x^3+5*x^2-15;
df=@(x)3*x^2+10*x;
[k,x,f(x)]
while abs(f(x))>0.000001
    x=x-f(x)/df(x);k=k+1;
    [k,x,f(x)]
end
```

只需迭代两次即可求到方程的近似根 $x_k=1.5171,f(x_k)\approx 0$(见表 9.2.4).

表 9.2.4

迭代次数 k	x_k	$f(x_k)$
0	1.5000	−0.3750
1	1.5172	0.0028
2	1.5171	0.0000

9.2.6 求积分

(1) 不定积分与定积分的计算方法

MATLAB 符号积分函数 int 的使用方法(见表 9.2.5):

表 9.2.5

调用格式	功能说明
int(s)	以系统默认的自变量为积分变量,求 s 的不定积分
int(s,v)	以 v 为积分变量对 s 进行不定积分
int(s,a,b)	以系统默认的变量为积分变量,在$[a,b]$上对 s 求定积分
int(s,v,a,b)	对 s 中的变量 v,求 s 在$[a,b]$上的定积分

例 9.2.18 求 $\int \dfrac{2x-t}{4x^2+12x}dx$.

```
>>syms  x  t
>>s1=(2*x-t)/(4*x^2+12*x)
>>L1=int(s1)    %求函数 s1 的不定积分,默认积分变量是 x.
```

例 9.2.19 求 $\int \dfrac{2x-t}{4x^2+12x}dt$.

```
>>syms  x  t
>>s1=(2*x-t)/(4*x^2+12*x)
>>L2=int(s1,t)    %求函数 s1 关于变量 t 的不定积分.
```

注意 在未指定积分变量的情况下,系统默认的积分变量为 x.

例 9.2.20 求 $\int_0^1 e^{2x}\cos 3x dx$.

```
>>syms x
>>s2=exp(2*x)*cos(3*x)
>>L3=int(s2,0,1)
```

例 9.2.21 求 $\int_{-\infty}^{+\infty} \dfrac{1}{4x^2+1}dx$.

```
>>syms x
>>s3=1/(1+4*x^2)
>>L4=int(s3,-inf,inf)
```

辛普森数值求定积分的函数 quad.

例 9.2.22 计算 $\int_0^1 (x^3-2x-5)dx$.

```
>>f=@(x)x.^3-2*x-5;
>>Q=quad(f,0,1)
```

例 9.2.23 计算 $\int_0^2 \dfrac{1}{x^3-2x-5}dx$.

```
>>G=@(x)(1./(x.^3-2*x-5))    %./或.* .
>>G=quad(G,0,2)
```

梯形数值求积分函数 trapz.

例 9.2.24 计算 $\int_0^\pi \sin x dx$.

```
>>x=0:pi/100:pi;   y=sin(x);
>>f1=trapz(x,y)
```

(2) 二重积分计算方法

例 9.2.25 求 $\iint_D \dfrac{\sin x}{x} dx dy$,其中 D 是由直线 $y=x, y=\dfrac{x}{2}$ 和 $x=2$ 围成的区域.

```
>>syms x y
>>s1=sin(x)/x
>>s2=int(s1,y,x/2,x)
>>s3=int(s2,0,2)
```

例 9.2.26 求 $\iint_D (x^2+y^2) dx dy$,其中 $D: 1 \leqslant x^2+y^2 \leqslant 16$.

由 $\iint_D (x^2+y^2) dx dy = \int_0^{2\pi} d\theta \int_1^4 r \ln r^2 d\rho = 4\pi \int_1^4 r \ln r dr$,因此求解命令为

```
>>syms r
>>S4=r*log(r);
>>S5=4*pi*int(S4,1,4)
```

在矩形区域 $[a,b] \times [c,d]$ 上计算二重积分可用函数 dblquad 进行数值计算.

例 9.2.27 计算 $\int_0^{2\pi} dx \int_0^{\pi} (y\sin x + x\cos y) dy$.

用匿名函数调用.

```
>>f1=dblquad(@(x,y)y*sin(x)+x*cos(y),0,2*pi,0,pi)
```

例 9.2.28 计算 $\int_0^1 dx \int_0^1 \sin x^8 e^{x^2 y^6} dy$.

```
>>f1=dblquad(@(x,y)sin(x.^8).*exp(x.^2.*y.^6),0,1,0,1)
```

9.2.7 求解微分方程

MATLAB 求解常微分方程组的命令为 dsolve,调用格式为

desolve('equ1','equ2',……,'con1','con2',…,'v')

其中'equ1','equ2',……是指微分方组中的方程,'con1','con2',……是给定的边界条件,并指定以 v 为自变量,若没有指定自变量 v 则默认 t 为自变量. 此外,还必须掌握 MATLAB 符号与数学符号之间的对应关系,详见表 9.2.6.

表 9.2.6

MATLAB 符号	数学符号	MATLAB 符号	数学符号
D	$\dfrac{d}{dt}$	D2	$\dfrac{d^2}{dt^2}$
Dy	$\dfrac{dy}{dt}$	D2y	$\dfrac{d^2 y}{dt^2}$
y(a)=b	$y\|_{x=a}=b$	Dy(c)=d	$y'\|_{x=c}=d$
D2y(e)=f	$y''\|_{x=e}=f$		

若该命令找不到解析解,则返回警告信息,同时返回一个 sym 对象. 这时用户可以用命令 ode23 或 ode45 求微方程(组)的数值解.

例 9.2.29 求微分方程 $\dfrac{\mathrm{d}x}{\mathrm{d}t}=-ax$ 的解.

```
>>s1=dsolve('Dx=-a*x')
```
计算结果为 s1=C*exp(-a*t).

例 9.2.30 求微分方程 $\begin{cases} \dfrac{\mathrm{d}x}{\mathrm{d}s}=-ax, \\ x(0)=1 \end{cases}$ 的解.

```
>>s2=dsolve('Dx=-a*x','x(0)=1','s')
```
计算结果为 s2=exp(-a*s).

例 9.2.31 求微分方程 $\begin{cases} \left(\dfrac{\mathrm{d}y}{\mathrm{d}t}\right)^2=y^2+1, \\ y(0)=0 \end{cases}$ 的解.

```
>>s3=dsolve('(Dy)^2=y^2+1','y(0)=0')
```
计算结果为
s3=
  sinh(t)
  -sinh(t)

%sinh(t)是双曲正弦,即 $\text{sht}=\dfrac{\mathrm{e}^x-\mathrm{e}^{-x}}{2}$.

例 9.2.32 求微分方程组 $\begin{cases} \dfrac{\mathrm{d}x}{\mathrm{d}t}+5x+y=\mathrm{e}^t, \\ \dfrac{\mathrm{d}y}{\mathrm{d}t}-x-3y=0 \end{cases}$ 满足 $x(0)=1, y(0)=0$ 的解,并画出 $\begin{cases} x=x(t) \\ y=y(t) \end{cases}$ 的图像.

可在命令窗口直接输入下列命令:
```
>>[x,y]=dsolve('Dx+5*x+y=exp(t)','Dy-x-3*y=0','x(0)=1','y(0)=0','t')
>>simple(x),simple(y)
>>ezplot(x,y,[0,1.3]);
```
见图 9.2.7.

若 dsolve 函数无法求解析解,则可用 MATLAB 数值求解函数 ode45,ode23,ode15s,ode113 等求常微分方程的数值解. 例如

ode45 的调用格式为

$$[t,y]=\text{ode45}('\text{yprime}',[t0,tf],y0)$$

$x=-\cdots+2/11\exp(t), y=\exp((-1+15^{1/2})t)(13/330\ 15^{1/2}+1/22)+\cdots-1/11\exp(t)$

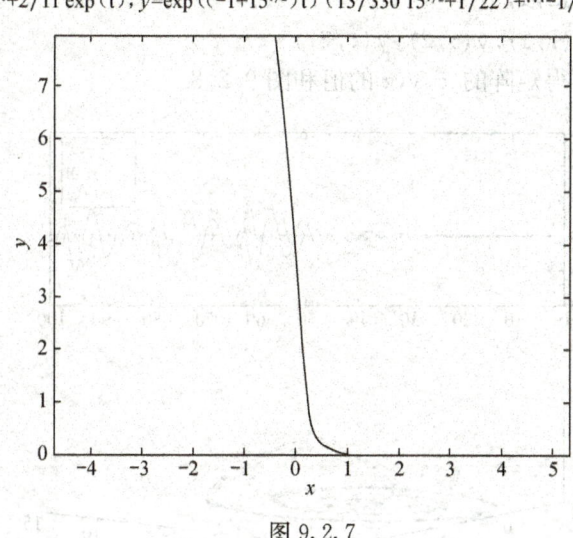

图 9.2.7

其中 yprime 是表示 f(t,y) 的 M 文件名，t0 表示自变量的初始值，tf 表示自变量的终值，y0 表示初始条件．输出向量 t 表示自变量取值(t0;t1;…;tn)，输出矩阵 y 表示数值．

例 9.2.33 在 $t \in [0, 100]$ 时，求 Rossler 方程 $\begin{cases} \dfrac{\mathrm{d}x}{\mathrm{d}t}=-y-z, \\ \dfrac{\mathrm{d}y}{\mathrm{d}t}=x+0.2y, \\ \dfrac{\mathrm{d}z}{\mathrm{d}t}=0.2-5.7z+zx \end{cases}$ 满足

$x(0)=0, y(0)=0, z(0)=0$ 的数值解．

求解过程如下：

1) 建立表示微分方程的函数，文件保存名为 rossler.m，内容为

```
function dx=rossler(t,x)
    dx=[-x(2)-x(3);x(1)+0.2*x(2);0.2+(x(1)-5.7)*x(3)];
```

2) 建立一个主程序文件，保存名任意，以调用 ode45 函数对微分方程进行数值求解．

```
clf
    x0=[0;0;0];
    [t,y]=ode45('rossler',[0,100],x0);
    subplot(2,1,1)
    plot(t,y(:,1),'r--',t,y(:,2),'k-',t,y(:,3),'b:');
```

```
subplot(2,1,2)
plot3(y(:,1),y(:,2),y(:,3))
```
在工作间中可得矩阵的 x,y,z 的值和图 9.2.8.

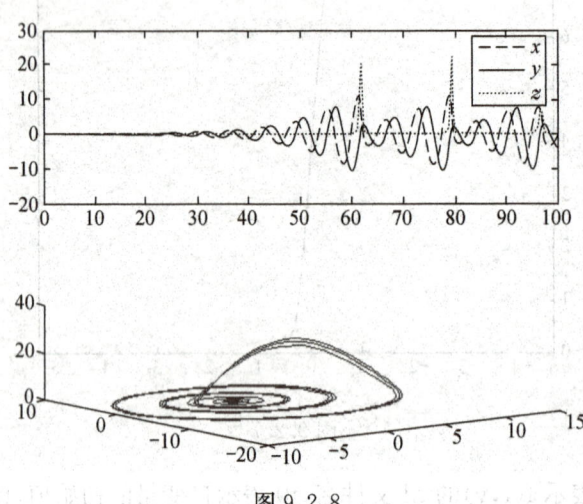

图 9.2.8

例 9.2.34 求微分方程 $y''=y'+1$ 满足 $y(0)=1,y'(0)=0$ 的解.
```
>>y=dsolve('D2y=Dy+1','y(0)=1,Dy(0)=0')    %没有指定自变量,则默
  认 t 是自变量.运行结果是 y=-t+exp(t).
```
或输入命令：
```
>>y=dsolve('D2y=Dy+1','y(0)=1,Dy(0)=0','x')    %运行结果是 y=-x
  +exp(x).
```

9.3 数学建模案例

例 9.3.1（导弹追踪） 某国边防雷达站发现正东方向 120km A 处海面上,有恐怖分子一艘舰艇以 90km/h 的速度向正北方向行驶,上级命令立即发射导弹摧毁该艇,阻止其恐怖行为,设导弹速度为 540km/h,其自动导航系统能使导弹始终对准敌艇飞行,试问导弹在何时何处击中舰艇？

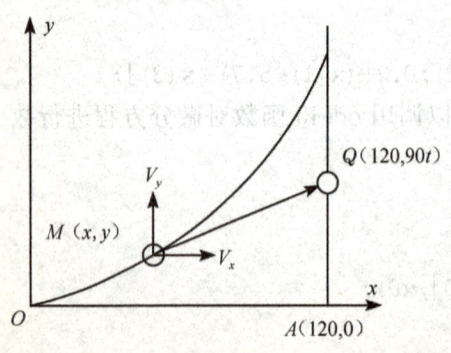

图 9.3.1

如图 9.3.1,设当 $t=0$ 时,导弹位于原点 O,敌艇位于 $A(120,0)$ 点,设时刻 t 导弹位于点 $M(x,y)$ 处,其沿 x 轴和 y

轴方向的速度分别为 v_x 和 v_y, 舰艇位于 $Q(120, 90t)$ 点, 则依题意有 $\begin{cases} v_x = \dfrac{dx}{dt}, \\ v_y = \dfrac{dy}{dt} \end{cases}$ 和

$$\begin{cases} \dfrac{dy}{dx} = \dfrac{90t - y}{120 - x}, \\ \left(\dfrac{dy}{dt}\right)^2 + \left(\dfrac{dx}{dt}\right)^2 = 540^2 \end{cases} \quad \text{满足 } x(0)=0, y(0)=0.$$

由于 MATLAB 符号解法无法求解该微分方程,故需要使用数值解法. 由 $\dfrac{dy}{dx} = \dfrac{90t - y}{120 - x}$, 可得

$$(120 - x) \dfrac{dy}{dx} = 90t - y,$$

两边对 x 求导, 再消去变量 t 以后, 可得下列二阶微分方程

$$(120 - x) \dfrac{d^2 y}{dx^2} = \dfrac{1}{6} \sqrt{1 + \left(\dfrac{dy}{dx}\right)^2}.$$

该微分方程能用解析法求解. 此处介绍其数值解法, 并进行计算机模拟. 在 MATLAB 中, 高阶微分方程式必须等价地化成一阶微分方程组, 然后用数值法求解.

令 $x_1 = y, x_2 = \dfrac{dy}{dx}$, 则可以等价地化成微分方程组

$$\begin{cases} \dfrac{dx_1}{dx} = x_2, \\ \dfrac{dx_2}{dx} = \dfrac{\sqrt{1 + x_2^2}}{6(120 - x)}. \end{cases}$$

至此, 可用下面的常微分方程数值求解程序模拟导弹追踪过程.
先编写函数文件 verderpol.m

```
function xprime=verderpol(t,x)
    xprime=[x(2);1/6*sqrt(1+x(2)^2)/(120-t)];
```

再编写主程序:vdp1.m

```
clear,clc,format long
y0=[0;0];
[t,x]=ode45('verderpol',[0,119.99999],y0);
x1=x(:,1);x2=x(:,2);
plot(t,x1)   %x1=y(t)的积分曲线.
```

```
t=t    %t对应导弹横坐标 x.
x1=x1  %t对应导弹纵坐标 y.
time=((120-t).*x2+x1)/90  %导弹飞行时间.
z=time.*90;  %对应的舰艇纵坐标 y.
n=length(time);
clf
for i=1:n
    x=t(1:n);y=x1(1:n);pause(2/i^10)
    plot(x,y,'--r','LineWidth',2)
    hold on
    plot(t(i),x1(i),'--rs','LineWidth',2,...
        'MarkerEdgeColor','k',...
        'MarkerFaceColor','g',...
        'MarkerSize',5)
    plot(120,z(i),'--rs','LineWidth',2,...
        'MarkerEdgeColor','k',...
        'MarkerFaceColor','y',...
        'MarkerSize',5)
    if i>1
        if t(i)-t(i-1)<0.01
            plot(t(i),x1(i),'--rh',...
                'MarkerEdgeColor','r',...
                'MarkerFaceColor','r',...
                'MarkerSize',30)
        end
    end
end
```

经计算机模拟(见图 9.3.2)可得摧毁舰艇位置为点 $B(120, 20.5713)$,所花时间为 $t=0.2286$ 小时.

例 9.3.2(最小二乘法) 在一些实际问题中,常常需要根据实际测量得到的一组数据来找出变量间的函数关系的近似表达式.通常把这样得到的函数的近似表达式叫做经验公式.这是一种广泛采用的数据处理方法.经验公式建立后,就可以把生产或实践中所积累的某些经验提高到理论上加以分析,并由此作出某些预测.下面来介绍一种常用的建立经验公式的方法——最小二乘法.

现在来研究两个变量 x, y 之间的相互关系.例如通过实验得到 n 对的数据

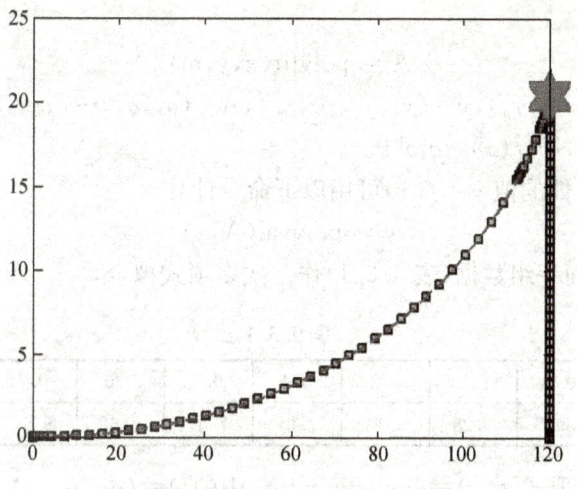

图 9.3.2 导弹追踪模拟效果图

$(x_i, y_i), i=1,2,\cdots,n; x_i$ 互不相同. 寻求函数 $f(x)$, 使 $f(x)$ 在某种准则下与所有数据点最为接近, 也就是使曲线拟合得最好. 线性最小二乘法是解决曲线拟合最常用的方法, 其基本思路是, 令

$$f(x) = a_1 r_1(x) + a_2 r_2(x) + \cdots + a_m r_m(x)$$

其中 $r_k(x)$ 是事先选定的一组函数, a_k 是待定系数 $(k=1,2,\cdots,m, m<n)$, $f(x)$ 关于 $a_1, a_2, \cdots, a_m$ 关于是线性的. 求 $a_1, a_2, \cdots, a_m$ 使偏差 $\sum_{k=1}^{n} |y_k - f(x_k)|$ 最小, 这个式子含绝对值记号, 为便于分析讨论, 我们考虑选取 $a_1, a_2, \cdots, a_m$, 使偏差平方和 $Q = \sum_{k=1}^{n}(y_k - f(x_k))^2$ 最小. 这种选取 $a_1, a_2, \cdots, a_m$, 使偏差平方和最小的方法就是**最小二乘法**.

为求 $a_1, a_2, \cdots, a_m$ 使 $Q = \sum_{k=1}^{n}(y_k - f(x_k))^2$ 最小, 只需利用多元函数取到极值的必要条件

$$\frac{\partial Q}{\partial a_i} = 0 \quad (i=1,2,\cdots,m),$$

便可得到关于 $a_1, a_2, \cdots, a_m$ 的线性方程组. 解此方程组可解得 $a_1, a_2, \cdots, a_m$, 从而得 x, y 之间的相互关系(经验公式)

$$y = f(x) = a_1 r_1(x) + a_2 r_2(x) + \cdots + a_m r_m(x).$$

如果 $x = x_0$, 则可得 $y_0 = a_1 r_1(x_0) + a_2 r_2(x_0) + \cdots + a_m r_m(x_0)$.

(1) 线性最小二乘拟合

在 MATLAB 的线性最小二乘拟合中, 用的较多的是多项式拟合, 拟合函数为

$$f(x) = a_1 x^m + a_2 x^{m-1} + \cdots + a_m x + a_{m+1},$$

其命令为
$$A = \text{polyfit}(x, y, m)$$
其中 $x=(x_1, x_2, \cdots, x_n), y=(y_1, y_2, \cdots, y_n), A=(a_1, a_2, \cdots, a_{m+1})$. 如果 $m=1$, 拟合函数是线性的, 即 $f(x)=a_1 x+a_2$,

多项式在 x 处的值 $y=f(x)$ 可用以下命令计算
$$y = \text{polyval}(A, x)$$

例如, 对下面一组数据(表 9.3.1)作二次多项式拟合,

表 9.3.1

x_i	0	0.1	0.2	0.3	0.4	0.5	0.6	0.7	0.8	0.9
y_i	−0.447	1.978	3.28	6.16	7.08	7.34	7.66	9.56	9.48	9.30

即要求出二次多项式 $f(x)=a_1 x^2+a_2 x+a_3$ 中的 $A=(a_1, a_2, a_3)$, 使得
$$\sum_{k=1}^{n}[y_k - f(x_k)]^2$$
最小. 输入命令:

```
>>x=0:0.1:0.9;
>>y=[-0.447 1.978 3.28 6.16 7.08 7.34 7.66 9.56 9.48 9.30];
>>A=polyfit(x,y,2)
A=
    -13.6159   22.9450   -0.3056    %输出是 a₁,a₂,a₃ 的值.
>>z=polyval(A,x);
>>plot(x,y,'+',x,z,'r')    %输出的图略.
```

(2) 非线性最小二乘拟合

在最小二乘拟合中, 若要寻求函数 $f(x)$ 关于 $a_1, a_2, \cdots, a_m$ 是非线性的, 则称为非线性最小二乘拟合. 在 MATLAB 优化工具箱中提供了 lsqcurvefit( ) 函数, 使用这个命令时, 要先建立 M-文件 fun.m, 在其中定义函数 $f(x)$.

例如, 假设有一组实测数据, 见表 9.3.2.

表 9.3.2

x	0.1	0.2	0.3	0.4	0.5	0.6	0.7	0.8	0.9	1
y	2.32	2.64	2.97	3.28	3.60	3.90	4.21	4.51	4.82	5.12

假设已知该数据可能满足的原型函数为 $f(x)=ax+bx^2 e^{-x}+d$, 试用最小二乘法求 a, b, c, d 的值. 输入命令:

```
>>x=0.1:0.1:1;
>>y=[2.32 2.64 2.97 3.28 3.60 3.90 4.21 4.51 4.82 5.12];
```

9.3 数学建模案例

令 $a_1=a, a_2=b, a_3=c, a_4=d$，这样原型函数可以写成 $f(x)=a_1 x+a_2 x^2 \mathrm{e}^{-a_3 x}+a_4$，编写 M-文件 curvef.m

```
>>function y=curvef(a,x)
>>y=a(1)*x+a(2)*x.^2.*exp(-a(3)*x)+a(4);
>>a=lsqcurvefit('curvef',[1;2;2;3],x,y);a'
ans=
    2.4409   2.4535   1.4288   2.0735   %输出的是 a_1,a_2,a_3,a_4 的值.
>>y1=curvef(a,x);
>>plot(x,y,x,y1,'o')   %输出的图形略.
```

附录一 常用三角函数公式

1. 同角三角函数的关系：

$$\sin^2\alpha+\cos^2\alpha=1; \quad \tan\alpha=\frac{\sin\alpha}{\cos\alpha}; \quad \cot\alpha=\frac{\cos\alpha}{\sin\alpha}; \quad \tan\alpha\cot\alpha=1;$$

$$\sec\alpha=\frac{1}{\cos\alpha}; \quad \csc\alpha=\frac{1}{\sin\alpha}; \quad \sec^2\alpha=1+\tan^2\alpha; \quad \csc^2\alpha=1+\cot^2\alpha.$$

2. 和差角公式：

$$\sin(\alpha\pm\beta)=\sin\alpha\cos\beta\pm\cos\alpha\sin\beta; \quad \cos(\alpha\pm\beta)=\cos\alpha\cos\beta\mp\sin\alpha\sin\beta;$$

$$\tan(\alpha\pm\beta)=\frac{\tan\alpha\pm\tan\beta}{1\mp\tan\alpha\cdot\tan\beta}.$$

3. 倍角公式：

$$\sin2\alpha=2\sin\alpha\cos\alpha; \quad \cos2\alpha=2\cos^2\alpha-1=1-2\sin^2\alpha=\cos^2\alpha-\sin^2\alpha;$$

$$\sin2\alpha=\frac{2\tan\alpha}{1+\tan^2\alpha}; \quad \cos2\alpha=\frac{1-\tan^2\alpha}{1+\tan^2\alpha}; \quad \tan2\alpha=\frac{2\tan\alpha}{1-\tan^2\alpha}.$$

4. 半角公式：

$$\sin\frac{\alpha}{2}=\pm\sqrt{\frac{1-\cos\alpha}{2}}; \quad \cos\frac{\alpha}{2}=\pm\sqrt{\frac{1+\cos\alpha}{2}};$$

$$\tan\frac{\alpha}{2}=\pm\sqrt{\frac{1-\cos\alpha}{1+\cos\alpha}}=\frac{1-\cos\alpha}{\sin\alpha}=\frac{\sin\alpha}{1+\cos\alpha}.$$

5. 和差化积公式：

$$\sin\alpha+\sin\beta=2\sin\frac{\alpha+\beta}{2}\cos\frac{\alpha-\beta}{2}; \quad \sin\alpha-\sin\beta=2\cos\frac{\alpha+\beta}{2}\sin\frac{\alpha-\beta}{2};$$

$$\cos\alpha+\cos\beta=2\cos\frac{\alpha+\beta}{2}\cos\frac{\alpha-\beta}{2}; \quad \cos\alpha-\cos\beta=-2\sin\frac{\alpha+\beta}{2}\sin\frac{\alpha-\beta}{2}.$$

6. 积化和差公式：

$$\sin\alpha\cos\beta=\frac{1}{2}[\sin(\alpha+\beta)+\sin(\alpha-\beta)];$$

$$\cos\alpha\sin\beta=\frac{1}{2}[\sin(\alpha+\beta)-\sin(\alpha-\beta)];$$

$$\cos\alpha\cos\beta=\frac{1}{2}[\cos(\alpha+\beta)+\cos(\alpha-\beta)];$$

$$\sin\alpha\sin\beta=-\frac{1}{2}[\cos(\alpha+\beta)-\cos(\alpha-\beta)].$$

附录二 希腊字母表

序 号	大 写	小 写	英文注音	中文读音
1	A	α	alpha	阿尔法
2	B	β	beta	贝塔
3	Γ	γ	gamma	伽马
4	Δ	δ	delta	德尔塔
5	E	ε	epsilon	伊普西龙
6	Z	ζ	zeta	截塔
7	H	η	eta	艾塔
8	Θ	θ, ϑ	theta	西塔
9	I	ι	iota	约塔
10	K	κ	kappa	卡帕
11	Λ	λ	lambda	兰布达
12	M	μ	mu	米欧
13	N	ν	nu	纽
14	Ξ	ξ	xi	克西
15	O	o	omicron	奥密克戎
16	Π	π	pi	派
17	P	ρ	rho	柔
18	Σ	σ	sigma	西格马
19	T	τ	tau	套
20	Υ	υ	upsilon	宇普西隆
21	Φ	φ, ϕ	phi	佛爱
22	X	χ	chi	凯
23	Ψ	ψ	psi	普赛
24	Ω	ω	omega	欧米伽

附录三 积 分 表

(一) 含有 $ax+b$ 的积分 $(a\neq 0)$

1. $\int \dfrac{dx}{ax+b} = \dfrac{1}{a}\ln|ax+b|+C$

2. $\int (ax+b)^\mu dx = \dfrac{1}{a(\mu+1)}(ax+b)^{\mu+1}+C\,(\mu\neq -1)$

3. $\int \dfrac{x}{ax+b}dx = \dfrac{1}{a^2}(ax+b-b\ln|ax+b|)+C$

4. $\int \dfrac{x^2}{ax+b}dx = \dfrac{1}{a^3}\left[\dfrac{1}{2}(ax+b)^2-2b(ax+b)+b^2\ln|ax+b|\right]+C$

5. $\int \dfrac{dx}{x(ax+b)} = -\dfrac{1}{b}\ln\left|\dfrac{ax+b}{x}\right|+C$

6. $\int \dfrac{dx}{x^2(ax+b)} = -\dfrac{1}{bx}+\dfrac{a}{b^2}\ln\left|\dfrac{ax+b}{x}\right|+C$

7. $\int \dfrac{x}{(ax+b)^2}dx = \dfrac{1}{a^2}\left(\ln|ax+b|+\dfrac{b}{ax+b}\right)+C$

8. $\int \dfrac{x^2}{(ax+b)^2}dx = \dfrac{1}{a^3}\left(ax+b-2b\ln|ax+b|-\dfrac{b^2}{ax+b}\right)+C$

9. $\int \dfrac{dx}{x(ax+b)^2} = \dfrac{1}{b(ax+b)}-\dfrac{1}{b^2}\ln\left|\dfrac{ax+b}{x}\right|+C$

(二) 含有 $\sqrt{ax+b}$ 的积分 $(a\neq 0)$

10. $\int \sqrt{ax+b}\,dx = \dfrac{2}{3a}\sqrt{(ax+b)^3}+C$

11. $\int x\sqrt{ax+b}\,dx = \dfrac{2}{15a^2}(3ax-2b)\sqrt{(ax+b)^3}+C$

12. $\int x^2\sqrt{ax+b}\,dx = \dfrac{2}{105a^3}(15a^2x^2-12abx+8b^2)\sqrt{(ax+b)^3}+C$

13. $\int \dfrac{x}{\sqrt{ax+b}}dx = \dfrac{2}{3a^2}(ax-2b)\sqrt{ax+b}+C$

14. $\int \dfrac{x^2}{\sqrt{ax+b}}dx = \dfrac{2}{15a^3}(3a^2x^2-4abx+8b^2)\sqrt{ax+b}+C$

15. $\int \dfrac{dx}{x\sqrt{ax+b}} = \begin{cases}\dfrac{1}{\sqrt{b}}\ln\left|\dfrac{\sqrt{ax+b}-\sqrt{b}}{\sqrt{ax+b}+\sqrt{b}}\right|+C,\ b>0,\\[2mm] \dfrac{2}{\sqrt{-b}}\arctan\sqrt{\dfrac{ax+b}{-b}}+C,\ b<0\end{cases}$

16. $\int \dfrac{\mathrm{d}x}{x^2\sqrt{ax+b}} = -\dfrac{\sqrt{ax+b}}{bx} - \dfrac{a}{2b}\int \dfrac{\mathrm{d}x}{x\sqrt{ax+b}}$

17. $\int \dfrac{\sqrt{ax+b}}{x}\mathrm{d}x = 2\sqrt{ax+b} + b\int \dfrac{\mathrm{d}x}{x\sqrt{ax+b}}$

18. $\int \dfrac{\sqrt{ax+b}}{x^2}\mathrm{d}x = -\dfrac{\sqrt{ax+b}}{x} + \dfrac{a}{2}\int \dfrac{\mathrm{d}x}{x\sqrt{ax+b}}$

(三) 含有 $x^2 \pm a^2$ 的积分($a \neq 0$)

19. $\int \dfrac{\mathrm{d}x}{x^2+a^2} = \dfrac{1}{a}\arctan \dfrac{x}{a} + C$

20. $\int \dfrac{\mathrm{d}x}{(x^2+a^2)^n} = \dfrac{x}{2(n-1)a^2(x^2+a^2)^{n-1}} + \dfrac{2n-3}{2(n-1)a^2}\int \dfrac{\mathrm{d}x}{(x^2+a^2)^{n-1}}$

21. $\int \dfrac{\mathrm{d}x}{x^2-a^2} = \dfrac{1}{2a}\ln\left|\dfrac{x-a}{x+a}\right| + C$

(四) 含有 $ax^2+b(a>0)$ 的积分

22. $\int \dfrac{\mathrm{d}x}{ax^2+b} = \begin{cases} \dfrac{1}{\sqrt{ab}}\arctan\sqrt{\dfrac{a}{b}}x + C, & b>0, \\ \dfrac{1}{2\sqrt{-ab}}\ln\left|\dfrac{\sqrt{a}x-\sqrt{-b}}{\sqrt{a}x+\sqrt{-b}}\right| + C, & b<0 \end{cases}$

23. $\int \dfrac{x}{ax^2+b}\mathrm{d}x = \dfrac{1}{2a}\ln|ax^2+b| + C$

24. $\int \dfrac{x^2}{ax^2+b}\mathrm{d}x = \dfrac{x}{a} - \dfrac{b}{a}\int \dfrac{\mathrm{d}x}{ax^2+b}$

25. $\int \dfrac{\mathrm{d}x}{x(ax^2+b)} = \dfrac{1}{2b}\ln \dfrac{x^2}{|ax^2+b|} + C$

26. $\int \dfrac{\mathrm{d}x}{x^2(ax^2+b)} = -\dfrac{1}{bx} - \dfrac{a}{b}\int \dfrac{\mathrm{d}x}{ax^2+b}$

27. $\int \dfrac{\mathrm{d}x}{x^3(ax^2+b)} = \dfrac{a}{2b^2}\ln \dfrac{|ax^2+b|}{x^2} - \dfrac{1}{2bx^2} + C$

28. $\int \dfrac{\mathrm{d}x}{(ax^2+b)^2} = \dfrac{x}{2b(ax^2+b)} + \dfrac{1}{2b}\int \dfrac{\mathrm{d}x}{ax^2+b}$

(五) 含有 $ax^2+bx+c(a>0)$ 的积分

29. $\int \dfrac{\mathrm{d}x}{ax^2+bx+c} = \begin{cases} \dfrac{2}{\sqrt{4ac-b^2}}\arctan \dfrac{2ax+b}{\sqrt{4ac-b^2}} + C, & b^2<4ac, \\ \dfrac{1}{\sqrt{b^2-4ac}}\ln\left|\dfrac{2ax+b-\sqrt{b^2-4ac}}{2ax+b+\sqrt{b^2-4ac}}\right| + C, & b^2>4ac \end{cases}$

30. $\int \dfrac{x}{ax^2+bx+c}\mathrm{d}x = \dfrac{1}{2a}\ln|ax^2+bx+c| - \dfrac{b}{2a}\int \dfrac{\mathrm{d}x}{ax^2+bx+c}$

(六) 含有 $\sqrt{x^2+a^2}$ ($a>0$) 的积分

31. $\displaystyle\int \frac{\mathrm{d}x}{\sqrt{x^2+a^2}} = \ln(x+\sqrt{x^2+a^2})+C$

32. $\displaystyle\int \frac{\mathrm{d}x}{\sqrt{(x^2+a^2)^3}} = \frac{x}{a^2\sqrt{x^2+a^2}}+C$

33. $\displaystyle\int \frac{x}{\sqrt{x^2+a^2}}\mathrm{d}x = \sqrt{x^2+a^2}+C$

34. $\displaystyle\int \frac{x}{\sqrt{(x^2+a^2)^3}}\mathrm{d}x = -\frac{1}{\sqrt{x^2+a^2}}+C$

35. $\displaystyle\int \frac{x^2}{\sqrt{x^2+a^2}}\mathrm{d}x = \frac{x}{2}\sqrt{x^2+a^2}-\frac{a^2}{2}\ln(x+\sqrt{x^2+a^2})+C$

36. $\displaystyle\int \frac{x^2}{\sqrt{(x^2+a^2)^3}}\mathrm{d}x = -\frac{x}{\sqrt{x^2+a^2}}+\ln(x+\sqrt{x^2+a^2})+C$

37. $\displaystyle\int \frac{\mathrm{d}x}{x\sqrt{x^2+a^2}} = \frac{1}{a}\ln\frac{\sqrt{x^2+a^2}-a}{|x|}+C$

38. $\displaystyle\int \frac{\mathrm{d}x}{x^2\sqrt{x^2+a^2}} = -\frac{\sqrt{x^2+a^2}}{a^2 x}+C$

39. $\displaystyle\int \sqrt{x^2+a^2}\,\mathrm{d}x = \frac{x}{2}\sqrt{x^2+a^2}+\frac{a^2}{2}\ln(x+\sqrt{x^2+a^2})+C$

40. $\displaystyle\int \sqrt{(x^2+a^2)^3}\,\mathrm{d}x = \frac{x}{8}(2x^2+5a^2)\sqrt{x^2+a^2}+\frac{3}{8}a^4\ln(x+\sqrt{x^2+a^2})+C$

41. $\displaystyle\int x\sqrt{x^2+a^2}\,\mathrm{d}x = \frac{1}{3}\sqrt{(x^2+a^2)^3}+C$

42. $\displaystyle\int x^2\sqrt{x^2+a^2}\,\mathrm{d}x = \frac{x}{8}(2x^2+a^2)\sqrt{x^2+a^2}-\frac{a^4}{8}\ln(x+\sqrt{x^2+a^2})+C$

43. $\displaystyle\int \frac{\sqrt{x^2+a^2}}{x}\mathrm{d}x = \sqrt{x^2+a^2}+a\ln\frac{\sqrt{x^2+a^2}-a}{|x|}+C$

44. $\displaystyle\int \frac{\sqrt{x^2+a^2}}{x^2}\mathrm{d}x = -\frac{\sqrt{x^2+a^2}}{x}+\ln(x+\sqrt{x^2+a^2})+C$

(七) 含有 $\sqrt{x^2-a^2}$ ($a>0$) 的积分

45. $\displaystyle\int \frac{\mathrm{d}x}{\sqrt{x^2-a^2}} = \ln|x+\sqrt{x^2-a^2}|+C$

46. $\displaystyle\int \frac{\mathrm{d}x}{\sqrt{(x^2-a^2)^3}} = -\frac{x}{a^2\sqrt{x^2-a^2}}+C$

47. $\displaystyle\int \frac{x}{\sqrt{x^2-a^2}}\mathrm{d}x = \sqrt{x^2-a^2}+C$

48. $\int \dfrac{x}{\sqrt{(x^2-a^2)^3}}\mathrm{d}x = -\dfrac{1}{\sqrt{x^2-a^2}} + C$

49. $\int \dfrac{x^2}{\sqrt{x^2-a^2}}\mathrm{d}x = \dfrac{x}{2}\sqrt{x^2-a^2} + \dfrac{a^2}{2}\ln|x+\sqrt{x^2-a^2}| + C$

50. $\int \dfrac{x^2}{\sqrt{(x^2-a^2)^3}}\mathrm{d}x = -\dfrac{x}{\sqrt{x^2-a^2}} + \ln|x+\sqrt{x^2-a^2}| + C$

51. $\int \dfrac{\mathrm{d}x}{x\sqrt{x^2-a^2}} = \dfrac{1}{a}\arccos\dfrac{a}{|x|} + C$

52. $\int \dfrac{\mathrm{d}x}{x^2\sqrt{x^2-a^2}} = \dfrac{\sqrt{x^2-a^2}}{a^2 x} + C$

53. $\int \sqrt{x^2-a^2}\,\mathrm{d}x = \dfrac{x}{2}\sqrt{x^2-a^2} - \dfrac{a^2}{2}\ln|x+\sqrt{x^2-a^2}| + C$

54. $\int \sqrt{(x^2-a^2)^3}\,\mathrm{d}x = \dfrac{x}{8}(2x^2-5a^2)\sqrt{x^2-a^2} + \dfrac{3}{8}a^4\ln|x+\sqrt{x^2-a^2}| + C$

55. $\int x\sqrt{x^2-a^2}\,\mathrm{d}x = \dfrac{1}{3}\sqrt{(x^2-a^2)^3} + C$

56. $\int x^2\sqrt{x^2-a^2}\,\mathrm{d}x = \dfrac{x}{8}(2x^2-a^2)\sqrt{x^2-a^2} - \dfrac{a^4}{8}\ln|x+\sqrt{x^2-a^2}| + C$

57. $\int \dfrac{\sqrt{x^2-a^2}}{x}\mathrm{d}x = \sqrt{x^2-a^2} - a\arccos\dfrac{a}{|x|} + C$

58. $\int \dfrac{\sqrt{x^2-a^2}}{x^2}\mathrm{d}x = -\dfrac{\sqrt{x^2-a^2}}{x} + \ln|x+\sqrt{x^2-a^2}| + C$

(八) 含有 $\sqrt{a^2-x^2}$ $(a>0)$ 的积分

59. $\int \dfrac{\mathrm{d}x}{\sqrt{a^2-x^2}} = \arcsin\dfrac{x}{a} + C$

60. $\int \dfrac{\mathrm{d}x}{\sqrt{(a^2-x^2)^3}} = \dfrac{x}{a^2\sqrt{a^2-x^2}} + C$

61. $\int \dfrac{x}{\sqrt{a^2-x^2}}\mathrm{d}x = -\sqrt{a^2-x^2} + C$

62. $\int \dfrac{x}{\sqrt{(a^2-x^2)^3}}\mathrm{d}x = \dfrac{1}{\sqrt{a^2-x^2}} + C$

63. $\int \dfrac{x^2}{\sqrt{a^2-x^2}}\mathrm{d}x = -\dfrac{x}{2}\sqrt{a^2-x^2} + \dfrac{a^2}{2}\arcsin\dfrac{x}{a} + C$

64. $\int \dfrac{x^2}{\sqrt{(a^2-x^2)^3}}\mathrm{d}x = \dfrac{x}{\sqrt{a^2-x^2}} - \arcsin\dfrac{x}{a} + C$

65. $\int \dfrac{\mathrm{d}x}{x\sqrt{a^2-x^2}} = \dfrac{1}{a}\ln\dfrac{a-\sqrt{a^2-x^2}}{|x|} + C$

66. $\int \dfrac{\mathrm{d}x}{x^2 \sqrt{a^2-x^2}} = -\dfrac{\sqrt{a^2-x^2}}{a^2 x} + C$

67. $\int \sqrt{a^2-x^2}\,\mathrm{d}x = \dfrac{x}{2}\sqrt{a^2-x^2} + \dfrac{a^2}{2}\arcsin\dfrac{x}{a} + C$

68. $\int \sqrt{(a^2-x^2)^3}\,\mathrm{d}x = \dfrac{x}{8}(5a^2-2x^2)\sqrt{a^2-x^2} + \dfrac{3}{8}a^4\arcsin\dfrac{x}{a} + C$

69. $\int x\sqrt{a^2-x^2}\,\mathrm{d}x = -\dfrac{1}{3}\sqrt{(a^2-x^2)^3} + C$

70. $\int x^2\sqrt{a^2-x^2}\,\mathrm{d}x = \dfrac{x}{8}(2x^2-a^2)\sqrt{a^2-x^2} + \dfrac{a^4}{8}\arcsin\dfrac{x}{a} + C$

71. $\int \dfrac{\sqrt{a^2-x^2}}{x}\,\mathrm{d}x = \sqrt{a^2-x^2} + a\ln\dfrac{a-\sqrt{a^2-x^2}}{|x|} + C$

72. $\int \dfrac{\sqrt{a^2-x^2}}{x^2}\,\mathrm{d}x = -\dfrac{\sqrt{a^2-x^2}}{x} - \arcsin\dfrac{x}{a} + C$

(九) 含有 $\sqrt{\pm ax^2+bx+c}\ (a>0)$ 的积分

73. $\int \dfrac{\mathrm{d}x}{\sqrt{ax^2+bx+c}} = \dfrac{1}{\sqrt{a}}\ln|2ax+b+2\sqrt{a}\sqrt{ax^2+bx+c}| + C$

74. $\int \sqrt{ax^2+bx+c}\,\mathrm{d}x = \dfrac{2ax+b}{4a}\sqrt{ax^2+bx+c}$
$\qquad + \dfrac{4ac-b^2}{8\sqrt{a^3}}\ln|2ax+b+2\sqrt{a}\sqrt{ax^2+bx+c}| + C$

75. $\int \dfrac{x}{\sqrt{ax^2+bx+c}}\,\mathrm{d}x = \dfrac{1}{a}\sqrt{ax^2+bx+c}$
$\qquad - \dfrac{b}{2\sqrt{a^3}}\ln|2ax+b+2\sqrt{a}\sqrt{ax^2+bx+c}| + C$

76. $\int \dfrac{\mathrm{d}x}{\sqrt{c+bx-ax^2}} = -\dfrac{1}{\sqrt{a}}\arcsin\dfrac{2ax-b}{\sqrt{b^2+4ac}} + C$

77. $\int \sqrt{c+bx-ax^2}\,\mathrm{d}x = \dfrac{2ax-b}{4a}\sqrt{c+bx-ax^2} + \dfrac{b^2+4ac}{8\sqrt{a^3}}\arcsin\dfrac{2ax-b}{\sqrt{b^2+4ac}} + C$

78. $\int \dfrac{x}{\sqrt{c+bx-ax^2}}\,\mathrm{d}x = -\dfrac{1}{a}\sqrt{c+bx-ax^2} + \dfrac{b}{2\sqrt{a^3}}\arcsin\dfrac{2ax-b}{\sqrt{b^2+4ac}} + C$

(十) 含有 $\sqrt{\pm\dfrac{x-a}{x-b}}$ 或 $\sqrt{(x-a)(b-x)}$ 的积分

79. $\int \sqrt{\dfrac{x-a}{x-b}}\,\mathrm{d}x = (x-b)\sqrt{\dfrac{x-a}{x-b}} + (b-a)\ln(\sqrt{|x-a|} + \sqrt{|x-b|}) + C$

80. $\int \sqrt{\dfrac{x-a}{b-x}}\,\mathrm{d}x = (x-b)\sqrt{\dfrac{x-a}{b-x}} + (b-a)\arcsin\sqrt{\dfrac{x-a}{b-x}} + C$

81. $\int \dfrac{\mathrm{d}x}{\sqrt{(x-a)(b-x)}} = 2\arcsin\sqrt{\dfrac{x-a}{b-x}} + C, \quad a<b$

82. $\int \sqrt{(x-a)(b-x)}\,\mathrm{d}x = \dfrac{2x-a-b}{4}\sqrt{(x-a)(b-x)}$
$\qquad\qquad + \dfrac{(b-a)^2}{4}\arcsin\sqrt{\dfrac{x-a}{b-x}} + C, \quad a<b$

(十一) 含有三角函数的积分

83. $\int \sin x\,\mathrm{d}x = -\cos x + C$

84. $\int \cos x\,\mathrm{d}x = \sin x + C$

85. $\int \tan x\,\mathrm{d}x = -\ln|\cos x| + C$

86. $\int \cot x\,\mathrm{d}x = \ln|\sin x| + C$

87. $\int \sec x\,\mathrm{d}x = \ln\left|\tan\left(\dfrac{\pi}{4}+\dfrac{x}{2}\right)\right| + C = \ln|\sec x + \tan x| + C$

88. $\int \csc x\,\mathrm{d}x = \ln\left|\tan\dfrac{x}{2}\right| + C = \ln|\csc x - \cot x| + C$

89. $\int \sec^2 x\,\mathrm{d}x = \tan x + C$

90. $\int \csc^2 x\,\mathrm{d}x = -\cot x + C$

91. $\int \sec x\tan x\,\mathrm{d}x = \sec x + C$

92. $\int \csc x\cot x\,\mathrm{d}x = -\csc x + C$

93. $\int \sin^2 x\,\mathrm{d}x = \dfrac{x}{2} - \dfrac{1}{4}\sin 2x + C$

94. $\int \cos^2 x\,\mathrm{d}x = \dfrac{x}{2} + \dfrac{1}{4}\sin 2x + C$

95. $\int \sin^n x\,\mathrm{d}x = -\dfrac{1}{n}\sin^{n-1} x\cos x + \dfrac{n-1}{n}\int \sin^{n-2} x\,\mathrm{d}x$

96. $\int \cos^n x\,\mathrm{d}x = \dfrac{1}{n}\cos^{n-1} x\sin x + \dfrac{n-1}{n}\int \cos^{n-2} x\,\mathrm{d}x$

97. $\int \dfrac{\mathrm{d}x}{\sin^n x} = -\dfrac{1}{n-1}\cdot\dfrac{\cos x}{\sin^{n-1} x} + \dfrac{n-2}{n-1}\int \dfrac{\mathrm{d}x}{\sin^{n-2} x}$

98. $\int \dfrac{\mathrm{d}x}{\cos^n x} = \dfrac{1}{n-1}\cdot\dfrac{\sin x}{\cos^{n-1} x} + \dfrac{n-2}{n-1}\int \dfrac{\mathrm{d}x}{\cos^{n-2} x}$

99. $\int \cos^m x \sin^n x \, dx = \frac{1}{m+n} \cos^{m-1} x \sin^{n+1} x + \frac{m-1}{m+n} \int \cos^{m-2} x \sin^n x \, dx$

$= -\frac{1}{m+n} \cos^{m+1} x \sin^{n-1} x + \frac{n-1}{m+n} \int \cos^m x \sin^{n-2} x \, dx$

100. $\int \sin ax \cos bx \, dx = -\frac{1}{2(a+b)} \cos(a+b)x - \frac{1}{2(a-b)} \cos(a-b)x + C$

101. $\int \sin ax \sin bx \, dx = -\frac{1}{2(a+b)} \sin(a+b)x + \frac{1}{2(a-b)} \sin(a-b)x + C$

102. $\int \cos ax \cos bx \, dx = \frac{1}{2(a+b)} \sin(a+b)x + \frac{1}{2(a-b)} \sin(a-b)x + C$

103. $\int \frac{dx}{a + b\sin x} = \frac{2}{\sqrt{a^2 - b^2}} \arctan \frac{a \tan \frac{x}{2} + b}{\sqrt{a^2 - b^2}} + C \; (a^2 > b^2)$

104. $\int \frac{dx}{a + b\sin x} = \frac{1}{\sqrt{b^2 - a^2}} \ln \left| \frac{a \tan \frac{x}{2} + b - \sqrt{b^2 - a^2}}{a \tan \frac{x}{2} + b + \sqrt{b^2 - a^2}} \right| + C \; (a^2 < b^2)$

105. $\int \frac{dx}{a + b\cos x} = \frac{2}{a+b} \sqrt{\frac{a+b}{a-b}} \arctan \left(\sqrt{\frac{a-b}{a+b}} \tan \frac{x}{2} \right) + C \; (a^2 > b^2)$

106. $\int \frac{dx}{a + b\cos x} = \frac{1}{a+b} \sqrt{\frac{a+b}{b-a}} \ln \left| \frac{\tan \frac{x}{2} + \sqrt{\frac{a+b}{b-a}}}{\tan \frac{x}{2} - \sqrt{\frac{a+b}{b-a}}} \right| + C \; (a^2 < b^2)$

107. $\int \frac{dx}{a^2 \cos^2 x + b^2 \sin^2 x} = \frac{1}{ab} \arctan \left(\frac{b}{a} \tan x \right) + C$

108. $\int \frac{dx}{a^2 \cos^2 x - b^2 \sin^2 x} = \frac{1}{2ab} \ln \left| \frac{b \tan x + a}{b \tan x - a} \right| + C$

109. $\int x \sin ax \, dx = \frac{1}{a^2} \sin ax - \frac{1}{a} x \cos ax + C$

110. $\int x^2 \sin ax \, dx = -\frac{1}{a} x^2 \cos ax + \frac{2}{a^2} x \sin ax + \frac{2}{a^3} \cos ax + C$

111. $\int x \cos ax \, dx = \frac{1}{a^2} \cos ax + \frac{1}{a} x \sin ax + C$

112. $\int x^2 \cos ax \, dx = \frac{1}{a} x^2 \sin ax + \frac{2}{a^2} x \cos ax - \frac{2}{a^3} \sin ax + C$

(十二) 含有反三角函数的积分(其中 $a > 0$)

113. $\int \arcsin \frac{x}{a} \, dx = x \arcsin \frac{x}{a} + \sqrt{a^2 - x^2} + C$

114. $\int x \arcsin \frac{x}{a} \, dx = \left(\frac{x^2}{2} - \frac{a^2}{4} \right) \arcsin \frac{x}{a} + \frac{x}{4} \sqrt{a^2 - x^2} + C$

115. $\int x^2 \arcsin \dfrac{x}{a} \mathrm{d}x = \dfrac{x^3}{3} \arcsin \dfrac{x}{a} + \dfrac{1}{9}(x^2+2a^2)\sqrt{a^2-x^2} + C$

116. $\int \arccos \dfrac{x}{a} \mathrm{d}x = x\arccos \dfrac{x}{a} - \sqrt{a^2-x^2} + C$

117. $\int x\arccos \dfrac{x}{a} \mathrm{d}x = \left(\dfrac{x^2}{2} - \dfrac{a^2}{4}\right)\arccos \dfrac{x}{a} - \dfrac{x}{4}\sqrt{a^2-x^2} + C$

118. $\int x^2 \arccos \dfrac{x}{a} \mathrm{d}x = \dfrac{x^3}{3} \arccos \dfrac{x}{a} - \dfrac{1}{9}(x^2+2a^2)\sqrt{a^2-x^2} + C$

119. $\int \arctan \dfrac{x}{a} \mathrm{d}x = x\arctan \dfrac{x}{a} - \dfrac{a}{2}\ln(a^2+x^2) + C$

120. $\int x\arctan \dfrac{x}{a} \mathrm{d}x = \dfrac{1}{2}(a^2+x^2)\arctan \dfrac{x}{a} - \dfrac{a}{2}x + C$

121. $\int x^2 \arctan \dfrac{x}{a} \mathrm{d}x = \dfrac{x^3}{3} \arctan \dfrac{x}{a} - \dfrac{a}{6}x^2 + \dfrac{a^3}{6}\ln(a^2+x^2) + C$

(十三) 含有指数函数的积分 ($a \neq 0$)

122. $\int a^x \mathrm{d}x = \dfrac{1}{\ln a} a^x + C$

123. $\int \mathrm{e}^{ax} \mathrm{d}x = \dfrac{1}{a} \mathrm{e}^{ax} + C$

124. $\int x\mathrm{e}^{ax} \mathrm{d}x = \dfrac{1}{a^2}(ax-1)\mathrm{e}^{ax} + C$

125. $\int x^n \mathrm{e}^{ax} \mathrm{d}x = \dfrac{1}{a} x^n \mathrm{e}^{ax} - \dfrac{n}{a} \int x^{n-1} \mathrm{e}^{ax} \mathrm{d}x$

126. $\int xa^x \mathrm{d}x = \dfrac{x}{\ln a} a^x - \dfrac{1}{(\ln a)^2} a^x + C$

127. $\int x^n a^x \mathrm{d}x = \dfrac{1}{\ln a} x^n a^x - \dfrac{n}{\ln a} \int x^{n-1} a^x \mathrm{d}x$

128. $\int \mathrm{e}^{ax} \sin bx \mathrm{d}x = \dfrac{1}{a^2+b^2} \mathrm{e}^{ax}(a\sin bx - b\cos bx) + C$

129. $\int \mathrm{e}^{ax} \cos bx \mathrm{d}x = \dfrac{1}{a^2+b^2} \mathrm{e}^{ax}(b\sin bx + a\cos bx) + C$

130. $\int \mathrm{e}^{ax} \sin^n bx \mathrm{d}x = \dfrac{1}{a^2+b^2 n^2} \mathrm{e}^{ax} \sin^{n-1} bx(a\sin bx - nb\cos bx)$
$\qquad + \dfrac{n(n-1)b^2}{a^2+b^2 n^2} \int \mathrm{e}^{ax} \sin^{n-2} bx \mathrm{d}x$

131. $\int \mathrm{e}^{ax} \cos^n bx \mathrm{d}x = \dfrac{1}{a^2+b^2 n^2} \mathrm{e}^{ax} \cos^{n-1} bx(a\cos bx + nb\sin bx)$
$\qquad + \dfrac{n(n-1)b^2}{a^2+b^2 n^2} \int \mathrm{e}^{ax} \cos^{n-2} bx \mathrm{d}x$

(十四) 含有对数函数的积分

132. $\int \ln x \, dx = x \ln x - x + C$

133. $\int \dfrac{dx}{x \ln x} = \ln|\ln x| + C$

134. $\int x^n \ln x \, dx = \dfrac{1}{n+1} x^{n+1} \left(\ln x - \dfrac{1}{n+1} \right) + C$

135. $\int (\ln x)^n \, dx = x (\ln x)^n - n \int (\ln x)^{n-1} \, dx$

136. $\int x^m (\ln x)^n \, dx = \dfrac{1}{m+1} x^{m+1} (\ln x)^n - \dfrac{n}{m+1} \int x^m (\ln x)^{n-1} \, dx$

(十五) 定积分

137. $\int_{-\pi}^{\pi} \cos nx \, dx = \int_{-\pi}^{\pi} \sin nx \, dx = 0$

138. $\int_{-\pi}^{\pi} \cos mx \sin nx \, dx = 0$

139. $\int_{-\pi}^{\pi} \cos mx \cos nx \, dx = \begin{cases} 0, & m \neq n \\ \pi, & m = n \end{cases}$

140. $\int_{-\pi}^{\pi} \sin mx \sin nx \, dx = \begin{cases} 0, & m \neq n \\ \pi, & m = n \end{cases}$

141. $\int_{0}^{\pi} \sin mx \sin nx \, dx = \int_{0}^{\pi} \cos mx \cos nx \, dx = \begin{cases} 0, & m \neq n \\ \dfrac{\pi}{2}, & m = n \end{cases}$

142. $I_n = \int_{0}^{\frac{\pi}{2}} \sin^n x \, dx = \int_{0}^{\frac{\pi}{2}} \cos^n x \, dx$

$I_n = \dfrac{n-1}{n} I_{n-2}$

$I_n = \dfrac{n-1}{n} \cdot \dfrac{n-3}{n-2} \cdot \cdots \cdot \dfrac{4}{5} \cdot \dfrac{2}{3} \, (n \text{ 为大于 1 的正奇数}), I_1 = 1$

$I_n = \dfrac{n-1}{n} \cdot \dfrac{n-3}{n-2} \cdot \cdots \cdot \dfrac{3}{4} \cdot \dfrac{1}{2} \cdot \dfrac{\pi}{2} \, (n \text{ 为正偶数}), I_0 = \dfrac{\pi}{2}$

部分习题答案与提示

习题 1.1

1. (1) 不是； (2) 是； (3) 不是； (4) 不是； (5) 不是.

2. (1) $(-\infty,-1)\cup(-1,+\infty)$； (2) $[0,3]$； (3) $(-\infty,1)\cup(2,+\infty)$； (4) $[1,3]$.

3. $\dfrac{1}{2}, \dfrac{\sqrt{2}}{2}, 0, 0$.

4. (1) 单调增加； (2) 单调减少.

5. (1) 偶； (2) 奇； (3) 偶； (4) 非奇非偶.

6. (1) 周期为 2π； (2) 周期为 $\dfrac{\pi}{2}$； (3) 周期为 2； (4) 非周期函数.

9. (1) $y=x^3-5$； (2) $y=\dfrac{2(1-x)}{1+x}$； (3) $y=\dfrac{1}{3}\arcsin\dfrac{x}{2}\;(-2\leqslant x\leqslant 2)$；

   (4) $y=e^{x-1}-3$.

10. (1) $y=\ln u, u=1+2^x$； (2) $y=\cos u, u=\sqrt{v}, v=1+\arccos x$；

    (3) $y=e^u, u=v^2, v=\sin w, w=\dfrac{1}{x}$； (4) $y=\arctan u, u=\sqrt{v}, v=\ln w, w=x^2-1$.

11. (1) $[-1,1]$； (2) $\left[\dfrac{4k-1}{2}\pi, \dfrac{4k+1}{2}\pi\right]$； (3) $[-a, 1-a]$；

    (4) 当 $0<a\leqslant\dfrac{1}{2}$ 时,定义域为 $[a, 1-a]$；当 $a>\dfrac{1}{2}$,无定义.

12. $f[g(x)]=\begin{cases} 1, & x<0, \\ 0, & x=0, \\ -1, & x>0; \end{cases} g[f(x)]=\begin{cases} e, & |x|<1, \\ 1, & |x|=1, \\ e^{-1}, & |x|>1. \end{cases}$

13. $y=\begin{cases} ks, & 0<s\leqslant a, \\ ka+\dfrac{4}{5}k(s-a), & s>a. \end{cases}$

14. $P=a\pi\left(5r^2+\dfrac{80}{r}\right)$.

15. $y=\begin{cases} 50(x-100), & 100<x\leqslant 1000, \\ \left(50-\dfrac{x-1000}{50}\right)(x-100), & x>1000. \end{cases}$

习题 1.2

1. (1) 0； (2) 极限不存在； (3) 2； (4) 1.

4. 0.

习题 1.3

4. 不能.

5. $x \to -1$ 时 $f(x)$ 极限为 2；$x \to 1$ 时 $f(x)$ 极限为 1；$x \to 0$ 时 $f(x)$ 极限不存在.

习题 1.4

1. (1) 错； (2) 错； (3) 错； (4) 错； (5) 正确.

3. (1) 0； (2) 0； (3) 0； (4) 0.

6. (1) 0； (2) $-\frac{1}{4}$； (3) ∞； (4) $\frac{2}{3}$； (5) $2a$； (6) $\frac{1}{3}$； (7) 0； (8) $\frac{1}{2}$； (9) -1；
(10) $\frac{3}{2}$； (11) $\frac{1}{2}$； (12) $\frac{a}{2}$； (13) $\sqrt{2}$； (14) $\frac{b}{a}$； (15) -1； (16) $\frac{1}{2}$；
(17) 2； (18) 3.

7. (1) $x \to \infty$ 与 $x \to -2$； (2) $x \to -1$ 与 $x \to 0$.

8. (1) ∞； (2) ∞.

习题 1.5

1. (1) 1； (2) 4.

3. 2.

4. (1) ω； (2) $\frac{3}{7}$； (3) 1； (4) 4； (5) $\frac{1}{2}$； (6) $\frac{2}{\pi}$； (7) π； (8) e^{-6}； (9) e^2；
(10) e^4； (11) e^{-2}； (12) $e^{-\frac{1}{2}}$.

习题 1.6

1. (1) 同阶； (2) 同阶； (3) 低阶； (4) 同阶； (5) 高阶； (6) 同阶.

2. $a = -\frac{3}{2}$.

3. 三阶.

4. (1) $0(m>n)$, $1(m=n)$, $\infty(m<n)$； (2) $\frac{1}{2}$； (3) $\frac{3}{4}$； (4) $\frac{1}{2}$； (5) $\frac{1}{2}$； (6) $\frac{2}{3}$.

习题 1.7

1. (1) 不连续； (2) 不连续.

2. (1) $(-\infty, -3), (-3, 2), (2, +\infty)$； (2) $(0, 1), (1, +\infty)$.

3. (1) $x=1$ 为可去型间断点，补充 $f(1)=-2$，$x=2$ 为无穷型间断点；
(2) $x=0$ 为振荡型间断点；
(3) $x=1$ 为可去型间断点，补充 $f(1)=1$；
(4) $x=1$ 为无穷型间断点；
(5) $x=0$ 为可去型间断点，补充 $f(0)=1$，$x=k\pi(k \neq 0, k=\pm 1, \pm 2, \cdots)$ 是无穷间断点；
(6) $x=0$ 为可去型间断点，改变 $f(0)=0$.

4. (1) $a=0$； (2) $a=-\frac{\pi}{2}$.

5. (1) 2； (2) 1； (3) 0； (4) 1； (5) e^3； (6) $\frac{1}{2}$； (7) $e^{-\frac{3}{2}}$； (8) $\cos x_0$.

第 1 章总习题

1. (1) $f[g(x)]=0, g[f(x)]=\begin{cases} 0, & x \leqslant 0 \\ -x^2, & x>0 \end{cases}$； (2) $\frac{\pi}{3}$； (3) $\frac{3}{2}$； (4) 0； (5) e^x.

2. (1) (C); (2) (B); (3) (D); (4) (B); (5) (C).

3. (1) $\ln 6$; (2) $-\dfrac{1}{2}$; (3) $e^{\frac{1}{2}}$; (4) $-\dfrac{1}{4}$; (5) 1; (6) $\sqrt[3]{abc}$; (7) 0; (8) $\dfrac{x}{\sin x}$.

4. $P(x)=2x^3+x^2+3x$.

5. e^{x+1}.

6. $x=\pm 1$ 跳跃型间断点.

习题 2.1

1. (1) -2; (2) -4.

3. (1) $-f'(a)$; (2) $2f'(a)$; (3) $3f'(a)$; (4) $2f'(0)$.

4. (1) $3x^2$; (2) $\dfrac{3}{5\sqrt[5]{x^2}}$; (3) $-\dfrac{3}{x^4}$; (4) $\dfrac{21}{10}x^{\frac{11}{10}}$; (5) $2^{2x}\ln 4$; (6) $\dfrac{1}{x\ln 2}$.

5. $12(\text{m}\cdot\text{s}^{-1})$.

7. $x-y+1=0, x+y-1=0$.

8. $(2,4)$.

9. $y=\dfrac{x}{e}$.

10. (1) 连续不可导; (2) 连续,可导.

11. $a=3, b=-2$.

12. $f'(x)=\begin{cases}-\sin x, & x<0,\\ 1, & x>0.\end{cases}$

习题 2.2

1. (1) $\dfrac{1}{2\sqrt{x}}+\dfrac{7}{3x^3\sqrt[3]{x}}-\dfrac{3}{x^4}$; (2) $2\tan^2 x+\sec x\tan x$; (3) $\cos 2x$;

(4) $2e^x(\sin x+\cos x)$; (5) $\dfrac{e^x(x-3)}{x^4}$; (6) $x^2(3\ln x\sin x+\sin x+x\ln x\cos x)$;

(7) $\text{arccot}\, x-\dfrac{x}{1+x^2}$; (8) $-\dfrac{3\sin x+2\cos x+1}{(3+\sin x)^2}$.

2. (1) $\sqrt{2}(2+\pi)$; (2) $-e^{-3}$.

3. (1) $15(3x+4)^4$; (2) $-10xe^{-5x^2}$; (3) $\dfrac{3x^2}{1+x^3}$; (4) $\dfrac{-x}{\sqrt{a^2-x^2}}$;

(5) $\dfrac{6(\arcsin 2x)^2}{\sqrt{1-4x^2}}$; (6) $\dfrac{e^{\sqrt{x}}}{2\sqrt{x}(1+e^{2\sqrt{x}})}$.

4. (1) $n\sin^{n-1}x\cdot\cos(n+1)x$; (2) $e^{-3x}(5\cos 5x-3\sin 5x)$; (3) $\dfrac{-6x}{x^4-2x^2+10}$;

(4) $3x^2\arccos\dfrac{x}{3}+\dfrac{x(1-x^2)}{\sqrt{9-x^2}}$; (5) $\dfrac{a^2}{\sqrt{(a^2-x^2)^3}}$; (6) $-\dfrac{e^{\sqrt{1+\cos x}}\sin x}{2\sqrt{1+\cos x}}$;

(7) $\dfrac{1+2\sqrt{x}}{4\sqrt{x}\sqrt{x+\sqrt{x}}}$; (8) $y'=\begin{cases}\dfrac{2}{1+t^2}, & t^2<1,\\ \dfrac{-2}{1+t^2}, & t^2>1;\end{cases}$ (9) $\dfrac{1}{\sqrt{x^2-a^2}}$;

(10) $\frac{1}{x^2}\sin\frac{2}{x}e^{-\sin^2\frac{1}{x}}$；　(11) $\sqrt{x^2+a^2}$；　(12) $a^a x^{a^a-1}+a^{x^a+1}x^{a-1}\ln a+a^{a^x+x}\ln^2 a$.

5. (1) $3x^2 f'(x^3)$；　(2) $-3\sin x\cos^2 x \cdot f'(\cos^3 x)$；　(3) $e^{f(x)}[e^x f'(e^x)+f(e^x)f'(x)]$.

6. (1) $\dfrac{3ay-2x}{2y-3ax}$；　(2) $\dfrac{x+y}{x-y}$；　(3) $\dfrac{e^{x+y}-y}{x-e^{x+y}}$；　(4) $-\dfrac{e^y}{1+xe^y},-e$.

7. (1) $x^x(\ln x+1)$；

(2) $\dfrac{1}{2}\sqrt{\dfrac{(x-1)(x-2)}{(x-3)(x-4)}}\left(\dfrac{1}{x-1}+\dfrac{1}{x-2}-\dfrac{1}{x-3}-\dfrac{1}{x-4}\right)$；

(3) $\dfrac{1}{2}\sqrt{x\sin x\sqrt{1-e^x}}\left[\dfrac{1}{x}+\cot x-\dfrac{e^x}{2(1-e^x)}\right]$；

(4) $\left(1+\dfrac{1}{x}\right)^x\left[\ln\left(1+\dfrac{1}{x}\right)-\dfrac{1}{1+x}\right]$.

8. $x+y-\dfrac{\sqrt{2}}{2}a=0$.

9. (1) $\tan t$；　(2) $\dfrac{t}{2}$；　(3) $\dfrac{\cos t-\sin t}{\cos t+\sin t}$，$\sqrt{3}-2$.

习题 2.3

1. (1) $y''=9e^{3x-4}$；　(2) $y''=-3\dfrac{x^4+2x}{(1-x^3)^2}$；　(3) $y''=2(3\sec^4 x-2\sec^2 x)$；

(4) $y''=2\sin x+4x\cos x-x^2\sin x$；　(5) $y''=\dfrac{2e^{2x}(3-4x+2x^2)}{x^4}$；　(6) $\dfrac{-x}{\sqrt{(1+x^2)^3}}$.

2. 6000.

3. (1) $9x^4 f''(x^3)+6xf'(x^3)$；　(2) $\dfrac{f(x)f''(x)-[f'(x)]^2}{f^2(x)}$.

4. (1) $y^{(n)}=2^{n-1}\cos\left(2x+\dfrac{n\pi}{2}\right)$；　(2) $y'=\ln x+1, y^{(n)}=\dfrac{(-1)^n(n-2)!}{x^{n-1}}(n\geq 2)$；

(3) $(n+x)e^x$；　(4) $\dfrac{(-1)^n\cdot 2\cdot n!}{(1+x)^{n+1}}$；　(5) $f^{(n)}(x)=\dfrac{(-1)^n n!}{(x-2)^{n+1}}+\dfrac{(-1)^{n-1}n!}{(x-1)^{n+1}}$.

5. $f''(0)$ 不存在.

6. (1) $\dfrac{dy}{dx}=\dfrac{x+y}{x-y},\dfrac{d^2y}{dx^2}=\dfrac{2(x^2+y^2)}{(x-y)^3}$；　(2) $\dfrac{dy}{dx}\Big|_{x=0}=e$ 及 $\dfrac{d^2y}{dx^2}\Big|_{x=0}=2e^2$.

8. (1) $\dfrac{d^2y}{dx^2}=-\dfrac{b}{a^2\sin^3 t}$；　(2) $\dfrac{d^2y}{dx^2}=-\dfrac{3t^2+1}{4t^3}$.

习题 2.4

1. $\Delta y\Big|_{\substack{x=1\\ \Delta x=0.1}}=0.962, dy\Big|_{\substack{x=1\\ \Delta x=0.1}}=0.9$,

$\Delta y\Big|_{\substack{x=1\\ \Delta x=0.01}}=0.090602, dy\Big|_{\substack{x=1\\ \Delta x=0.01}}=0.09$.

2. (1) x^a；　(2) $-\cos x$；　(3) $\dfrac{-e^{-2x}}{2}$；　(4) $\dfrac{1}{3}\tan 3x$；　(5) $\ln|x+1|$；　(6) $2\sqrt{x}$；

(7) $\dfrac{1}{2}e^{x^2}$；　(8) $\ln|\ln x|$.

3. (1) $(\sin 2x+2x\cos x)dx$；　(2) $\dfrac{dx}{\sqrt{(1+x^2)^3}}$；　(3) $e^{-x}[\sin(3-x)-\cos(3-x)]dx$；

(4) $\dfrac{-\mathrm{sgn}x}{\sqrt{1-x^2}}\mathrm{d}x(x\neq 0)$；　(5) $8x\tan(1+2x^2)\sec^2(1+2x^2)\mathrm{d}x$；　(6) $\dfrac{-2x\mathrm{d}x}{1+x^4}$；

(7) $\dfrac{-2\mathrm{d}x}{3(1+x)\sqrt[3]{(1-x^2)(1-x)}}$；　(8) $2x^{2x}(\ln x+1)\mathrm{d}x$.

5. (1) 0.875；　(2) 5.04；　(3) 1.01；　(4) 0.06.

6. 1.12(g).

7. $\dfrac{y-\mathrm{e}^{x+y}}{\mathrm{e}^{x+y}-x}\mathrm{d}x$.

8. 5.81, 0.0241, 0.4%.

第2章总习题

1. (1) $-99!$；　(2) 1；　(3) $a=-1, b=-1, c=1$；　(4) $\dfrac{1}{4}$；　(5) $50\mathrm{km}\cdot\mathrm{h}^{-1}$.

2. (1) (C)；　(2) (C)；　(3) (A)；　(4) (B)；　(5) (B)；　(6) (D).

3. (1) $\dfrac{1}{2}\left[\dfrac{1-x^2}{x(1+x^2)}+\cot x\right]$；　(2) $\sin x\cdot\ln\tan x$；　(3) $\dfrac{\mathrm{e}^x}{\sqrt{1+\mathrm{e}^{2x}}}$；

(4) $x^{\frac{1}{x}-2}(1-\ln x)$.

4. (1) $n!+2^x(\ln 2)^n$；　(2) $\dfrac{1}{m}\left(\dfrac{1}{m}-1\right)\left(\dfrac{1}{m}-2\right)\cdots\left(\dfrac{1}{m}-n+1\right)(x+1)^{\frac{1}{m}-n}$.

5. $P(-1,1), 2x-y+3=0$.

6. $x+y=\dfrac{\sqrt{2}}{2}$.

7. (1) $f'(x)=\begin{cases}3x^2\sin\dfrac{1}{x}-x\cos\dfrac{1}{x}, & x\neq 0, \\ 0, & x=0;\end{cases}$　(2) 连续, 不可导.

8. 0.

9. 当 $a+b=1$ 时, $f(x)$ 在 R 上连续；当 $a=2, b=-1$ 时, $f(x)$ 在 R 上可导.

习题 3.1

1. $\xi=\dfrac{2}{3}$.

2. $\xi=\dfrac{1}{2}$ 或 $\xi=-\dfrac{1}{2}$.

3. $\xi=\dfrac{14}{9}$.

4. $f'(x)=0$ 在 $(1,2), (2,3), (3,4)$ 内各有一实根.

7. $f(x)=-56+21(x-4)+37(x-4)^2+11(x-4)^3+(x-4)^4$.

8. $f(x)=x+x^2+\dfrac{x^3}{2!}+\cdots+\dfrac{x^n}{(n-1)!}+o(x^n)$.

10. (1) $\dfrac{1}{3}$；　(2) $-\dfrac{1}{12}$.

12. (1) $f(x)=2+\dfrac{1}{4}(x-4)-\dfrac{1}{64}(x-4)^2+o[(x-4)^2]$.

(2) $f(x) = 2 + \frac{1}{4}(x-4) - \frac{1}{64}(x-4)^2 + \frac{1}{16}\xi^{-\frac{5}{2}}(x-4)^3$, ξ 介于 4 与 x 之间.

或 $f(x) = 2 + \frac{1}{4}(x-4) - \frac{1}{64}(x-4)^2 + \frac{1}{16}[4+\theta(x-4)]^{-\frac{5}{2}}(x-4)^3$, $\theta \in (0,1)$.

习题 3.2

1. (1) $\frac{m}{n}a^{m-n}$; (2) $\frac{1}{6}$; (3) $\frac{a}{b}$; (4) 1; (5) $-\frac{1}{8}$; (6) e; (7) 3; (8) 4;

 (9) 1; (10) 1; (11) -1; (12) 0; (13) $e^{-\frac{1}{2}}$; (14) 1; (15) 1; (16) 1;

 (17) 1; (18) $+\infty$.

3. 连续.

习题 3.3

1. (1) 单调递减; (2) 单调递增.

2. (1) $(-\infty, -1]$, $[3, +\infty)$ 为单增区间, $[-1, 3]$ 为单减区间;

 (2) $\left[\frac{1}{2}, +\infty\right)$ 为单增区间, $\left(-\infty, \frac{1}{2}\right)$ 为单减区间;

 (3) $(-\infty, 0]$ 为单减区间, $[0, +\infty)$ 单增区间;

 (4) $\left[-\frac{2}{5}, 0\right]$ 为单减区间, $\left(-\infty, -\frac{2}{5}\right)$ 与 $[0, +\infty)$ 单增区间.

4. (1) $(-1, +\infty)$ 为凸区间, 无拐点;

 (2) $(-\infty, +\infty)$ 为凹区间, 无拐点;

 (3) $\left(-\infty, -\frac{1}{2}\right]$ 为凸区间; $\left[-\frac{1}{2}, +\infty\right)$ 为凹区间; $\left(-\frac{1}{2}, 20\frac{1}{2}\right)$ 为拐点;

 (4) $(-\infty, 2]$ 为凸区间; $[2, +\infty)$ 为凹区间; $(2, 2e^{-2})$ 为拐点;

 (5) $(-\infty, 0)$ 为凸区间; $(0, +\infty)$ 为凹区间, 无拐点;

 (6) $(-\infty, 2]$ 为凸区间; $[2, +\infty)$ 为凹区间; $(2, 2)$ 为拐点.

6. $a = -\frac{3}{2}, b = \frac{9}{2}$.

7. $a = 1, b = -3, c = -24, d = 16$.

习题 3.4

1. (1) 极大值 $y|_{x=-1} = 17$, 极小值 $y|_{x=3} = -47$;

 (2) 极小值 $y|_{x=0} = 0$; (3) 极大值 $y|_{x=\frac{3}{4}} = \frac{5}{4}$;

 (4) 极大值 $f(-1) = 0$, 极小值为 $f(1) = -3\sqrt[3]{4}$;

 (5) 极大值 $y|_{x=-1} = 3$; (6) 极大值 $y|_{x=e} = e^{\frac{1}{e}}$.

2. $a = 2$, 极大值为 $f\left(\frac{\pi}{3}\right) = \sqrt{3}$.

3. (1) 最大值为 $y|_{x=2} = \ln 5$, 最小值为 $y|_{x=0} = 0$;

 (2) 最大值为 $y|_{x=3} = 11$, 最小值为 $y|_{x=-2} = -14$, $y|_{x=2} = -14$;

 (3) 最大值为 $f(-3) = 20$, 最小值为 $f(1) = 0, f(2) = 0$.

4. 最大值 $y|_{x=1}=\frac{1}{2}$.

5. $\varphi=\frac{2\sqrt{6}}{3}\pi$.

6. 2.72 小时.

7. 1800 元.

8. 长为 10m, 宽为 5m.

习题 3.5

1. (1) 水平渐近线 $y=0$, 铅垂渐近线 $x=-3$;
   (2) 水平渐近线 $y=1$, 铅垂渐近线 $x=0$;
   (3) 水平渐近线 $y=0$, 铅垂渐近线 $x=-1$;
   (4) 铅垂渐近线 $x=0$;
   (5) 水平渐近线 $y=0$, 铅垂渐近线 $x=1$;
   (6) 铅垂渐近线 $x=-2$, 斜渐近线 $y=x-2$.

习题 3.6

1. $C(120)=2800$, $C'(120)=30$.

2. $R(100)=14900$ 元, $R'(100)=148$ 元.

3. (1) $L'(p)=80000-2000p$;　(2) 当 $p=10$ 元时价格上涨 1%, 收益增加了 0.8%.

4. $\left.\frac{ED}{Ep}\right|_{p=4}=-\frac{32}{59}=-0.54$; $\left.\frac{ER}{Ep}\right|_{p=4}=\frac{27}{59}=0.46$.
   实际含义是: 在 $p=4$ 时当价格上涨 1% 时, 需求量减少 0.54%, 收益增加 0.46%.

5. $\left.\frac{ES}{Ep}\right|_{p=3}=\frac{9}{11}=0.82$, 实际含义是: 在 $p=3$ 时当价格上涨 1% 时, 市场供给量增加 0.82%.

6. 250 单位.

第 3 章总习题

1. (1) (B);　(2) (C);　(3) (C);　(4) (D);　(5) (B).

2. (1) 2;　(2) $y=0, y=-1, x=0$;　(3) 1.

3. $f(x)=|x|, x\in[-1,1]$.

4. ak.

10. (1) 1;　(2) $-\frac{1}{2}$;　(3) $-\frac{1}{6}$;　(4) $\prod_{i=1}^{n}a_i$;　(5) $\frac{1}{2}$;　(6) e.

12. (提示: 求 $f(x)=x^{\frac{1}{x}}(x>0)$ 最大值) $3^{\frac{1}{3}}$.

13. 纵坐标最大和最小的点分别为 $(1,2)$ 和 $(-1,-2)$.

15. $a=g'(0)$, 可导.

17. $a=\frac{1}{2}, b=1$.

18. $f(\mathrm{e}^{-1})=\mathrm{e}^{-2\mathrm{e}^{-1}}$ 为极小值, $f(0)=1$ 为极大值.

习题 4.1

1. (1) $\frac{2}{7}x^{\frac{7}{2}}+C$;　　(2) $-\frac{3}{\sqrt[3]{x}}+C$;

(3) $e^x - 3\sin x + C$;

(4) $\frac{1}{3}x^3 - x + \arctan x + C$;

(5) $\arcsin x + C$;

(6) $\frac{2^x}{\ln 2} + \frac{1}{3}x^3 + C$;

(7) $x^3 + \arctan x + C$;

(8) $\frac{8}{15}x^{\frac{15}{8}} + C$;

(9) $e^x - 2\sqrt{x} + C$;

(10) $-\frac{1}{x} - \arctan x + C$;

(11) $\frac{3^x e^x}{\ln 3 + 1} + C$;

(12) $2x - \dfrac{5\left(\frac{2}{3}\right)^x}{\ln 2 - \ln 3} + C$;

(13) $-\cot x - x + C$;

(14) $\tan x - \cot x + C$;

(15) $\frac{1}{2}(x - \sin x) + C$;

(16) $\frac{1}{2}\tan x + C$;

(17) $\sin x - \cos x + C$;

(18) $\tan x - \sec x + C$.

2. $f(x)$ 为 $\int \frac{1}{\sqrt{x}} dx = 2\sqrt{x} + C$.

3. $\frac{1}{x(1+x^2)}$.

4. $\frac{4}{3}x^{\frac{3}{4}} + C$.

5. $y = \ln x + 1$.

6. (1) 27m; (2) $\sqrt[3]{360} \approx 7.11$s.

7. (1) $y(x) = -0.44x^2 + 15.92x + 3612$;

(2) 当 $x = 18\frac{1}{11}$ 时,产量最高,最高产量约为 3756kg.

习题 4.2

1. (1) $\frac{1}{2}$; (2) $\frac{1}{3}$; (3) $-\frac{1}{2}$; (4) $\frac{1}{12}$; (5) $\frac{1}{10}$; (6) $\frac{1}{\lambda}$; (7) $-\frac{2}{3}$; (8) $\frac{1}{2}$;

(9) 1; (10) $\frac{1}{5}$; (11) 2; (12) $\frac{1}{2}$.

2. (1) $-\frac{1}{6}(1-x)^6 + C$;

(2) $\frac{2}{9}(2+3x)^{\frac{3}{2}} + C$;

(3) $\frac{1}{a}\ln|ax+b| + C$;

(4) $-2\cos\sqrt{x} + C$;

(5) $\frac{1}{11}\tan^{11}x + C$;

(6) $\ln|\ln\ln x| + C$;

(7) $\arctan e^x + C$;

(8) $\frac{x^2}{2} - \frac{9}{2}\ln(x^2+9) + C$;

(9) $\frac{1}{3}\ln\left|\frac{x-2}{x+1}\right| + C$;

(10) $\frac{1}{4}\arctan\frac{2x+1}{2} + C$;

(11) $-\frac{1}{3}(2-3x^2)^{\frac{1}{2}} + C$;

(12) $-\frac{1}{2}(\sin x - \cos x)^{-2} + C$;

(13) $-\dfrac{1}{3\omega}\cos^3(\omega t)+C$;

(14) $\sin x-\dfrac{\sin^3 x}{3}+C$;

(15) $e^{\sin x}+C$;

(16) $\dfrac{1}{2}\cos x-\dfrac{1}{10}\cos 5x+C$;

(17) $\ln|\tan x|+C$;

(18) $\dfrac{10^{\arcsin x}}{\ln 10}+C$;

(19) $-\ln|\cos\sqrt{1+x^2}|+C$;

(20) $(\arctan\sqrt{x})^2+C$;

(21) $\dfrac{1}{2}\ln^2(x+\sqrt{1+x^2})+C$;

(22) $\begin{cases}\dfrac{(x\ln x)^{p+1}}{p+1}+C, & p\neq-1\\ \ln|x\ln x|+C, & p=-1\end{cases}$;

(23) $\dfrac{1}{2}\ln\dfrac{|x|}{\sqrt[4]{x^4+2}}+C$;

(24) $\dfrac{1}{2}\arcsin\dfrac{2x}{3}+\dfrac{1}{4}\sqrt{9-4x^2}+C$;

(25) $\sqrt{x^2-9}-3\arccos\dfrac{3}{|x|}+C$;

(26) $\dfrac{a^2}{2}\left(\arcsin\dfrac{x}{a}-\dfrac{x}{a^2}\sqrt{a^2-x^2}\right)+C$;

(27) $\sqrt{2x}-\ln(1+\sqrt{2x})+C$;

(28) $\dfrac{1}{2}\arctan x-\dfrac{x}{2(1+x^2)}+C$;

(29) $\dfrac{1}{2}\ln\dfrac{2-\sqrt{4-x^2}}{|x|}+C$;

(30) $\arccos\dfrac{1}{|x|}+C$;

(31) $-\dfrac{1}{\sqrt{2}}\arctan\dfrac{\sqrt{1-x^2}}{\sqrt{2}x}+C$;

(32) $\dfrac{1}{2}(\ln\tan x)^2+C$;

(33) $\dfrac{1}{3}\sec^3 x-\sec x+C$;

(34) $\dfrac{1}{2}\arcsin x+\dfrac{1}{2}\ln|x+\sqrt{1-x^2}|+C$;

(35) $-\dfrac{\sqrt{x^2+a^2}}{a^2 x}+C$;

(36) $\ln\dfrac{\sqrt{1+e^x}-1}{\sqrt{1+e^x}+1}+C$;

(37) $\dfrac{1}{3}\ln(3x+\sqrt{9x^2-4})+C$;

(38) $\dfrac{5}{2}\arcsin\dfrac{x+2}{\sqrt{5}}+\dfrac{x+2}{2}\sqrt{1-4x-x^2}+C$.

3. $f(x)=2(x+1)^{\frac{1}{2}}-1$.

4. $-\dfrac{1}{2}(1-x^2)^2+C$.

习题 4.3

1. (1) $x\arctan x-\dfrac{1}{2}\ln(1+x^2)+C$;

(2) $-x\cos x+\sin x+C$;

(3) $x(\ln x-1)+C$;

(4) $\dfrac{1}{2}(x^2-1)\ln(x-1)-\dfrac{1}{4}x^2-\dfrac{1}{2}x+C$;

(5) $-\dfrac{1}{2}x^2+x\tan x+\ln|\cos x|+C$;

(6) $-e^{-x}(x+1)+C$;

(7) $\dfrac{1}{2}e^{-x}(\sin x-\cos x)+C$;

(8) $-x^2\cos x+2x\sin x+2\cos x+C$;

(9) $-\dfrac{1}{4}x\cos 2x+\dfrac{1}{8}\sin 2x+C$;

(10) $e^x\ln x+C$;

(11) $\dfrac{1}{2}x[\sin(\ln x)-\cos(\ln x)]+C$;

(12) $-\frac{1}{2}(x^2-1)\cos 2x+\frac{1}{2}x\sin 2x+\frac{1}{4}\cos 2x+C;$

(13) $2e^{\sqrt{x}}(\sqrt{x}-1)+C;$ (14) $2x\sin\frac{x}{2}+4\cos\frac{x}{2}+C;$

(15) $\frac{e^x}{2}-\frac{e^x}{10}(2\sin 2x+\cos 2x)+C;$ (16) $-\frac{1}{x}(\ln^3 x+3\ln^2 x+6\ln x+6)+C;$

(17) $-e^{-x}\ln(e^x+1)-\ln(e^{-x}+1)+C;$

(18) $x\arctan x-\frac{\ln(1+x^2)}{2}-\frac{(\arctan x)^2}{2}+C;$

(19) $\frac{1}{2}(x^2-1)\ln\frac{1+x}{1-x}+x+C;$ (20) $\sin x \cdot \ln x+C.$

2. $-2x^2 e^{-x^2}-e^{-x^2}+C.$

3. $I_n=\frac{1}{n-1}\tan^{n-1}x-I_{n-2}.$

习题 4.4

(1) $-\frac{1}{7(x-1)^7}-\frac{1}{4(x-1)^8}-\frac{1}{9(x-1)^9}+C;$

(2) $\ln\left(\frac{x+3}{x+2}\right)^2-\frac{3}{x+3}+C;$

(3) $\frac{1}{3}x^3+\frac{1}{2}x^2+x+8\ln|x|-4\ln|x+1|-3\ln|x-1|+C;$

(4) $-\frac{1}{2}\ln\frac{x^2+1}{x^2+x+1}+\frac{\sqrt{3}}{3}\arctan\frac{2x+1}{\sqrt{3}}+C;$

(5) $\frac{2}{5}\ln|2x+1|-\frac{1}{5}\ln(x^2+1)+\frac{1}{5}\arctan x+C;$

(6) $x+3\ln\left|\frac{x-3}{x-2}\right|+C;$ (7) $-\frac{1}{x-2}-\arctan(x-2)+C;$

(8) $\frac{1}{\sqrt{2}}\arctan\frac{\tan\frac{x}{2}}{\sqrt{2}}+C;$ (9) $\frac{2}{\sqrt{3}}\arctan\frac{2\tan\frac{x}{2}+1}{\sqrt{3}}+C;$

(10) $\frac{1}{\sqrt{3}}\arctan\frac{\tan x}{\sqrt{3}}+C;$ (11) $\frac{1}{\sqrt{5}}\arctan\frac{3\tan\frac{x}{2}+1}{\sqrt{5}}+C;$

(12) $\frac{1}{4}\tan^2\frac{x}{2}+\tan\frac{x}{2}+\frac{1}{2}\ln\left|\tan\frac{x}{2}\right|+C;$ (13) $6(\sqrt[6]{x}-\arctan\sqrt[6]{x})+C;$

(14) $a\arcsin\frac{x}{a}-\sqrt{a^2-x^2}+C;$ (15) $4\ln\left(\frac{\sqrt{x+3}+\sqrt{x-1}}{\sqrt{x+3}-\sqrt{x-1}}\right)+C;$

(16) $\ln\left|\frac{\sqrt{1-x}-\sqrt{1+x}}{\sqrt{1-x}+\sqrt{1+x}}\right|+2\arctan\sqrt{\frac{1-x}{1+x}}+C$ 或 $\ln\frac{1-\sqrt{1-x^2}}{|x|}-\arcsin x+C;$

(17) $2(\sqrt{x-1}-\arctan\sqrt{x-1})+C;$ (18) $-\frac{3}{2}\sqrt[3]{\frac{x+1}{x-1}}+C.$

习题 4.5

(1) $\frac{1}{2}\ln|2x+\sqrt{4x^2-9}|+C;$ (2) $\ln[(x-2)+\sqrt{5-4x+x^2}]+C;$

(3) $\dfrac{x}{2}\sqrt{3x^2-2}-\dfrac{\sqrt{3}}{3}\ln|\sqrt{3}x+\sqrt{3x^2-2}|+C$;

(4) $\left(\dfrac{x^2}{2}-1\right)\arcsin\dfrac{x}{2}+\dfrac{x}{4}\sqrt{4-x^2}+C$;   (5) $-\dfrac{\cos x}{2\sin^2 x}+\dfrac{1}{2}\ln\left|\tan\dfrac{x}{2}\right|+C$;

(6) $-\dfrac{\sin 8x}{16}+\dfrac{\sin 2x}{4}+C$;   (7) $\dfrac{1}{x}+\ln\left|\dfrac{x-1}{x}\right|+C$;

(8) $\dfrac{x}{2(1+x^2)}+\dfrac{\arctan x}{2}+C$;   (9) $\dfrac{1}{9}\left(\ln|2+3x|+\dfrac{2}{2+3x}\right)+C$;

(10) $\dfrac{x(x^2-1)\sqrt{x^2-2}}{4}-\dfrac{1}{2}\ln|x+\sqrt{x^2-2}|+C$;

(11) $\dfrac{\sqrt{2x-1}}{x}+2\arctan\sqrt{2x-1}+C$;   (12) $\dfrac{1}{12}x^3-\dfrac{25}{16}x+\dfrac{125}{32}\arctan\dfrac{2x}{5}+C$;

(13) $\dfrac{1}{\sqrt{21}}\ln\left|\dfrac{\sqrt{3}\tan\dfrac{x}{2}+\sqrt{7}}{\sqrt{3}\tan\dfrac{x}{2}-\sqrt{7}}\right|+C$;   (14) $x\ln^3 x-3x\ln^2 x+6x\ln x-6x+C$;

(15) $\dfrac{e^{2x}}{5}(\sin x+2\cos x)+C$;

(16) $\dfrac{x}{2}\sqrt{2x^2+9}+\dfrac{9\sqrt{2}}{4}\ln(\sqrt{2}x+\sqrt{2x^2+9})+C$.

第 4 章总习题

1. (1) $e^{e^x}+C$;   (2) $-\ln(1+\sqrt{4-x^2})+C$;   (3) $\dfrac{1}{6}\sqrt{(2x-1)^3}+\dfrac{3}{2}\sqrt{2x-1}+C$;

   (4) $\dfrac{1}{x}+C$;   (5) $2\sqrt{x}+C$.

2. (1) (C);   (2) (B);   (3) (B);   (4) (C);   (5) (A).

3. (1) (提示:利用原函数的连续性确定积分常数 C) $\displaystyle\int f(x)\,dx=\begin{cases} x+C, & x<0, \\ \dfrac{1}{2}x^2+x+C, & 0\leqslant x\leqslant 1, \\ x^2+\dfrac{1}{2}+C, & x>1; \end{cases}$

   (2) (提示:先求出 $f(x)$) $\arctan[\arctan(\sin x)]+C$.

4. (1) $x\ln(1+x^2)-2x+2\arctan x+C$;   (2) $\dfrac{e^x}{1+x}+C$;

   (3) $x\tan\dfrac{x}{2}+C$;   (4) $2\sqrt{e^x-1}-2\arctan\sqrt{e^x-1}+C$;

   (5) $\ln|\tan x|-\dfrac{1}{2\sin^2 x}+C$;

   (6) $\dfrac{1}{2}(\sin x-\cos x)-\dfrac{\sqrt{2}}{4}\ln\left|\csc\left(x+\dfrac{\pi}{4}\right)-\cot\left(x+\dfrac{\pi}{4}\right)\right|+C$;

   (7) $\arctan(e^x-e^{-x})+C$;   (8) $\dfrac{\sqrt{1+x^2}}{x}-\dfrac{\sqrt{(1+x^2)^3}}{3x^3}+C$;

   (9) $e^{\sin x}(x-\sec x)+C$;

(10) $-\dfrac{1}{3}\sqrt{1-x^2}(x^2+2)\arccos x - \dfrac{1}{9}x(x^2+6)+C$;

(11) $\ln(1+\sqrt{1-x^2})-\sqrt{1-x^2}+C$;

(12) $x\ln^2(x+\sqrt{1+x^2})-2\sqrt{1+x^2}\ln(x+\sqrt{1+x^2})+2x+C$;

(13) $\dfrac{1}{2}(\sec x+\ln|\csc x-\cot x|)+C$;

(14) $\dfrac{x}{\sqrt{1+x^2}}\ln x - \ln(x+\sqrt{1+x^2})+C$.

5. $f(x)=\dfrac{\sin^2 2x}{\sqrt{x-\frac{1}{4}\sin 4x+1}}$ (提示:先求出 $F(x)$)

6. $x-(e^{-x}+1)\ln(1+e^x)+C$.

7. $\dfrac{1}{4}\cos 2x - \dfrac{\sin 2x}{4x}+C$.

习题 5.1

1. $m=\displaystyle\int_{T_0}^{T_1} v(t)\mathrm{d}t$.

2. $\dfrac{1}{2}$.

3. (1) 0; (2) 8π.

4. $A=-\displaystyle\int_0^1 x(x-1)(2-x)\mathrm{d}x+\int_1^2 x(x-1)(2-x)\mathrm{d}x$.

5. $\displaystyle\int_0^1 x^p \mathrm{d}x$.

6. (1) $\displaystyle\int_1^2 x\mathrm{d}x \leqslant \int_1^2 x^2\mathrm{d}x$; (2) $\displaystyle\int_0^1 x\mathrm{d}x \geqslant \int_0^1 \ln(1+x)\mathrm{d}x$.

7. (1) $2\leqslant \displaystyle\int_1^2 (x^2+1)\mathrm{d}x \leqslant 5$; (2) $-1\leqslant \displaystyle\int_1^0 e^{x^2-x}\mathrm{d}x \leqslant -e^{-\frac{1}{4}}$.

8. 0.

习题 5.2

1. -1.

2. 4.

3. $\dfrac{\mathrm{d}y}{\mathrm{d}x}=e^{-y}(3x^2\cos x^3 - 2x\cos x^2)$.

4. (1) $\dfrac{1}{2}$; (2) 2.

6. 9.

7. $f'(x)=3^x\ln 3 \cdot \displaystyle\int_0^x 3^t \mathrm{d}t + 3^{2x}$.

8. (1) $\dfrac{21}{8}$; (2) $\dfrac{271}{6}$; (3) $\dfrac{\pi}{6}$; (4) $\dfrac{\pi}{3}$; (5) $1+\dfrac{\pi}{4}$; (6) -1;

(7) $1-\dfrac{1}{\sqrt{3}}-\dfrac{\pi}{12}$; (8) 4.

9. 最小值 $\Phi(-1)=-\dfrac{5}{6}$,最大值 $\Phi(0)=0$.

10. $\dfrac{2}{3}$.

11. $\Phi(x)=\begin{cases} 0, & x<0, \\ \dfrac{1}{2}(1-\cos x), & 0\leqslant x\leqslant \pi, \\ 1, & x>\pi. \end{cases}$

12. $f(x)=x^2+\dfrac{2}{3}x-\dfrac{4}{3}$.

习题 5.3

1. (1) $\dfrac{\pi}{6}-\dfrac{\sqrt{3}}{8}$; (2) $\pi-\dfrac{4}{3}$; (3) 1; (4) $2\ln 3$; (5) $\dfrac{\pi}{2}$; (6) $2(\sqrt{3}-1)$;

   (7) $\arctan e-\dfrac{\pi}{4}$; (8) $\dfrac{2}{3}$; (9) $\dfrac{1}{930}$; (10) $\sqrt{2}-\dfrac{2}{3}\sqrt{3}$; (11) $\dfrac{a^4}{16}\pi$; (12) $\dfrac{\pi}{4}$.

2. (1) $1-2e^{-1}$; (2) $\dfrac{1}{4}(e^2+1)$; (3) $\dfrac{\pi}{4}-\dfrac{1}{2}\ln 2$; (4) $\dfrac{1}{5}(e^\pi-2)$;

   (5) $\dfrac{1}{2}(e\sin 1-e\cos 1+1)$; (6) $2-\dfrac{2}{e}$.

3. $J_n=\begin{cases} \dfrac{(2m-1)!!}{(2m)!!}\cdot\dfrac{\pi^2}{2}, & n=2m, \\ \dfrac{(2m)!!}{(2m+1)!!}\cdot\pi, & n=2m+1, \end{cases}$ $m\geqslant 1$ 为正整数.

4. (1) $\dfrac{3}{2}\pi$; (2) 0; (3) $\dfrac{\pi^3}{324}$; (4) $\ln 3$.

7. $\dfrac{\pi}{2}$.

8. 2.

9. $\sin 1+\cos 1-\dfrac{2}{3}$.

习题 5.4

1. (1) 发散; (2) 发散; (3) $\dfrac{1}{2}$; (4) $\dfrac{1}{\ln a}$; (5) $\dfrac{\pi}{2}$; (6) 发散; (7) 2; (8) π;

   (9) 2; (10) $\dfrac{\pi}{2}$; (11) $\dfrac{3}{128}$; (12) 240.

2. $k>1$ 时收敛; $k\leqslant 1$ 时发散.

3. $\dfrac{105}{16}\sqrt{\pi}$.

4. $\sqrt{2\pi}$.

习题 5.5

1. (1) $\dfrac{1}{2}$； (2) $\dfrac{3}{2}-\ln 2$； (3) $e+\dfrac{1}{e}-2$； (4) 1； (5) $\dfrac{32}{3}$； (6) $\dfrac{\pi}{2}-\dfrac{1}{3}$.

2. $\dfrac{9}{4}$.

3. (1) $\dfrac{3}{8}\pi a^2$； (2) πa^2； (3) a^2.

4. $\dfrac{5}{4}\pi$.

5. $\dfrac{4\sqrt{3}}{3}R^3$.

6. (1) $V_x=\dfrac{128}{7}\pi$, $V_y=\dfrac{64}{5}\pi$； (2) $V_x=\dfrac{16}{3}\pi$, $V_y=\pi$.

7. $\dfrac{\pi}{2}$.

8. $20\ln(P+1)+1000$.

9. 236.

10. $N(t)=N_0 e^{k(\sigma-\sigma_0)t}$.

11. $C(x)=0.2x^2-12x+500$； $L(x)=-0.2x^2+32x-500$； 80.

习题 5.6

1. 0.499.

2. 矩形法 0.7188 或 0.6688； 梯形法 0.6938.

第 5 章总习题

1. (1) π； (2) $\dfrac{2}{3}(2\sqrt{2}-1)$； (3) $-\dfrac{2}{3}$； (4) $\dfrac{\pi}{4}$； (5) $\dfrac{11}{2}$.

2. (1) (B)； (2) (B)； (3) (D)； (4) (B)； (5) (A).

3. (1) $\dfrac{\pi}{2}$； (2) $\dfrac{\pi}{8}\ln 2$； (3) $\dfrac{\pi}{4}$； (4) $2\sqrt{2}-2$； (5) $\dfrac{\pi}{2\sqrt{2}}$； (6) 发散.

4. -2.

7. $\dfrac{e}{2}$.

8. (提示:增设广告,一年总销售额为 $\int_0^{12} 100 e^{0.02t}dt \approx 1355$ 万元) 约 4.5 万元.

9. $\dfrac{\pi}{4}(1-3e^{-2})$.

10. $\sqrt{1-\dfrac{1}{\sqrt[3]{4}}}$.

习题 6.1

1. (1) $(2,-1,-3)$, 5； (2) 7 或 -5.

2. (1) (B)； (2) (A).

3. $(x-1)^2+(y-3)^2+(z+2)^2=14$.

4. (1) 圆,圆柱面； (2) 椭圆,椭圆柱面； (3) 抛物线,抛物柱面； (4) 直线,平面.

5. (1) $y=4(x^2+z^2)$； (2) $\dfrac{x^2}{a^2}+\dfrac{y^2}{b^2}+\dfrac{z^2}{b^2}=1$.

习题 6.2

1. $(xt)^2+(yt)^2-t^2xy\tan\dfrac{x}{y}$ 或 $t^2f(x,y)$.

2. (1) $D=\{(x,y)\,|\,1<\sqrt{x^2+y^2}\leqslant 3\}$； (2) $D=\{(x,y)\,|\,x\geqslant 0, 0\leqslant y\leqslant x^2\}$.

4. (1) 1； (2) $-\dfrac{1}{4}$； (3) 2； (4) 2； (5) 1； (6) 0.

6. (1) $\{(x,y)\,|\,y^2=2x\}$； (2) $(0,0)$.

习题 6.3

1. (1) $\dfrac{\partial z}{\partial x}=-\dfrac{y}{x^2}$, $\dfrac{\partial z}{\partial y}=\dfrac{y^2-x}{xy^2}$；

   (2) $\dfrac{\partial z}{\partial x}=\dfrac{2}{y}\csc\dfrac{2x}{y}$, $\dfrac{\partial z}{\partial y}=-\dfrac{2x}{y^2}\csc\dfrac{2x}{y}$；

   (3) $\dfrac{\partial z}{\partial x}=y^2(1+xy)^{y-1}$, $\dfrac{\partial z}{\partial y}=(1+xy)^y\left[\ln(1+xy)+\dfrac{xy}{1+xy}\right]$；

   (4) $\dfrac{\partial z}{\partial x}=y(\cos xy-\sin 2xy)$, $\dfrac{\partial z}{\partial y}=x(\cos xy-\sin 2xy)$；

   (5) $\dfrac{\partial u}{\partial x}=\dfrac{-y}{x^2}-\dfrac{1}{z}$, $\dfrac{\partial u}{\partial y}=\dfrac{1}{x}-\dfrac{z}{y^2}$, $\dfrac{\partial u}{\partial z}=\dfrac{1}{y}+\dfrac{x}{z^2}$；

   (6) $\dfrac{\partial u}{\partial x}=\dfrac{x}{x^2+y^2+z^2}$, $\dfrac{\partial u}{\partial y}=\dfrac{y}{x^2+y^2+z^2}$, $\dfrac{\partial u}{\partial z}=\dfrac{z}{x^2+y^2+z^2}$.

2. (1) $\dfrac{\partial^2 z}{\partial x^2}=12x^2-8y^2$, $\dfrac{\partial^2 z}{\partial y^2}=12y^2-8x^2$, $\dfrac{\partial^2 z}{\partial x\partial y}=\dfrac{\partial^2 z}{\partial y\partial x}=-16xy$；

   (2) $\dfrac{\partial^2 z}{\partial x^2}=y^x\ln^2 y$, $\dfrac{\partial^2 z}{\partial y^2}=x(x-1)y^{x-2}$, $\dfrac{\partial^2 z}{\partial x\partial y}=\dfrac{\partial^2 z}{\partial y\partial x}=y^{x-1}(x\ln y+1)$.

3. $\dfrac{\partial^3 z}{\partial x^2\partial y}=0$, $\dfrac{\partial^3 z}{\partial x\partial y^2}=-\dfrac{1}{y^2}$.

4. $\dfrac{\pi}{4}$

习题 6.4

1. (1) $\left(\dfrac{1}{y}+y\right)dx+\left(x-\dfrac{x}{y^2}\right)dy$；

   (2) $\dfrac{-xy}{\sqrt{(y^2+x^2)^3}}dx+\dfrac{x^2}{\sqrt{(y^2+x^2)^3}}dy$；

   (3) $y\cos(x+y)dx+[\sin(x+y)+y\cos(x+y)]dy$；

   (4) $e^{yz}dx+(1+xze^{yz})dy+(xye^{yz}-e^{-z})dz$.

2. $0.25e$.

3. 1.08.

4. 体积减小约 94.2cm^3.

习题 6.5

1. (1) $\dfrac{\partial z}{\partial x}=4x, \dfrac{\partial z}{\partial y}=4y$;

   (2) $\dfrac{\partial z}{\partial x}=\dfrac{2x\ln(3x-2y)}{y^2}+\dfrac{3x^2}{y^2(3x-2y)}, \dfrac{\partial z}{\partial y}=\dfrac{-2x^2\ln(3x-2y)}{y^3}-\dfrac{2x^2}{y^2(3x-2y)}$;

   (3) $\dfrac{\partial z}{\partial x}=4x+2xy^2, \dfrac{\partial z}{\partial y}=4y+2x^2 y$.

2. $e^{\sin t-2t^3}(\cos t-6t^2)$.

3. $\dfrac{\partial z}{\partial x}=f_1'+f_2'y, \dfrac{\partial z}{\partial y}=f_1'+f_2'x$.

4. $\dfrac{\partial^2 z}{\partial x^2}=f_{11}''+\dfrac{2}{y}f_{21}''+\dfrac{1}{y^2}f_{22}'', \dfrac{\partial^2 z}{\partial y^2}=\dfrac{x^2}{y^4}f_{22}''+\dfrac{2x}{y^3}f_2', \dfrac{\partial^2 z}{\partial x\partial y}=-\dfrac{x}{y^2}f_{12}''-\dfrac{1}{y^2}f_2'-\dfrac{x}{y^3}f_{22}''$

5. $\dfrac{y^2-e^x}{\cos y-2xy}$.

6. $\dfrac{z}{x+z}, \dfrac{z^2}{y(x+z)}$.

7. $\dfrac{(1-z)^2+x^2}{(1-z)^3}, \dfrac{xy}{(1-z)^3}$.

10. $\dfrac{\partial^2 u}{\partial x^2}=y^2 f_{11}''+2yz f_{13}''+z^2 f_{33}''$,

    $\dfrac{\partial^2 u}{\partial x\partial y}=f_1'+yx f_{11}''+yz f_{12}''+zx f_{13}''+z^2 f_{32}''$.

习题 6.6

1. 极小值 $f(1,0)=-1$.

2. $a=-5$.

3. 极大值 $f\left(\dfrac{1}{2},\dfrac{1}{2}\right)=\dfrac{1}{4}$.

4. 当长、宽、高都为 $\dfrac{\sqrt{6}}{6}a$ 时,长方体最大体积为 $\dfrac{\sqrt{6}}{36}a^3$.

5. 当长、宽分别为 $\dfrac{2p}{3}, \dfrac{p}{3}$ 时,绕它的短边旋转得的圆柱体体积最大.

6. $\left(\dfrac{8}{5},\dfrac{16}{5}\right)$.

7. 当长、宽、高都为 $\dfrac{2}{\sqrt{3}}a$ 时,长方体体积最大.

8. $x=120, y=80$.

9. $z_{\max}=f(\sqrt{2},\sqrt{2})=2\sqrt{2}+2, z_{\min}=f(-\sqrt{2},-\sqrt{2})=-2\sqrt{2}+2$.

习题 6.7

1. $I=4I_1$.

2. (1) $\iint\limits_{D}(x+y)^2 d\sigma \geq \iint\limits_{D}(x+y)^3 d\sigma$; (2) $\iint\limits_{D}\sqrt[3]{x^2+y^2}d\sigma \leq \iint\limits_{D}\sqrt{x^2+y^2}d\sigma$.

4. (1) $\int_0^1 dx \int_x^1 f(x,y)dy$; (2) $\int_0^4 dx \int_{\frac{x}{2}}^{\sqrt{x}} f(x,y)dy$;

(3) $\int_0^1 dy \int_{2-y}^{1+\sqrt{1-y^2}} f(x,y)dx$; (4) $\int_0^1 dy \int_{e^y}^{e} f(x,y)dx$.

6. (1) $\dfrac{9}{4}$; (2) $\dfrac{1-e^{-1}}{2}$; (3) $\dfrac{6}{55}$; (4) $\dfrac{1}{5}$.

7. (1) $\dfrac{1-\cos 1}{2}$; (2) $\dfrac{3(e-1)}{2}$; (3) $\dfrac{1}{3}(\sqrt{2}-1)$; (4) 4.

8. $f(x,y)=xy+0.125$.

9. (1) $\dfrac{3\pi}{4}a^4$; (2) $\dfrac{1}{6}a^3[\sqrt{2}+\ln(1+\sqrt{2})]$; (3) $\sqrt{2}-1$; (4) $\dfrac{\pi}{8}a^4$.

10. (1) $\dfrac{19}{96}$; (2) $\dfrac{\pi}{2}(b^4-a^4)$; (3) $\pi(e^4-1)$; (4) $\dfrac{\pi}{4}(2\ln 2-1)$; (5) $\dfrac{2}{3}$.

11. $\dfrac{4}{3}$.

12. $\dfrac{\pi}{2}$.

13. (1) $\dfrac{1}{2}$; (2) π.

第 6 章总习题

1. (1) $yf''(xy)+\varphi'(x+y)+y\varphi''(x+y)$; (2) 5; (3) 1; (4) $\dfrac{41}{2}\pi$; (5) $\dfrac{2}{3}$.

2. (1) (C); (2) (C); (3) (B); (4) (A).

3. $e^{-1}dx+0dy$.

5. $\left(\dfrac{4}{5}, \dfrac{3}{5}, \dfrac{35}{12}\right)$.

6. (1) $\dfrac{\pi}{4}a^4+4\pi a^2$; (2) πa^3; (3) $-\dfrac{2}{3}$; (4) $\dfrac{46}{15}$.

7. 连续,偏导数存在,不可微.

8. $f(x,y)=y^2+xy+1$.

9. 6π.

12. $z_{\max}=f(0,2)=8$, $z_{\min}=f(0,0)=0$.

习题 7.1

1. (1) 一阶; (2) 二阶; (3) 三阶; (4) 一阶; (5) 五阶.

2. (1) 不是解; (2) 是通解; (3) 是通解; (4) 是通解; (5) 是通解; (6) 是解,不是通解.

3. $y'=yx$.

4. $y=\dfrac{1}{x}\left(\dfrac{\pi}{2}-\cos x\right)$.

5. $y=(4+2x)e^{-x}$.

6. $\frac{x^2}{2}+x+C$.

7. (1) $y'=x^2$；　(2) $yy'+2x=0$.

8. $\frac{dN}{dt}=kN$.

习题 7.2

1. (1) $y=e^{Cx}$；　(2) $\arcsin y=\arcsin x+C$；　(3) $y^{-1}=a\ln|x+a-1|+C$；
   (4) $\tan x\tan y=C$；　(5) $10^{-y}+10^x=C$；　(6) $3x^4+4(y+1)^3=C$；
   (7) $(x-4)y^4=Cx$；　(8) $e^{-y}=1-Cx$.

2. (1) $e^y=\frac{1}{2}(1+e^{2x})$；　(2) $\cos x-\sqrt{2}\cos y=0$；　(3) $\ln y=\tan\frac{x}{2}$；
   (4) $(1+e^x)\sec y=2\sqrt{2}$.

3. (1) $y+\sqrt{y^2-x^2}=Cx^2$；　(2) $\ln\frac{y}{x}=Cx+1$；
   (3) $y^3=y^2-x^2$；　(4) $y^2=2x^2(\ln x+2)$.

4. (1) $(x-y)^2+2x=C$(提示：令 $v=x-y$)；　(2) $xy=e^{Cx}$(提示：令 $v=xy$)；
   (3) $x+3y+2\ln|x+y-2|=C$(提示：令 $v=x+y$).

5. $x^2+y^2=1$.

6. $M=M_0 e^{-kt}$.

7. $v=\frac{mg}{k}(1-e^{-\frac{k}{m}t})$ (提示：根据牛顿第二运动定律，合力 $F=ma=m\frac{dv}{dt}$).

8. $x=x_0 e^{p^3}$.

9. $y=\dfrac{5000}{1+\dfrac{23}{2}e^{-5000n}}$.

10. $P=20-12e^{-2t}$.

习题 7.3

1. (1) $y=e^{-x}(x+C)$；　(2) $y=2+Ce^{-x^2}$；　(3) $y=e^{-\sin x}(x+C)$；
   (4) $y=C\cos x-2\cos^2 x$；　(5) $y=\dfrac{\sin x+C}{x^2-1}$；　(6) $xy^3=Cy-1$.

2. (1) $y=\dfrac{\pi-1-\cos x}{x}$；　(2) $y\sin x+5e^{\cos x}=1$；　(3) $y=\dfrac{x}{\cos x}$；
   (4) $2y=x^3\left(1-e^{\frac{1}{x^2}-1}\right)$.

3. $y=2(e^x-x-1)$.

4. $y=\frac{3}{5}\left(x^2-x^{-\frac{1}{2}}\right)$.

5. (1) $\frac{1}{y}=Ce^{-\frac{3}{2}x^2}-\frac{1}{3}$；　(2) $\frac{1}{y^4}=\frac{1}{4}(1+3e^{-4x})-x$.

6. $Q(t)=\frac{m}{r}+\left(Q_0-\frac{m}{r}\right)e^{-rt}$.

习题 7.4

1. (1) $y=\frac{1}{6}x^3-\frac{1}{4}\sin2x+C_1x+C_2$;　　(2) $y=(x-3)e^x+C_1x^2+C_2x+C_3$;

   (3) $y=x\arctan x-\frac{1}{2}\ln(1+x^2)+C_1x+C_2$;

   (4) $y=-\ln|\cos(x+C_1)|+C_2$;　　(5) $y=C_1e^x-\frac{1}{2}x^2-x+C_2$;

   (6) $y=C_1\ln|x|+C_2$;　　(7) $(1+y)e^{-y}=C_1x+C_2$;

   (8) $y=\arcsin(C_2e^x)+C_1$.

2. (1) $y=\frac{1}{2}x^2\ln x-\frac{3}{4}x^2+x-\frac{1}{4}$;　　(2) $y=\sqrt{2x-x^2}$;

   (3) $ay=-\ln(ax+1)$;　　(4) $y=\left(1+\frac{1}{2}x\right)^4$.

3. $y=\frac{1}{6}x^3+\frac{1}{2}x+1$.

4. $\ln(y+\sqrt{1+y^2})=x$ 或 $y=\frac{e^x-e^{-x}}{2}$ (提示:求两次导,令$y=f(x)$,得$y''=y$, $y|_{x=0}=0$, $y'|_{x=0}=1$).

习题 7.5

1. (1) 相关;　(2) 无关;　(3) 无关;　(4) $a=b$,相关;$a\neq b$,无关.

2. $y=C_1\sin kx+C_2\cos kx$.

4. $y=C_1x+C_2e^x+x^2$.

5. $y=\frac{1}{2}e^x-\frac{1}{3}\sin2x$.

6. (1) $y=C_1e^{-2x}+C_2e^{-3x}$;　　(2) $y=C_1e^{-2x}+C_2xe^{-2x}$;

   (3) $y=(C_1+C_2x)e^{\frac{3}{4}x}$;　　(4) $y=C_1\cos\sqrt{6}x+C_2\sin\sqrt{6}x$;

   (5) $y=e^{-4x}(C_1\cos3x+C_2\sin3x)$;　　(6) $y=C_1+C_2e^{-6x}+C_3e^x$;

   (7) $y=C_1+C_2x+C_3\cos2x+C_4\sin2x$;

   (8) $y=C_1e^x+C_2e^{-2x}+C_3e^{2x}$;　　(9) $y=4e^x+2e^{3x}$;

   (10) $y=(2+x)e^{-\frac{x}{2}}$;　　(11) $y=e^{2x}\sin3x$.

7. (1) $y=C_1e^{\frac{x}{2}}+C_2e^{-x}+e^x$;　　(2) $y=C_1e^{-x}+C_2e^{-2x}+\left(\frac{3}{2}x^2-3x\right)e^{-x}$;

   (3) $y=e^x(C_1\cos2x+C_2\sin2x)-\frac{1}{4}xe^x\cos2x$;

   (4) $y=C_1\cos x+C_2\sin x+\frac{1}{2}e^x+\frac{1}{2}x\sin x$;

   (5) $y=-5e^x+\frac{7}{2}e^{2x}+\frac{5}{2}$;　　(6) $y=e^{-x}+e^x+e^x(x^2-x)$.

8. $y''-2y'+y=0$, $y=(C_1+C_2x)e^x$.

9. $x=\frac{v_0}{\sqrt{k_2^2+4k_1}}e^{\left(-\frac{1}{2}k_2+\frac{1}{2}\sqrt{k_2^2+4k_1}\right)t}\left(1-e^{-\sqrt{k_2^2+4k_1}t}\right)$.

习题 7.6

1. (1) $6t+2, 6$； (2) $\dfrac{-2t-1}{t^2(t+1)^2}$, $\dfrac{6t^2+12t+4}{t^2(t+1)^2(t+2)^2}$； (3) $6t^2+4t+1$, $12t+10$；

   (4) $e^{2t}(e^2-1)$, $e^{2t}(e^2-1)^2$.

2. (1) 2 阶； (2) 6 阶； (3) 3 阶； (4) 3 阶.

习题 7.7

1. (1) $y_t = -\dfrac{3}{4} + C\cdot 5^t$, $y_t^* = -\dfrac{3}{4} + \dfrac{37}{12}\cdot 5^t$；

   (2) $y_t = \dfrac{1}{3}\cdot 2^t + C\cdot(-1)^t$, $y_t^* = \dfrac{1}{3}\cdot 2^t + \dfrac{5}{3}\cdot(-1)^t$；

   (3) $y_t = -\dfrac{36}{125} + \dfrac{1}{25}t + \dfrac{2}{5}t^2 + C\cdot(-4)^t$, $y_t^* = -\dfrac{36}{125} + \dfrac{1}{25}t + \dfrac{2}{5}t^2 + \dfrac{161}{125}\cdot(-4)^t$.

2. (1) $y = C_1(-1)^t + C_2$； (2) $y = C_1(-6)^t + C_2(-1)^t$； (3) $y = (C_1 + C_2 t)(-3)^t$；

   (4) $y_t = 4^t\left(C_1\cos\dfrac{\pi}{3}t + C_2\sin\dfrac{\pi}{3}t\right)$； (5) $y_t = (\sqrt{2})^t \cdot 2\cos\dfrac{\pi}{4}t$.

3. (1) $y_t = -\dfrac{7}{100} + \dfrac{1}{10}t + C_1\cdot(-4)^t + C_2\cdot(-1)^t$；

   (2) $y_t = -\dfrac{7}{50}t + \dfrac{1}{10}t^2 + C_1\cdot(-4)^t + C_2$；

   (3) $y_t^* = 4 + \dfrac{3}{2}\cdot\left(\dfrac{1}{2}\right)^t + \dfrac{1}{2}\cdot\left(-\dfrac{7}{2}\right)^t$；

   (4) $y_t = \dfrac{1}{5}\cdot 2^t + \dfrac{1}{4}t + C_1\cdot(-3)^t + C_2$.

4. $P_t = \left(P_0 - \dfrac{2}{3}\right)(-2)^t + \dfrac{2}{3}$.

第 7 章总习题

1. (1) 错； (2) 错； (3) 错； (4) 错.

2. (1) $y = C_1\sin x + C_2\cos x$； (2) $y = C_1(-1)^t + C_2 4^t$；

   (3) $r^2 - 4 = 0$； (4) 3.

3. (1) $\cos y = C(1+e^x)$； (2) $x^3 = e^{\left(\frac{y}{x}\right)^3}$； (3) $y = \dfrac{1}{2}x^2 + Ce^{x^2}$；

   (4) $y = xe^{-x} + \dfrac{1}{2}\sin x$； (5) $2x\ln y = \ln^2 y + C$； (6) $y = 2\arctan e^x$.

4. $y = x - x\ln x$.

5. $y = x\left(\ln\ln x + \dfrac{1}{e}\right)$.

6. $f(x) = \dfrac{C}{x^3}e^{-\frac{1}{x}}$.

7. 约 $250 m^3$.

8. $t = -0.0305 h^{\frac{5}{2}} + 9.64$, 约 10s.

9. $\pi e^{\frac{\pi}{3\sqrt{3}}}$.

10. $y = C_1(-2)^t + C_2 3^t + \left(-\dfrac{2}{25}t + \dfrac{1}{15}t^2\right)\cdot 3^t$.

12. $y = xe^{x+1}$.

习题 8.1

1. (1) $u_n = \dfrac{(-1)^{n-1}}{2^{n-1}}$; (2) $u_n = \ln\dfrac{n+1}{n}$;

   (3) $u_n = \dfrac{1}{(2n-1)(2n+1)}$; (4) $u_n = (-1)^{n+1}\dfrac{a^{n+1}}{2n+1}$.

2. (1) 收敛; (2) 发散;

   (3) 发散. $\left[\text{提示}: \sin\dfrac{k\pi}{6} = \dfrac{1}{2\sin\dfrac{\pi}{12}}\left[\cos(2k-1)\dfrac{\pi}{12} - \cos(2k+1)\dfrac{\pi}{12}\right]\right]$.

3. (1) 收敛; (2) 发散; (3) 发散; (4) 发散; (5) 收敛; (6) 发散; (7) 发散.

4. (1) 发散; (2) 收敛. 其和 $s = -14$; (3) 收敛. 其和 $s = \dfrac{1}{2}$; (4) 收敛. 其和 $s = 1-\sqrt{2}$.

习题 8.2

1. (1) 收敛; (2) 发散; (3) 发散; (4) 当 $a \leqslant 1$ 时, 发散; 当 $a > 1$ 时, 收敛;
   (5) 发散; (6) 收敛.

2. (1) 收敛; (2) 发散; (3) 收敛; (4) 收敛.

3. (1) 收敛; (2) 收敛; (3) 收敛;
   (4) 当 $b < a$ 时, 收敛;
   当 $b > a$ 时, 发散; 当 $b = a$ 时, 不能判断级数的敛散性.

4. (1) 条件收敛; (2) 绝对收敛; (3) 条件收敛; (4) 条件收敛; (5) 发散.

习题 8.3

1. (1) 收敛半径 $R = +\infty$, 收敛域为 $(-\infty, +\infty)$; (2) 收敛半径 $R = 1$, 收敛区间 $(-1, 1)$;
   (3) 收敛半径 $R = 0$, 幂级数仅在 $x = 0$ 处收敛; (4) 收敛半径 $R = 3$, 收敛区间 $[-3, 3)$;
   (5) 收敛半径 $R = 1$, 收敛区间 $[-1, 1]$.

2. (1) 收敛域为 $(-\infty, +\infty)$; (2) 收敛域为 $[0, 2)$; (3) 收敛域为 $(-\sqrt{2}, \sqrt{2})$;

3. (1) $x = 0$, $s(0) = 1$; $x \in [-1, 0) \cup (0, 1)$, $s(x) = -\dfrac{\ln(1-x)}{x}$;

   (2) $\dfrac{-x^2}{(1+x^2)^2}$ $(-1 < x < 1)$.

4. xe^x $(-\infty < x < +\infty)$, $2e^2$.

习题 8.4

1. (1) $\sum_{n=1}^{\infty}\dfrac{\ln^n a}{n!}x^n$ $(-\infty, +\infty)$; (2) $\sum_{n=1}^{\infty}\dfrac{(-1)^{n+1}\cdot 2^{2n}\cdot x^{2n}}{2(2n)!}$ $(-\infty, +\infty)$;

   (3) $\ln 3 + \sum_{n=1}^{\infty}(-1)^{n-1}\dfrac{1}{n}\left(\dfrac{x}{3}\right)^n$, $(-3, 3]$; (4) $x + \sum_{n=1}^{\infty}(-1)^n\dfrac{2(2n)!}{(n!)^2}\left(\dfrac{x}{2}\right)^{2n+1}$ $(-1, 1]$.

2. (1) $e \cdot \sum_{n=0}^{\infty} \frac{(x-1)^n}{n!} (-\infty, +\infty)$; (2) $\frac{1}{\ln 10} \sum_{n=1}^{\infty} (-1)^{n-1} \frac{(x-1)^n}{n} (0, 2]$.

3. $\frac{1}{3} \sum_{n=0}^{\infty} (-1)^n \left(1 - \frac{1}{4^{n+1}}\right)(x-1)^n$, $0 < x < 2$.

第 8 章总习题

1. (1) $\frac{1}{5} - \frac{1}{5(5n+1)}$; (2) $\frac{1}{20}$; (3) 收敛, 发散.

2. (1) (D); (2) (B); (3) (B); (4) (C); (5) (C); (6) (D).

3. (1) 发散; (2) 发散; (3) 收敛; (4) 发散.

4. (1) (提示: 用根值判别法) 当 $|\sqrt{2} \sin x| < 1$, 即 $|x - n\pi| < \frac{\pi}{4}$, 原级数绝对收敛; 当 $|\sqrt{2} \sin x| = 1$, 即 $|x - n\pi| = \frac{\pi}{4}$, $\sum_{n=1}^{\infty} a_n = \sum_{n=1}^{\infty} \frac{(-1)^{n-1}}{n}$ 条件收敛; 当 $|\sqrt{2} \sin x| > 1$, 即当 n 充分大时, a_n 不趋于 0, 故原级数发散.

(2) (提示: 用比值判别法) 当 $\frac{|x|}{2} < 1$, 原级数绝对收敛; 当 $\frac{|x|}{2} > 1$, 原级数发散; $\frac{|x|}{2} = 1$, 若 $x = 2$, 原级数为 $\sum_{n=1}^{\infty} \frac{1}{n}$, 发散; 当 $x = -2$, 原级数为 $\sum_{n=1}^{\infty} \frac{(-1)^n}{n}$, 条件收敛.

5. (1) 收敛区间为 $\left[-\frac{2}{3}, 0\right)$;

(2) $\left(\text{提示}: y = \frac{1}{x}, \text{考察级数} \sum_{n=1}^{\infty} n^2 y^n\right)$ 收敛区间为 $(-\infty, -1)$ 与 $(1, +\infty)$.

6. (1) $\sum_{n=1}^{\infty} n(n+1) x^n = \frac{2x}{(1-x)^3} (|x| < 1)$; (2) $s(x) = \arctan x - x (-1 \leqslant x \leqslant 1)$.

7. $4 + 4(x-1) + (x-1)^2$.

8. (提示: 由正项数列 $\{a_n\}$ 单减, 得 $\lim_{n\to\infty} a_n$ 存在, 记 $a = \lim_{n\to\infty} a_n$, 则 $a \geqslant 0$, 且 $a_n \geqslant a$, 故 $\frac{1}{a_n+1} \leqslant \frac{1}{a+1} (n=1,2,3,\cdots)$). 由已知 $\sum_{n=1}^{\infty} (-1)^n a_n$ 发散, 知 $a > 0$, 否则由莱布尼茨判别法知交错级数收敛, 所以 $\frac{1}{a+1} < 1$) 收敛.

9. (1) $\frac{4}{3} \cdot \frac{1}{n(n+1)\sqrt{n(n+1)}}$; (2) $\sum_{n=1}^{\infty} \frac{s_n}{a_n} = \frac{4}{3}$.

10. (1) 0; (2) $\frac{3}{4}$.

11. $\ln(2 + \sqrt{2})$.

12. $f(x) = \sum_{n=1}^{\infty} \frac{1}{3} \left[\frac{1}{2^n} - (-1)^n\right] x^n$, $x \in (-1, 1)$.